高等学校教材

薄膜物理与技术

杨邦朝　王文生

电子科技大学出版社
·1994·

内 容 简 介

本书主要论述薄膜的制造技术与薄膜物理的基础内容。书中系统介绍了各种成膜技术的基本原理与方法，包括蒸发镀膜、溅射镀膜、离子镀、化学气相沉积、溶液制膜技术以及膜厚的测量与监控等。同时介绍了薄膜的的形成，薄膜的结构与缺陷，薄膜的电学性质、力学性质、半导体特性、磁学性质以及超导性质等。论述中注重基本概念的阐述，叙述尽量深入浅出，并注意到原理与技术相联系，理论与实践相结合。

本书为电子材料与元器件专业的规划教材，亦可作为物理电子技术、半导体物理与器件、应用物理等专业的教材或教学参考书。同时亦可供从事电子元器件、混合集成电路的工程技术人员参考使用。

出 版 说 明

根据国务院关于高等学校教材工作的规定，我部承担了全国高等学校和中等专业学校工科电子类专业教材的编审、出版的组织工作。由于各有关院校及参与编审工作的广大教师共同努力，有关出版社的紧密配合，从1978~1990年，已编审、出版了三个轮次教材，及时供给高等学校和中等专业学校教学使用。

为了使工科电子类专业教材能更好地适应“三个面向”的需要，贯彻国家教委《高等教育“八五”期间教材建设规划纲要》的精神，“以全面提高教材质量水平为中心，保证重点教材，保持教材相对稳定，适当扩大教材品种，逐步完善教材配套”，作为“八五”期间工科电子类专业教材建设工作的指导思想，组织我部所属的九个高等学校教材编审委员会和四个中等专业学校专业教学指导委员会，在总结前三轮教材工作的基础上，根据教育形势的发展和教学改革的需要，制订了1991~1995年的“八五”（第四轮）教材编审出版规划。列入规划的，以主要专业主干课程教材及其辅助教材为主的教材约300多种。这批教材的评选推荐和编审工作，由各编委会或教学指导委员会组织进行。

这批教材的书稿，其一是从通过教学实践、师生反映较好的讲义中经院校推荐，由编审委员会（小组）评选择优产生出来的，其二是在认真遴选主编人的条件下进行约编的，其三是经过质量调查在前几轮组织编写出版的教材中为保证教材的出版和提高教材的质量，作出了不懈的努力。

限于水平和经验，这批教材的编审、出版工作还可能有缺点和不足之处，希望使用教材的单位，广大教师和同学积极提出批评和建议，共同为不断提高工科电子类专业教材的质量而努力。

机械电子工业部电子类专业教材办公室

前　言

本教材系电子工业部的工科电子类专业教材1991～1995年编审出版规划，由电子材料与固体器件教材编审委员会电子材料与元器件教材编审小组征稿并推荐出版。责任编委为恽正中教授。

本教材由电子科技大学杨邦朝、天津大学王文生合编，上海交通大学陈益新教授担任主审。

本教材的参考学时数为60～70学时。本书系按照“电子材料与元器件”教材编审组提出的教学要求编写而成，其内容大体上分为薄膜基本制造技术与薄膜物理基础两大部分。考虑到这两方面的内容既紧密相关，又相对独立，属于不同的范畴。因此，在内容安排上采取以分为主，又注意二者之间的相互渗透与结合。薄膜技术部分重点介绍各种制膜技术与原理，薄膜厚度分布计算，膜厚测试与监控等。薄膜物理部分则重点介绍薄膜的形成过程，薄膜的特殊结构与缺陷，薄膜的电学、磁学、力学及半导体性质等。使这两部分相对独立的学科知识，能有机的结合与统一，以达到教材编审组的基本编写要求。另外，考虑到薄膜技术与真空技术关系密切，在本书中增加了一章真空技术基础知识，各校可根据先修课程的情况，使用本书时作适当增删处理。

书中表示压强的国际单位(SI)应为帕(Pa)，但为照顾使用习惯、现有仪器面板及引用前人实验数据，采取帕和托(Torr)并用的办法。

薄膜技术在工业上得到广泛应用，特别在电子材料与元器件工业领域中占有极为重要的地位。要获得各种性能的薄膜，必须掌握各种成膜技术和薄膜物理的内容。长期以来本专业缺乏此类教材，因而，本书的出版可满足这一需求。在本教材的编写过程中力求概念清晰，叙述深入浅出，注意原理与技术的联系，理论与技术相结合。学习并掌握了本书所介绍的内容，基本上可适应有关科研与生产工作的需要。

薄膜物理与薄膜技术均是正在发展的学科与技术，有关薄膜的性质，薄膜形成机理的某些内容还处于探讨中，薄膜技术也在不断发展与完善之中。因此，本书只能着重介绍薄膜物理与薄膜技术的基本内容，不可能对这两大部分的广阔而丰富的内容作全面而详尽的论述。

本书为电子材料与元器件专业本科专业基础教材，也可供物理电子技术、半导体物理与器件、应用物理、敏感材料与传感器等专业的本科生和研究生，以及从事薄膜材料、薄膜物理、薄膜技术和电子材料与元器件、混合微电子技术等厂所的工程技术人员使用和参考。

本教材由杨邦朝编写1～6章，王文生编写7～9章，由杨邦朝对全书统稿。本书在编写过程中曾得到电子科技大学曲喜新教授、恽正中教授、西安电子科技大学徐毓龙教授、上海交通大学刘公强副教授、天津大学李哲副教授等的支持与热情帮助，他们为本书提出了不少宝贵意见，刘志刚同志协助抄写第七、八、九章书稿，在这里表示诚挚的感谢。并向本书所引用和参考的许多书籍和论文的作者致以深切的谢意。在本书出版过程中得到电子科技大学出版社的大力支持与帮助，特表示衷心的感谢。

由于编者水平有限，书中难免还存在一些缺点和错误，殷切希望广大读者批评指正。

编　者

1993 年 3 月于电子科技大学

目　　录

第一章　真空技术基础

真空蒸发、溅射镀膜和离子镀等常称为物理气相沉积（Physical Vapor Deposition，简称PVD法）是基本的薄膜制作技术。它们均要求淀积薄膜的空间要有一定的真空度。因此，真空技术是薄膜制作技术的基础，获得并保持所需的真空环境，是镀膜的必要条件。所以，掌握真空的基本知识是必要的。

§1-1　真空的基本知识

一、真空及其单位

所谓真空是指低于一个大气压的气体空间。同正常的大气相比，是比较稀薄的气体状态。当气体处于平衡时，可得到描述气体性质的气体状态方程，即

$$P = nkT \tag{1-1}$$

或

$$PV = \frac{m}{M}RT \tag{1-2}$$

式中，P 为压强（Pa）；n 是气体分子密度（个/m³），V 为体积（m³）；M 为气体分子量（kg/mol）；m 是气体质量（kg）；T 是绝对温度（K）；k 是玻尔兹曼常数（1.38×10^{-23}J/K）；R 为气体普适常数（8.314J/mol·K），也可用 $R=N_A\cdot k$ 来表示，N_A 是阿伏伽德罗常数（6.023×10^{23}个/mol）。于是，由式（1-1）可得

$$n = 7.2\times10^{22}\frac{P}{T}\qquad(\text{个}/\text{m}^3) \tag{1-3}$$

由式（1-3）可知，在标准状态下，任何气体分子的密度约为 3×10^{19}个/cm³。即使在 $P=1.3\times10^{-11}$Pa（1×10^{-13}Torr）这样很高的真空度时，$T=293$K，则 $n=4\times10^3$ 个/cm³。因此，所谓真空是相对的，绝对的真空是不存在的。通常所说的真空是一种“相对真空”。

在真空技术中对于真空度的高低，可以用多个参量来度量，最常用的有“真空度”和“压强”。此外，也可用气体分子密度、气体分子的平均自由程、形成一个分子层所需的时间等来表示。“真空度”和“压强”是两个概念，不能混淆，压强越低意味着单位体积中气体分子数愈少，真空度愈高，反之真空度越低则压强就越高。由于真空度与压强有关，所以真空的度量单位是用压强来表示。

在真空技术中，压强所采用的法定计量单位是帕斯卡（Pascal），系千克米秒制单位，简称帕（Pa），是目前国际上推荐使用的国际单位制（SI）。托（Torr）这一单位在最初获得真空时就被采用，是真空技术中的独特单位。两者的关系为 1Torr＝133.322Pa。目前在实际工程技术中几种旧的单位（Torr，mmHg，bar，atm）仍有采用，另外，完全改变以前的试验数据并不容易，因而压强单位也采用 Torr。现将几种旧的单位与 Pa 之间的转换关系介绍如下：

毫米汞柱(mmHg)　　　$1mmHg = 133.322Pa$；

托(Torr)　　　$1Torr = \frac{1}{760}atm = 133.322Pa$；

atm 表示标准大气压，毫米汞柱与托在本质上是一回事，二者几乎相等($1mmHg = 1.00000014Torr$)，只是采用帕来定义标准大气压省略了尾数的缘故。

巴(bar)　　　$1bar = 10^5Pa$。

二、真空区域的划分

为了研究真空和实际应用方便，常把真空划分为粗真空、低真空、高真空和超高真空四个等级。随着真空度的提高，真空的性质将逐渐变化，并经历由气体分子数的量变到真空质变的过程。

1. 粗真空($1\times10^5 \sim 1\times10^2Pa$)

在粗真空状态下，气态空间的特性和大气差异不大，气体分子数目多，并仍以热运动为主，分子之间碰撞十分频繁，气体分子的平均自由程很短。通常，在此真空区域，使用真空技术的主要目的是为了获得压力差，而不要求改变空间的性质。电容器生产中所采用的真空浸渍工艺所需的真空度就在此区域。

2. 低真空($1\times10^2 \sim 1\times10^{-1}Pa$)

此时每立方厘米内的气体分子数为$10^{16} \sim 10^{13}$个。气体分子密度与大气时有很大差别，气体中的带电粒子在电场作用下，会产生气体导电现象。这时，气体的流动也逐渐从粘稠滞流状态过渡到分子状态，这时气体分子的动力学性质明显，气体的对流现象完全消失。因此，如果在这种情况下加热金属，可基本上避免与气体的化合作用，真空热处理一般都在低真空区域进行。此外，随着容器中压强的降低，液体的沸点也大为降低，由此而引起剧烈的蒸发，而实现所谓“真空冷冻脱水”。在此真空区域，由于气体分子数减少，分子的平均自由程可以与容器尺寸相比拟。并且分子之间的碰撞次数减少，而分子与容器壁的碰撞次数大大增加。

3. 高真空($1\times10^{-1} \sim 1\times10^{-6}Pa$)

此时气体分子密度更加降低，容器中分子数很少。因此，分子在运动过程中相互间的碰撞很少，气体分子的平均自由程已大于一般真空容器的线度，绝大多数的分子与器壁相碰撞。因而在高真空状态蒸发的材料，其分子(或微粒)将按直线方向飞行。另外，由于容器中的真空度很高，容器空间的任何物体与残余气体分子的化学作用也十分微弱。在这种状态下，气体的热传导和内摩擦已变得与压强无关。

4. 超高真空($<1\times10^{-6}Pa$)

此时每立方厘米的气体分子数在10^{10}个以下。分子间的碰撞极少，分子主要与容器壁相碰撞。超高真空的用途之一是得到纯净的气体，其二，是可获得纯净的固体表面。此时气体分子在固体表面上是以吸附停留为主。

利用真空技术可获得与大气情况不同的真空状态。由于真空状态的特性，真空技术已广泛用于工业生产、科学实验和高新技术的研究等领域。电子材料、电子元器件和半导体集成电路的研制与生产与真空技术有着密切的关系。

三、气体与蒸气

在实际工程中，常会碰到各种气态物质。对于每种气体都有一个特定的温度，高于此温度时，气体无论如何压缩都不会液化，这个温度称为该气体的临界温度。利用临界温度来区分气体与蒸气。温度高于临界温度的气态物质称气体，低于临界温度的气态物质称为蒸气。但通常以室温为标准来区分气体和蒸气。

表 1-1 列出了各种物质的临界温度。从该表看出，氮、氢、氩、氧和空气等物质的临界温度远低于室温，所以在常温下它们是“气体”。二氧化碳的临界温度与室温接近，极易液化。而水蒸气、有机物质和气态金属均为蒸气。

表 1-1 各种物质的临界温度

物　质	临界温度(℃)	物　质	临界温度(℃)
氮(N_2)	−267.8	氩(Ar)	−122.4(150.71K)
氢(H_2)	−241.0(33.23K)	氧(O_2)	−118.0(154.77K)
氖(Ne)	−228.0(44.43K)	氪(Kr)	−62.5(209.38K)
氦(He)	−147.0(126.25K)	氙(Xe)	+14.7(289.74K)
空气	−140.0	二氧化碳(CO_2)	+31.0
乙醚	+194.0	铁(Fe)	+3700.0
氨(NH_3)	+132.4	甲烷(CH_4)	−82.5
酒精	+243.0	氯(Cl_2)	+144.0
水(H_2O)	+374.2	一氧化碳(CO)	−140.2
汞(Hg)	+1450.0		

§1-2 稀薄气体的基本性质

在真空技术中所遇到的是稀薄气体，这种稀薄气体在性质上与理想气体差异很小。因此，在研究稀薄气体的性质时，可不加修正地直接应用理想气体的状态方程。由式(1-1)所描述的气体状态方程反映了气体的 P、V、T、m 四个量之间的关系。该方程在特殊情况下，即可推导出有名的理想气体定律。

(1)波义尔定律　一定质量的气体，在恒定温度下，气体的压强与体积的乘积为常数。即

$$PV = C \tag{1-4}$$

或

$$P_1V_1 = P_2V_2 \tag{1-5}$$

(2)盖·吕萨克定律　一定质量的气体，在压强一定时，气体的体积与绝对温度成正比。

$$V = CT \tag{1-6}$$

或

$$V = \frac{V_0}{T_0} \cdot T \tag{1-7}$$

(3)查理定律　一定质量的气体，如果保持体积不变，则气体的压强与绝对温度成正比。

$$P = CT \tag{1-8}$$

或

$$P = \frac{P_0}{T_0} \cdot T \tag{1-9}$$

一、气体分子的速度分布

在一定容器中的气体分子处于不断的运动状态，它们相互间及和器壁之间无休止地频繁碰撞。各个分子的速度(大小和方向)是不相同的，在稳态时可满足一定的统计分布规律，通常称为麦克斯韦-玻尔兹曼分布。即在平衡状态下，当气体分子间的相互作用可以忽略时，分布在任一速度区间 $v \sim v+dv$ 内分子的几率为

$$\frac{dN}{N} = 4\pi\left(\frac{m}{2\pi kT}\right)^{3/2}\exp(-mv^2/2kT)v^2dv \tag{1-10}$$

式中，N——容器中气体分子总数；m——气体分子质量；

T——气体温度(K)；k——玻尔兹曼常数。

显然，在不同的速度 v 附近取相等的间隔，比率 dN/N 的数值一般是不同的。比率 dN/N 与速度 v 有关，与 v 的函数关系成正比，即

$$\frac{dN}{N} = f(v)dv \tag{1-11}$$

即速度分布函数为

$$f(v) = 4\pi\left(\frac{m}{2\pi kT}\right)^{3/2}\exp(-mv^2/2kT)v^2 \tag{1-12}$$

该函数表示分布在速度 v 附近单位速度间隔内的分子数占总分子数的比率，也叫做麦克斯韦速率分布定律。麦克斯韦速率分布曲线如图 1-1 所示，该曲线也反映了气体分子速度随温度的变化情况。

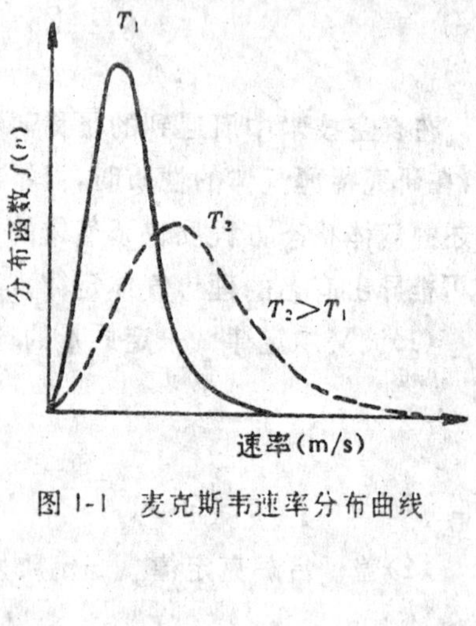

图 1-1　麦克斯韦速率分布曲线

根据这种规律可从理论上推得分子速率在 v_m 处有极大值，于是 v_m 被称为最可几速度，其值为

$$v_m = \sqrt{\frac{2kT}{m}} = \sqrt{\frac{2RT}{M}} = 1.41\sqrt{\frac{RT}{M}}\ (\text{cm/s}) \tag{1-13}$$

气体分子的平均速度为

$$v_a = \sqrt{\frac{8kT}{\pi m}} = \sqrt{\frac{8RT}{\pi M}} = 1.59\sqrt{\frac{RT}{M}}\ (\text{cm/s}) \tag{1-14}$$

气体分子的均方根速度为

$$v_r = \sqrt{\frac{3kT}{m}} = \sqrt{\frac{3RT}{M}} = 1.73\sqrt{\frac{RT}{M}} \text{(cm/s)} \tag{1-15}$$

由此可见，三种速度中，均方根速度 v_r 最大，平均速度 v_a 次之，最可几速度 v_m 最小。这三种速度在不同的场合有各自的应用。在讨论速度分布时，要用到最可几速度；在计算分子运动的平均距离时，要用到平均速度；在计算分子的平均动能时，则要采用均方根速度。

二、平均自由程

气体分子处于不规则的热运动状态，它除与容器壁发生碰撞外，气体分子间还经常发生碰撞。每个分子在连续两次碰撞之间的路程称为“自由程”。这是一个描述气体性质的微观参量。其统计平均值

$$\lambda = \frac{1}{\sqrt{2}\pi\sigma^2 n} \tag{1-16}$$

称为“平均自由程”。由此可知，平均自由程与分子密度 n 和分子直径 σ 的平方是反比关系。

根据式(1-1)，上式可改写为

$$\lambda = \frac{kT}{\sqrt{2}\pi\sigma^2 P} \tag{1-17}$$

此式表明，气体分子的平均自由程与压强成反比，与温度成正比。

显然，在气体种类和温度一定的情况下

$$\lambda \cdot P = \text{常数} \tag{1-18}$$

在25℃的空气情况下

$$\lambda \cdot P \approx 0.667 \quad \text{(cm·Pa)}$$

或

$$\lambda \approx \frac{0.667}{P} \quad \text{(cm)} \tag{1-19}$$

三、碰撞次数与余弦散射律

单位时间内，在单位面积的器壁上发生碰撞的气体分子数称为入射频率，用 ν 表示。其数值与器壁前的气体分子密度 n 成正比，而且分子的平均速度 v_a 越大 ν 也越大，则有

$$\nu = \frac{1}{4} n v_a \tag{1-20}$$

式(1-20)称为赫兹-克努曾(Hertz-Knudsen)公式，它是描述气体分子热运动的重要公式。根据式(1-1)和式(1-14)，则可得到单位时间碰撞单位固体表面分子数的另一表达式

$$\nu = \frac{P}{\sqrt{2\pi mkT}} \tag{1-21}$$

例如，对于20℃的空气，则有

$$\nu_{20} = 2.86 \times 10^{18} P \qquad (\text{个}/\text{cm}^2 \cdot \text{s}) \qquad (1\text{-}22)$$

式中 P 的单位为帕(Pa)。

对于25℃的空气，根据式(1-3)、(1-19)、(1-21)对上述参数之间关系的计算结果如图1-2所示。表1-2列出了与镀膜有关的一些重要气体的性质。从该表可知，在 1.33×10^{-4} Pa的压力下镀膜时，若以50～100Å/min的速度进行气体分子的入射，只要经过1～2秒钟即可淀积成单层分子层。

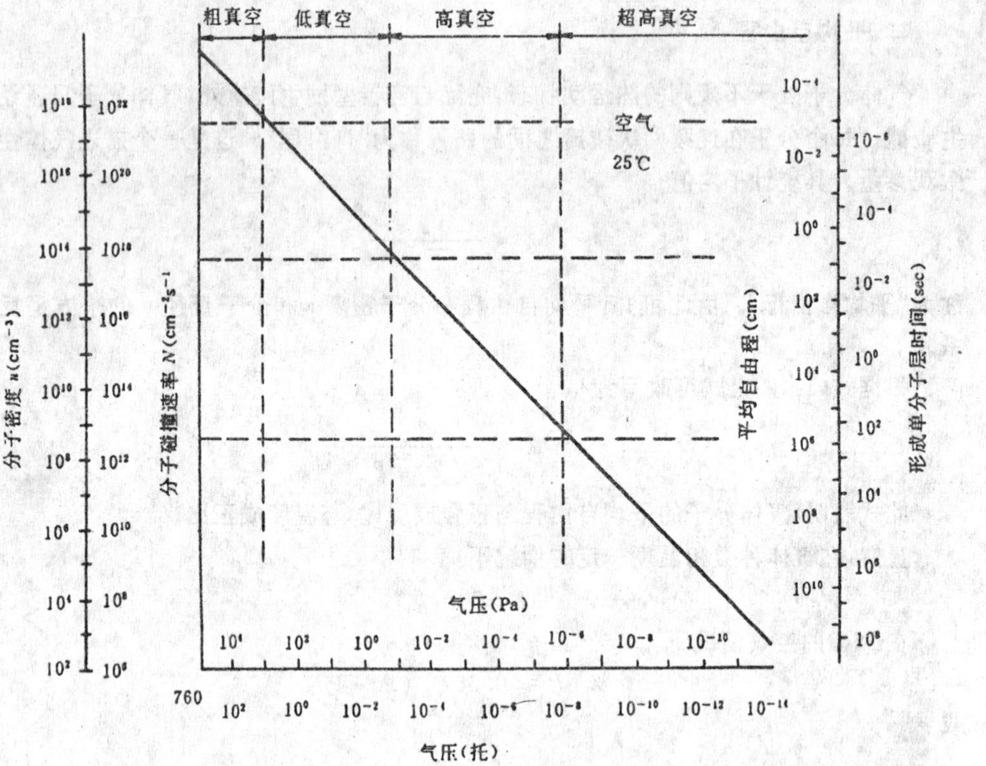

图1-2 几个真空概念之间关系(25℃，空气)

表1-2 气体的性质

气体＼数值	化学符号	分子量 M	质量 m(×10⁻²³g)	平均速度 n_a(×10⁴)cm/s,0℃	分子直径 σ (×10⁻⁸cm,0℃)	平均自由程 λ(cm·Pa,25℃)	在 1.33×10^{-4}Pa时 碰撞次数(×0¹⁴个/cm²)	形成单分子层的时间(s)	单分子层分子数(×10¹⁴个/cm²)	厚度(nm/min)
氢	H_2	2.0	0.3	16.9	2.8	1.2	15.1	1.0	15.3	16.3
氧	O_2	32	5.3	4.3	3.6	0.72	3.8	2.3	8.7	9.5
氩	Ar	40	6.6	3.8	3.7	0.71	3.4	2.5	8.6	8.7
氮	N_2	28	4.7	4.5	3.8	0.67	4.0	2.0	8.1	11.3
空气		29	4,8	4.5	3.7	0.68	4.0	2.1	8.3	10.8
水蒸气	H_2O	18	3.0	5.7	4.9	0.45	5.0	1.1	5.3	26.8
一氧化碳	CO	28	4.7	4.5	3.8	0.67	4.0	2.0	8.0	11.5
二氧化碳	CO_2	44	7.3	3.6	4.7	0.45	3.2	1.7	5.3	16.8

上面介绍了气体分子向固体表面的入射碰撞，下面介绍气体分子从表面的反射问题。根据克努曾对低气压气体流动的研究，以及对分子束反射的研究都证明了下述的余弦定律成立。即碰撞于固体表面的分子，它们飞离表面的方向与原入射方向无关，并按与表面法线方向所成角度 θ 的余弦进行分布。则一个分子在离开其表面时，处于立体角 $d\omega$（与表面法线成 θ 角）中的几率为

$$dp = \frac{d\omega}{\pi} \cdot \cos\theta \tag{1-23}$$

式中 $1/\pi$ 是由于归一化条件，即位于 2π 立体角中的几率为 1 而出现的。

分子从表面反射与飞来方向无关这一点非常重要。它意味着可将飞来的分子看成一个分子束从一个方向飞来，亦可看成按任意方向飞来，其结果都是相同的。余弦定律（又称“克努曾定律”）的重要意义在于：

(1)它揭示了固体表面对气体分子作用的另一个方面，即将分子原有的方向性彻底“消除”，均按余弦定律散射；

(2)分子在固体表面要停留一定的时间，这是气体分子能够与固体进行能量交换和动量交换的先决条件，这一点有重要的实际意义。

§1-3 真空的获得

真空系统的种类繁多，典型的真空系统应包括：待抽空的容器（真空室）、获得真空的设备（真空泵）、测量真空的器具（真空计）以及必要的管道、阀门和其他附属设备。能使压力从一个大气压力开始变小，进行排气的泵常称为“前级泵”，另一些却只能从较低压力抽到更低压力，这些真空泵常称为“次级泵”。

对于任何一个真空系统而言，都不可能得到绝对真空（$P=0$），而是具有一定的压强 P_u，称为极限压强（或极限真空），这是该系统所能达到的最低压强，是真空系统能否满足镀膜需要的重要指标之一。第二个主要指标是抽气速率，指在规定压强下单位时间所抽出气体的体积，它决定抽真空所需要的时间。

从理论上讲，任何一个真空系统所能达到的真空度可由下列方程确定

$$P = P_u + \frac{Q}{S} - \frac{V}{S} \cdot \frac{dP_i}{dt} \tag{1-24}$$

式中，P_u 是真空泵的极限压强（Pa），S 是泵的抽气速率（L/s），P_i 是被抽空间气体的分压强（Pa），Q 是真空室内的各种气源（Pa·L/s），V 是真空室的体积（L），t 是时间（s）。

真空泵是一个真空系统获得真空的关键。表 1-3 列出了常用真空泵的排气原理、工作压强范围和通常所能获得的最低压强。图 1-3 示出了几种常用真空泵的抽速范围。可以看出，至今还没有一种泵能直接从大气一直工作到超高真空。因此，通常是将几种真空泵组合使用，如机械泵＋扩散泵系统和吸附泵＋溅射离子泵＋钛升华泵系统，前者为有油系统，后者为无油系统。

表 1-3 主要真空泵的排气原理与工作范围

种类		原理	工作压强范围 10^{2} 1 10^{-2} 10^{-4} 10^{-6} 10^{-8} 10^{-10} 10^{-12} (Torr) 10^{4} 10^{2} 1 10^{-2} 10^{-4} 10^{-6} 10^{-8} 10^{-10} (Pa)
机械泵	油封机械泵(单级)	利用机械力压缩和排除气体	
	油封机械泵(双级)		
	分子泵		
	罗茨泵		
蒸气喷射泵	水银扩散泵	靠蒸气喷射的动量把气体带走	
	油扩散泵		
	油喷射泵		
干式泵	溅射离子泵	利用溅射或升华形成吸气、吸附排除气体	
	钛升华泵		
	吸附泵	利用低温表面对气体进行物理吸附排除气体	
	冷凝泵		
	冷凝吸附泵		

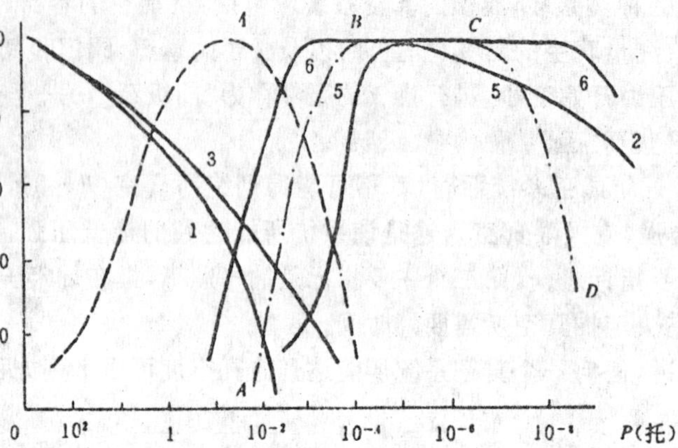

图 1-3 几种真空泵的抽速比较

1—单级旋片泵 2—溅射离子泵 3—双极旋片泵

4—罗茨泵 5—扩散泵 6—分子泵

一、机械泵

常用机械泵有旋片式、定片式和滑阀式等。其中旋片式机械泵噪声较小、运行速度高，应用最为广泛。其结构主要由定子、旋片和转子组成，这些部件全部浸在机械泵油中，转子偏心地置于定子泵内，如图 1-4 所示。其工作原理建立在玻-马洛特定律基础上，如图 1-5

所示。由于压强与体积的乘积等于一个与温度有关的常数。因此，在温度一定的情况下，容器的体积就与气体的压强成反比。图 1-5 示出了机械泵转子在连续旋转过程中的四个典型位置。一般旋片将泵腔分为三个部分：从进气口到旋片分隔的吸气空间；由两个旋片同泵壁分隔出的膨胀压缩空间和排气阀到旋片分隔的排气空间。图中(1)表示正在吸气，同时把上一周期吸入的气体逐步压缩；图中(2)表示吸气截止。此时，泵的吸气量达到最大并将开始压缩；图中(3)表示吸气空间另一次吸气，而排气空间继续压缩；图中(4)表示排气空间内的气体，已被压缩到当压强超过一个大气压时，气体便推开排气阀由排气管排出。如此不断循环，转子按箭头方向不停旋转，不断进行吸气、压缩和排气，于是与机械泵连接的真空容器便获得了真空。

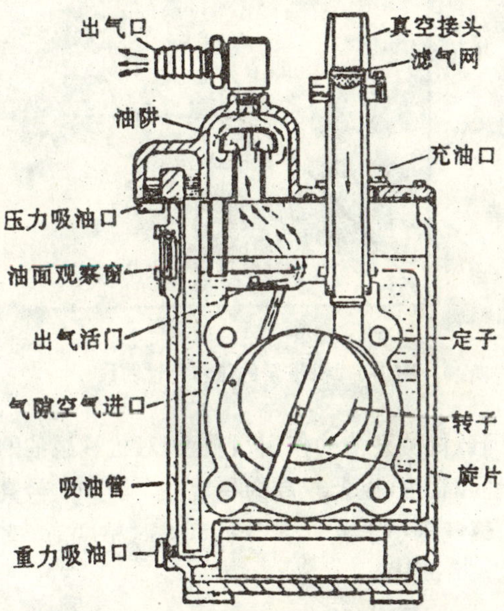

图 1-4　单级旋片式机械泵的结构

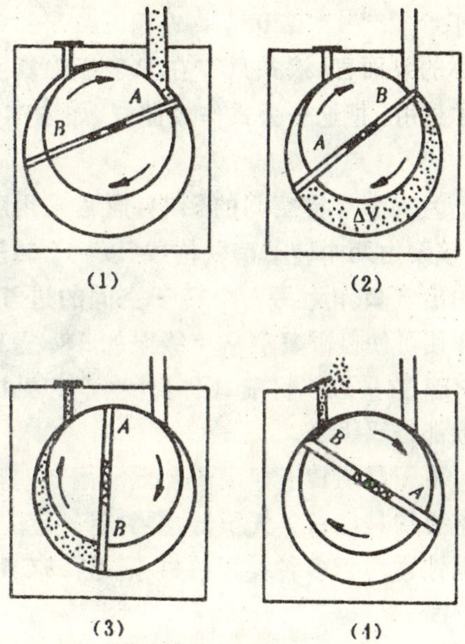

图 1-5　旋片式机械泵工作原理

如果待抽容器的体积为 V，初始压强为 P_0，转子第一次旋转所形成的空间体积为 ΔV（见图 1-5）。则根据玻义耳定律，旋片转过一周后，待抽空间的压强 P_1 降低为

$$P_1 = P_0 \cdot \frac{V}{V + \Delta V} \qquad 或 \qquad P_1(V + \Delta V) = P_0 V \tag{1-25}$$

经过 n 个循环后

$$P_n = P_0\left(\frac{V}{V + \Delta V}\right)^n \tag{1-26}$$

由此可以看出，只有在泵室大而被抽容积小，即 $\Delta V/V$ 越大，获得 P_n 所需时间才越短；n 越大 P_n 越小，理论上 $n \to \infty$ 时，$P_n \to 0$，但这在实际上是不可能的。当 n 足够大时，P_n 只会达到某一极限值 P_u，这是因为泵在结构上总是存在着“有害空间”的缘故。所谓有害空间是指出气口与转子密封点之间的极小空隙空间。

设每秒转子旋转 m 次，则 t 秒钟转子旋转的次数为

$$n = mt \tag{1-27}$$

这时待抽容器的压强 P_t 降低为

$$P_t = P_0\left(\frac{V}{V+\Delta V}\right)^{mt} \tag{1-28}$$

或

$$\frac{P_0}{P_t} = \left(1+\frac{\Delta V}{V}\right)^{mt} \tag{1-29}$$

由此可见 P_0/P_t 可以随容器内压强 P_t 的减小而增加。对于一定的机械泵及待抽容器，其 m、V 及 ΔV 均为常数，所以

$$\lg\frac{P_0}{P_t} = mt\cdot\lg\left(1+\frac{\Delta V}{V}\right) = Kt \tag{1-30}$$

式中 $K=m\lg\left(1+\frac{\Delta V}{V}\right)$ 也是一个常数。对于实际的泵而言，该式只有在 $P_t\gg$ 极限真空度时才适用。把这一公式作成曲线，如图 1-6 所示。

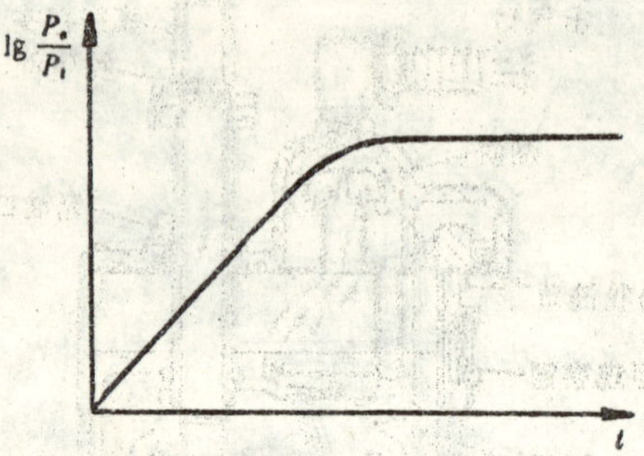

图 1-6 机械泵的工作特性曲线

为减小有害空间的影响，通常采用双级泵。该泵由两个转子串联构成，以一个转子空间的出气口作为另一个转子空间的进气口。这样便可使极限真空从单级泵的 1Pa 提高到 10^{-2}Pa 数量级。目前，国内外生产的机械泵一般都是双级泵。

由于泵的转子和定子全部浸泡在油箱内，因此机械泵油的作用很重要，对机械泵油的基本要求是饱和蒸气压低，要具有一定的润滑性和粘度，以及较高的稳定性。国产 1 号真空泵油适用于多种类型机械泵，在 20℃时饱和蒸气压小于 4×10^{-3}Pa，50℃时粘度为 5×10^{-2}Pa·s。

表 1-4 2X 旋片机械泵性能参数

型号	抽速(L/s)	极限真空(Pa)		配用电动机功率(kW)	进气口直径(mm)
		关气镇阀	开气镇阀		
2X-0.5	0.5	6.7×10^{-2}	6.7×10^{-1}	0.18	10
2X-1	1	6.7×10^{-2}	6.7×10^{-1}	0.25	15
2X-2	2	6.7×10^{-2}	6.7×10^{-1}	0.4	20
2X-4	4	6.7×10^{-2}	6.7×10^{-1}	0.6	25
2X-8	8	6.7×10^{-2}	6.7×10^{-1}	1.1	32
2X-15	15	6.7×10^{-2}	6.7×10^{-1}	2.2	50
2X-30	30	6.7×10^{-2}	6.7×10^{0}	4.5	65
2X-70	70	6.7×10^{-2}	6.7×10^{0}	7.5	80
2X-150	150	6.7×10^{-2}	6.7×10^{0}	14.0	125

使用机械泵抽除带有水蒸气的混合气体时，蒸气分压强也会在压缩过程中同样逐渐增大。当蒸气分压强增大到饱和蒸气压，而总压强还不足以推开排气阀所需的压强时，蒸

气就会凝结成水，并与机械泵油混合形成一种悬浊液，这将使泵油质量严重破坏，影响油的密封、润滑作用，并能使泵壁锈蚀。为此常常使用气镇泵，即在靠近排气口的地方开一小孔，在气体尚未压缩之前，由小孔渗入一定量的干燥空气，协助打开排气阀门，让水蒸气在未凝结之前被排除泵外。显然，气镇泵对极限真空度稍有影响。

表 1-4 列出了国产 2X 型旋片机械泵的基本参数。

二、扩散泵

扩散泵是利用被抽气体向蒸气流扩散的现象来实现排气作用的。扩散泵的结构示意及工作原理如图 1-7 所示。当扩散泵油被加热后会产生大量的油蒸气，油蒸气沿着蒸气导管传输到上部，经伞形喷嘴向外喷射出来。由于喷嘴外的压强较低，于是蒸气会向下喷射出较长距离，形成一高速定向的蒸气流。其射流的速度可高达 200m/s 左右，且其分压强低于扩散泵进气口上方被抽气体的分压强，两者形成压强差。这样真空室内的气体分子必然会向着压强较低的扩散泵喷口处扩散，同具有较高能量的超音速蒸气分子相碰撞而发生能量交换，驱使被抽气体分子沿蒸气流方向高速运动并被带往出口处，被机械泵抽走。而从喷嘴射出的油蒸气流喷到水冷的泵壁被冷凝成液体，流回泵底再重新被加热成蒸气。这样，在泵内保证了油蒸气的循环，使扩散泵能连续不断的工作，从而使被抽容器获得较高的真空度。

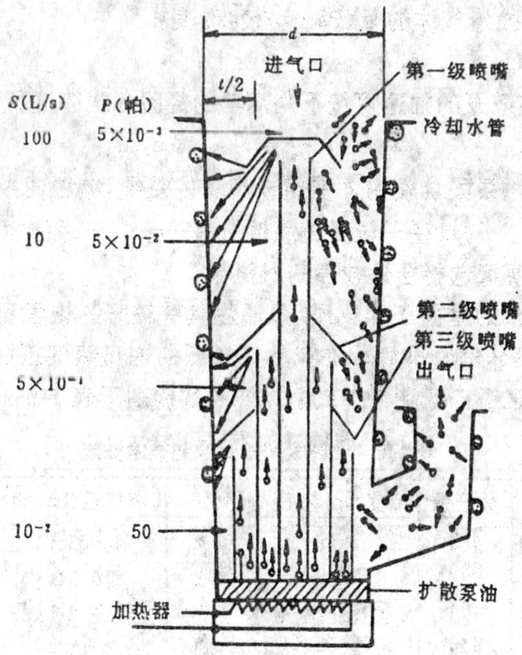

图 1-7 扩散泵的结构及工作原理

根据扩散泵理论，扩散泵的极限压强为

$$P_u = P_L \exp\left(-\frac{nvL}{D_0}\right) \tag{1-31}$$

式中，P_L 为前级真空泵压强；n 是蒸气分子密度；L 是蒸气流从泵的进气口到出气口的扩散长度；$D_0=ND=$ 常数，D 为蒸气中气体分子的扩散系数，可由 $D=\lambda v_a/3$ 计算得到；v 为油蒸气在喷口处的速度，可近似认为

$$v \approx 1.60 \times 10^4 \sqrt{\frac{T}{M}} \quad (\text{cm/s}) \tag{1-32}$$

式中，M 是油蒸气的分子量。

因 v、n、D_0、L 等均为正值，故 P_L/P_u 总是大于 1 的，此比值称扩散泵的压缩比。由式(1-31)可知，如果蒸气流速 v 和扩散长度 L 愈大，以及气体分子的扩散系数 D 愈小，由此喷嘴所产生的压缩比就愈高。则在一定的前级压强下经扩散泵抽气后所得的极限压强就愈低。另外，由于 P_u 与前级真空泵压强 P_L 成正比，所以为了提高扩散泵的极限真空，选配性能好的前级泵也十分重要。

扩散泵的抽气速率 S_J 与其进气口直径 d 有以下关系

$$S_J = 11.7H\frac{\pi d^2}{4} \quad (\text{L/s}) \tag{1-33}$$

式中，H 为抽速系数，它等于泵的实际抽速与理论最大抽速之比，一般为 0.5 左右。

扩散泵的实际抽速 S 为

$$S = \frac{Q}{P_L - P_u} \tag{1-34}$$

式中，Q 为扩散泵每秒抽走气体的量(Pa·L/s)；P_L 是扩散泵入口气体的总压强(Pa)；P_u 为扩散泵的极限压强(Pa)。

在实际应用中，扩散泵的抽速可按下列简单的经验公式来进行计算，十分简便可靠。

$$S = (3 \sim 4)d^2 \quad (\text{L/s}) \tag{1-35}$$

扩散泵必须与机械泵配合使用才能组成高真空系统，单独使用扩散泵是没有抽气作用的。经验指出，扩散泵的口径一般是镀膜钟罩的三分之一，而扩散泵的抽速大约为钟罩容积的 4～5 倍，由此便可选择合适抽速的机械泵。

扩散泵油是扩散泵的重要工作物质，泵油应具有较好的化学稳定性(无毒、无腐蚀)、热稳定性(在高温下不分解)、抗氧化性和具有较低的饱和蒸气压(≤10^{-4}Pa)以及在工作时应有尽可能高的蒸气压。几种常用扩散泵油的性能列于表 1-5。

表 1-5　几种国产扩散泵油技术性能

种　类	代号	分子量	粘度(cp,50℃)	外观	蒸气压(Pa,20℃)	极限压强(Pa,20℃)
扩散泵油	KB-1	350	≤65	淡黄	≤5.3×10^{-6}	3.3×10^{-4}
扩散泵油	KB-2	350	≤65	淡黄	≤5.3×10^{-6}	3.3×10^{-5}
扩散泵硅油	274	484	≤38(25℃)	无色	≤2.6×10^{-6}	8.0×10^{-5}
扩散泵硅油	275	546	≤65(25℃)	无色	—	3.0×10^{-6}
增压泵油	—	330	≤1.5	水白色	≤4×10^{-3}	—

油蒸气向真空室的返扩散会造成膜层污染。如无阻挡装置，返油率可高达 10^{-3}mg/cm²·s。因此，常在进气口安装水冷挡板或液氮冷阱，返油率可大大降低，约为原来的 1/10～1/1000。

三、分子泵与罗茨泵

当气体分子碰撞到高速移动的固体表面时，总会在表面停留很短的时间，并且在离开表面时将获得与固体表面速率相近的相对切向速率，这就是动量传输作用。涡轮分子泵就是利用这一现象而制成的，即它是靠高速转动的转子碰撞气体分子并把它驱向排气口，由前级泵抽走，而使被抽容器获得超高真空的一种机械真空泵。分子泵的结构如图 1-8 所示。分子泵的主要特点是：启动迅速，噪声小，运行平稳，抽速大，不需要任何工作液体。

罗茨泵又称机械增压泵，如图 1-9 所示，它是具有一对同步高速旋转的 8 字形转子的机械真空泵。它既应用分子泵的原理，又利用油封机械泵的变容积原理制成。

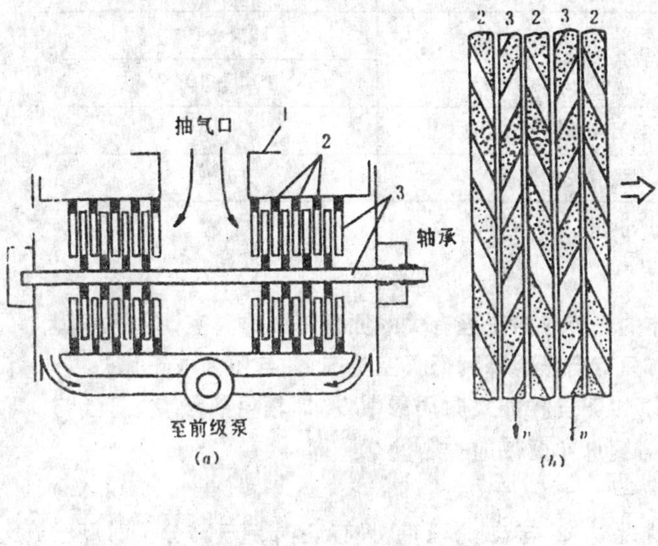

图 1-8　涡轮分子泵示意图

1—外壳　2—定子　3—转子

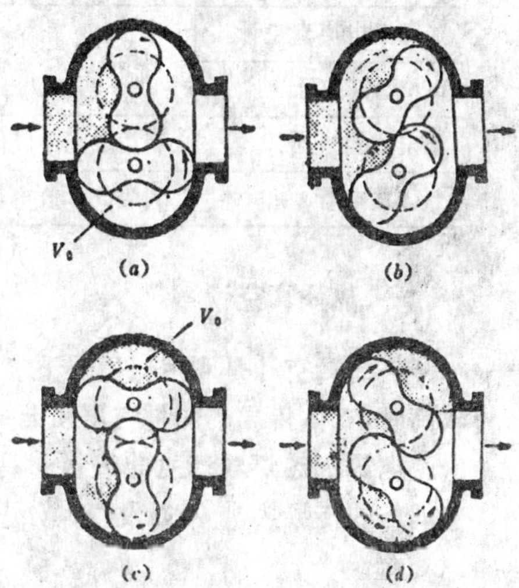

图 1-9　罗茨泵及其工作原理

罗茨泵的特点是：转子与泵体、转子与转子之间保持一不大的间隙（约 0.1mm），缝隙不需要油润滑和密封，故很少有油蒸气污染；由于这一结构，转子与泵体、转子与转子间没有摩擦，故允许转子有较大的转速（可达 3000 转/分）；此外，罗茨泵还具有启动快，振动小，在很宽的压强范围内（1.33×10^{2}～1.33Pa）具有很大的抽速等特点。罗茨泵的极限压强可达 10^{-4}Pa（双级泵）。罗茨泵必须和前级泵串联使用。

§1-4　真空的测量

为了判断和检定真空系统所达到的真空度，必须对真空容器内的压强进行测量。但在真空技术中遇到的气体压强都很低，要直接测量其压力是极不容易的。因此，都是利用测定在低气压下与压强有关的某些物理量，再经变换后确定容器的压强。当压强改变时，这些和压强有关的特性也随之变化的物理现象，就是真空测量的基础。任何具体的物理特性，都是在某一压强范围内才最显著。因此，任何方法都有其一定的测量范围，这个范围就是该真空计的“量程”。目前，还没有一种真空计能够测量从大气到 10^{-10}Pa 的整个领域的真空度。真空计按照不同的原理和结构可分成许多类型。表 1-6 列出几种真空计的主要特性。下面对在薄膜技术中常用的真空计作一介绍。

表 1-6 几种真空计的工作原理与测量范围

名　称	工作原理	测量范围 (Pa)
U 形管压力计	利用大气与真空压差	$10^5 \sim 10^{-2}$
水银压缩真空计	根据玻义耳定律	$10^3 \sim 10^{-4}$
电阻真空计	利用气体分子热传导	$10^4 \sim 10^{-2}(10^{-3})$
热偶真空计	利用气体分子热传导	$10^4 \sim 10^{-2}(10^{-3})$
热阴极电离真空计	利用热电子电离残余气体	$10^{-1} \sim 10^{-5}$
B-A 型真空计	利用热电子电离残余气体	$10^{-1} \sim 10^{-10}$
潘宁磁控电离计	利用磁场中气体电离与压强有关的原理	$1 \sim 10^{-5}$
气体放电管	利用气体放电与压强有关的性质	$10^3 \sim 1$

一、热偶真空计

热偶真空计是利用低压强下气体的热传导与压强有关的原理制成的真空计。当压强较高时，气体传导的热量与压强无关，只有当压强降到低真空范围，才与压强成正比。

电源加热灯丝产生的热量 Q 将以如下三种方式向周围散发，即辐射热量 Q_1、灯丝与热偶丝的传导热量 Q_2 以及气体分子碰撞灯丝而带走的热量 Q_3。即

$$Q = Q_1 + Q_2 + Q_3 \tag{1-36}$$

热平衡时，灯丝温度 T 为一定值。此时，Q_1 与 Q_2 为恒量，只有 Q_3 才随气体分子对灯丝的碰撞次数而变化，即与气体分子数有关，或与气体压强有关。压强愈高，气体分子数多，碰撞次数多，灯丝被带走的热量就多，灯丝温度变化就大。利用测定热丝电阻值随温度变化的真空计称为热阻真空计（图 1-10)，直接用热电偶测量热丝温度的真空计叫做热偶真空计（图 1-11)。热电偶有镍铬-康铜、铁-康铜或铜-康铜等。热偶真空计应用十分广泛，热丝表面温度的高低与热丝所处的真空状态有关。真空度高，则热丝表面温度高（和热丝碰撞的气体分子少)，热电偶输出的热电势也高；真空度低，则热丝表面温度低（和热丝碰撞的气体分子多，带走的热量较多)，热电偶输出的电动势也小。

二、电离真空计

电离真空计是目前测量高真空的主要仪器。它是利用气体分子电离的原理来测量真空度。根据气体电离源的不同，又分为热阴极电离真空计和冷阴极电离真空计，前者应用极为普遍，其结构如图 1-12 所示，与一只真空三极管类似。在稀薄气体中，灯丝发射的电子经加速电场加速，具有足够的能量，在与气体分子碰撞时，能引起气体分子电离，产生正离子和次级电子。电离几率的大小与电子的能量有关。电子在一定的飞行路途中与分子碰撞的次数（或产生的正离子数)，与气体分子密度成正比，因为 $P = nkT$，故在一定温度

下，亦即比例于气体压强 P。或者说产生的正离子数亦正比于压强 P。因此，根据电离真空计离子收集极收集离子数的多少，就可确定被测空间的压强大小，这就是电离真空计的工作原理。

根据以下公式可估算出电离计中离子电流与气体压强的关系。设电子从阴极飞到加速极的总路程长度为 L(cm)，则离子电流 I_i(mA)与压强之间的关系为

$$I_i = I_e WLP \tag{1-37}$$

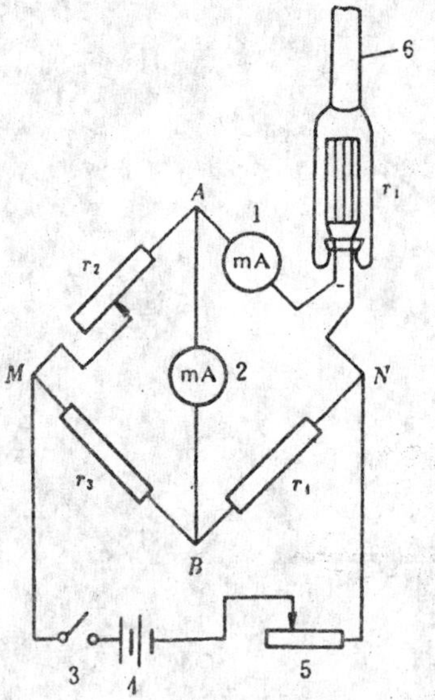

图 1-10 热阻真空计
r—电阻 1,2—毫安表
3—开关 4—电源 5—电位器
6—接真空系统

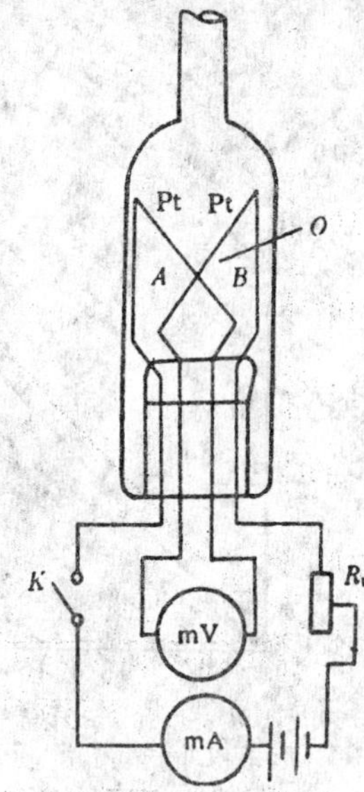

图 1-11 热偶真空计
P_t—加热铂丝 A,B—热电偶丝
O—热电偶接点 R_t—可变电阻

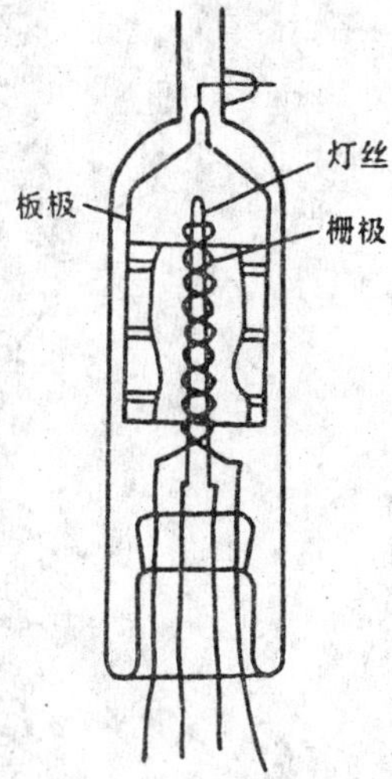

图 1-12 DL-2 型热阴极电离真空计规管

式中，I_e 为阴极(灯丝)的发射电流(常定为 5mA)；W 为 $P=1$Pa 时每个电子飞行 1cm 所产生的电子—离子对数，称为电离效率，是电子能量的函数。

考虑到电子在飞行途中能量有所变化，则上式应改写为

$$I_i = I_e \sum_{i=1}^{n} W_i \Delta L_i P \tag{1-38}$$

式中，ΔL_i 为路程 L 分为 n 段时第 i 段的长度；W_i 为 L 路程中第 i 段电子能量的函数。

再考虑到并非所有电子和离子都被收集，如部分电子和离子会到达管壁，则式(1-38)应修正为

$$I_i = I_e \alpha\beta \sum_{i=1}^{n} W_i \Delta L_i P \tag{1-39}$$

式中，α、β 分别为 I_i 和 I_e 的修正系数。于是可将上式改写为

$$I_i = I_e KP \quad 或 \quad \frac{I_i}{I_e} = KP \tag{1-40}$$

K 为常数，称电离真空计的灵敏度，其意义为在单位电子电流和单位压强下所得到的离子电流值，单位为 1/Pa，一般通过实验确定，通常为 4～40。当 I_e 为常数时有

$$I_i = I_e KP = CP \tag{1-41}$$

即得离子流仅与压强成正比，因此只要测出此时离子流，经电路放大后，就可转换为压强刻度在表头上表示。

热阴极电离真空计的测量范围一般为 10^{-1}～10^{-6}Pa（见图 1-13）。在压强大于 10^{-1}Pa 左右时，虽然气体分子数增加，电子与分子的碰撞数增加，但能量下降，电离几率降低，所以当压强增加到一定程度时电离作用达到饱和，使曲线偏离线性，故测量的上限为 10^{-1} Pa。

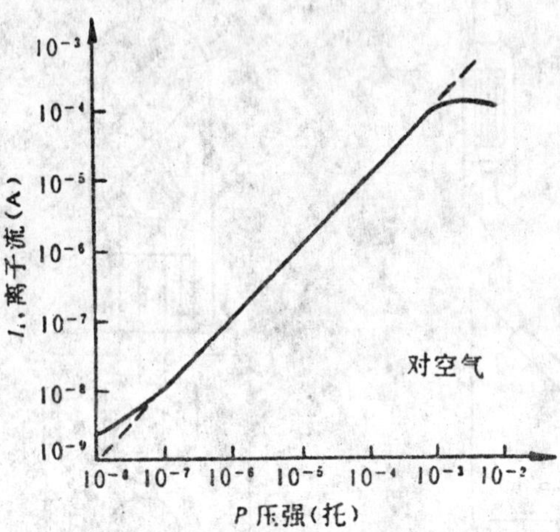

图 1-13　离子电流与压强的关系

在低压强下（小于 10^{-6}Pa），具有一定能量的高速电子打到加速极上，产生软 X 射线，当其辐射到离子收集极时，将自己的能量交给金属中的自由电子，会使自由电子逸出金属而形成光电流，导致离子流增加，即这时由离子收集极测得的离子流是离子电流与光电流二者之和，当二者在数值上可比拟时，曲线也将偏离线性。故 10^{-6}Pa 就成为测量的下限压强值。B-A 型电离真空计将收集极改成针状，把灯丝放在加速极外边，使收集极受软 X 射线照射的面积减小，于是可测量更高的真空度（～10^{-10}Pa）。

第二章　真空蒸发镀膜法

真空蒸发镀膜法（简称真空蒸镀）是在真空室中，加热蒸发容器中待形成薄膜的原材料，使其原子或分子从表面气化逸出，形成蒸气流，入射到固体（称为衬底或基片）表面，凝结形成固态薄膜的方法。由于真空蒸发法或真空蒸镀法主要物理过程是通过加热蒸发材料而产生，所以又称热蒸发法。采用这种方法制造薄膜，已有几十年的历史，用途十分广泛。近年来，该法的改进主要是在蒸发源上。为了抑制或避免薄膜原材料与蒸发加热器发生化学反应，改用耐热陶瓷坩埚，如BN坩埚。为了蒸发低蒸气压物质，采用电子束加热源或激光加热源。为了制造成分复杂或多层复合薄膜，发展了多源共蒸发或顺序蒸发法。为了制备化合物薄膜或抑制薄膜成分对原材料的偏离，出现了反应蒸发法等。

本章主要介绍蒸发原理、蒸发源的发射特性、膜厚测量与有关蒸发的工艺技术。

§2-1　真空蒸发原理

一、真空蒸发的特点与蒸发过程

一般说来，真空蒸发（除电子束蒸发外）与化学气相沉积、溅射镀膜等成膜方法相比较，有如下特点：设备比较简单、操作容易；制成的薄膜纯度高、质量好，厚度可较准确控制；成膜速率快、效率高，用掩模可以获得清晰图形；薄膜的生长机理比较单纯。这种方法的主要缺点是，不容易获得结晶结构的薄膜、所形成薄膜在基板上的附着力较小、工艺重复性不够好等。

图2-1为真空蒸发镀膜原理示意图。主要部分有：（1）真空室，为蒸发过程提供必要的真空环境；（2）蒸发源或蒸发加热器，放置蒸发材料并对其进行加热；（3）基板，用于接收蒸发物质并在其表面形成固态蒸发薄膜；（4）基板加热器及测温器等。

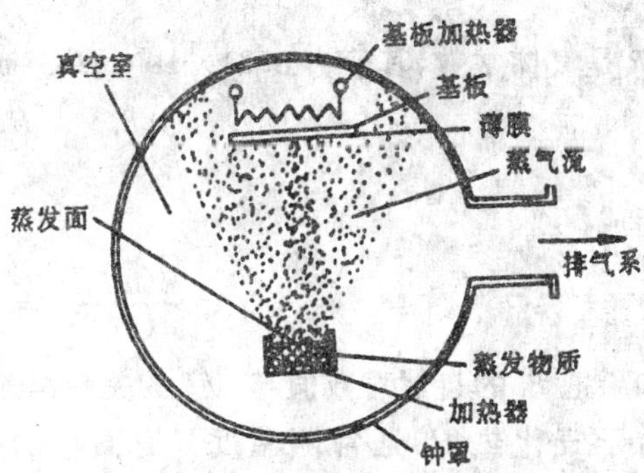

图2-1　真空蒸发镀膜原理示意图

真空蒸发镀膜包括以下三个基本过程：

（1）加热蒸发过程。包括由凝聚相转变为气相（固相或液相→气相）的相变过程。每种蒸发物质在不同温度时有不相同的饱和蒸气压；蒸发化合物时，其组分之间发生反应，其中有些组分以气态或蒸气进入蒸发空间。

（2）气化原子或分子在蒸发源与基片之间的输运，即这些粒子在环境气氛中的飞行过程。飞行过程中与真空室内残余气体分子发生碰撞的次数，取决于蒸发原子的平均自由程，以及从蒸发源到基片之间的距离，常称源—基距。

(3)蒸发原子或分子在基片表面上的淀积过程，即是蒸气凝聚、成核、核生长、形成连续薄膜。由于基板温度远低于蒸发源温度，因此，沉积物分子在基板表面将直接发生从气相到固相的相转变过程。

上述过程都必须在空气非常稀薄的真空环境中进行。否则，蒸发物原子或分子将与大量空气分子碰撞，使膜层受到严重污染，甚至形成氧化物；或者蒸发源被加热氧化烧毁；或者由于空气分子的碰撞阻挡，难以形成均匀连续的薄膜。

二、饱和蒸气压

在一定温度下，真空室内蒸发物质的蒸气与固体或液体平衡过程中所表现出的压力称为该物质的饱和蒸气压。此时蒸发物表面液相、气相处于动态平衡，即到达液相表面的分子全部粘接而不离开，与从液相到气相的分子数相等。物质的饱和蒸气压随温度的上升而增大，在一定温度下，各种物质的饱和蒸气压不相同，且具有恒定的数值。相反，一定的饱和蒸气压必定对应一定的物质的温度。已经规定物质在饱和蒸气压为 10^{-2}托时的温度，称为该物质的蒸发温度。

饱和蒸气压 P_v 与温度 T 之间的数学表达式，可从克拉伯龙-克劳修斯(Clapeylon-Clausius)方程式推导出来

$$\frac{dP_v}{dT}=\frac{H_v}{T(V_g-V_s)} \tag{2-1}$$

式中，H_v 为摩尔气化热或蒸发热(J/mol)；V_g 和 V_s 分别为气相和固相或液相的摩尔体积(cm^3)；T 为绝对温度(K)。

因为 $V_g \gg V_s$，并假设在低气压下蒸气分子符合理想气体状态方程，则有

$$V_g - V_s \approx V_g \quad , \quad V_g = \frac{RT}{P_v} \tag{2-2}$$

式中，R 是气体常数，其值为 8.31×10^7erg/K·mol。故方程式(2-1)可以写成

$$\frac{dP_v}{P_v} = \frac{H_v \cdot dT}{RT^2} \tag{2-3}$$

亦可写成

$$\frac{d(\ln P_v)}{d(1/T)} = \frac{-H_v}{R}$$

如果把 P_v 的自然对数值与 $1/T$ 的关系作图表示，应该是一条直线。

由于气化热 H_v 通常随温度只有微小的变化，故可近似地把 H_v 看作常数，于是式(2-3)求积分得

$$\ln P_v = C - \frac{H_v}{RT} \tag{2-4}$$

式中 C 为积分常数。式(2-4)常采用常用对数表示为

$$\lg P_v = A - \frac{B}{T} \tag{2-5}$$

式中，A、B 为常数，$A=C/2.3$，$B=H_v/2.3R$，A、B 值可由实验确定。而且在实际上 P_v 与 T 之间的关系多由实验确定。且有 $H_v=19.12B$(J/mol)关系存在。式(2-5)即为蒸发材料的饱和蒸气压与温度之间的近似关系式。对于大多数材料而言，在蒸气压小于 1 托(133 帕)的比较窄的温度范围内，式(2-5)才是一个精确的表示式。

表 2-1 和图 2-2 分别给出了常用金属的饱和蒸气压与温度之间的关系，从图 2-2 的 $\lg P_v \sim 1/T$ 近似直线图看出，饱和蒸气压随温度升高而迅速增加，并且到达正常蒸发速率所需温度，即饱和蒸气压约为 1Pa 时的温度。因此，在真空条件下物质的蒸发要比常压下容易得多，所需蒸发温度也大大降低，蒸发过程也将大大缩短，蒸发速率显著提高。

表 2-1　一些常用材料的蒸气压与温度关系

金属	分子量	不同蒸气压 P_v(Pa)下的温度 T(K)						熔点(K)	蒸发速率 *
		10^{-8}	10^{-6}	10^{-4}	10^{-2}	10^{0}	10^{2}		
Au	197	964	1080	1220	1405	1670	2040	1336	6.1
Ag	107.9	759	847	958	1105	1300	1605	1234	9.4
In	114.8	677	761	870	1015	1220	1520	429	9.4
Al	27	860	958	1085	1245	1490	1830	932	18
Ga	69.7	796	892	1015	1180	1405	1745	303	11
Si	28.1	1145	1265	1420	1610	1905	2330	1685	15
Zn	65.4	354	396	450	520	617	760	693	17
Cd	112.4	310	347	392	450	538	665	594	14
Te	127.6	385	428	482	553	647	791	723	12
Se	79	301	336	380	437	516	636	490	17
As	74.9	340	377	423	477	550	645	1090	17
C	12	1765	1930	2140	2410	2730	3170	4130	19
Ta	181	2020	2230	2510	2860	3330	3980	3270	4.5
W	183.8	2150	2390	2680	3030	3500	4180	3650	4.4

* 单位：$J\times10^{17}(cm^{-2}\cdot s^{-1})$($P\approx1$ Pa，粘附系数 $\alpha\approx1$)

强调指出，饱和蒸气压 P_v 与温度 T 的关系曲线对于薄膜制作技术有重要的实际意义，它可以帮助我们合理地选择蒸发材料及确定蒸发条件。

三、蒸发速率

根据气体分子运动论，在处于热平衡状态时，压强为 P 的气体，单位时间内碰撞单位面积器壁的分子数

$$J=\frac{1}{4}nv_a=\frac{P}{\sqrt{2\pi mkT}} \tag{2-6}$$

式中，n 是分子密度，v_a 是算术平均速度，m 是分子质量，k 为玻尔兹曼常数。如果考虑在实

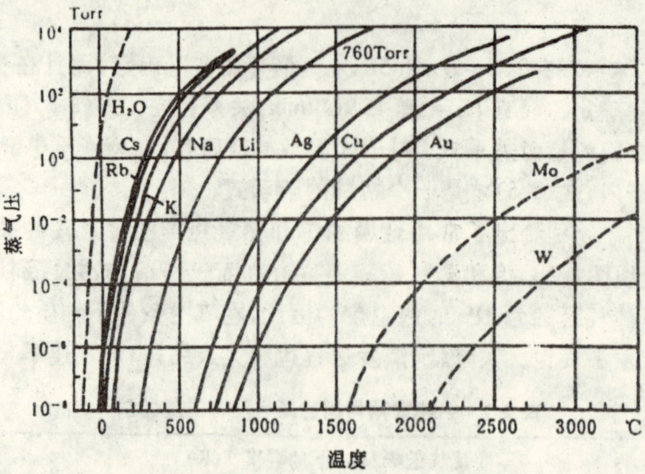

(a)周期表Ⅰ族元素的蒸气压

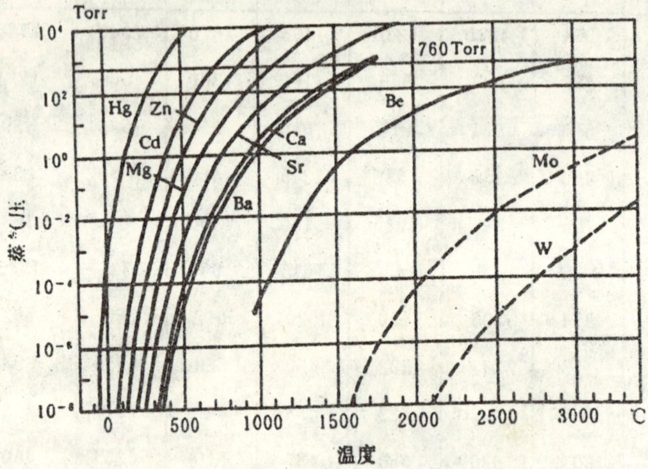

(b)周期表Ⅱ族元素的蒸气压

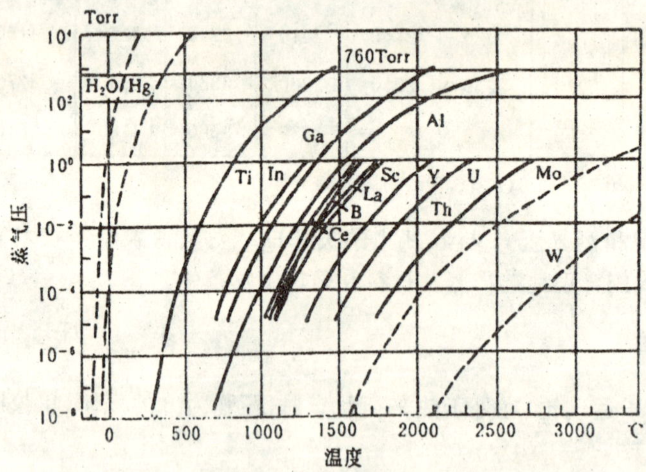

(c)周期表Ⅲ族元素的蒸气压

图 2-2 各种元素的蒸气压与温度关系

际蒸发过程中，并非所有蒸发分子全部发生凝结，上式可改写为

$$J_c = \alpha P_v / \sqrt{2\pi mkT} \tag{2-7}$$

式中，α 为冷凝系数，一般 $\alpha \leqslant 1$，P_v 为饱和蒸气压。

设蒸发材料表面液相、气相处于动态平衡，到达液相表面的分子全部粘接而不脱离，与从液相到气相的分子数相等，则蒸发速率可表示为

$$J_e = \frac{dN}{A \cdot dt} = \frac{\alpha_e(P_v - P_h)}{\sqrt{2\pi mkT}} \tag{2-8}$$

式中，dN 为蒸发分子（原子）数，α_e 为蒸发系数，A 为蒸发表面积，t 为时间（秒）、P_v 和 P_h 分别为饱和蒸气压与液体静压（Pa）。

当 $\alpha_e = 1$ 和 $P_h = 0$ 时，得最大蒸发速率

$$J_m = \frac{dN}{Adt} = \frac{P_v}{\sqrt{2\pi mkT}} \quad (\text{cm}^{-2} \cdot \text{s}^{-1}) \tag{2-9}$$

$$\approx 3.51 \times 10^{22} P_v \left(\frac{1}{\sqrt{TM}} \right) \quad (\text{个 /cm}^2 \cdot \text{s,Torr})$$

$$\approx 2.64 \times 10^{24} P_v \left(\frac{1}{\sqrt{TM}} \right) \quad (\text{个 /cm}^2 \cdot \text{s,Pa})$$

式中，M 为蒸发物质的摩尔质量。朗谬尔（Langmuir）指出，式（2-9）对从固体自由表面的蒸发也是正确的。如果对式（2-9）乘以原子或分子质量，则得到单位面积的质量蒸发速率

$$G = mJ_m = \sqrt{\frac{m}{2\pi kT}} \cdot P_v \tag{2-10}$$

$$\approx 5.83 \times 10^{-2} \sqrt{\frac{M}{T}} \cdot P_v \quad (\text{g/cm}^2 \cdot \text{s,Torr})$$

$$\approx 4.37 \times 10^{-3} \sqrt{\frac{M}{T}} \cdot P_v \quad (\text{kg/m}^2 \cdot \text{s,Pa})$$

此式是描述蒸发速率的重要表达式，它确定了蒸发速率、蒸气压和温度之间的关系。

必须指出，蒸发速率除与蒸发物质的分子量、绝对温度和蒸发物质在温度 T 时的饱和蒸气压有关外，还与材料自身的表面清洁度有关。特别是蒸发源温度变化对蒸发速率影响极大。如果将饱和蒸气压与温度的关系式（2-5）代入式（2-10），并对其进行微分，即可得出蒸发速率随温度变化的关系式，即

$$\frac{dG}{G} = \left(2.3 \frac{B}{T} - \frac{1}{2} \right) \frac{dT}{T} \tag{2-11}$$

或

$$\frac{dG}{G} = \left(\frac{B}{T} - \frac{1}{2} \right) \frac{dT}{T}$$

对于金属，$2.3B/T$ 通常在 20～30 之间，即有

$$\frac{dG}{G} = (20 \sim 30) \frac{dT}{T} \tag{2-12}$$

由此可见，在蒸发温度以上进行蒸发时，蒸发源温度的微小变化即可引起蒸发速率发

生很大变化。因此，在制膜过程中，要想控制蒸发速率，必须精确控制蒸发源的温度，加热时应尽量避免产生过大的温度梯度。蒸发速率正比于材料的饱和蒸气压，温度变化 10% 左右，饱和蒸气压就要变化一个数量级左右。

下面计算由于 1% 的温度变化，所引起铝蒸发薄膜生长速率的变化情况。B 值可由式(2-5)计算求得，取为 3.586×10^4(K)，在蒸气压为 1 托时的蒸发温度值为 1830K，由式(2-11)

$$\frac{dG}{G}=\left(\frac{3.586\times10^4}{1830}-\frac{1}{2}\right)\times10^{-2}=0.1909$$

以上说明，蒸发源 1% 的温度变化会引起生长速率有 19% 的改变。

四、蒸发分子的平均自由程与碰撞几率

真空室内存在着两种粒子，一种是蒸发物质的原子或分子，另一种是残余气体分子。真空蒸发实际上都是在具有一定压强的残余气体中进行的。显然，这些残余气体分子会对薄膜的形成过程乃至薄膜的性质产生影响。

由气体分子运动论可求出在热平衡条件下，单位时间通过单位面积的气体分子数 N_g 为

$$N_g=3.513\times10^{22}\frac{P}{\sqrt{TM}}\ (\text{个}/\text{cm}^2\cdot\text{s}) \tag{2-13}$$

此式与式(2-9)是相同的，式中 P 是气体压强(托)；M 是气体的摩尔质量(克)，T 是气体温度(K)，N_g 就是气体分子对基板的碰撞率。

表 2-2 给出几种典型气体分子的 N_g。由该表可见，每秒钟大约有 10^{15} 个气体分子到达单位基板表面，而一般的薄膜淀积速率为几 Å/s(大约 1 个原子层厚)。很显然，在残余气体压强为 10^{-5} 托时，气体分子与蒸发物质原子几乎按 1∶1 的比例到达基板表面。气体分子对基板表面的粘附系数，决定于残余气体分子与基板表面的性质以及基板温度等因素。对于化学活性大的基板粘附系数大约为 1。因此，要获得高纯度的薄膜，就必须要求残余气体的压强应非常低。

表 2-2　气体分子的碰撞次数

物　质	分子量	N_g($\text{cm}^{-2}\cdot\text{s}^{-1}$)*	
		10^{-5}(托)	10^{-2}(托)
H_2	2	1.4×10^{15}	1.4×10^{18}
Ar	40	3.2×10^{15}	3.2×10^{18}
O_2	32	3.6×10^{15}	3.6×10^{18}
N_2	28	3.8×10^{15}	3.8×10^{18}

* $T=300$K，粘附系数 $a\approx1$

蒸发材料分子在残余气体中飞行，这些粒子在不规则的运动状态下，相互碰撞，又与真空室壁相撞，从而改变了原有的运动方向并降低其运动速度。如前所述，粒子在两次碰撞之间所飞行的平均距离称为蒸发分子的平均自由程 λ，并可表示为

$$\lambda=\frac{1}{\sqrt{2}\,n\pi d^2}=\frac{kT}{\sqrt{2}\,\pi P d^2}$$
$$=\frac{2.331\times10^{-20}T}{P(\text{托})d^2}$$
$$=\frac{3.107\times10^{-18}T}{P(\text{帕})d^2} \tag{3-14}$$

式中，n 是残余气体分子密度，d 是碰撞截面，大约为几个$(\text{Å})^2$。例如，在 10^{-2}帕($n\approx3\times10^{12}/\text{cm}^3$)的气体压强下，蒸发分子在残余气体中的 λ 大约为 50cm，这与普通真空镀膜室的尺寸不相上下。因此，可以说在高真空条件下大部分的蒸发分子几乎不发生碰撞而直接到达基板表面。

显然，平均自由程及蒸发分子与残余气体分子的碰撞都具有统计规律。设 N_0 个蒸发分子飞行距离 x 后，未受到残余气体分子碰撞的数目

$$N_x = N_0 e^{-x/\lambda}$$

则被碰撞的分子百分数

$$f=1-\frac{N_x}{N_0}=1-e^{-x/\lambda} \tag{2-15}$$

图 2-3 是根据式(2-15)进行计算所得蒸发分子在源—基之间渡越过程中，蒸发分子的碰撞百分数与实际行程对平均自由程之比的曲线。当平均自由程等于源—基距时，大约有63%的蒸发分子受到碰撞；如果平均自由程增加10倍，则碰撞几率将减小到9%左右。由此可见，只有当 $\lambda\gg l$(l 为源—基距)时，即只有在平均自由程较源—基距大得多的情况下，才能有效减少蒸发分子在渡越中的碰撞现象。

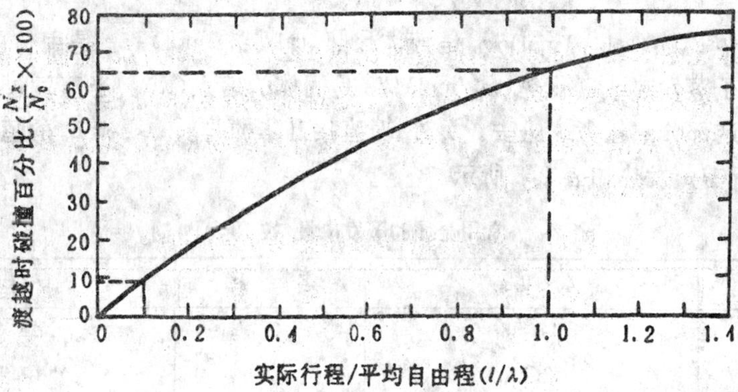

图 2-3 渡越过程中蒸发分子的碰撞几率与实际行程对平均自由程之比的关系曲线

如果真空度足够高，平均自由程足够大，且满足条件 $\lambda\gg l$，则有 $f\approx l/\lambda$，将式(1-19)代入后可得

$$f\approx1.50lP \tag{2-16}$$

由此则得出，为了保证镀膜质量，在要求 $f\leqslant0.1$ 时，若源—基距 $l=25\text{cm}$ 时，必须 $P\leqslant3\times10^{-3}\text{Pa}$。

除了上述残余气体分子的存在，对平均自由程的影响外，还应注意其对膜层的污染影

响，即对于残余气体的组成也应加以注意。一般说来，真空室内的残余气体主要由氧、氮、水汽、扩散泵油蒸气、真空室内支架及夹具以及蒸发源材料所含的污染气体等组成。这些残余气体分子存在于真空室密闭系统中，主要是由于真空系统表面的解吸作用、蒸发源的释气和真空泵的回流扩散现象所形成的。对于设计优良的真空泵及其系统，泵的回流扩散作用并不严重。除了蒸发源在实际蒸发时所释放的气体以外，当气体压强低于 10^{-4}Pa 时，被解吸的吸附于真空室内各种表面的吸附分子是主要的气体来源。

实际淀积薄膜时，由于残余气体和蒸发薄膜及蒸发源之间的相互反应，情况比较复杂，定量而可靠的实验数据较少。但是，对于大多数真空系统来说，水汽是残余气体的主要组份。水汽可与新生态的金属膜发生反应，生成氧化物而释放出氢气；或者与 W、Mo 等加热器材料作用，生成氧化物和氢。

五、蒸发所需热量和蒸发粒子的能量

电阻式蒸发源所需热量，除将蒸发材料加热蒸发所需热量外，还必须考虑蒸发源在加热过程中产生的热辐射和热传导所损失的热量。即蒸发源所需的总热量 Q 为

$$Q = Q_1 + Q_2 + Q_3 \tag{2-17}$$

式中，Q_1——蒸发材料蒸发时所需的热量；Q_2——蒸发源因热辐射所损失的热量；Q_3——蒸发源因热传导而损失的热量。

1. 蒸发材料蒸发时所需热量

如果将分子量为 M 重量为 W 克的物质，从室温 T_0 加热到蒸发温度 T 所需的热量为 Q_1，则

$$Q_1 = \frac{W}{M}\left(\int_{T_0}^{T_m} c_s dT + \int_{T_m}^{T} c_L dT + L_m + L_v\right) \tag{2-18}$$

式中，c_s 是固体比热(cal/℃ mol)；c_L 是液体比热(cal/℃ · mol)；L_m 是固体的熔解热(cal/mol)；L_v 是分子蒸发热或气化热(cal/mol)；T_m 是固体的熔点(K)。当蒸发过程有生成或分解时，还须将这部分热量考虑进去。另外，对直接升华的物质，L_m 和 L_v 的值可不考虑。常用金属材料所需蒸发热如表 2-3 所示。

表 2-3　常用金属的蒸发热量(在 $P=1$Pa 时)

名　称	Q_1(kJ/g)	名　称	Q_1(kJ/g)
Al	12.98	Cr	8.37
Ag	2.85	Zr	7.53
Au	2.01	Ta	4.60
Ba	1.34	Ti	10.47
Zn	2.09	Pb	1.00
Cd	10.47	Ni	7.95
Fe	79.53	Pt	3.14
Cu	5.86	Pd	4.02

从表中可以看出，不同物质在相同压强下所需的蒸发热是不相同的。

应当指出，蒸发热量 Q 值的 80%以上是作为蒸发热 L_s 而消耗掉的。此外，还有辐射和传导损失的热量。

2. 热辐射损失的热量估计

这部分损失的热量与蒸发源的形状、结构和蒸发源材料有关，可由下式估计

$$Q_2 = \sigma \cdot \alpha_s \cdot T^4 \tag{2-19}$$

式中，σ 是斯特范-玻尔兹曼(Stefan-Boltzmann)常数，$\sigma = 5.668 \times 10^{-12} \mathrm{W/cm^2 \cdot ℃^4}$ 或 $\sigma = 1.35 \times 10^{-12} \mathrm{Cal/cm^2 \cdot s \cdot ℃^4}$；$\alpha_s$ 为辐射系数，可从物理手册中查知；T 为蒸发温度。

3. 热传导的损失热量

如果按单层屏蔽热传导计算，则

$$Q_3 = \frac{\zeta F(T_1 - T_2)}{S} \tag{2-20}$$

式中，ζ 是电极材料的热传导系数；F 为导热面积；S 是导热壁的厚度；T_1 是高温面温度；T_2 是低温面温度。

蒸发源所需的总热量 Q 即为蒸发源所需的总功率。

§2-2 蒸发源的蒸发特性及膜厚分布

在真空蒸发镀膜过程中，能否在基板上获得均匀膜厚，是制膜的关键问题。基板上不同蒸发位置的膜厚，取决于蒸发源的蒸发(或发射)特性、基板与蒸发源的几何形状、相对位置以及蒸发物质的蒸发量。镀膜过程中对于膜厚的分布如何，也是人们十分关心的问题。

为了对膜厚进行理论计算，找出其分布规律，首先对蒸发过程作如下几点假设：

(1)蒸发原子或分子与残余气体分子间不发生碰撞；

(2)在蒸发源附近的蒸发原子或分子之间也不发生碰撞；

(3)蒸发淀积到基板上的原子不发生再蒸发现象，即第一次碰撞就凝结于基板表面上。

上述假设的实质就是设每一个蒸发原子或分子，在入射到基板表面上的过程中均不发生任何碰撞，而且到达基板后又全部凝结。显然，这必然与实际的蒸发过程有所出入。但是，这些假设对于在 10^{-3}Pa 或更低的压强下所进行的蒸发过程来说，它与实际情形是非常接近的。因此，可以说目前通常的蒸发装置一般都能满足上述条件。

蒸发源的种类繁多，下面分别介绍几种最常用的蒸发源。

一、点蒸发源

通常将能够从各个方向蒸发等量材料的微小球状蒸发源称为点蒸发源(简称点源)。一个很小的球 dS，以每秒 m 克的相同蒸发速率向各个方向蒸发，则在单位时间内，在任何方向上，通过如图 2-4 所示立体角 $d\omega$ 的蒸发材料总量为 dm，此角度为蒸发源和表面的角度，则有

$$dm = \frac{m}{4\pi} \cdot d\omega \tag{2-21}$$

因此，在蒸发材料到达与蒸发方向成 θ 角的小面积 dS_2 的几何尺寸已知时，则淀积在此面积上的膜材厚度与数量即可求得。由图可知

$$dS_1 = dS_2 \cdot \cos\theta$$

$$dS_1 = r^2 \cdot d\omega$$

则有

$$d\omega = \frac{dS_2 \cdot \cos\theta}{r^2} = \frac{dS_2 \cdot \cos\theta}{h^2 + x^2} \tag{2-22}$$

式中，r 是点源与基板上被观察膜厚点的距离。所以，蒸发材料到达 dS_2 上的蒸发速率 dm 可写成

$$dm = \frac{m}{4\pi} \cdot \frac{\cos\theta}{r^2} \cdot dS_2 \tag{2-23}$$

假设蒸发膜的密度为 ρ；单位时间内淀积在 dS_2 上的膜厚为 t，则淀积到 dS_2 上的薄膜体积为 $t \cdot dS_2$，则

$$dm = \rho \cdot t \cdot dS_2 \tag{2-24}$$

将此值代入式(2-23)，则可得基板上任意一点的膜厚

$$t = \frac{m}{4\pi\rho} \cdot \frac{\cos\theta}{r^2} \tag{2-25}$$

经整理后得

$$t = \frac{mh}{4\pi\rho r^3} = \frac{mh}{4\pi\rho(h^2 + x^2)^{3/2}} \tag{2-26}$$

当 dS_2 在点源的正上方，即 $\theta=0$ 时，$\cos\theta=1$，用 t_0 表示原点处的膜厚，即有

$$t_0 = \frac{m}{4\pi\rho h^2} \tag{2-27}$$

显然，t_0 是在基板平面内所能得到的最大膜厚。则在基板架平面内膜厚分布状况可用下式表示

$$\frac{t}{t_0} = \frac{1}{[1 + (x/h)^2]^{3/2}} \tag{2-28}$$

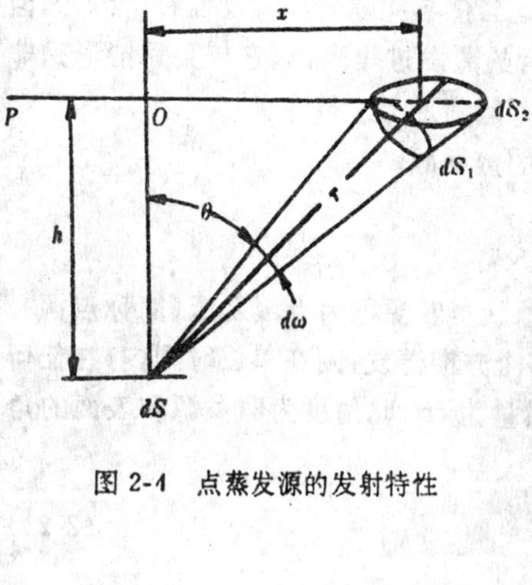

图 2-4 点蒸发源的发射特性

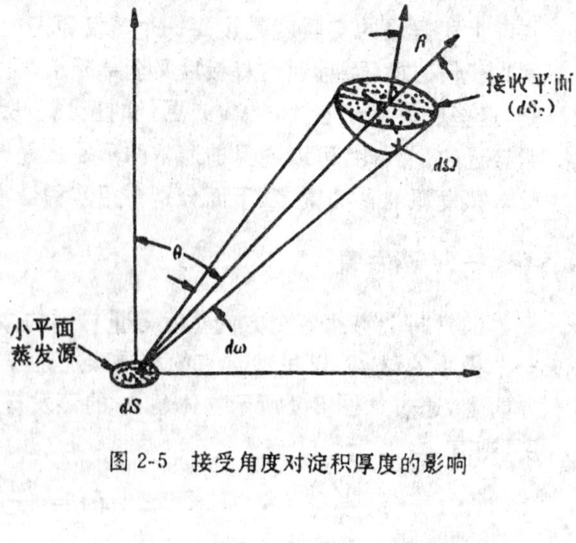

图 2-5 接受角度对淀积厚度的影响

二、小平面蒸发源

如图 2-5 所示，用小型平面蒸发源代替点源。由于这种蒸发源的发射特性具有方向性，使在 θ 角方向蒸发的材料质量和 $\cos\theta$ 成正比例。即遵从所谓余弦角度分布规律。θ 是平面蒸发源法线与接收平面 dS_2 中心和平面源中心连线之间的夹角。则膜材从小型平面 dS 上以每秒 m 克的速率进行蒸发时，膜材在单位时间内通过与该小平面的法线成 θ 角度方向的立体角 $d\omega$ 的蒸发量 dm 为

$$dm = \frac{m}{\pi} \cdot \cos\theta \cdot d\omega \tag{2-29}$$

式中，$1/\pi$ 是因为小平面源的蒸发范围局限在半球形空间。如图 2-5 所示，如果蒸发材料到达与蒸发方向成 θ 角的小平面 dS_2 几何面积已知，则淀积在该小平面薄膜的蒸发速率即可求得

$$dm = \frac{m\cos\theta\cos\beta\, dS_2}{\pi r^2} \tag{2-30}$$

同理，将 $dm=\rho\cdot t\cdot dS_2$ 代入上式后，则可得到小型蒸发源时，基板上任意一点的膜厚 t 为

$$t = \frac{m}{\pi\rho} \cdot \frac{\cos\theta\cos\beta}{r^2} = \frac{mh^2}{\pi\rho(h^2+x^2)^2} \tag{2-31}$$

当 dS_2 在小平面源正上方时（$\theta=0, \beta=0$），用 t_0 表示该点的膜厚为

$$t_0 = \frac{m}{\pi\rho h^2} \tag{2-32}$$

同理，t_0 是基板平面内所得到的最大蒸发膜厚。基板平面内其他各处的膜厚分布，即 t 与 t_0 之比为

$$\frac{t}{t_0} = \frac{1}{[1+(x/h)^2]^2} \tag{2-33}$$

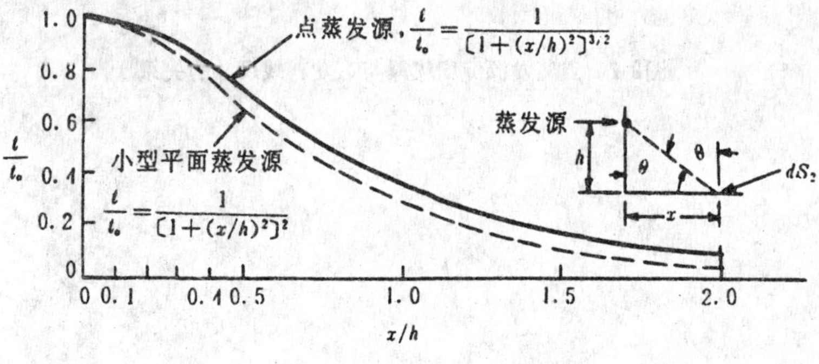

图2-6 淀积膜厚在平面上的分布

注意：1. t_0是刚好在蒸发源下面的厚度

2. 接收表面是一个平面

图2-6比较了点蒸发源与小平面蒸发源两者的相对厚度分布曲线。另外，比较式

(2-25)和(2-31)，可以看出，两种源在基片上所淀积的膜层厚度，虽然很近似，但是由于蒸发源不同，在给定蒸发料、蒸发源和基板距离的情况下，平面蒸发源的最大厚度可为点蒸发源的四倍左右。这一点也可从式(2-27)与(2-32)的比较中得出。

图2-7和2-8为两个蒸发用料重量简便计算图，可用以估计某一用途所需蒸发量的重量。要注意这个图适用于点蒸发源，并假定淀积薄膜密度为块状材料的密度。

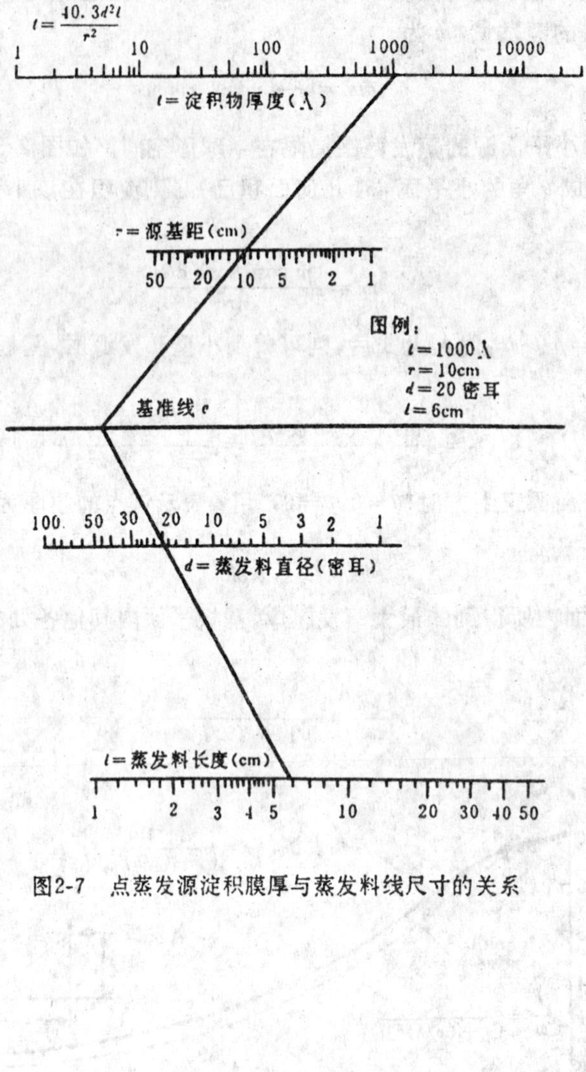

图2-7　点蒸发源淀积膜厚与蒸发料线尺寸的关系

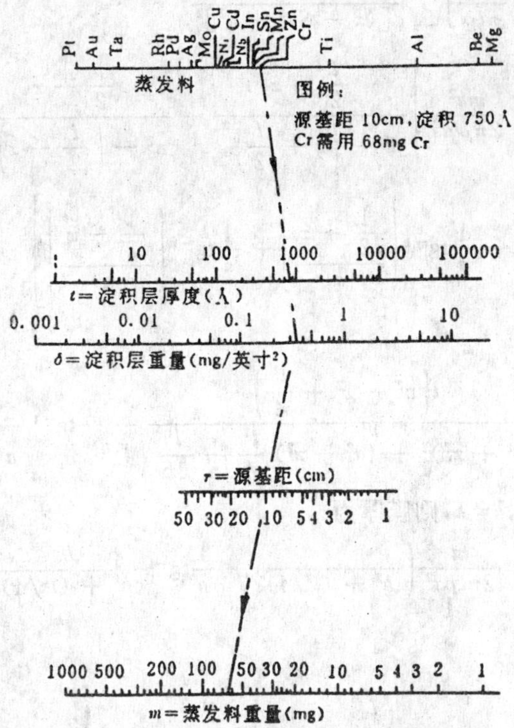

图2-8　点蒸发源淀积膜厚与蒸发料重量的关系

三、细长平面蒸发源

细长平面蒸发源的发射特性如图2-9所示。下面讨论这种蒸发源的膜厚分布问题。设基板平行放置于长度为 l 的细长蒸发源，源一基距为 h，与中心点距离 S 的微小面积为 dS，在 $x-y$ 平面上任意一点 (x,y) 的微小面积为 $d\sigma$，在 dS 与 $d\sigma$ 之间的距离为 r 时，由几何关系可得

$$\cos\theta = h/r,\qquad r^2 = (x-S)^2 + a^2,\qquad a^2 = h^2 + y^2$$

当蒸发物质 m 均匀分布在蒸发源内时，在蒸发源 dS 面上的质量 dm 为

$$dm = \frac{m}{l}dS$$

这样，就可视 dS 为小平面蒸发源。所以，可参照式(2-30)求出在 $d\sigma$ 上得到的蒸发质量为

$$dm = \frac{\cos^2\theta \cdot d\sigma}{\pi(h^2 + x^2)} \cdot \frac{m}{l} \cdot dS \tag{2-34}$$

如果蒸发物质的密度为 ρ，在某一时间内淀积到 $d\sigma$ 的膜厚为 dt，则 $dm=\rho\cdot dt\cdot d\sigma$。由此可得出

$$dt = \frac{m\cos^2\theta \cdot dS}{\pi\rho l r^2} = \frac{mh^2}{\pi l\rho} \cdot \frac{dS}{[(x-S)+a^2]^2} \tag{2-35}$$

积分后得出

$$t=\frac{mh^2}{\pi l\rho}\int_{-\frac{l}{2}}^{\frac{l}{2}}\frac{d}{[(x-S)^2+a^2]^2}$$

$$=\frac{mh^2}{2\pi\rho la^2}\left[\frac{\frac{l}{2}+x}{a^2+\left(x+\frac{l}{2}\right)^2}+\frac{\frac{l}{2}-x}{a^2-\left(\frac{l}{2}-x\right)^2}\right.$$

$$\left.+\frac{1}{a}\mathrm{tg}^{-1}\left(\frac{\frac{1}{2}+x}{a}\right)+\frac{1}{a}\mathrm{tg}^{-1}\left(\frac{\frac{1}{2}-x}{a}\right)\right] \tag{2-36}$$

整理后得

$$t=\frac{mh^2}{2\pi l\rho a^2}\left[\frac{l\left(a^2-x^2+\frac{l^2}{4}\right)}{(a^2+x^2)^2+(a^2-x^2)\frac{l^2}{4}+\frac{l^4}{16}}+\frac{1}{a}\mathrm{tg}^{-1}\frac{la}{a^2+x^2-\frac{l^2}{4}}\right] \tag{2-37}$$

在原点 O 处，由于 $x=0, a=h$，则膜厚为

$$t_0=\frac{m}{2\pi l\rho a^2}\left(\frac{l}{h^2+(l^2/4)}+\frac{1}{h}\mathrm{tg}^{-1}\frac{lh}{h^2+(l^2/4)}\right) \tag{2-38}$$

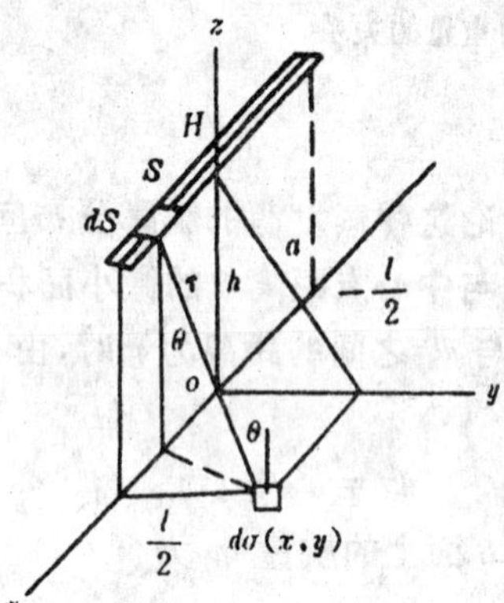

图2-9　细长平面蒸发源的发射特性

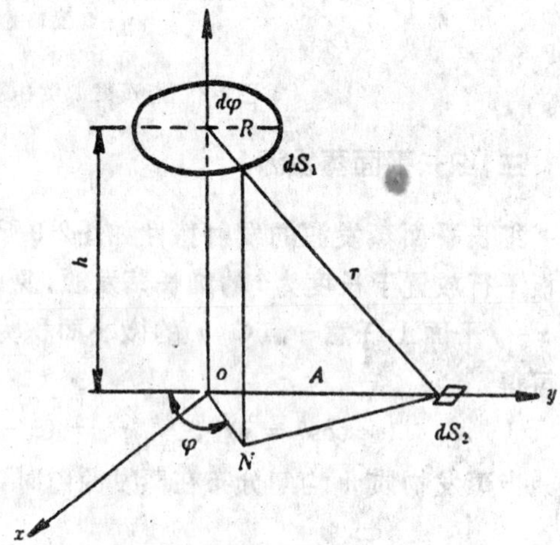

图2-10　环状平面蒸发源的发射特性

四、环状蒸发源

为了在宽广面积上得到较好的膜厚均匀性，可以采用环状蒸发源(简称环源)。在实际蒸发中，当基板处于旋转状态时，就与此情况相类似。图2-10为环状平面蒸发源的发射特性示意图。设蒸发源与基板平行，并假定为细小平面环状蒸发源。

如在环上取一单元面积 dS_1，则单位时间蒸发到接收面 dS_2上的膜材质量为

$$dm=\frac{m}{2\pi}d\varphi \tag{2-39}$$

从图2-10可以看出，环源与基板平面上任意一点间的距离 r 可按下式计算，即

$$r^2 - h^2 = R^2 + A^2 - 2AR\cos(\pi - \varphi)$$

$$r^2 = R^2 + A^2 + h^2 + 2AR\cos\varphi$$

$$= h^2 + (R + A)^2 - 4RA\sin^2(\varphi/2)$$

接受平面 dS_2 的膜厚可通过式(2-31)求得

$$dt = \frac{h^2 dm}{\pi\rho r^4} = \frac{m}{2\rho\pi^2} \cdot \frac{h^2}{r^4} d\varphi$$

故

$$t = \frac{mh^2}{2\pi^2\rho}\int_0^{\pi} \frac{2d\varphi}{[h^2 + (R + A)^2 - 4RA\sin(\varphi/2)]^2}$$

积分后得

$$t = \frac{mh^2}{2\pi\rho} \cdot \frac{2h^2 + (A + R)^2 + (A - R)^2}{[h^2 + (A + R)^2)]^{3/2}[h^2 + (A - R)^2]^{3/2}} \tag{2-40}$$

显然，在 dS_1 正下方原点处的膜厚为

$$t_0 = \frac{mh^2}{\pi\rho} \cdot \frac{1}{(h^2 + R^2)^2} \tag{2-41}$$

故膜厚从 O 点至距 O 点为 A 处的变化率为

$$\frac{t}{t_0} = \frac{(h^2 + R^2)^2(h^2 + A^2 + R^2)}{(h^2 + A^2 + R^2 + 2AR)^{3/2}(h^2 + A^2 + R^2 - 2AR)^{3/2}} \tag{2-42}$$

环状平面蒸发源的膜厚分布如图2-11所示。选择适当的 R 与 h 比时，在蒸发平面上相当大范围内膜厚分布是均匀的。如在 R/h=0.7～0.8时，膜厚分布就比小平面蒸发源(曲线 S)要均匀得多。对于一定的 R，可由式(2-40)计算出源—基距为 h 平面上的膜厚分布。

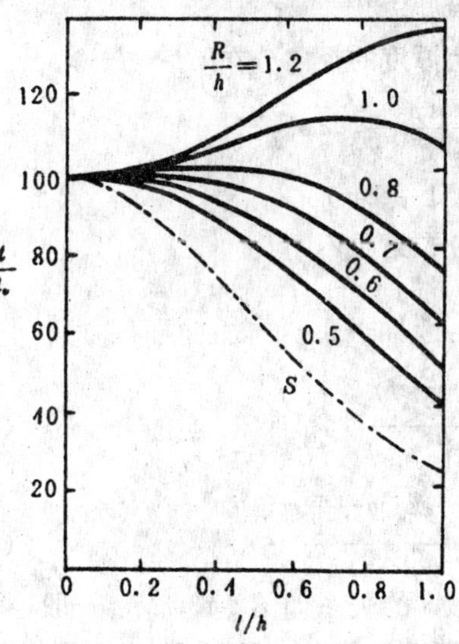

图2-11　环状平面蒸发源的膜厚分布

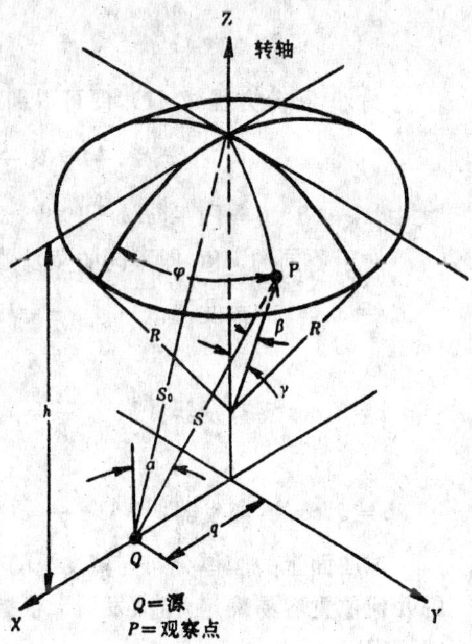

图2-12　球曲面基板时的发射特性

五、球曲面基板上的膜厚分布

当蒸镀面积较大时，为获得镀层的膜厚有较好的均匀性，除了选择合适的蒸发源以及采用旋转基板架外，还可使基板处于球面分布状态。图2-12示出了这种情况下的发射特性。这是实际生产中的一种重要选择。因为不论采用静止的或旋转的球曲面，其上的膜厚分布都比面积相同的平板情况有较好的均匀性。由于计算过程相当繁杂，这里仅列出简化处理的结果。

根据图2-12所示几何尺寸，可引入以下缩写

$$c=(R/h)-1+(1-R/h)\cos\gamma$$

$$e=(q/h)\sin\gamma$$

$$f=1+(q/h)^2+(2R/h)[(R/h)-1+(1-R/h)\cos\gamma]$$

$$g=(2R/h)(q/h)\sin\gamma$$

由此，可得出下列方程式。由于转动中心为膜厚 t_0的归一化点，故相应的距离和角均加注下标0。

$$(S_0/S)^2=[1+(q/h)^2]/(f-g\cos\varphi) \tag{2-43}$$

$$\cos\alpha=k_2/[f-g\cos\varphi]^{1/2} \tag{2-44}$$

$$\cos\beta=(c-e\cos\varphi)/(f-g\cos\varphi) \tag{2-45}$$

将式(2-43)、(2-44)和(2-45)代入计算膜厚 t 的基本方程式

$$t=t_0\left(\frac{S_0}{S}\right)^2\frac{\cos^n\alpha\cos\beta}{\cos^n\alpha_0\cos^n\beta_0} \tag{2-46}$$

故在旋转中心处归一化，所得到静止球曲面的膜厚分布为

$$\frac{t}{t_0}=k_1k_2^n\frac{c-e\cos\varphi}{[f-g\cos\varphi]^{(n+3)/2}} \tag{2-47}$$

另外，积分方程(2-47)，便可得到旋转球曲面上厚度的径向分布 $t/t_0=f(\gamma)$。

$$\frac{t}{t_0}=k_3\frac{1}{\pi}\int_0^{\pi}\frac{c-e\cos\varphi}{[f-g\cos\varphi]^{(n+3)/2}}\cdot d\varphi \tag{2-48}$$

式中，$k_3=k_1k_2^n$，$k_1=[1+(g/h)^2]^{(n+3)/2}$，$k_2=1-(R/h)(1-\cos\gamma)$

对于不同的 n 值，即不同的蒸发器形状，膜厚分布结果不同：

$n=1$，$\cos^{-1}$-蒸发器：
$$\frac{t}{t_0}=k_3\frac{cf-eg}{[f^2-g^2]^{3/2}} \tag{2-49}$$

$n=3$，$\cos^{-3}$-蒸发器：
$$\frac{t}{t_0}=k_3\frac{cf^2+\frac{1}{2}cg^2-\frac{3}{2}efg}{(f^2-g^2)^{5/2}} \tag{2-50}$$

$n=5$，$\cos^{-5}$-蒸发器：
$$\frac{t}{t_0}=k_3\frac{cf^3+\frac{3}{2}cfg^2-2ef^2g-\frac{1}{2}eg^3}{(f^2-g^2)^{7/2}} \tag{2-51}$$

球曲面上的膜厚分布与蒸发源的各种余弦指数 n 的关系如图2-13所示。一般，蒸发源的几何位置容易确定，但蒸发器形状指数 n 由于受蒸发工艺影响很大，则必须通过实验才能确定。

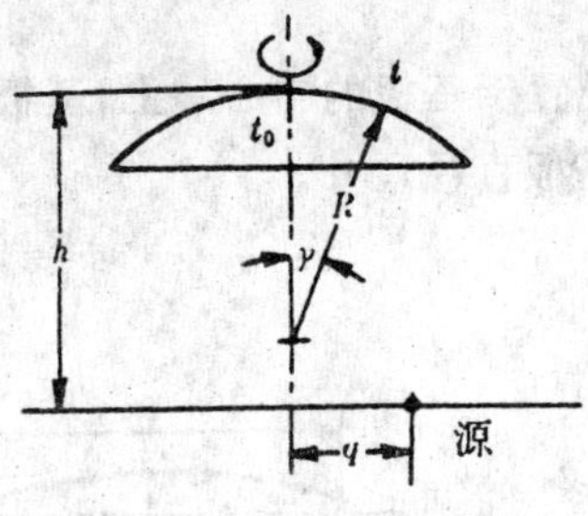

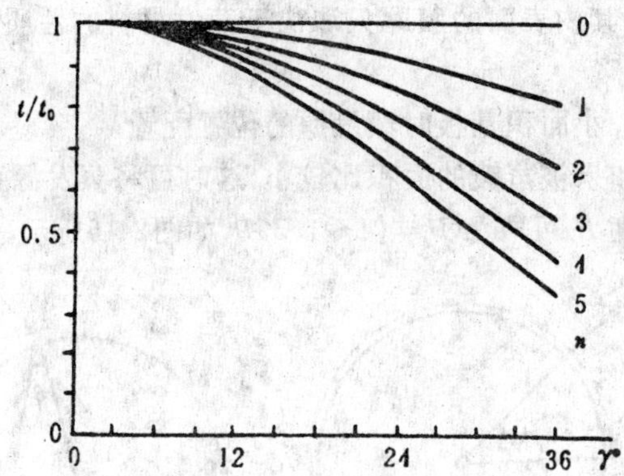

图2-13 球曲面的膜厚分布与蒸发源余弦指数 n 的关系

六、实际蒸发源的发射特性

利用上述几种蒸发膜厚的公式，结合具体所用蒸发源，按其各自的发射特性，可对膜厚进行近似的计算。

发针形蒸发源或电子束蒸发源中的熔融材料为球形，与点蒸发源近似。舟式蒸发源中，若蒸发料熔融时与舟不浸润，从舟中蒸发时也呈球形，但位于舟源表面处的蒸发料，使原来向下蒸发的粒子重新向上蒸发，故与小平面蒸发源近似。蒸发料润湿的螺旋丝状蒸发源是理想的柱形蒸发源。锥形篮式蒸发源在各圈间隔很小时，其发射特性与平面蒸发源近似。坩埚蒸发源可看成表面蒸发源或高度定向的蒸发源。磁控靶源可看成大面积（平面或圆柱面）蒸发源。

蒸发源的发射特性是比较复杂的问题，为了得到较均匀的膜厚还必须注意源和基板的配置，或使基板公转加自转等。

七、蒸发源与基板的相对位置配置

1. 点源与基板相对位置的配置

如图2-14所示，为了获得均匀的膜厚，点源必须配置在基板所围成的球体中心。式(2-25)中的 $\cos\theta=1$时，t 值为常数，即

$$t=\frac{m}{4\pi\rho}\cdot\frac{1}{r^2} \tag{2-52}$$

在这种情况下，膜厚仅与蒸发材料的性质、半径 r 值的大小以及蒸发源所蒸发出来的质量 m 有关。这种球面布置在理论上保证了膜厚的均匀性。

2. 小平面源与基板相对位置的配置

当小平面蒸发源为球形工件架的一部分时，该小平面蒸发源蒸发时，在内球体表面上的膜厚分布是均匀的。这一点可从式(2-31)看出。因为当该式 $\theta=\beta$ 时，从图2-15中可知 $r=2R\cos\theta$，将其代入式(2-31)则得

$$t=\frac{m}{4\pi\rho}\cdot\frac{1}{r^2} \tag{2-53}$$

由此可见，在这种情况下膜厚 t 的分布与 θ 角无关。所以对应于一定半径 r 的球形工件架来说，其内表面的膜厚只取决于蒸发材料的性质、r 值的大小及蒸发源所蒸发出来的质量多少。

3. 小面积基板时蒸发源的位置配置

如果被蒸镀的面积比较小，这时可将蒸发源直接配置于基板的中心线上，基板距蒸发源高度 H 可取为 $H=(1\sim1.5)D$，如图2-16所示。D 为基板直径尺寸。

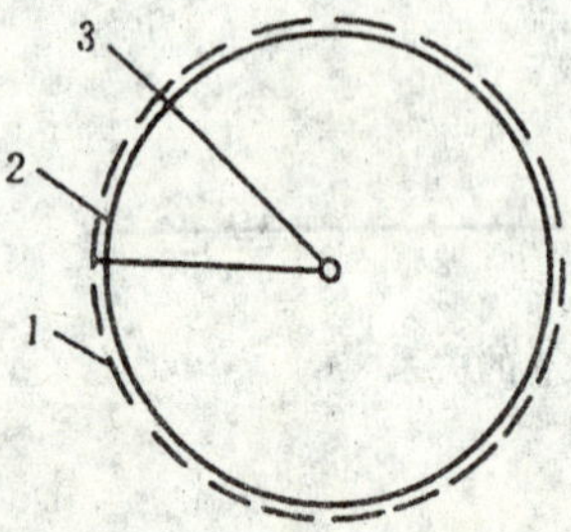

1—基片　　2—球面工件架

3—点蒸发源

图2-14　点蒸发源的等膜厚面

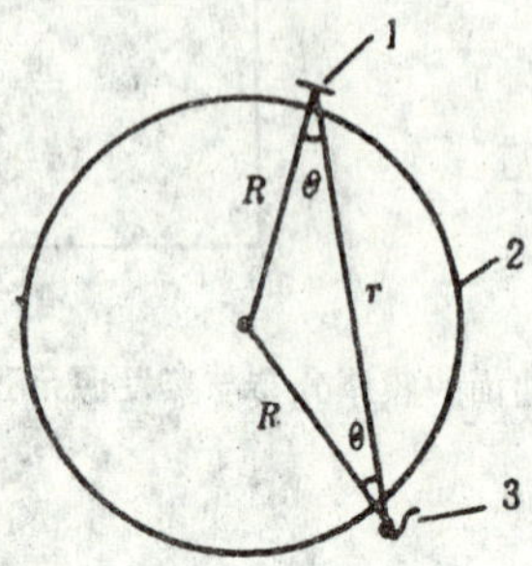

1—基片　2—球面工作架

3—蒸发源

图2-15　小平面蒸发源的等膜厚面

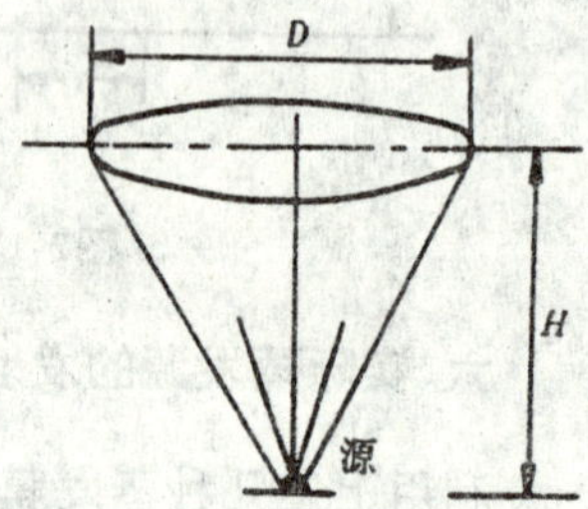

图2-16　小面积蒸镀时蒸发源的配置

4. 大面积基板和蒸发源的配置

为了在较大平板形基板上获得均匀的膜厚，除可采用使基板公转加自转的"行星"方式外，采用多个分离的点源来代替单一点源或小平面蒸发源是一种最简便的方法。这时蒸发膜厚的分布表达式如下

$$\varepsilon=\frac{t_{max}-t_{min}}{t_0} \tag{2-54}$$

式中：ε——$x\leqslant|\pm1/2|$范围内的膜厚最大相对偏差，x 是基板尺寸；

t_{max}——$x\leqslant|\pm1/2|$范围内的最大膜厚；t_{min}——$x\leqslant|\pm1/2|$范围内的最小膜厚；

t_0——$x=0$(原点)处的膜厚。

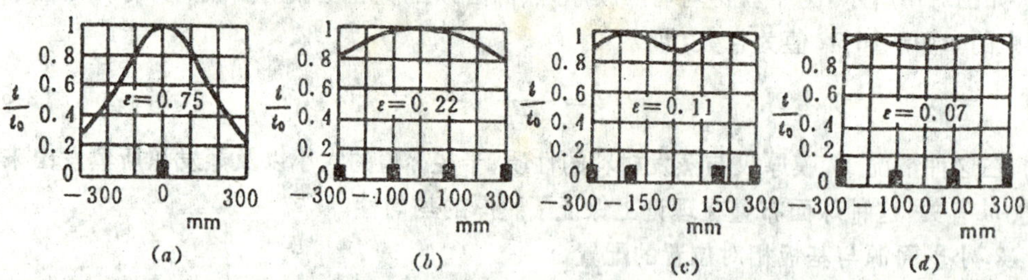

图2-17　多个点源配置对膜厚均匀性的影响

(a)1个点蒸发源；　　(c)不等间隔，等蒸发速率的4个点蒸发源；

(b)等间隔，等蒸发速率的4个点蒸发源；　　(d)等间隔，不等蒸发速率的4个点蒸发源。

图2-17表示在使用4个蒸发源时，x 方向膜厚的均匀性。可见，蒸发源的位置和蒸发速

率对膜厚均匀性有较明显的影响。

§2-3 蒸发源的类型

蒸发源是蒸发装置的关键部件，大多数金属材料都要求在1000～2000℃的高温下蒸发。因此，必须将蒸发材料加热到很高的蒸发温度。最常用的加热方式有：电阻法、电子束法、高频法等。下面对不同加热方式的蒸发源进行分别讨论。

一、电阻蒸发源

采用钽、钼、钨等高熔点金属，做成适当形状的蒸发源，其上装入待蒸发材料，让电流通过，对蒸发材料进行直接加热蒸发，或者把待蒸发材料放入 Al_2O_3、BeO 等坩埚中进行间接加热蒸发，这便是电阻加热蒸发法。由于电阻加热蒸发源结构简单、价廉易作，所以是一种应用很普通的蒸发源。

采用电阻加热法时应考虑蒸发源的材料和形状。

1. 蒸发源材料

通常对蒸发源材料的要求是：

(1)熔点要高。因为蒸发材料的蒸发温度(饱和蒸气压为10^{-2}托时的温度)多数在1000～2000℃之间，所以蒸发源材料的熔点必须高于此温度。

(2)饱和蒸气压低。这主要是为防止或减少在高温下蒸发源材料会随蒸发材料蒸发而成为杂质进入蒸镀膜层中。只有蒸发源材料的饱和蒸气压足够低，才能保证在蒸发时具有最小的自蒸发量，而不致于产生影响真空度和污染膜层质量的蒸气。表2-4列出了电阻加热法中常用蒸发源材料金属的熔点和达到规定的平衡蒸气压时的温度。为了使蒸发源材料所蒸发的数量非常少，在选择蒸发源材料时，应使蒸发材料的蒸发温度要低于表2-4中蒸发源材料在平衡蒸气压为10^{-8}托(≈10^{-6}帕)时的温度。在遇到杂质较多的情况下可采用与10^{-5}托所对应的温度。

表2-4　电阻蒸发源材料的熔点和对应的平衡蒸气压的温度

蒸发源材料	熔点(K)	平衡温度(K)		
		10^{-8}托	10^{-5}托	10^{-2}托
W	2683	2390	2840	3500
Ta	3269	2230	2680	3330
Mo	2890	1865	2230	2800
Nb	2741	2035	2400	2930
Pt	2045	1565	1885	2180
Fe	1808	1165	1400	1750
Ni	1726	1200	1430	1800

(3)化学性能稳定，在高温下不应与蒸发材料发生化学反应。但是，在电阻加热法中比较容易出现的问题，是在高温下某些蒸发源材料与蒸镀材料之间会产生反应和扩散而形成化合物和合金。特别是形成低共熔点合金，其影响非常大。例如在高温时钽和金会形成合金，铝、铁、镍、钴等也会与钨、钼、钽等蒸发源材料形成合金。而一旦形成低共熔合金，熔

点就显著下降，蒸发源就很容易烧断。又如 B_2O_3 与 W、Mo、Ta 均有反应，W 还能与水汽或氧发生反应，形成挥发性的氧化物如 WO、WO_2 或 WO_3；Mo 也能与水汽或氧反应而形成挥发性 MoO_3 等。因此，应选择不会与镀膜材料发生反应或形成合金的材料做该材料的蒸发源材料。各种物质蒸发时所用蒸发源见表2-5所示。

表2-5 适合于各种元素的蒸发源

元素	温度(℃)		蒸发源材料		备注
	熔点	10^{-2}托	丝状、片状	坩埚	
Ag	961	1030	Ta,Mo,W	Mo,C	按适合程度排列 同。与 W 不浸润
Al	659	1220	W	BN,TiC/C, TiB_2-BN	可与所有 RM 形成合金，难以蒸发。高温下能与 Ti,Zr,Ta 等反应。
Au	1063	1400	W,Mo	Mo,C	浸润 W,Mo；与 Ta 形成合金，Ta 不宜作蒸发源
Ba	710	610	W,Mo,Ta Ni,Fe	C	不能形成合金，浸润 RM，在高温下与大多数氧化物发生反应
Bi	271	670	W,Mo,Ta,Ni	Al_2O_3,C 等	蒸气有毒
Ca	850	600	W	Al_2O_3	在 He 气氛中预熔解去气
Co	1495	1520	W	Al_2O_3,BeO	与 W,Ta,Wo、Pt 等形成合金
Cr	～1900	1400	W	C	
Cu	1084	1260	Mo,Ta,Nb,W	Mo,C,Al_2O_3	不能直接浸润 Mo,W,Ta
Fe	1536	1480	W	BeO,Al_2O_3,ZrO_2	与所有 RM 形成合金，宜采用 EBV
Ge	940	1400	W,Mo,Ta	C,Al_2O_3	对 W 溶解度小，浸润 RM，不浸润 C
In	156	950	W、Mo	Mo,C	
La	920	1730	—	—	宜采用 EBV
Mg	650	440	W,Ta,Mo,Ni,Fe	Fe,C,Al_2O_3	
Mn	1244	940	W,Mo,Ta	Al_2O_3,C	浸润 RM
Ni	1450	1530	W	Al_2O_3,BeO	与 W,Mo,Ta 等形成合金，宜采用 EBV
Pb	327	715	Fe,Ni,Mo	Fe,Al_2O_3	不浸润 RM
Pd	1550	1460	W(镀 Al_2O_3)	Al_2O_3	与 RM 形成合金
Pt	1773	2090	W	ThO_2,ZrO_2	与 Ta,Mo,Nb 形成合金，与 W 形成部分合金，宜采用 EBV 或溅射
Sn	232	1250	Ni-Cr 合金， Mo,Ta	Al_2O_3,C	浸润 Mo，且浸蚀
Ti	1727	1740	W,Ta	C,ThO_2	与 W 反应，不与 Ta 反应，熔化中有时 Ta 会断裂
Tl	304	610	Ni,Fe,Nb Ta,W	Al_2O_3	浸润左边金属，但不形成合金。稍浸润 W,Ta，不浸润 Mo
V	1890	1850	W,Mo	Mo	浸润 Mo，但不形成合金。在 W 中的溶解度很小，与 Ta 形成合金
Y	1477	1632	W		
Zn	420	345	W,Ta,Mo	Al_2O_3,Fe,C,Mo	浸润 RM，但不形成合金。
Zr	1852	2400	W		浸润 W，溶解度很小

注：RM——高熔点金属；EBV——电子束蒸发。

作为改进的办法，是采用氮化硼($BN50\%$-$TiB_2 50\%$)导电陶瓷坩埚、氧化锆(ZrO_2)、氧化钍(ThO_2)、氧化铍(BeO)、氧化镁(MgO)、氧化铝(Al_2O_3)坩埚以及石墨坩埚，或者采用蒸发材料自热蒸发源等。

(4)具有良好的耐热性，热源变化时，功率密度变化较小；

(5)原料丰富，经济耐用。

根据这些要求，在制膜工艺中，常用的蒸发源材料有 W、Mo、Ta 等，或耐高温的金属氧化物、陶瓷或石墨坩埚。表2-6列出了 W、Mo、Ta 的主要物理参数。

表2-6 蒸发源用金属材料的性质

	温度(℃)	27	1027	1527	1727	2027	2327	2527
W (熔点:3380℃, 相对密度: 19.3)	电阻率(μΩ·cm)	5.66	33.66	50	56.7	66.9	77.4	84.7
	蒸气压(Pa)	—	—	—	1.3×10^{-9}	6.3×10^{-7}	7.6×10^{-5}	1.0×10^{-3}
	蒸发速率($g/cm^2\cdot s$)	—	—	—	1.75×10^{-1}[illegible]	7.8×10^{-11}	8.8×10^{-9}	1.1×10^{-7}
	光谱辐射率(0.665μm)	0.470	0.450	0.439	0.435	0.429	0.423	0.419
Mo (熔点:2630℃, 相对密度: 10.2)	电阻率(μΩ·cm)	5.63	35.2 (1127℃)	47.0	53.1	59.2 (1927℃)	72	78
	蒸气压(Pa)	—	2.1×10^{-13}	8×10^{-9}	5×10^{-5}	4×10^{-5}	1.4×10^{-3}	9.6×10^{-3}
	蒸发速率($g/cm^2\cdot s$)	—	2.5×10^{-17}	1.1×10^{-10}	5.3×10^{-9}	5.0×10^{-7}	1.6×10^{-5}	1.04×10^{-4}
	光谱辐射率	0.418	—	0.367 (1330℃)	0.353 (1730℃)	—	—	—
Ta (熔点:2980℃, 相对密度: 16.6)	电阻率(μΩ·cm)	15.5 (20℃)	54.8	72.5	78.9	88.3	97.4	102.9
	蒸气压(Pa)	—	—	—	1.3×10^{-8}	8×10^{-8}	5×10^{-4}	7×10^{-3}
	蒸发速率($g/cm^2\cdot s$)	—	—	—	1.63×10^{-1}[illegible]	9.8×10^{-11} (1927°)	5.5×10^{-8}	6.6×10^{-7}
	光谱辐射率	0.490	0.462	0.432	0.421	0.409	0.400	0.394

2. 蒸镀材料对蒸发源材料的“湿润性”

在选择蒸发源材料时，还必须考虑蒸镀材料与蒸发源材料的“湿润性”问题。这种湿润性与蒸发材料的表面能大小有关。高温熔化的蒸镀材料在蒸发源上有扩展倾向时，可以说是容易湿润的；反之，如果在蒸发源上有凝聚而接近于形成球形的倾向时，就可以认为是难于湿润的。图2-18示出了二者相互间湿润状态的几种情况。

在湿润的情况下，由于材料的蒸发是从大的表面上发生的且比较稳定，所以可认为是面蒸发源的蒸发；在湿润小的时候，一般可认为是点蒸发源的蒸发。另外，如果容易发生湿润，蒸发材料与蒸发源十分亲合，因而蒸发状态稳定；如果是难以湿润的，在采用丝状蒸发源时，蒸发材料就容易从蒸发源上掉下来。例如 Ag 在钨丝上熔化后就会脱落。

另外，关于蒸发源的形状可根据蒸发材料的性质，结合考虑与蒸发源材料的润湿性，制作成不同的形式和选用不同的蒸发源材质。图2-19示出了几种典型的蒸发源。

在制作蒸发源时，钨是比较困难的。钨在经高温退火处理后会出现再结晶，这种经过再结晶的钨大约在400℃左右才显示出较好的柔软性。所以制作 W 蒸发源时，必须在较高温度下进行，才能弯制成简单的形状。钼即使在室温下也具有较好的柔软性，加工性良好。

钽的柔软性最好，很容易加工成型。

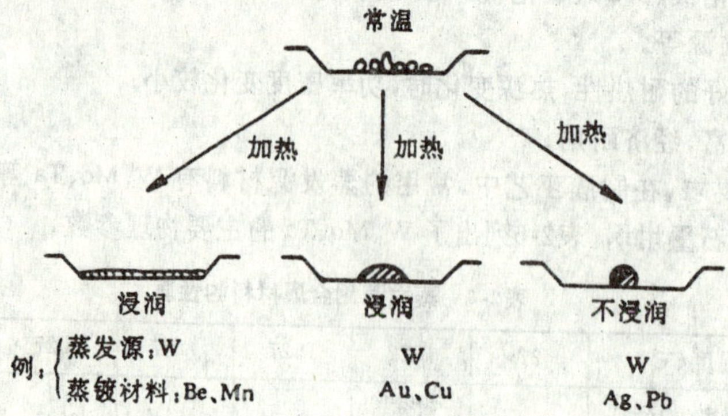

图2-18 蒸发源材料与镀膜材料湿润状态

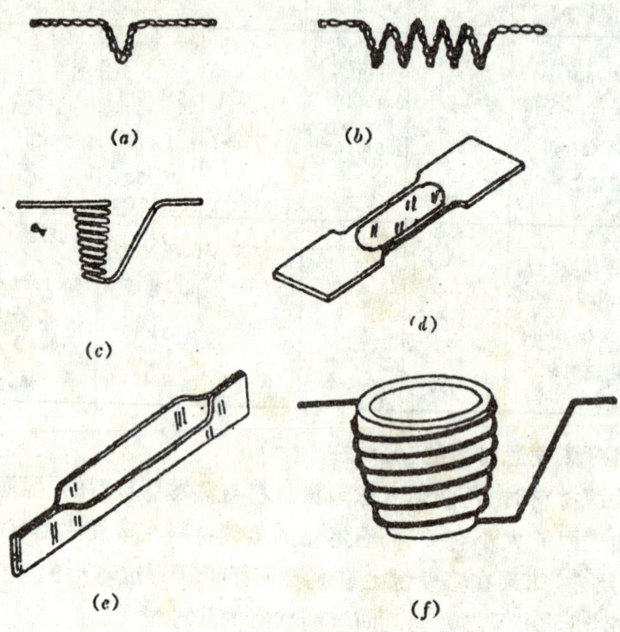

图2-19 各种形状的电阻蒸发源

丝状蒸发源的线径一般为0.5～1mm，特殊时可用1.5mm。螺旋丝状蒸发源常用于蒸发铝，因为铝和钨能互相湿润，但钨在熔融铝中具有一定的溶解性，应予以注意。锥形篮状蒸发源一般用于蒸发块状或丝状的升华材料（如 Cr）和不易与蒸发源相润湿的材料，如 Ag 和 Cu 等。丝状蒸发源常采用多股丝（如三股）。多股丝可有效防止断线，而且还能增大蒸发表面和蒸发量。

箔状蒸发源的厚度常为0.05～0.15mm。因为箔状蒸发源具有很大的辐射表面，它的功率消耗要比同样横截面的丝状蒸发源大4～5倍。用这类蒸发源蒸发材料时，应避免造成较大的温度梯度，蒸发材料与蒸发源之间要有良好的热接触，否则蒸发材料容易形成局部过热点，不仅引起材料容易分解，而且造成蒸发料的喷溅。

二、电子束蒸发源

随着薄膜技术的广泛应用，对膜的种类和质量提出了更多更严的要求。而只采用电阻加热蒸发源已不能满足蒸镀某些难熔金属和氧化物材料的需要，特别是要求制膜纯度很高的需要。于是发展了将电子束作为蒸发源的方法。将蒸发材料放入水冷铜坩埚中，直接利用电子束加热，使蒸发材料气化蒸发后凝结在基板表面成膜，是真空蒸发镀膜技术中的一种重要的加热方法和发展方向。电子束蒸发克服了一般电阻加热蒸发的许多缺点，特别适合制作高熔点薄膜材料和高纯薄膜材料。

1. 电子束加热原理与特点

电子束加热原理是基于电子在电场作用下，获得动能轰击到处于阳极的蒸发材料上，使蒸发材料加热气化，而实现蒸发镀膜。若不考虑发射电子的初速度，则电子动能$\frac{1}{2}mv^2$，与它所具有的电功率相等，即

$$\frac{1}{2}mv^2 = e \cdot U \tag{2-55}$$

式中，U是电子所具有的电位(V)；m是电子质量(9.1×10^{-28}g)，e是电荷(1.6×10^{-19}C)。因此得出电子运动速度

$$v = 5.93 \times 10^5 \sqrt{U}\,(\mathrm{m/s}) \tag{2-56}$$

假如U=10kV，则电子速度可达6×10^4km/s。这样高速运动的电子流在一定的电磁场作用下，使之汇聚成电子束并轰击到蒸发材料表面，使动能变为热能。若电子束的能量

$$W = neU = IUt \tag{2-57}$$

式中，n为电子密度；I为电子束的束流(A)；t是束流的作用时间(s)。因而其产生的热量Q为

$$Q = 0.24Wt \tag{2-58}$$

在加速电压很高时，由上式所产生的热能可足以使蒸发材料气化蒸发，从而成为真空蒸发技术中的一种良好热源。

电子束蒸发源的优点为：

(1)电子束轰击热源的束流密度高，能获得远比电阻加热源更大的能量密度。可在一个不太小的面积上达到$10^4\sim10^9$W/cm^{2}的功率密度，因此可以使高熔点(可高达3000℃以上)材料　蒸发，并且能有较高的蒸发速度。如蒸发W、Mo、Ge、SiO_2、Al_2O_3等。

(2)由于被蒸发材料是置于水冷坩埚内，因而可避免容器材料的蒸发，以及容器材料与蒸镀材料之间的反应，这对提高镀膜的纯度极为重要。

(3)热量可直接加到蒸镀材料的表面，因而热效率高，热传导和热辐射的损失少。

电子束加热源的缺点是电子枪发出的一次电子和蒸发材料发出的二次电子会使蒸发原子和残余气体分子电离，这有时会影响膜层质量。但可通过设计和选用不同结构的电子枪加以解决。多数化合物在受到电子轰击会部分发生分解，以及残余气体分子和膜料分子会部分地被电子所电离，将对薄膜的结构和性质产生影响。更主要的是，电子束蒸镀装置

结构较复杂,因而设备价格较昂贵。另外,当加速电压过高时所产生的软 X 射线对人体有一定伤害,应予以注意。

2. 电子束蒸发源的结构型式

依靠电子束轰击蒸发的真空蒸镀技术,根据电子束蒸发源的型式不同,可分为环形枪、直枪(皮尔斯枪)、e 型枪和空心阴极电子枪等几种。环型枪是靠环型阴极来发射电子束,经聚焦和偏转后打在坩埚中使坩埚内材料蒸发。其结构较简单,但是功率和效率都不高,多用于实验性研究工作,在生产中应用较少。

直枪是一种轴对称的直线加速电子枪,电子从阴极灯丝发射,聚焦成细束,经阳极加速后轰击在坩埚中使蒸发材料熔化和蒸发。直枪的功率从几百瓦到几千瓦都有。由于聚焦线圈和偏转线圈的应用使直枪的使用较为方便。它不仅可得到高的能量密度(≥100 kW/cm^2),而且易于调节控制。它的主要缺点是体积大、成本高,另外蒸镀材料会污染枪体结构和存在灯丝逸出的 Na^+ 离子污染等。最近,采取在电子束的出口处设置偏转磁场,并在灯丝部位制成有一套独立抽气系统的直枪改进型,如图2-20所示。不但避免了灯丝对膜层的污染,而且还有利于提高电子枪的寿命。

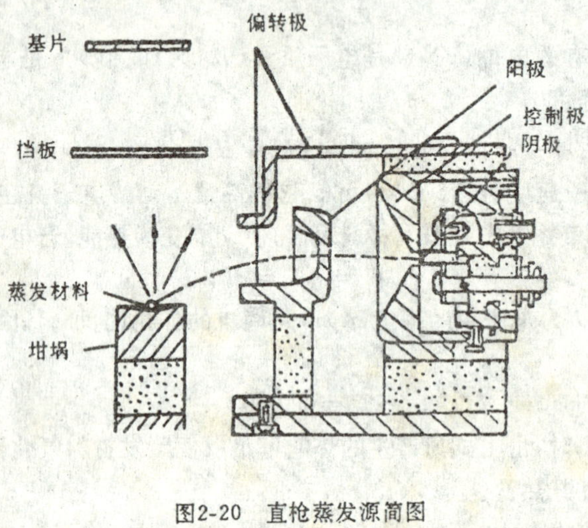

图2-20 直枪蒸发源简图

e 型电子枪即270°偏转的电子枪,它克服了直枪的缺点,是目前用得较多的电子束蒸发源。其结构简图如图2-21所示。所谓 e 型是由电子运动轨迹而得名。由于入射电子与蒸发原子相碰撞而游离出来的正离子,在偏转磁场作用下,产生与入射电子相反方向的运动,因而避免了直枪中正离子对蒸镀膜层的污染。同时 e 型枪也大大减少了二次电子(高能电子轰击材料表面所产生的电子)对基板轰击的几率。

由于 e 型枪能有效地抑制二次电子,可方便地通过改变磁场调节电子束的轰击位置。再加上在结构上采用内藏式阴极,既防止了极间放电,又避免了灯丝污染。目前 e 型枪已逐渐取代了直枪和环形枪。

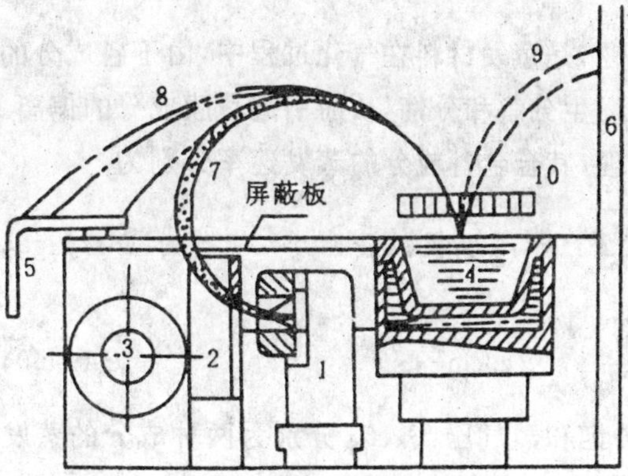

图2-21　e型电子枪的工作原理

1—发射体　2—阳极　3—电磁线圈

4—水冷坩埚　5—收集极　6—吸收极

7—电子轨迹　8—正离子轨迹

9—散射电子轨迹　10—等离子体

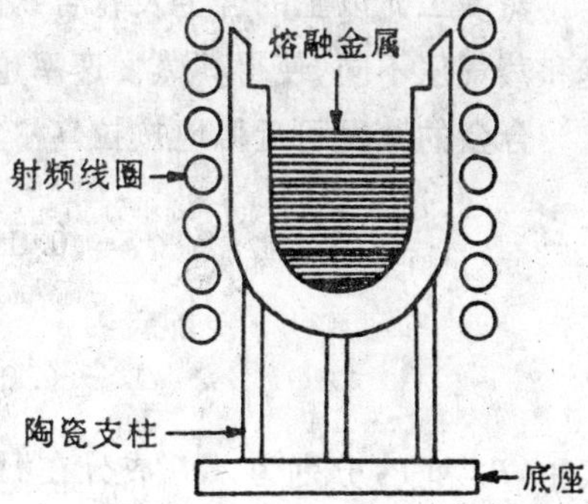

图2-22　高频感应加热源的工作原理

三、高频感应蒸发源

高频感应蒸发源是将装有蒸发材料的坩埚放在高频螺旋线圈的中央，使蒸发材料在高频电磁场的感应下产生强大的涡流损失和磁滞损失(对铁磁体)，致使蒸发材料升温，直至气化蒸发。膜材的体积越小，感应的频率就越高。蒸发源一般由水冷高频线圈和石墨或陶瓷坩埚组成。其原理示意图如图2-22所示。

这种蒸发源的特点是：

(1)蒸发速率大，可比电阻蒸发源大10倍左右；

(2)蒸发源的温度均匀稳定，不易产生飞溅现象；

(3)蒸发材料是金属时，蒸发材料可产生热量。因此，坩埚可选用和蒸发材料反应最小的材料；

(4)蒸发源一次装料，无需送料机构，温度控制比较容易，操作比较简单。

缺点是：蒸发装置必须屏蔽，并需要较复杂和昂贵的高频发生器；另外，如果线圈附近的压强超过10^{-2}Pa，高频场就会使残余气体电离，使功耗增大。

§2-4　合金及化合物的蒸发

对于两种以上元素组成的合金或化合物，在蒸发时如何控制成分，以获得与蒸发材料化学比不变的膜层，是十分重要的问题。

一、合金的蒸发

蒸发二元以上的合金及化合物的主要问题，是蒸发材料在气化过程中，由于各成分的饱和蒸气压不同，使得其蒸发速率也不同，会发生分解和分馏，从而引起薄膜成分的偏离。

合金的蒸发可近似地按拉乌尔定律来处理，其合金各成分的蒸发速率分别为

$$G_A = 0.058P_A' \sqrt{\frac{M_A}{T}} \quad (\mathrm{g/cm^2 \cdot s}) \tag{2-59}$$

$$G_B = 0.058P_B' \sqrt{\frac{M_B}{T}} \quad (\mathrm{g/cm^2 \cdot s}) \tag{2-60}$$

式中，P_A'和 P_B'分别为 A、B 成分在温度 T 时的饱和蒸气压，G_A、G_B 分别为两种成分的蒸发速率；M_A、M_B 分别为两种成分元素的摩尔质量。

A、B 两种成分的蒸发速率之比为

$$\frac{G_A}{G_B} = \frac{P_A'}{P_B'} \sqrt{\frac{M_A}{M_B}} \tag{2-61}$$

因此，若要保证薄膜的成分与蒸发料成分完全一致，则必须使$\frac{P_A'}{P_B'} \sqrt{\frac{M_A}{M_B}} = 1$。实际上，这一点难于做到。

由于 P_A'、P_B'是未知数，往往只能利用拉乌尔定律进行估计。如果认为合金中各成分的饱和蒸气压也服从拉乌尔定律，则 P_A'、P_B'的估计值为

$$P_A' = X_A P_A, \qquad X_A = \frac{n_A}{n_A + n_B} \tag{2-62}$$

$$P_B' = X_B P_B, \qquad X_B = \frac{n_B}{n_A + n_B} \tag{2-63}$$

所以

$$\frac{P_A'}{P_B'} = \frac{n_A}{n_B} \cdot \frac{P_A}{P_B} \tag{2-64}$$

如设 m_A、m_B 分别为组元金属 A、B 在合金中的质量，W_A、W_B 为在合金中的浓度，即有

$$W_A = \frac{m_A}{m_A + m_B}, \qquad W_B = \frac{m_B}{m_A + m_B}$$

所以

$$\frac{W_A}{W_B} = \frac{m_A}{m_B} = \frac{n_A M_A}{n_B M_B} \tag{2-65}$$

则可得到

$$\frac{P_A'}{P_B'} = \frac{P_A}{P_B} \cdot \frac{W_A}{W_B} \cdot \frac{M_B}{M_A}$$

因此，合金中组元金属 A、B 的蒸发速率之比可改写为

$$\frac{G_A}{G_B} = \frac{P_A}{P_B} \cdot \frac{W_A}{W_B} \cdot \sqrt{\frac{M_B}{M_A}} \tag{2-66}$$

此式说明，在二元合金中两个组元金属蒸发速率之比，在该组元浓度或百分含量一定情况下，与该组元的 $P/\sqrt{M}$ 值成正比。

由于拉乌尔定律对合金往往不完全适用，因此要引入所谓活度系数 S 来进行修正，经修正后相应的蒸发速率公式可表示为

$$G_A = 0.058 S_A X_A P_A \sqrt{M_A/T} \qquad (\mathrm{g/cm^2 \cdot s}) \tag{2-67}$$

式中，活性系数 S_A 一般为未知，可由实验测定。因此，通常还是采用式(2-66)来估计合金蒸发的分馏量。

例如处于1527℃下的镍铬合金(Ni80%，Cr20%)在 $P_{Cr}=10\mathrm{Pa}$，$P_{Ni}=1\mathrm{Pa}$ 时，则它们的蒸发速率之比

$$\frac{G_{Cr}}{G_{Ni}} = \frac{W_{Cr}}{W_{Ni}} \cdot \frac{P_{Cr}}{P_{Ni}} \cdot \sqrt{\frac{M_{Ni}}{M_{Cr}}}$$

$$= \frac{20}{80} \cdot \frac{10}{1} \cdot \sqrt{\frac{58.7}{52.0}} \approx 2.8$$

式中，两种元素的克分子量 $M_{Ni}=58.7$，$M_{Cr}=52.0$。

这说明该合金在1527℃下开始蒸发时，铬的初始蒸发速率为镍的2.8倍。随着铬的迅速蒸发，G_{Cr}/G_{Ni} 会逐渐减小，最终会小于1。这种分馏现象使得靠近基板的膜是富铬的，这也是 Ni-Cr 合金薄膜具有良好附着性的原因。

采用真空蒸发法制作预定组成的合金薄膜，经常采用瞬时蒸发法、双蒸发源法及合金升华法等。

1. 瞬时蒸发法

瞬时蒸发法又称“闪烁”蒸发法。它是将细小的合金颗粒，逐次送到非常炽热的蒸发器或坩埚中，使一个一个的颗粒实现瞬间完全蒸发。如果颗粒尺寸很小，几乎能对任何成分进行同时蒸发，故瞬时蒸发法常用于合金中元素的蒸发速率相差很大的场合。闪烁蒸发法的优点是能获得成分均匀的薄膜，可以进行掺杂蒸发等。缺点是蒸发速率难于控制，且蒸发速率不能太快。

图2-23示出了瞬时蒸发法的原理图。采用这种方法的关键是要求以均匀的速度将蒸镀材料供给蒸发源，以及选择合适的粉末粒度、蒸发温度和落下粉末料的比率。钨丝锥形筐是用作蒸发源的最好结构。如果使用蒸发舟和坩埚，瞬间未蒸发的粉末颗粒就会残存下来，变为普通蒸发，这是不太理想的。

这种蒸发法已用于各种合金膜(如 Ni-Cr 合金膜)、Ⅲ-Ⅴ族及Ⅱ-Ⅵ族半导体化合物薄膜的制作。对磁性金属化合物，还成功地制成了 MnSb、MnSb-CrSb、CrTe 及 Mn_5Ge_3 等薄膜。

2. 双源或多源蒸发法

这种蒸发法是将要形成合金的每一个成分，分别装入各自的蒸发源中，然后独立地控制各蒸发源的蒸发速率，使到达基板的各种原子与所需合金薄膜的组成相对应。为使薄膜厚度分布均匀，基板常需要进行转动。

图2-24示出了双源蒸发原理。采用双源蒸发法还有利于提高膜厚分布的均匀性。

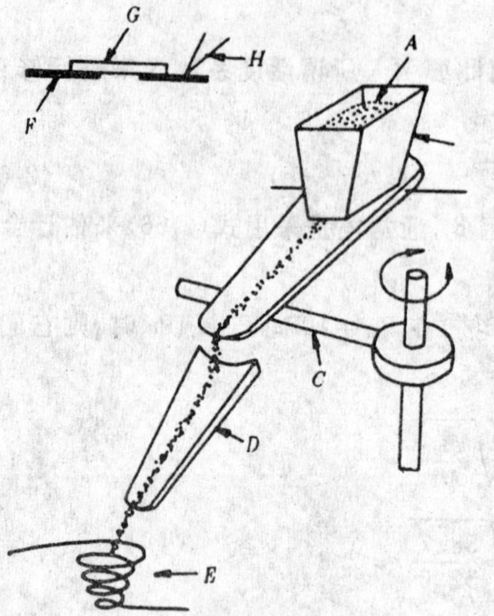

图2-23 瞬时蒸发法原理

A—粉状原料 B—漏斗 C—漏斗支撑杆

D—滑槽 E—钨丝 F—挡板

G—基片 H—热电偶

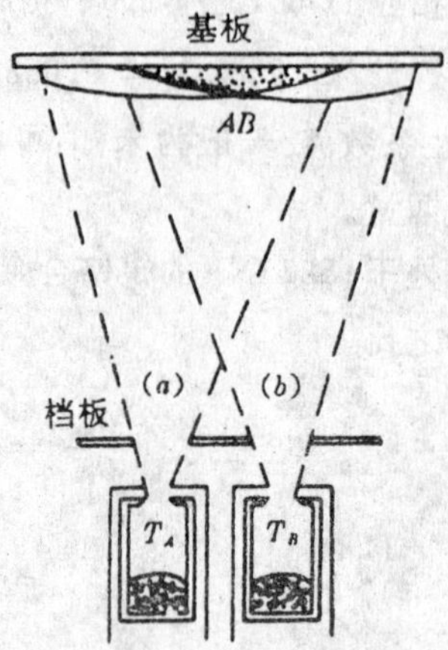

图2-24 双源蒸发原理示意

T_A—物质 A 的蒸发温度 T_B—物质 B 的蒸发温度

(a)—物质 A 的蒸气流 (b)—物质 B 的蒸气流

AB—合金薄膜

二、化合物的蒸发

化合物的蒸发方法有三种：(1)电阻加热法；(2)反应蒸发法；(3)双源或多源蒸发法——三温度法和分子束外延法。电阻蒸发法和双源蒸发法已作过介绍，这里不再叙述。反应蒸发法主要用于制备高熔点的绝缘介质薄膜，如氧化物、氮化物和硅化物等。而三温度法和分子束外延法主要用于制作单晶半导体化合物薄膜，特别是Ⅲ-Ⅴ族化合物半导体薄膜、超晶格薄膜以及各种单晶外延薄膜等。

1. 反应蒸发法

许多化合物在高温蒸发过程中会产生分解，例如直接蒸发 Al_2O_3、TiO_2等都会产生失氧，为此宜采用反应蒸发。所谓反应蒸发法就是将活性气体导入真空室，使活性气体的原子、分子和从蒸发源逸出的蒸发金属原子、低价化合物分子在基板表面淀积过程中发生反应，从而形成所需高价化合物薄膜的方法。反应蒸发不仅用于热分解严重，而且用于因饱和蒸气压较低而难以采用电阻加热蒸发的材料。经常被用来制作高熔点的化合物薄膜，特别是适合制作过渡金属与易解吸的 O_2、N_2等反应气体所组成的化合物薄膜。例如在空气或 O_2气氛中蒸发 SiO 制得 SiO_2薄膜，在 N_2气氛中蒸发 Zr 得到 ZrN 薄膜，在 Ar-N_2气氛中得到 AlN 薄膜，在 CH_4中得到 SiC 薄膜等。反应方程举例如下：

$$Al(\text{激活蒸气}) + O_2(\text{活性气体}) \longrightarrow Al_2O_3(\text{固相沉积})$$

$$Sn(\text{激活蒸气}) + O_2(\text{活性气体}) \longrightarrow SnO_2(\text{固相沉积})$$

用反应蒸发法制备各种化合物薄膜的条件列于表2-7中。

表2-7 反应蒸发制取化合物薄膜的条件

化合物	蒸发材料	活性气体	活性气体压强(Pa)	蒸发速率(Å/s)	基片温度(℃)
Al_2O_3	Al	O_2	$10^{-3}\sim10^{-2}$	1～5	400～500
Cr_2O_3	Cr	O_2	2×10^{-2}	～2	300～400
Fe_2O_3	Fe	O_2	$10^{-2}\sim10^{-1}$	～1	100～150
SiO_2	SiO	O_2或空气	$10^{-3}\sim10^{-2}$	～1.5	100～300
Ta_2O_5	Ta	O_2	$10^{-2}\sim10^{-1}$	～2	700～900
TiO_2	Ti	O_2	$10^{-3}\sim10^{-2}$		300
AlN	Al	NH_3	$10^{-3}\sim10^{-2}$	～2	300(多晶) 800～1400(单晶)
TiN	Ti	N_2或NH_3	4×10^{-2}	～3	室温
ZrN	Zr	N_2	$10^{-3}\sim10^{-2}$	～1	300
SiC	Si	C_2H_2	3×10^{-4}		～900
TiC	Ti	C_2H_4	4×10^{-3}		～300

在反应蒸发中，蒸发原子或低价化合物分子与活性气体发生反应的地方有三种可能，即蒸发源表面、蒸发源到基板的空间和基板表面。对于蒸发源表面的反应要尽可能避免，因为它会导致蒸发速率降低。空间气相反应的几率通常很低，因为活性反应气体压强10^{-2} Pa 所对应的平均自由程约为50cm，这个值大于源—基距，尽管气相碰撞几率此时可达50%左右，但反应的可能性却很小。实际上，由式(1-21)可知，反应主要发生在基板表面，反应气体分子碰撞在基板上的速率约为4×10^{16}个/$cm^2\cdot s$。反应过程中，吸附着的反应气体分子或原子渗透到膜层表面并扩散到低势能的晶格处与入射到基板并被吸附的蒸发原子通过扩散、迁移发生化学反应形成氧化物或化合物薄膜。

反应蒸发法制备薄膜由于是利用在基板表面上析出的或吸附的活性气体分子或原子之间的反应。因此反应能在较低温度下完成。因为在反应过程中并不太强化析出或凝聚作用，因此容易得到均匀分散的化合物薄膜。为了加速反应，可采用蒸发金属和部分活性气体放电的方法使其电离。这种方法称为活性反应蒸发法，其原理与活性反应离子镀相同。

反应蒸发制作的薄膜其组成和结构主要取决于反应材料的化学性质、反应气体的稳定性、形成化合物的自由能、化合物的分解温度以及反应气体对基板的入射频度、分子离开蒸发源的蒸发速率和基板温度等参数。

反应蒸发装置的原理示意图如图2-25所示。

2. 三温度法

三温度法从原理上讲，它就是双蒸发源蒸发法。当把Ⅲ-Ⅴ族化合物半导体材料置于坩埚内加热蒸发时，温度在沸点以上，半导体材料就会发生热分解，分馏出组分元素。因此，淀积在基板上的膜层会偏离化合物的化学计量比。由于Ⅴ族元素的蒸气压比Ⅲ族元素大得多，所以发展了如图2-26所示的三温度蒸发法。这种方法是分别控制低蒸气压元素

(Ⅲ)的蒸发源温度 $T_{Ⅲ}$、高蒸气压元素(Ⅴ)的蒸发源温度 $T_{Ⅴ}$ 和基板温度 T_S，一共三个温度，这就是所谓三温度法名称的由来。它实际上相当于在Ⅴ族元素的气氛中蒸发Ⅲ族元素。因此，从这个意义讲也相似于反应蒸镀法。

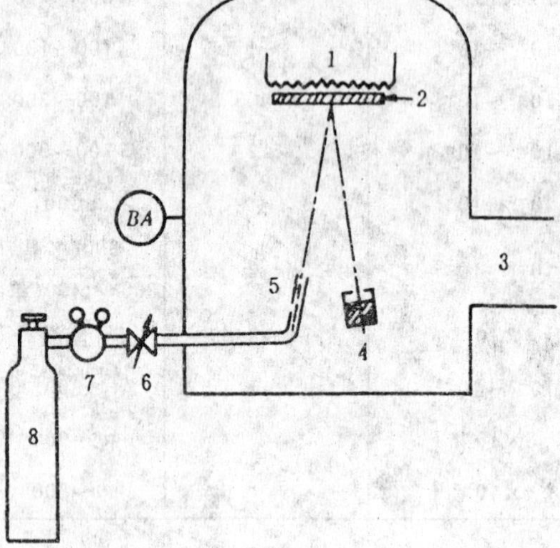

图2-25　反应蒸发镀膜原理

1—加热器　2—基片　3—排气系统　4—蒸发源
5—气体喷口　6—可调放气阀　7—减压阀
8—反应气体瓶　BA—真空计

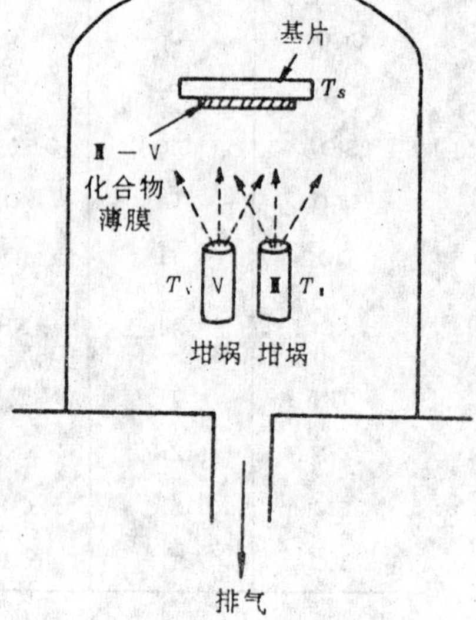

图2-26　三温度法原理

但是，一般在三温度法中即使采用与蒸发物质相同的单晶基板也很难得到外延单晶薄膜，因此，这种方法目前应用较少。对三温度法进行改进，使它能够制作外延生长膜，这就是以下所述的分子束外延镀膜法。

3. 分子束外延镀膜法(MBE)

外延是一种制备单晶薄膜的新技术，它是在适当的衬底与合适条件下，沿衬底材料晶轴方向生长一层结晶结构完整的新单晶层薄膜的方法，故称此工艺为外延，新生单晶层叫做外延层。典型的外延方法有液相外延法、气相外延法和分子束外延法。

外延薄膜和衬底属于同一物质的称“同质外延”，两者不相同的称为“异质外延”。

分子束外延(MBE)是新发展起来的外延制膜方法，也是一种特殊的真空镀膜工艺。它是在超高真空条件下，将薄膜诸组分元素的分子束流，直接喷到衬底表面，从而在其上形成外延层的技术。其突出的优点是能生长极薄的单晶膜层，且能够精确控制膜厚、组分和掺杂。适于制作微波、光电和多层结构器件，从而为集成光学和超大规模集成电路的发展提供了有效手段。

分子束外延装置如图2-27所示。主要由工作室、分子束喷射炉和各种监控仪器组成。如生长 GaAs 单晶时，需要 Ga 和 As 两个喷射炉，炉温大约分别为950K 和1100～1250K。生长更复杂的外延膜或要掺杂时，需配置多个喷射炉。为了提高真空度并对各个喷射炉实施热隔离且减小对基板的热辐射影响，在喷射炉周围装有液氮冷阱。喷射炉的温度用热电偶监控。四极质谱仪用来检测分子束流量。俄歇电子能谱仪和电子衍射仪用来监测与研究外延层单晶的生长过程，评价结晶质量和进行成分分析。由电子枪发射的电子束，经薄膜衍射后到达荧光屏，被探测器接收，随着淀积原子层数增加，衍射强度呈周期性变化，因此淀积厚度可通过测定电子衍射光信号波形获得。

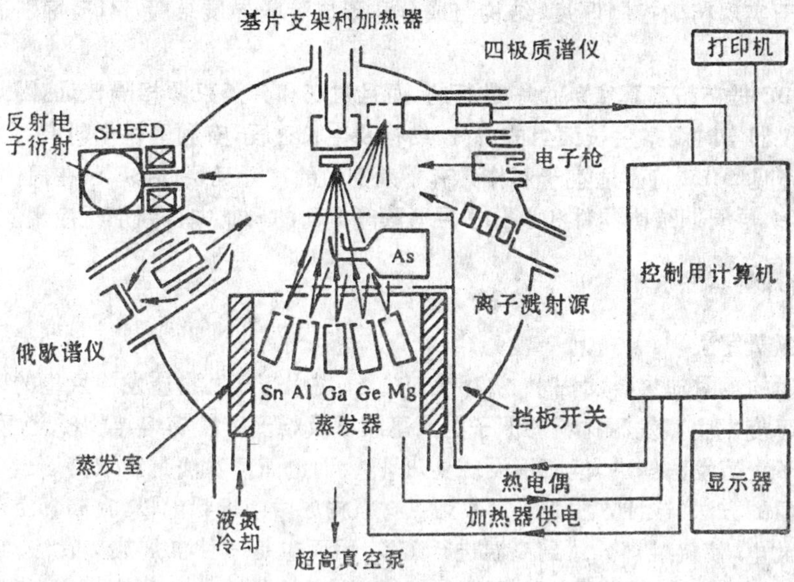

图2-27　计算机控制的分子束外延装置原理图

衬底材料是影响外延层质量的重要因素。除要求衬底材料在沉积温度下稳定，不发生热分解，不受外延材料及其蒸气的侵蚀和外延材料有相近的热膨胀系数等外，最关键是要求晶格类型和晶格常数应尽可能与外延材料相近。因为外延层的结晶生长与取向行为主要取决于外延材料与衬底材料的晶格结构和原子间距的相互匹配情况。一般，晶格失配达7%时仍能保持单一的外延关系，但当晶格结构不同或失配非常大时(≥10%)，淀积层则可能呈现相当不同的外延关系，或者根本得不到外延单晶薄膜。此外，淀积过程中的超高真空环境，严格控制适合的衬底温度，各喷射炉的加热温度，分子束的强度和种类等也都是控制外延薄膜生长的重要条件。

分子束外延制膜是一种将原子一个一个地直接在衬底上进行淀积的方法，因此它与通常 CVD 外延和真空蒸发镀膜、溅射镀膜相比，有以下特点：

(1)MBE 虽然也是一个以气体分子论为基础的蒸发过程，但它并不以蒸发温度为控制参数，而是以系统中的四极质谱仪、原子吸收光谱等近代分析仪器，精密地监控分子束的种类和强度，从而严格控制生长过程与生长速率。

(2)MBE 是一个超高真空的物理淀积过程，既不需要考虑中间化学反应，又不受质量传输的影响，并且利用快门可对生长和中断进行瞬时控制。因此，膜的组分和掺杂浓度可随源的变化作迅速调整。

(3)MBE的衬底温度低,因此降低了界面上热膨胀引入的晶格失配效应和衬底杂质对外延层的自掺杂扩散影响。

(4)MBE是一个动力学过程,即将入射的中性粒子(原子或分子)一个一个地堆积在衬底上进行生长,而不是一个热力学过程,所以它可生长按照普通热平衡生长方法难以生长的薄膜。

(5)MBE的另一显著特点是生长速率低,大约1μm/h,相当于每秒生长一个单原子层,因此有利于实现精确控制厚度、结构与成分和形成陡峭异质结等。MBE特别适于生长超晶格材料。

(6)MBE是在超高真空环境中进行的,而且衬底和分子束源相隔较远,因此可用多种表面分析仪器实时观察生长面上的成分、结构及生长过程,有利于科学研究。

由此可见,MBE特别适宜于制作具有复杂剖面的薄外延层。MBE已在固体微波器件、光电器件、多层周期结构器件和单分子层薄膜等方面的研制中得到广泛应用。

三、特殊的蒸发法

1. 电弧蒸发法

在普通的电阻加热蒸发法中,常存在加热丝、坩埚与蒸发物质发生反应的问题。另外,还存在着可能发生蒸发源材料的原子混入薄膜以及难于蒸发高熔点物质问题。这些问题虽可由电子束蒸发法解决,但所用设备复杂昂贵。而电弧蒸发法是制取高熔点材料薄膜的一种较简便的方法。这种方法是采用高熔点材料构成两个棒状电极,在高真空下通电使其发生电弧放电,使接触部分达到高温进行蒸发。因而也是一种自加热蒸发法。它又分为交流电弧放电法和直流电弧放电法。可蒸发包括高熔点金属在内的所有导电材料,可简单快速地制作无污染薄膜,并且也不会引起由于蒸发源辐射作用而造成基板温度升高的问题。

电弧蒸发法的缺点是:难于控制蒸发速率;放电时所飞溅出微米级大小的电极材料微粒,会对膜层造成损伤。

2. 热壁法

为获得良好的外延生长膜,人们研究了热壁外延生长法。热壁法是利用加热的石英管等(热壁)把蒸发分子或原子从蒸发源导向基板,进而生成薄膜。通常,热壁较基板处于更高的温度。整个系统置于高真空中,但由于蒸发管内有蒸发物质,因此压强较高。和普通的真空蒸镀法相比,热壁法的最显著特点是在热平衡状态下成膜。这种方法在Ⅱ-Ⅵ族、Ⅳ-Ⅵ族化合物半导体薄膜的制备应用中,收到了良好的效果。

图2-28是为制取PbTe薄膜所采用的热壁法例子。

采用热壁法可以形成超晶格结构,例如$PbTe\text{-}Pb_{1-x}Sn_xTe$等,和分子束外延相比这种方法简便,价格便宜,但可控性和重复性较差。

3. 激光蒸发法

利用高能激光作为热源来蒸镀薄膜是一种新技术。激光光源可采用CO_2激光、Ar激光、钕玻璃激光、红宝石激光及钇铝石榴石激光等大功率激光器,并置于真空室之外。高能量的激光束透过窗口进入真空室中,经棱镜或凹面镜聚焦,照射到蒸发材料上,使之加热气化蒸发。聚焦后的激光束功率密度很高，可达$10^6W/cm^2$以上。

红宝石激光器、钕玻璃激光器及钇铝石榴石激光器产生的巨脉冲具有"闪蒸"的特点。在许多情况下，一个脉冲就可使膜层厚度达到几百纳米，淀积速率可达10^4～10^5nm/s.如此快速淀积的薄膜往往具有极高的附着强度。但是也给膜厚控制带来困难，并可能引起蒸发材料过热分解和喷溅。因此，一般倾向于使用CO_2连续激光器。

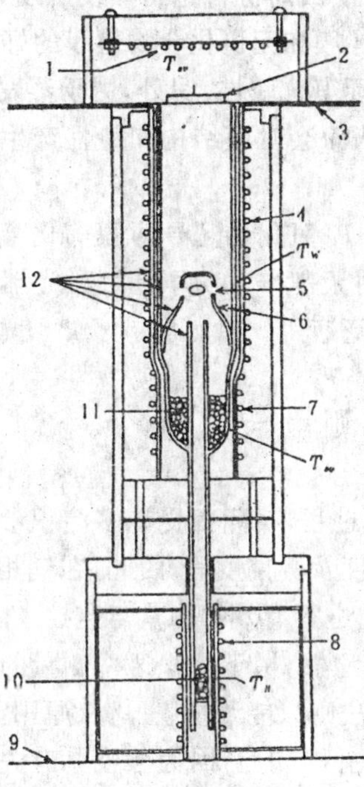

图2-28 热壁外延生长装置

1—基片加热器 2—基片 3—滑动板
4—壁加热器 5—开口 6—缓冲器
7—源加热器 8—Te贮槽加热器 9—座板
10—Te贮槽 11—$(Pb_{1-x}Sn_x)_{1+\delta}Te_{1-\delta}$蒸发源
12—石英管

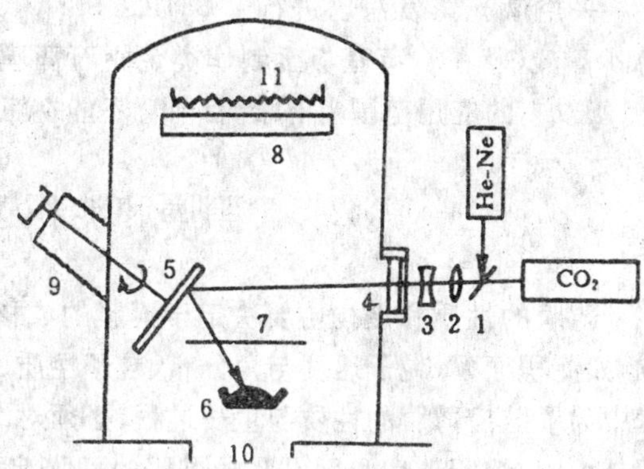

图2-29 激光蒸发装置简图

1—分束镜 2—聚焦透镜 3—散焦透镜
4—Ge或ZnSe密封窗 5—带护板反射镜
6—坩埚 7—挡板 8—基板 9—波纹管
10—接真空系统 11—加热器

图2-29是CO_2激光器蒸发设备简图，其中CO_2激光器的输出功率为百瓦数量级，He-Ne激光器是作准直用，以便对准蒸发材料。Ge聚焦透镜用来决定焦点位置。如果光束的发散角为θ，透镜焦距为F，则焦点直径$d=F\theta$。这样焦点的激光功率密度E可表示为

$$E = 4W/\pi F^2\theta^2 \tag{2-68}$$

式中，W为激光功率。凹透镜可改变焦斑大小，以便对材料除气预熔。反射镜装有护板并可旋转，以防止蒸气分子对反射镜的污染。波纹管与反射镜连结用以调整和改变蒸发位置。

CO_2激光器可产生很高的功率，其蒸发物质所吸收的能量为

$$E_a = E_i - E_t - E_r - E_s \tag{2-69}$$

式中，E_i为入射能量，E_t为透射能量，E_r是反射能量，E_s是散射能量。由此可知，要使材料

蒸发，必须吸收足够的激光能量，即被蒸发材料对激光束的透射、反射和散射要尽可能小。

激光蒸发的优点：

(1)激光加热可达到极高的温度，可蒸发任何高熔点材料，且获得很高的蒸发速率。

(2)由于采用了非接触式加热，激光器可安装在真空室外，既完全避免了来自蒸发源的污染，又简化了真空室，非常适宜在超高真空下制备高纯薄膜。

(3)利用激光束加热能够对某些化合物或合金进行“闪烁蒸发”，有利于保证膜成分的化学比或防止分解；又由于材料气化时间短促，不足以使四周材料达到蒸发温度，所以激光蒸发不易出现分馏现象。因此，是淀积介质膜、半导体膜和无机化合物薄膜的好方法。

但是，激光蒸发器较昂贵，且并非对所有材料都显示其优越性。另外，由于蒸发材料温度太高，蒸发粒子(原子、分子、簇团等)多易离子化，从而会对膜结构和特性产生一定影响。因此，还有不少问题有待进一步解决。

采用激光蒸发法已进行了 $BaTiO_3$、$SrTiO_3$、ZnS、高 T_C 氧化物超导薄膜等化合物薄膜的制备，以及在石英基板上制作类金刚石薄膜等。但由于制作大功率连续激光器成本较高，所以它的应用范围尚有限，目前暂不能在工业中广泛应用。

§2-5 膜厚和淀积速率的测量与监控

薄膜的性质和结构主要决定于薄膜的成核与生长过程，实际上受许多淀积参数的影响，如淀积速率、粒子速度与角分布、粒子性质、衬底温度及真空度等。因此，在气相沉积技术中为了监控薄膜的性质与生长过程，必须对淀积参数进行有效的测量与监控。在所有沉积技术中，淀积速率和膜厚是最重要的薄膜淀积参数。显然，用于淀积速率测量的实时方法，对于时间的积分也能用于膜厚的测量，而非实时方法则只能测量膜厚。从原则上讲，与膜厚相关的任何物理量都能用来确定膜厚。但是，实际并非如此，因为与膜厚有关的大部分物理性质，强烈地受微观结构的影响，即受淀积参数的影响。

一、膜厚的分类

所谓薄膜是指在基板的垂直方向上所堆积的$1\sim10^4$的原子层或分子层。在此方向上，薄膜具有微观结构。

厚度是指两个完全平整的平行平面之间的距离，是一个可观测到实体的尺寸。因此，这个概念是一个几何概念。理想的薄膜厚度是指基片表面和薄膜表面之间的距离。由于薄膜仅在厚度方向是微观的，其他的两维方向具有宏观大小。所以，表示薄膜的形状，一定要用宏观方法，即采用长、宽、厚的方法。因此，从这个意义上讲，膜厚既是一个宏观概念，又是微观上的实体线度。由于实际上存在的表面是不平整和不连续的，而且薄膜内部还可能存在着针孔、杂质、晶格缺陷和表面吸附分子等，所以，要严格地定义和精确测量薄膜的厚度实际上是比较困难的。膜厚的定义应根据测量的方法和目的来决定。因此，同一薄膜，使用不同的测量方法将得到不同的结果，即不同的厚度。

经典模型认为物质的表面并不是一个抽象的几何概念，而是由刚性球的原子(分子)紧密排列而成，是实际存在的一个物理概念。图2-30是实际表面和平均表面的示意图。平均表面是指表面原子所有的点到这个面的距离代数和等于零,平均表面是一个几何概念。通常,将基片一侧的表面分子的集合的平均表面称为基片表面 S_S;薄膜上不与基片接触的那一侧的表面的平均表面称为薄膜形状表面 S_T;将所测量的薄膜原子重新排列,使其密度和块状材料相同且均匀分布在基片表面上,这时的平均表面称为薄膜质量等价表面 S_M;根据测量薄膜的物理性质等效为一定长度和宽度与所测量的薄膜相同尺寸的块状材料的薄膜,这时的平均表面称为薄膜物性等价表面 S_P。由此可以定义:

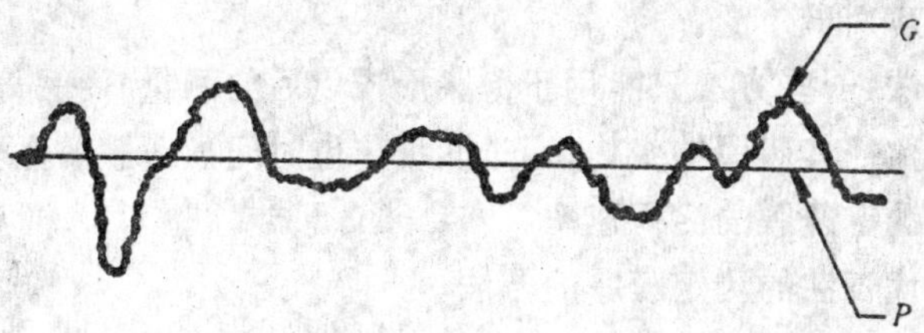

图2-30 实际表面和平均表面示意图

G—实际表面; P—平均表面

(1)形状膜厚 d_T 是 S_S 和 S_T 面之间的距离;

(2)质量膜厚 d_M 是 S_S 和 S_M 面之间的距离;

(3)物性膜厚 d_P 是 S_S 和 S_P 面之间的距离。

上述各种膜厚定义如图2-31所示。形状膜厚 d_T 是最接近于直观形式的膜厚,通常以 μm 为单位。d_T 只与表面原子(分子)有关,并且包含着薄膜内部结构的影响;质量膜厚 d_M 反映了薄膜中包含物质的多少,通常以 μg/cm²为单位,它消除了薄膜内部结构的影响(如缺陷、针孔、变形等);物性膜厚 d_P 在实际使用上较有用,而且比较容易测量,它与薄膜内部结构和外部结构无直接关系,主要取决于薄膜的性质(如电阻率、透射率等)。三种定义的膜厚往往满足下列不等式:

$$d_T \geqslant d_M \geqslant d_P$$

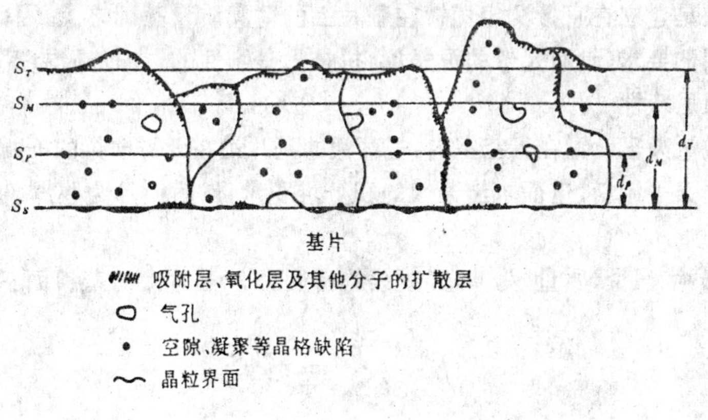

图2-31 假想的薄膜剖面和膜厚定义示意图

由于实际表面的不平整性，以及薄膜不可避免有各种缺陷、杂质和吸附分子等存在，所以不论用哪种方法来定义和测量膜厚，都包含着平均化的统计概念，而且所得膜厚的平均值是包括了杂质、缺陷以及吸附分子在内的薄膜的厚度值。三种膜厚的测试方法如表2-8所示。在形状膜厚的测量方法中，触针法和多次反射干涉法最常用，由它们所确定的膜厚，确实是由表面的形状所决定。在质量膜厚测定中，天平法最常用，但难以实现自动测试，为此多采用石英晶体振荡法代替。一般说来，只要厚度随薄膜物性变化，都能用于物性厚度的测量。并且由于这种方法的灵敏度高、测试容易和比较直观等，所以电物性和电光性的膜厚测量方法应用最广泛。

上述的测量方法，一些方法只能用于薄膜形成以后的测量，而另一些方法则可在薄膜形成的实际过程中监控其膜厚的变化。通过测量单位时间内薄膜的生长厚度，就能用这些监控膜厚的方法来测定薄膜的淀积速率。

下面介绍几种代表性的测定膜厚的方法。

表2-8　膜厚的测试方法

膜厚定义	测试手段	测　试　方　法
形状膜厚	机械方法	触针法，测微计法
	光学方法	多次反射干涉法，双光线干涉法
	其他方法	电子显微镜法
质量膜厚	质量测定法	化学天平法，微量天平法，扭力天平法，石英晶体振荡法
	原子数测定法	比色法、X 射线荧光法、离子探针法、放射性分析法
物性膜厚	电学方法	电阻法、电容法、涡流法、电压法
	光学方法	干涉色法、椭圆偏振法、光吸收法

二、称重法

1. 微量天平法

这个方法是建立在直接测定蒸镀在基片上的薄膜质量基础之上。因此所使用的天平必须满足专门的要求，具有足够的灵敏度，机械上是刚性的，在较高温度下易于除气并有非周期性的阻尼特性。

它是将微量天平设置在真空室内，把蒸镀的基片吊在天平横梁的一端，测出随薄膜的淀积而产生的天平倾斜，进而求出薄膜的积分堆积量，然后换算为膜厚。由此便可得到质量膜厚。

如果，积分堆积量（质量）为 m，蒸镀膜的密度为 ρ，基片上的蒸镀面积为 A，其膜厚可由下式确定

$$t = \frac{m}{\rho A} \tag{2-70}$$

式中，ρ 一般采用块材的密度值。

微量天平法的优点：灵敏度高，而且能测定淀积质量的绝对值；能在比较广的范围内

选择基片材料；能在淀积过程中跟踪质量的变化等。如与偏光解析法或石英晶体振荡法并用，可用于研究金属薄膜的初期生长过程。

在一定的面积内，测定面积 A 的误差可以保持很小，并可忽略。因此厚度部分的误差 dt/t 为

$$\frac{dt}{t}=\frac{dm}{m} \tag{2-71}$$

如果处理得当，测定质量的误差可为±2μg。

若在淀积薄膜后从真空系统中取出称重量，由于在基片上刚淀积的薄膜暴露在大气时，会立即吸附水气等，吸气后的重量变化可能比微量天平的精度大1～2个数量级。因而在这种情况下应用此方法测定膜厚，其精确性将受到限制。

此方法的另一个问题是不能在一个基片上测定膜厚的分布，因为所得到的是整个面积 A 上的平均厚度。此外，如果薄膜的实际密度不等于块材密度时，这一等效厚度也就不是真正的厚度。通常由式(2-70)得到的厚度值稍小于实际的厚度值。

2. 石英晶体振荡法

这是一种利用改变石英晶体电极的微小厚度，来调整晶体振荡器的固有振荡频率的方法。利用这一原理，在石英晶片电极上淀积薄膜，然后测其固有频率的变化就可求出质量膜厚。由于此法使用简便，精确度高，已在实际中得到广泛应用。此法在本质上也是一种动态称重法。

石英晶片的固有振动频率 f、波长 λ 和声速 v 之间有以下关系式

$$\lambda f=v \tag{2-72}$$

如果石英晶片的厚度为 t，对基波而言，则波长 λ 为

$$\lambda=2t \tag{2-73}$$

再设石英晶片的密度为 ρ，切变弹性系数为 c 则

$$v=\sqrt{c/\rho} \tag{2-74}$$

将式(2-73)、(2-74)代入式(2-72)，可得

$$f=\frac{v}{\lambda}=\frac{N}{t} \tag{2-75}$$

式中，N 为频率常数，其值 $N=(c/\rho)^{1/2}/2$，对于 AT 切割方式，$N=1670\text{kHz}\cdot\text{mm}$。

对式(2-75)求导，则得

$$df=-\frac{N}{t^2}dt \tag{2-76}$$

由此可知，厚度的变化与振荡频率成正比。式中的负号表示石英晶体厚度增加时其频率下降。

若在蒸镀时石英晶体上接收的淀积厚度(质量膜厚)为 dx，则相应的晶体厚度变化为

$$dt=\frac{\rho_m}{\rho}dx \tag{2-77}$$

式中，ρ_m 为淀积物质的密度，ρ 是石英晶体的密度，其值 $\rho=2.65\text{g/cm}^3$。

当 $\rho_m dx$ 在不大的范围内，可把由式(2-77)给出的 dt 代入式(2-76)，则得

$$df = -\frac{v^2}{N} \cdot \frac{\rho_m}{\rho} \cdot dx \tag{2-78}$$

此式即为表示振荡频率变化与薄膜质量膜厚之间关系的基本公式。

这种测膜厚方法的优点是测量简单，能够在制膜过程中连续测量膜厚。而且，由于膜厚的变化是通过频率显示，因此，如果在输出端引入时间的微分电路，就能测量薄膜的生长速度或蒸发速率。其缺点是，测量的膜厚始终是在石英晶体振荡片上的薄膜厚度。并且每当改变晶片位置或蒸发源形状时，都必须重新校正；若在溅射法中应用此法测膜厚，很容易受到电磁干扰。此外，探头（石英晶片）工作温度一般不允许超过80℃，否则将会带来很大误差。

利用上述原理制成的石英晶体膜厚监控仪国产型号有 MSB-1型、SK-1A(B)型等，可用于电阻或电子束蒸发设备上，监控金属、半导体和介质薄膜的厚度。

该方法最高灵敏度是20Hz 左右，换算为石英晶体的质量膜厚为12Å。

三、电学方法

1. 电阻法

由于电阻值与电阻体的形状有关，利用这一原理来测量膜厚的方法称电阻法。电阻法是测量金属薄膜厚度最简单的一种方法。由于金属导电膜的阻值随膜厚的增加而下降，所以用电阻法可对金属膜的淀积厚度进行监控，以制备性能符合要求的金属薄膜。但是，随着薄膜厚度的减小，电阻增大的速率比预料的要大。产生这一现象的原因是由于薄膜界面上的散射和薄膜的结构与大块材料的结构不同，以及附着和被吸附的残余气体对电阻的影响造成的。此外，超薄薄膜的电导率会发生变化，是因为这种薄膜是不连续的，以岛状结构形式存在，其特性与连续薄膜完全不一样。尽管如此，在相当宽的膜厚范围内，尤其在较高淀积速率和低的残余气体压强条件下，用电阻测量法确定膜厚仍然是适用的。

由于材料的电阻率（或者电导率）通常是与整块材料的形状有关的一个确定值，如果认为薄膜的电阻率与块材相同，则可由下式确定膜厚，即

$$t = \frac{\rho}{R_S} \tag{2-79}$$

式中，R_S 为正方形平板电阻器沿其边方向的电阻值，该 R_S 值与正方形的尺寸无关，常称为方电阻或面电阻，简称方阻，单位为Ω/□。方阻是在实际上经常使用的一个参数。

因此，采用电桥法或欧姆表直接测试出阻值监控片上的淀积薄膜的方电阻值，便可根据式(2-79)得出膜厚值。

用电桥法测量电阻的原理如图2-32所示。采用电阻法测量的薄膜电阻值范围介于几分之一欧至几百兆欧之间，一俟达到设计电阻值时，通过继电器控制电磁阀挡板，便可立即停止蒸发淀积。使用普通仪器，电阻测量精度可达±1%～±0.1%。由于准确确定薄膜的 ρ 值有困难，所以用电阻法测得的膜厚仍有一定误差。通常为≥±5%左右。

2. 电容法

电介质薄膜的厚度可以通过测量它的电容量来确定。根据这一原理可以在绝缘基板上，按设计要求先淀积出叉指形电极对，使之形成平板形叉指电容器。当未淀积介质时，叉

指电容值主要由基板的介电常数决定。而在叉指上淀积介质薄膜后，其电容值由叉指电极的间距和厚度，以及淀积薄膜的介电系数决定。只要用电容电桥测出电容值便可确定淀积的膜厚。

另一种方法是在绝缘基板上先形成下电极，然后淀积一层介质薄膜后，再制作上电极，使之形成一个平板形电容器。然后根据平板电容器公式，在测出电容值后，便可计算出淀积介质薄膜的厚度。显然，这种方法只能用于淀积后的膜厚测量，而不能用于淀积过程的监控。计算时所需要的 ε 值，可取块材介质的介电系数值。

由于确定介电系数和平板电容器或叉指电容器的表面积(电极)所造成的误差，限制了这种方法的准确性。

3. 电离式监控计法

电离式监控计是基于电离真空计的工作原理，在真空蒸发过程中，蒸发物的蒸气通过一只类似 B-A 规式的传感规时，与电子碰撞并被电离，所形成离子流的大小与蒸气的密度成正比。由于残余气体的影响，传感规收集到的离子流由蒸发物蒸气和残余气体两部分离子流组成。如果用一只补偿规测出残余气体离子流的大小，并将两只规的离子流送到差动放大器，再通过电路补偿消除残余气体的离子流，这样得到的差动信号就是蒸发物质的蒸发速率信号，利用此信号可以实现蒸发速率的测量与控制。

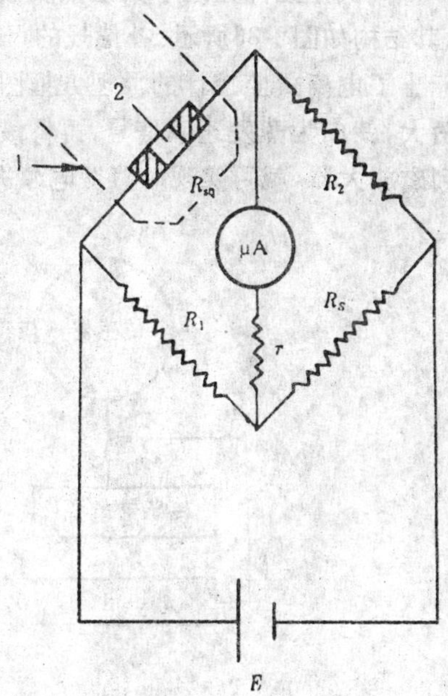

图2-32 由测量电阻值(R_S)来测量膜厚的电桥回路
1—真空室 2—蒸发面

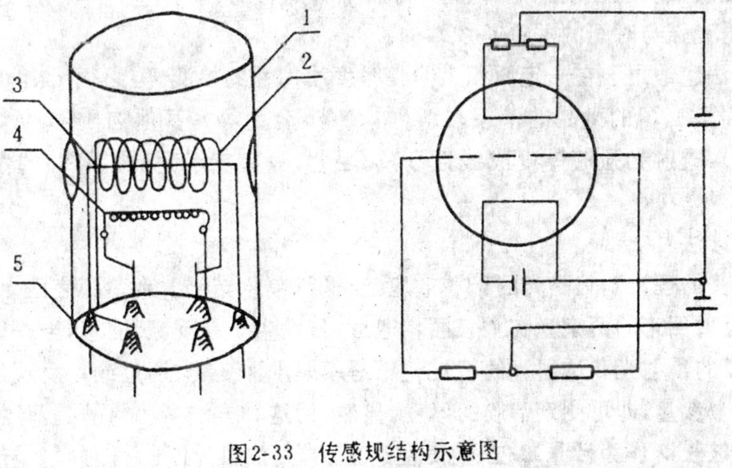

图2-33 传感规结构示意图
1—带水冷却罩 2—加速极 3—收集极 4—发射极 5—芯柱

电离式监控计只适于真空蒸发镀膜工艺。所用传感规实际上是经过改型的B-A真空规，其结构如图2-33所示。补偿规的尺寸与传感规完全相同，二者灵敏度尽可能一致。图2-34示出了电离式监控计的原理方框图。差动放大器将传感规和补偿规两个离子流之差进行放大，就成为蒸发速率信号，再将该信号送到自动平衡记录仪，并同时通过放大调节器送到磁放大器，就可实现对蒸发电源进行自动调节，从而达到控制蒸发速率的目的。

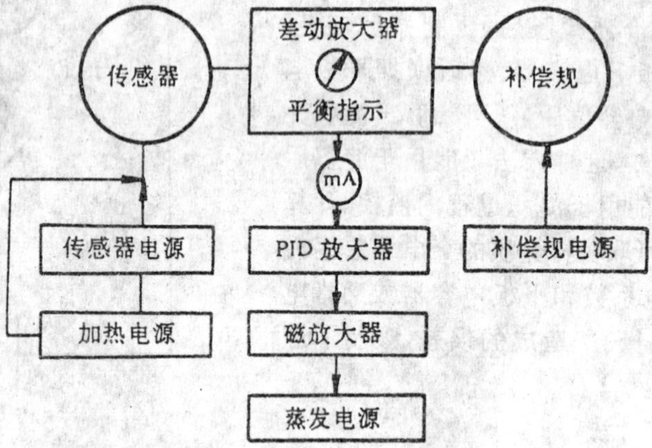

图2-34　电离式监控计示意图

四、光学方法

1. 光吸收法

如果强度为I_0的光照射具有光吸收性的薄膜，则透过薄膜的光强度可由下式表示

$$I = I_0(1-R)^2\exp(\alpha t) \tag{2-80}$$

式中，t为膜厚，α是吸收系数，R为薄膜与空气界面上的反射率。

显然，通过测量光强度的变化，利用上式可以确定吸收薄膜的厚度。这种方法非常简单，常用于金属蒸发膜厚度测定，且适用于淀积过程的控制。淀积速率一定时，在半对数坐标图上，透射光强与时间的关系是线性的。

这种方法也适用于在一定面积上薄膜厚度均匀性的检测。但必须指出，此方法只适用于能形成连续的、薄的微晶的薄膜材料（如Ni-Fe合金等），其他物质（如Ag）在小的厚度时（～30nm），透射光强随厚度成线性衰减。因此，只有能满足式（2-80）的蒸发材料才适用。

2. 光干涉法

光干涉法的理论基础是光的干涉效应。当平行单色光照射到薄膜表面上时，从薄膜的上、下表面反射回来的两束光在上表面相遇后，就发生干涉现象。而且，当一束光入射于薄膜上时，从膜的反射光和透射光的特性将随薄膜厚度而变化。通过测定反映反射光或透射光特性的某个参量，即可测定薄膜的厚度。显然，用这种方法所测量的是薄膜的光学厚度，以入射光的波长λ作为计量单位，精确度达±10%。如果设膜的折射率n与块材相同，则从光学厚度(nt)可求得薄膜的几何厚度t。

如果两束相干光的波程差等于波长的整数倍，则两束光相互加强。如果波程差等于半波长的奇数倍，则两束光相互削弱。因此，当膜层厚度相差 $\lambda/2$（光学厚度）时，即膜层的几何厚度相差 $\lambda/2n$（n 为薄膜材料的折射率）时，反射率相同，这就是光干涉法测膜厚的基础。

如果淀积一层折射率小于比较片折射率的材料，并采用单色光源，则淀积开始后，反射率将随膜厚的增加而减小；当薄膜的光学厚度达到 $\lambda/4$时反射率达到最小值。如果继续淀积，则反射率随膜厚的增加而上升，并在薄膜的光学厚度达 $\lambda/2$时达到与监控片反射率相等的最大值。如此继续下去，下一个最小值在$3\lambda/4$处，最大值在 λ 处，……。反射率的变化规律如图2-35中的曲线1、2所示。

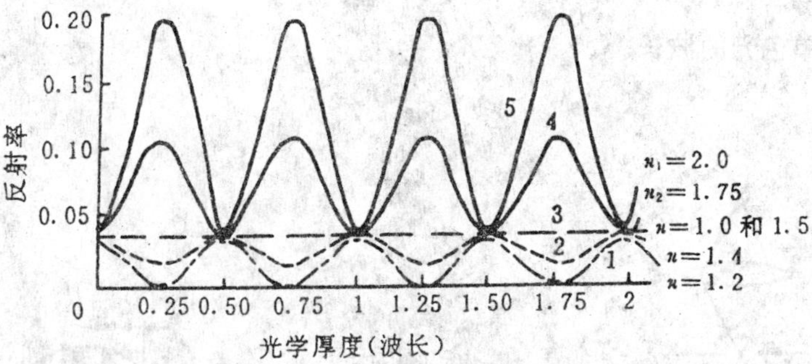

图2-35　薄膜的反射率与光学厚度的关系

如果薄膜的折射率高于监控比较片，则两界面反射波的相互加强将产生在薄膜的光学厚度为 $\lambda/4$处，反射率的最小值将发生在 $\lambda/2$处，与监控片的反射率相同。以此类推，下一个最大值将在$3\lambda/4$处，最小值在 λ 处，……。反射率的变化规律如图2-35中曲线4、5所示。

在薄膜淀积过程中如果记录淀积膜反射率经过极值点的次数，则可监控膜层的厚度。并且还应在反射率达到某一极值时，中断淀积过程。如果淀积中经过极值点的次数为 m 次，则薄膜的光学厚度恰好等于 $m\cdot\lambda/4$。

例如，设计淀积2μm 厚的 SiO 薄膜，已知 SiO 的折射率 $n=2.0$，监控片的折射率 $n'=1.5$，单色光的波长 $\lambda=1\mu m$，并假设薄膜的吸收为零，则

$$m\cdot\frac{\lambda}{4}=nt \tag{2-81}$$

式中，n 为淀积薄膜的折射率，t 是淀积薄膜厚度，nt 即为淀积薄膜的光学厚度，λ 是入射光波长，m 为系数（$m=0,1,2,\cdots\cdots$）。

由上式即可解得 $m=16$，若只计算最大值，则只需要注意观察第8个最大值即可。

监控透射率的原理与监控反射率是一致的。不过当透射率为极大值时，反射率为极小值，当透射率为极小值时，反射率则相反。它们的极值点是同时发生的，所对应的膜厚也相同。因此，记录透射率在淀积过程中经过极值点的次数，同样可以监控淀积膜的厚度。

需要指出，金属薄膜在可见光范围内吸收性很强，无法观察出极值点。因此，这种方法

不适用于测定或监控金属薄膜。

3. 等厚干涉条纹法

如果在楔形薄膜上产生单色干涉光，在一定厚度下就能满足最大和最小的干涉条件。因此，能观察到明暗相间的平行条纹。这已成为膜厚测量的标准方法。如果厚度不规则，则干涉条纹也呈现不规则的形状。

图2-36是这种测量方法的示意图。产生干涉的膜层是由一小角度的两块光学平板之间的空气隙所形成，其中一块蒸镀有被测薄膜，并在其表面上形成台阶，两块平板上都蒸镀有相同材料的金属薄膜。由于两者之间间隔很小，于是干涉条纹就非常窄。如图2-37所示，如果 L 是条纹间距，ΔL 是条纹的位移，则薄膜厚度可由下式给出

$$t = \frac{\Delta L}{L} \cdot \frac{\lambda}{2} \tag{2-82}$$

式中，λ 是单色光的波长。

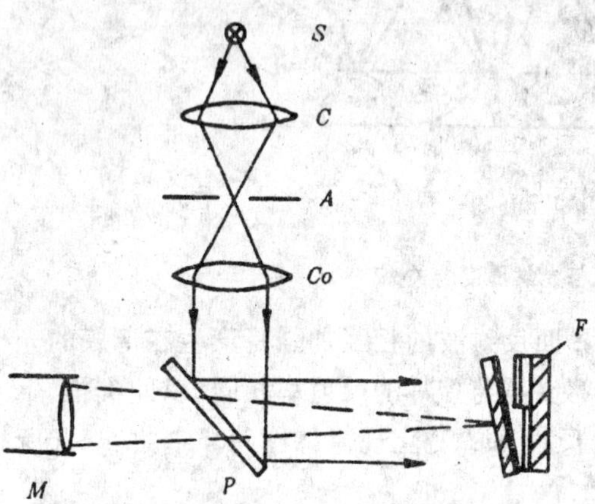

图2-36 等厚干涉条纹法原理

S—光源 C—会聚透镜 A—光阑

Co—准直物镜 P—半透明平板

M—显微镜 F—待测薄膜

图2-37 在薄膜台阶处干涉条纹的位移

五、触针法

这种方法在针尖上镶有曲率半径为几微米的蓝宝石或金刚石的触针，使其在薄膜表面上移动时，由于试样的台阶会引起触针随之作阶梯式上下运动。再采用机械的、光学的或电学的方法，放大触针所运动的距离并转换成相应的读数，该读数所表征的距离即为薄膜厚度。例如，触针钻石探头半径为0.00254mm，测试时与样品的接触压力约0.1g。

常用的电学放大法有以下几种：

1. 差动变压器法

利用差动变压器法放大触针上下运动距离的原理如图2-38(a)所示。图中线圈2和线

圈3的输出反相连接。由于铁芯被触针牵动随触针上下移动，此时，线圈2和线圈3输出差动电信号，放大此信号并显示相应于触针运动距离的数值。

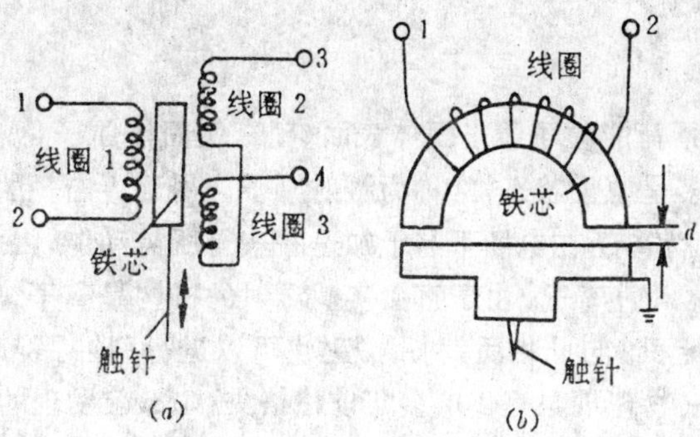

图2-38 触针测厚计的传感器
(a)差动变压器法 (b)阻抗法

2.阻抗放大法

阻抗放大法的原理如图2-38(b)所示。由于触针上下运动使电感器的间隙 d 发生相应的变化时，感抗随之变化，导至线圈阻抗改变。再利用放大电路放大并显示该阻抗的变化量，即可表征触针上下运动的距离。

3.压电元件法

压电元件法是利用压电材料的压电效应来放大并显示触针上下运动的距离。由于触针上下运动，作用在压电晶体元件的压力将随之改变，从而导致元件的电参数亦随之改变。放大并显示该电参数的变化量，即可表征触针上下运动的数值。

触针式膜厚测量法广泛用于硬质膜厚的测量，其精度比多光束干涉法精确。但应注意以下几个方面，因为它直接影响触针法的应用与精度：

(1)由于触针尖端的面积非常小，会穿透铝膜等易受损伤的软质膜，并在其上划出道沟，从而产生极大的误差；

(2)基片表面的起伏或不平整所造成的"噪声"亦会引起误差；

(3)被测薄膜与基片之间，必须要有膜一基台阶存在，才能进行测量。

第三章 溅射镀膜

所谓“溅射”是指荷能粒子轰击固体表面(靶),使固体原子(或分子)从表面射出的现象。射出的粒子大多呈原子状态,常称为溅射原子。用于轰击靶的荷能粒子可以是电子、离子或中性粒子,因为离子在电场下易于加速并获得所需动能,因此大多采用离子作为轰击粒子。该粒子又称入射离子。由于直接实现溅射的机构是离子,所以这种镀膜技术又称为离子溅射镀膜或淀积。与此相反,利用溅射也可以进行刻蚀。淀积和刻蚀是溅射过程的两种应用。溅射这一物理现象是130多年前格洛夫(Grove)发现的,现已广泛地应用于各种薄膜的制备之中。如用于制备金属、合金、半导体、氧化物、绝缘介质薄膜,以及化合物半导体薄膜、碳化物及氮化物薄膜,乃至高T_c超导薄膜等。

§3-1 溅射镀膜的特点

溅射镀膜与真空蒸发镀膜相比,有如下的特点:

(1)任何物质均可以溅射,尤其是高熔点、低蒸气压元素和化合物。不论是金属、半导体、绝缘体、化合物和混合物等,只要是固体,不论是块状、粒状的物质都可以作为靶材。

由于溅射氧化物等绝缘材料和合金时,几乎不发生分解和分馏,所以可用于制备与靶材料组分相近的薄膜和组分均匀的合金膜,乃至成分复杂的超导薄膜。

此外,采用反应溅射法还可制得与靶材完全不同的化合物薄膜,如氧化物、氮化物、碳化物和硅化物等。

(2)溅射膜与基板之间的附着性好。由于溅射原子的能量比蒸发原子能量高1～2个数量级,因此,高能粒子淀积在基板上进行能量转换,产生较高的热能,增强了溅射原子与基板的附着力。加之,一部分高能量的溅射原子将产生不同程度的注入现象,在基板上形成一层溅射原子与基板材料原子相互“混溶”的所谓伪扩散层。此外,在溅射粒子的轰击过程中,基板始终处于等离子区中被清洗和激活,清除了附着不牢的淀积原子,净化且活化基板表面。因此,使得溅射膜层与基板的附着力大大增强。

(3)溅射镀膜密度高,针孔少,且膜层的纯度较高,因为在溅射镀膜过程中,不存在真空蒸镀时无法避免的坩埚污染现象。

(4)膜厚可控性和重复性好。由于溅射镀膜时的放电电流和靶电流可分别控制,通过控制靶电流则可控制膜厚。所以,溅射镀膜的膜厚可控性和多次溅射的膜厚再现性好,能够有效地镀制预定厚度的薄膜。此外,溅射镀膜还可以在较大面积上获得厚度均匀的薄膜。

溅射镀膜(主要是二极溅射)的缺点是:溅射设备复杂、需要高压装置;溅射淀积的成膜速度低,真空蒸镀淀积速率为0.1～5μm/min,而溅射速率则为0.01～0.5μm/min;基板温升较高和易受杂质气体影响等。但是,由于射频溅射和磁控溅射技术的发展,在实现快速溅射淀积和降低基板温度方面已获得了很大的进步。

§3-2 溅射的基本原理

溅射镀膜基于荷能离子轰击靶材时的溅射效应，而整个溅射过程都是建立在辉光放电的基础之上，即溅射离子都来源于气体放电。不同的溅射技术所采用的辉光放电方式有所不同。直流二极溅射利用的是直流辉光放电；三极溅射是利用热阴极支持的辉光放电；射频溅射是利用射频辉光放电；磁控溅射是利用环状磁场控制下的辉光放电。

一、辉光放电

1. 直流辉光放电

溅射是在辉光放电中产生的，因此，辉光放电是溅射的基础。辉光放电是在真空度约为 10～1Pa 的稀薄气体中，两个电极之间加上电压时产生的一种气体放电现象。

气体放电时，两电极间的电压和电流的关系不能用简单的欧姆定律来描述，因为二者之间不是简单的直线关系。图 3-1 表示直流辉光放电的形成过程，亦即两电极之间的电压随电流的变化曲线。

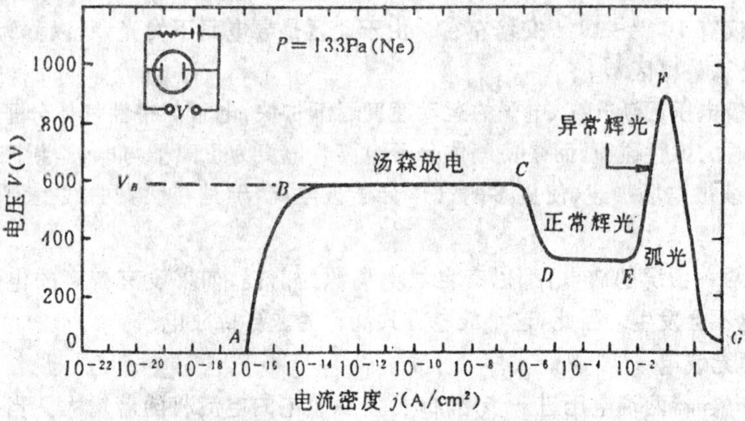

图 3-1 直流辉光放电伏安特性曲线

当两电极加上直流电压时，由于宇宙线产生的游离离子和电子是很有限的，所以开始时电流非常小，此 AB 区域叫做“无光”放电。随着电压升高，带电离子和电子获得了足够能量，与中性气体分子碰撞产生电离，使电流平稳地增加，但是电压却受到电源的高输出阻抗限制而呈一常数；BC 区域称为“汤森放电区”。在此区内，电流可在电压不变情况下增大。

然后发生“雪崩点火”。离子轰击阴极，释放出二次电子，二次电子与中性气体分子碰撞，产生更多的离子，这些离子再轰击阴极，又产生出新的更多的二次电子。一旦产生了足够多的离子和电子后，放电达到自持，气体开始起辉，两极间电流剧增，电压迅速下降，放电呈现负阻特性。这个 CD 区域叫做过渡区。

在 D 点以后，电流与电压无关，即增大电源功率时，电压维持不变，而电流平稳增加，此时两极板间出现辉光。在这一区域内若增加电源电压或改变电阻来增大电流，两极板间的电压几乎维持不变。从 D 到 E 之间区域叫做“正常辉光放电区”。在正常辉光放电时，放电自动调整阴极轰击面积。最初，轰击是不均匀的，轰击集中在靠近阴极边缘处，或在表面其他不规则处。随着电源功率的增大，轰击区逐渐扩大，直到阴极面上电流密度几乎均匀为止。

E 点以后，当离子轰击覆盖整个阴极表面后，继续增加电源功率，会使放电区内的电压和电流密度，即两极间的电流随着电压的增大而增大，EF 这一区域称“异常辉光放电区”。

在 F 点以后，整个特性都改变了，两极间电压降至很小的数值，电流大小几乎是由外电阻的大小来决定，而且电流越大，极间电压越小，FG 区域称为“弧光放电区”。

下面对各个放电区的性质作进一步说明。

(1)无光放电

由于在放电容器中充有少量气体，因而始终有一部分气体分子以游离状态存在着。当两电极上加直流电压时，这些少量的正离子和电子将在电场下运动，形成电流。由于气体分子在这种情况下的自然游离数是恒定的，所以，当正离子和电子一俟产生，便被电极拉过去。即使再升高电压，到达电极的电子与离子数目不变。所以此时的电流密度很小，一般情况下仅有 10^{-16}～10^{-11}安培左右。由于此区是导电而不发光，所以称为无光放电区。

(2)汤森放电区

在两极电压逐渐升高，电子的运动速度逐渐加快，电子与中性气体分子之间的碰撞不再是低速时的弹性碰撞，而是使气体分子电离。电离为正离子与电子，新产生的电子和原有电子继续被电场加速，使更多的气体分子被电离，于是在伏安曲线上便出现汤森放电区。

上述两种情况的放电，都以有自然电离源为前提，如果没有游离的电子和正离子存在，则放电不会发生。因此，这种放电方式又称为非自持放电。

(3)辉光放电

当放电容器两端电压进一步增加时，汤森放电的电流将随着增大。当电流增至 C 点时，极板两端电压突然降低，而这时电流突然增大，并同时出现带有颜色的辉光，此过程称为气体的击穿，图中电压 V_B 称为击穿电压。击穿后气体的发光放电称为辉光放电。这时电子和正离子是来源于电子的碰撞和正离子的轰击，即使自然游离源不存在，导电也将继续下去。而且维持辉光放电的电压较低，且不变，此时电流的增大显然与电压无关，而只与阴极板上产生辉光的表面积有关。正常辉光放电的电流密度与阴极材料和气体的种类有关。此外，气体的压强与阴极的形状对电流密度的大小也有影响。电流密度随气体压强增加而增大。凹面形阴极的正常辉光放电电流密度，要比平板形阴极大数十倍左右。

由于正常辉光放电时的电流密度仍比较小，所以在溅射等方面均是选择在非正常辉光放电区工作。

(4)非正常辉光放电区

在轰击覆盖住整个阴极表面之后，进一步增加功率，放电的电压和电流密度将同时增大，进入非正常辉光放电状态。其特点是：电流增大时，两放电极板间电压升高，且阴极电压降的大小与电流密度和气体压强有关。因为此时辉光已布满整个阴极，再增加电流时，离子层已无法向四周扩散，这样，正离子层便向阴极靠拢，使正离子层与阴极间距离缩短，此时若要想提高电流密度，则必须增大阴极压降使正离子有更大的能量去轰击阴极，使阴极产生更多的二次电子才行。

在气体成分和电极材料一定条件下，由巴邢定律可知，起辉电压 V 只与气体压强 P 和电极距离 d 的乘积有关（见图 3-2 所示）。从图可以看出，电压有一最小值。若气体压强太低或极间距离太小，二次电子在到达阳极前不能使足够的气体分子被碰撞电离，形成一定数量的离子和二次电子，会使辉光放电熄灭。气压太高或极间距离太大，二次电子因多次碰撞而得不到加速，也不能产生辉光。在大多数辉光放电溅射过程中要求气体压强低，压强与间距乘积一般都在最小值的右边，故需要相当高的起辉电压。在极间距小的电极结构中，经常需要瞬时地增加气体压强以启动放电。

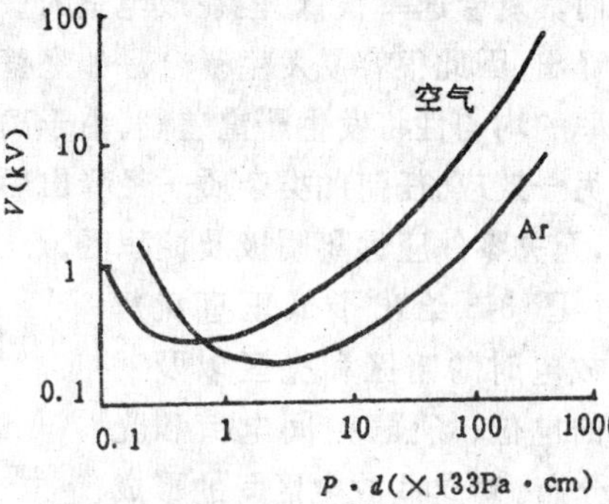

图 3-2　巴邢曲线（起辉电压 V 与气体压强 P 和电极间距离 d 之积的实验曲线）

(5)弧光放电区

异常辉光放电时，在某些因素影响下，常有转变为弧光放电的危险。此时，极间电压陡降，电流突然增大，相当于极间短路。且放电集中在阴极的局部地区，致使电流密度过大而将阴极烧毁。同时，骤然增大的电流有损坏电源的危险。弧光放电在气相沉积中的应用，仍在进一步研究之中。

2. 正常与异常辉光放电

两电极之间维持辉光放电时，放电电压与电流之间的函数关系如图 3-1 所示。在一定的电流密度范围内（可为 2～3 个数量级），放电电压维持不变。如前所述，这一区域称为正常辉光区。在此区域内，阴极的有效放电面积随电流增加而增大，从而使阴极有效区内电流密度保持恒定不变。当整个阴极均成为有效放电区域之后（即整个阴极全部由辉光所覆盖），只有增加阴极的电流密度，才能增大电流，形成均匀而稳定的“异常辉光放电”，从而均匀地覆盖基片，这个放电区就是溅射区域。溅射电压 V，电流密度 j 和气体压强 P 遵守以下关系

$$V = E + \frac{F\sqrt{j}}{P} \tag{3-1}$$

式中，E 和 F 是取决于电极材料、尺寸和气体种类的常数。在达到异常辉光放电区后，继续增大电压，一方面有更多的正离子轰击阴极产生大量电子发射，另方面因阴极暗区随电压增加而收缩，如方程式(3-2)所示

$$P \cdot d = A + \frac{BF}{V - E} \tag{3-2}$$

式中，d 为暗区宽度，A、B 亦为与电极材料、尺寸和气体种类有关的常数。当电流密度达到约 0.1A/cm² 时，电压开始急剧降低，便出现前述的低压弧光放电，这在溅射时应力求避免。另外，暗区从阴极向外扩展的距离是异常辉光区中电压的函数，这一事实常为人们所忽视。在设计溅射装置时，必须加以考虑。

在异常辉光区内，大量离子产生于负辉光中。在这种情况下，任何妨碍负辉光的物体都将影响离子轰击被遮蔽的阴极部分。在等离子体中，由于离子与电子的质量相差悬殊，因而其复合速率很低。但在放电室的壁上（或任何可遇到的表面上），由于其动能可作为热量释出，因此很容易发生复合。如室壁或其他物体正好位于阴极附近，则离子密度和溅射速率的均匀性将发生严重差别。由于离子轰击是清除表面杂质的一种有效方法，因而可产生另一效应。任何此类杂质一经释出后，就成为放电的成分，可能混入所淀积的薄膜中。所以，无关零件应远离阴极及淀积区。

图 3-3 给出了低压直流辉光放电时的暗区和亮区以及对应的电位、场强、空间电荷和光强分布。对这些放电区间的形成原因解释如下：由于从冷阴极发射的电子能量只有 1eV 左右，很少发生电离碰撞，所以在阴极附近形成阿斯顿暗区。紧靠阿斯顿暗区的是比较明亮的阴极辉光区，它是在加速电子碰撞气体分子后，激发态的气体分子衰变和进入该区的离子复合而形成中性原子所造成的。随着电子继续加速，获得足够动能，穿过阴极辉光区后，与正离子不易复合，所以又出现一个暗区，叫做克鲁克斯暗区。克鲁克斯暗区的宽度与电子的平均自由程（即压强）有关。随着电子速度的增大，很快获得了足以引起电离的能量，于是离开阴极暗区后便大量产生电离，在此空间由于电离而产生大量的正离子。由于正离子的质量较大，故向阴极的运动速度较慢。所以，由正离子组成了空间电荷并在该处聚积起来，使该区域的电位升高，而与阴极形成

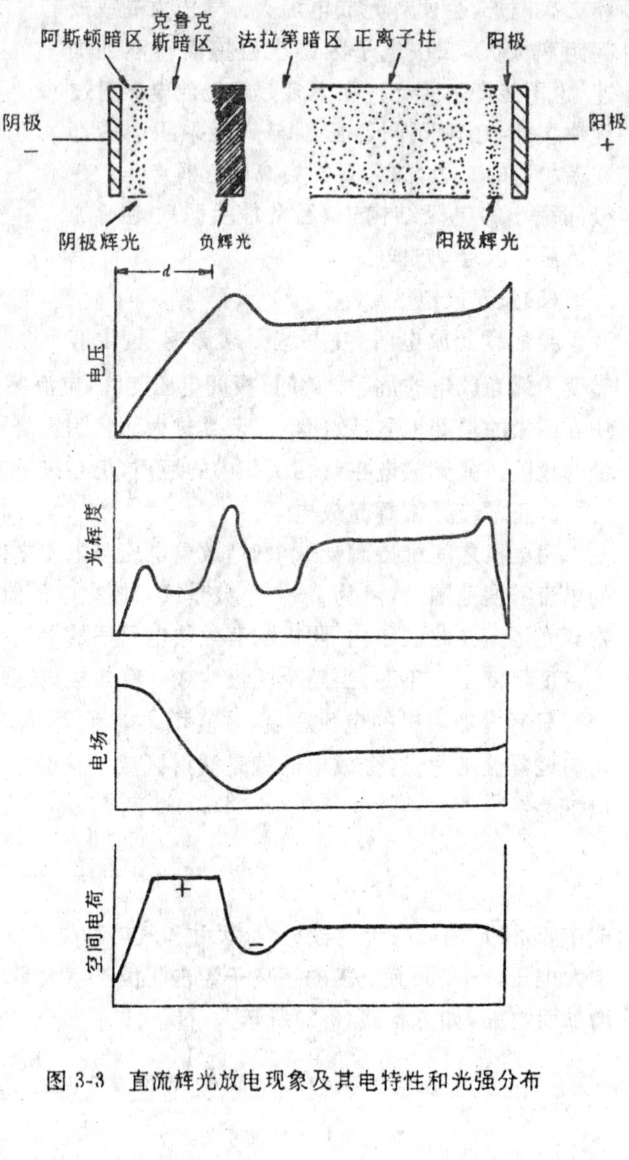

图 3-3　直流辉光放电现象及其电特性和光强分布

很大电位差，此电位差常称为阴极辉光放电的阴极压降。正是由于在此区域的正离子浓度很大，所以电子经过碰撞以后速度降低，使电子与正离子的复合几率增多，从而造成有明亮辉光的负辉光区。经过负辉光区后，多数动能较大的电子都已丧失了能量，只有少数电子穿过负辉光区。在负辉光区与阳极之间是法拉第暗区和阳极光柱，这些区域几乎没有电压降，唯一的作用是连接负辉光区和阳极。这是因为在法拉第暗区后，少数电子逐渐加速并在空间与气体分子碰撞而产生电离。由于电子数较少，产生的正离子不会形成密集的空间电荷，所以在这一较大空间内，形成电子与正离子密度相等的区域。空间电荷作用不存在，使得此区间的电压降很小，很类似一个良导体。

在溅射过程中，基板（阳极）常处于负辉光区。但是，阴极和基板之间的距离至少应是克鲁克暗区宽度的 3～4 倍。当两极间的电压不变而只改变其距离时，阴极到负辉光区的距离几乎不变。

必须指出，图 3-3 所列的放电区结构是属于长间隙的情况，而溅射时的情况属于短间隙辉光放电，这时并不存在法拉第暗区和正离子柱。

3. 辉光放电阴极附近的分子状态

如前所述，由于在冷阴极发射时，从阴极发射的电子的初始能量只有 1eV 左右，所以与气体分子不发生相互作用。故在非常靠近阴极的地方是黑暗的，这就是阿斯顿暗区。在使用氩、氖之类工作气体时这个暗区很明显。可是对于其他气体，这个暗区就很窄，难以观察到。如果使电子加速就会使气体分子激发，激发的气体分子发出固有频率的光波，称为阴极辉光。若进一步加速电子，会使气体分子发生电离，从而产生大量的离子和低速电子，因此，这个区域几乎不发光，称为克鲁克斯暗区。在这个区域又使所形成的低速电子加速，从而激发气体分子，使气体分子发光，这就是负辉光。气体分子从阴极到负辉光区的放电状态如图 3-4 所示。

与溅射现象有关的重要问题主要有两个：一个是在克鲁克斯暗区周围所形成的正离子冲击阴极；另一个是，当两极板间的电压不变而改变两极间的距离时，主要发生变化的是由等离子体构成的阳极光柱部分的长度，而从阴极到负辉光区的距离是几乎不改变的。这是由于两电极间电压的下降几乎都发生在阴极到负辉光区之间的缘故。因而使由辉光放电产生的正离子撞击阴极，把阴极原子溅射出来，这就是一般的溅射法。阴极与阳极之间的距离，至少必须比阴极与负辉光区之间的距离要长。

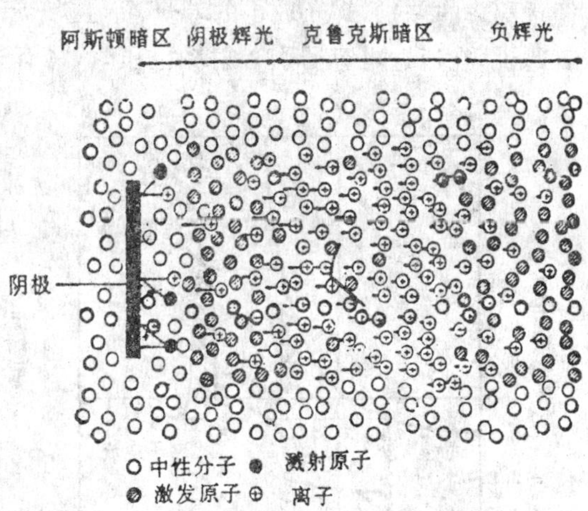

图 3-4　辉光放电过程中阴极附近分子状态示意图

4. 低频交流辉光放电

一般很少采用低频交流辉光放电进行溅射。在频率低于 50kHz 的交流电压条件下，离子有足够的活动性，且有充分的时间在每个半周的时间内，在各个电极上建立直流辉光放电。这种放电称为低频交流辉光放电。这一放电基本上与直流辉光放电相同，只是两个电极交替地成为阴极和阳极。

5. 射频辉光放电

在一定气压下，当阴阳极间所加交流电压的频率增高到射频频率时，即可产生稳定的射频辉光放电。射频辉光放电有两个重要的特征：第一，在辉光放电空间产生的电子，获得了足够的能量，足以产生碰撞电离。因而，减少了放电对二次电子的依赖，并且降低了击穿电压。第二，射频电压能够通过任何一种类型的阻抗耦合进去，所以电极并不需要是导体，因而，可以溅射包括介质材料在内的任何材料。因此，射频辉光放电在溅射技术中的应用十分广泛。

一般，在5～30MHz的射频溅射频率下，将产生射频放电。这时外加电压的变化周期小于电离和消电离所需时间（一般在10^{-6}秒左右），等离子体浓度来不及变化。由于电子质量小，很容易跟随外电场从射频场中吸收能量并在场内作振荡运动。但是，电子在放电空间的运动路程不是简单的由一个电极到另一个电极的距离，而是在放电空间不断来回运动，经过很长的路程。因此，增加了与气体分子的碰撞几率，并使电离能力显著提高，从而使击穿电压和维持放电的工作电压均降低（其工作电压只有直流辉光放电的1/10）。所以射频放电的自持要比直流放电容易得多。通常，射频辉光放电可以在较低的气压下进行。例如，直流辉光放电常在10^{0}～10^{-1}Pa运行，射频辉光放电可以在10^{-1}～10^{-2}Pa运行。另外，由于正离子质量大，运动速度低，跟不上电源极性的改变，所以可以近似认为正离子在空间不动，并形成更强的正空间电荷，对放电起增强作用。

虽然大多数正离子的活动性甚小，可以忽略它们对电极的轰击。但是，若有一个或两个电极通过电容耦合到射频振荡器上，将在该电极上建立一个脉动的负电压。由于电子和离子迁移率的差别，辉光放电的$I-V$特性类似于一个有漏电的二极管整流器（见图3-5）。也就是说，在通过电容器引入射频电压时，将有一个大的初始电流存在，而在第二个半周

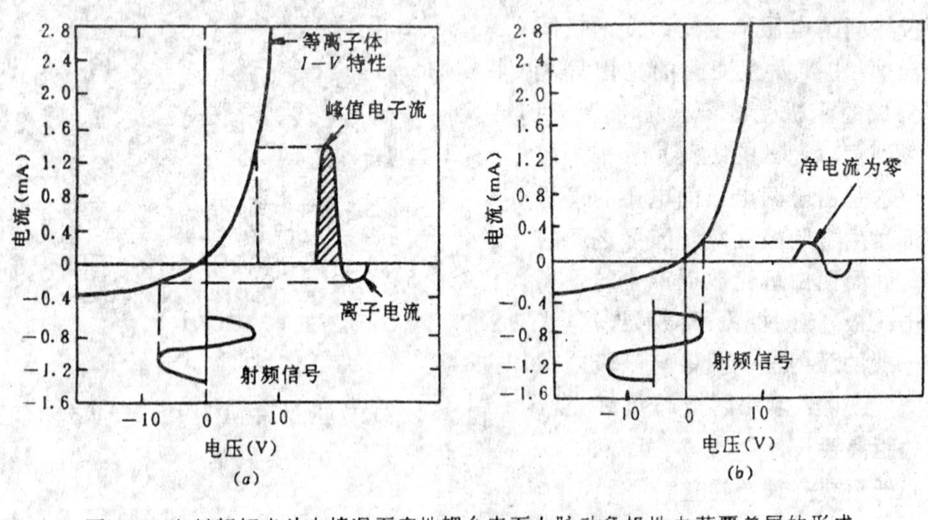

图3-5　在射频辉光放电情况下容性耦合表面上脉动负极性电荷覆盖层的形成

内仅有一个相对较小的离子电流流过。所以，通过电容器传输电荷时，电极表面的电位必然自动偏置为负极性，直到有效电流（各周的平均电流）为零。平均直流电位 V_s 的数值近似地与所加峰值电压相等。

如果在射频溅射装置中，将溅射靶与基片完全对称配置，正离子以均等的几率轰击溅射靶和基片，溅射成膜是不可能的。实际上，只要求靶上得到溅射，那么这个溅射靶电极必须绝缘起来，并通过电容耦合到射频电源上去。另一电极（真空室壁）为直接耦合电极（即接地电极），而且靶面积必须比直接耦合电极小。设辉光放电空间与靶之间的电压为 V_c，辉光放电空间与直接耦合电极之间的电压为 V_d（见图 3-6），则两个电压之间存在如下近似理论关系

$$V_c/V_d=(A_d/A_c)^4 \qquad (3\text{-}3)$$

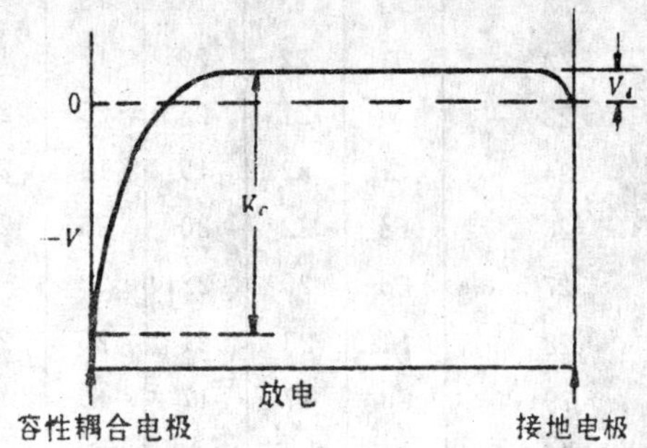

图 3-6 射频辉光放电中从小的电容耦合电极靶到大的直接耦合电极的电压分布

式中，A_c 和 A_d 分别为容性耦合电极（即溅射靶）和直接耦合电极（即接地电极）的面积。实际上，由于直接耦合电极是整个系统的地，包括底板、真空室壁等在内，A_d 尺寸比 A_c 大得多。所以，$V_c \gg V_d$，即 V_c 与 V_d 二者之间在实际上并不具有 4 次方关系。因此，平均壳层电压在靶电位和地之间变化，如图 3-6 所示。所以射频辉光放电时等离子体中离子对接地零件只有极微小的轰击，而对溅射靶却进行强烈轰击并使之产生溅射。

射频放电虽然可在 5～30MHz 频率范围内进行，实际上，通常工业用频率为 13.56MHz，主要是为了避免对通信的干扰，此时气体压强可降到 0.13Pa 或更低。

二、溅射特性

表征溅射特性的参量主要有溅射率、溅射阈值，以及溅射粒子的速度和能量等。

1. 溅射阈值

所谓溅射阈值是指使靶材原子发生溅射的入射离子所必须具有的最小能量。溅射阈值的测定十分困难，随着测量技术的进步，目前已能测出低于 10^{-5}原子/离子的溅射率。图 3-7 是用不同能量的 Ar^+离子轰击各种金属元素靶材时得到的溅射率曲线。图 3-8 是不同种类的入射离子以不同能量轰击同一钨靶的溅射曲线。入射离子不同时溅射阈值变化很小，而对于不同靶材溅射阈值的变化比较明显。也就是说，溅射阈值与离子质量之间无明显的依赖关系，而主要取决于靶材料。对处于周期表中同一周期的元素，溅射阈值随着原子序数增加而减小。对绝大多数金属来说，溅射阈值为 10～30eV，相当于升华热的 4 倍左右。表 3-1 列出了几种金属的溅射阈值。

表 3-1　一些金属元素的阈值能量(eV)

原子序数	元素	Ne	Ar	Kr	Xe	原子序数	元素	Ne	Ar	Kr	Xe
4	Be	12	15	15	15	41	Nb	27	25	26	22
11	Na	5	10	—	30	42	Mo	24	24	28	27
13	Al	13	13	15	18	45	Rh	25	24	25	25
22	Ti	22	20	17	18	46	Pd	20	20	20	15
23	V	21	23	25	28	47	Ag	12	15	15	17
24	Cr	22	15	18	20	51	Sb	—	3	—	—
26	Fe	22	20	25	23	73	Ta	25	26	30	30
27	Co	20	22	22	—	74	W	35	25	30	30
28	Ni	23	21	25	20	75	Re	35	35	25	30
29	Cu	17	17	16	15	78	Pt	27	25	22	22
30	Zn	—	3	—	—	79	Au	20	20	20	18
32	Ge	23	25	22	18	90	Th	20	24	25	25
40	Zr	23	22	18	26	92	U	20	23	25	22

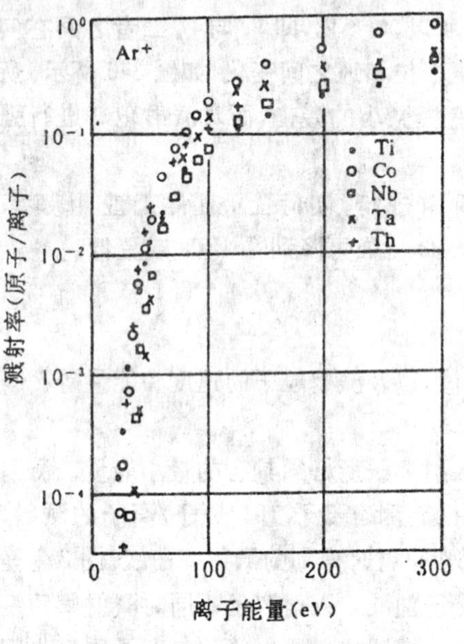

图 3-7　用 Ar^+ 溅射不同靶材的溅射率曲线

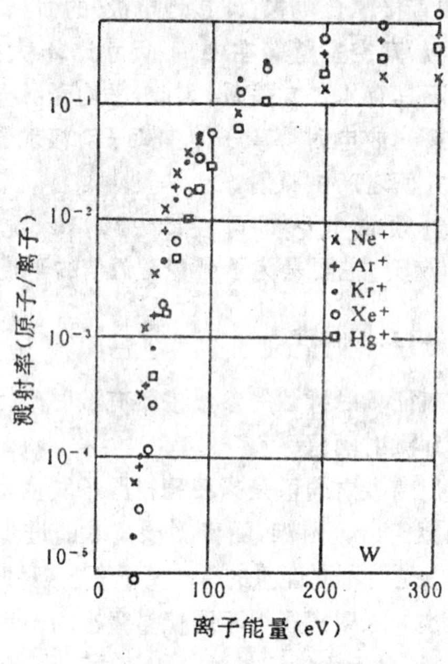

图 3-8　不同的气体离子轰击钨靶的溅射率曲线

2. 溅射率

溅射率是描述溅射特性的一个最重要物理参量，它表示正离子轰击靶阴极时，平均每个正离子能从阴极上打出的原子数。又称溅射产额或溅射系数，常用 S 表示。

溅射率与入射离子的种类、能量、角度及靶材的类型、晶格结构、表面状态、升华热大小等因素有关，单晶靶材还与表面取向有关。

(1)靶材料　溅射率与靶材料种类的关系可用靶材料元素在周期表中的位置来说明。

在相同条件下，用同一种离子对不同元素的靶材料轰击，得到不相同的溅射率，并且还发现溅射率呈周期性变化，其一般规律是随靶材元素原子序数增加而增大。由图 3-9 可以看出：铜、银、金的溅射率较大；碳、硅、钛、钒、锆、铌、钽、钨等元素的溅射率较小；在用 400eV 的 Xe^+ 离子轰击时，银的溅射率为最大，碳为最小。此外，具有六方晶格结构（如镁、锌、钛等）和表面污染（如氧化层）的金属要比面心立方（如镍、铂、铜、银、金、铝等）和清洁表面的金属的溅射率低；升华热大的金属要比升华热小的溅射率低。从原子结构分析上述规律显然与原子的 3*d*、4*d*、5*d* 电子壳层的填充程度有关。各种元素的溅射率如表 3-2 所示。

表 3-2　各种元素的溅射率

靶材元素	Ne^+				Ar^+			
	100 (eV)	200 (eV)	300 (eV)	600 (eV)	100 (eV)	200 (eV)	300 (eV)	600 (eV)
Be	0.012	0.10	0.26	0.56	0.074	0.18	0.29	0.80
Al	0.031	0.24	0.43	0.83	0.11	0.35	0.65	1.24
Si	0.034	0.13	0.25	0.54	0.07	0.18	0.31	0.53
Ti	0.08	0.22	0.30	0.45	0.081	0.22	0.33	0.58
V	0.06	0.17	0.36	0.55	0.11	0.31	0.41	0.70
Cr	0.18	0.49	0.73	1.05	0.30	0.67	0.87	1.30
Fe	0.18	0.38	0.62	0.97	0.20	0.53	0.76	1.26
Co	0.084	0.41	0.64	0.99	0.15	0.57	0.81	1.36
Ni	0.22	0.46	0.65	1.34	0.28	0.66	0.95	1.52
Cu	0.26	0.84	1.20	2.00	0.48	1.10	1.59	2.30
Ge	0.12	0.32	0.48	0.82	0.22	0.50	0.74	1.22
Zr	0.054	0.17	0.27	0.42	0.12	0.28	0.41	0.75
Nb	0.051	0.16	0.23	0.42	0.068	0.25	0.40	0.65
Mo	0.10	0.24	0.34	0.54	0.13	0.40	0.58	0.93
Ru	0.078	0.26	0.38	0.67	0.14	0.41	0.68	1.30
Rh	0.081	0.36	0.52	0.77	0.19	0.55	0.86	1.46
Pd	0.14	0.59	0.82	1.32	0.42	1.00	1.41	2.39
Ag	0.27	1.00	1.30	1.98	0.63	1.58	2.20	3.40
Hf	0.057	0.15	0.22	0.39	0.16	0.35	0.48	0.83
Ta	0.056	0.13	0.18	0.30	0.10	0.28	0.41	0.62
W	0.038	0.13	0.18	0.32	0.068	0.29	0.40	0.62
Re	0.04	0.15	0.24	0.42	0.10	0.37	0.56	0.91
Os	0.032	0.16	0.24	0.41	0.057	0.36	0.56	0.95
Ir	0.069	0.21	0.30	0.46	0.12	0.43	0.70	1.17
Pt	0.12	0.31	0.44	0.70	0.20	0.63	0.95	1.56
Au	0.20	0.56	0.84	1.18	0.32	1.07	1.65	2.43(500)
Th	0.028	0.11	0.17	0.36	0.097	0.27	0.42	0.66
U	0.063	0.20	0.30	0.52	0.14	0.35	0.59	0.97

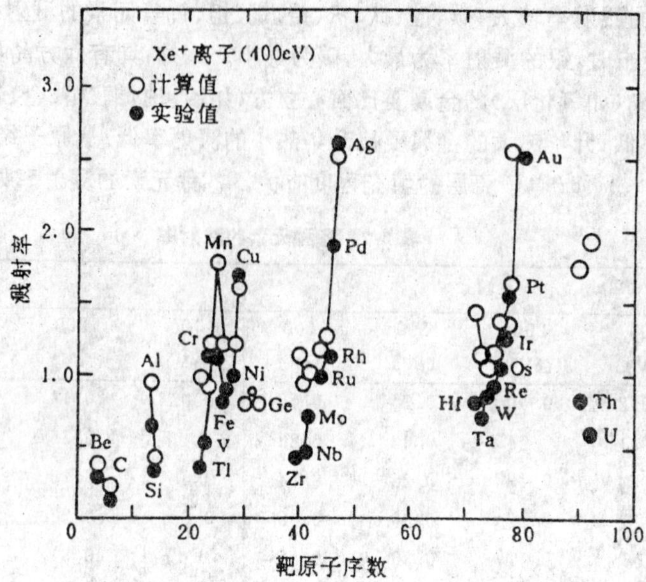

图 3-9 溅射率与原子序数的关系

(2)入射离子能量 入射离子能量大小对溅射率影响显著。当入射离子能量高于某一个临界值(溅射阈值)时,才发生溅射。图 3-10 所示为溅射率与入射离子能量之间的典型关系曲线。该曲线可分为三个区域:

$S \propto E^2$ $E_T < E < 500\text{eV}$(E_T 为溅射阈值)

$S \propto E$ $500\text{eV} < E < 1000\text{eV}$

$S \propto E^{1/2}$ $1000\text{eV} < E < 5000\text{eV}$

即溅射率最初随轰击离子能量的增加而指数上升,其后出现一个线性增大区,并逐渐达到一个平坦的最大值并呈饱和状态。如果再增加 E 则因产生离子注入效应而使 S 值开始下降。用 Ar 离子轰击铜时,离子能量与溅射率的典型关系如图 3-11 所示,图中能量范围扩大到 100keV,这一曲线可分成三部分:第一部分是没有或几乎没有溅射的低能区域;第二部分的能量从 70eV 增至 10keV,这是溅射率随离子能量增大的区域,用于溅射淀积薄膜的能量值大部分在这一范围内;第三部分是 30keV 以上,这时溅射率随离子能量的增加而下降。如前所述,这种下降据认为是由于轰击离子此时深入到晶格内部,将大部分能量损失在靶材体内,而不是消耗在靶表面的缘故。轰击离子愈重,出现这种下降的能量就愈高。

(3)入射离子种类 溅射率依赖于入射离子的原子量,原子量越大,则溅射率越高。溅射率也与入射离子的原子序数有关,呈现出随离子的原子序数周期性变化的关系。这和溅射率与靶材料的原子序之间存在的关系相类似。从图 3-12 可见,在周期表每一排中,凡电子壳层填满的元素就有最大的溅射率。因此,惰性气体的溅射率最高,而位于元素周期表的每一列中间部位元素的溅射率最小。如 Al、Ti、Zr、Hf 等。所以,在一般情况下,入射离子大多采用惰性气体。考虑到经济性，通常选用氩为工作气体。另外，使用惰性气体还有一个好处是，可避免与靶材料起化学反应。实验表明，在常用的入射离子能量范围内(500～2000eV)，各种惰性气体的溅射率大体相同。同时，从图 3-12 还可看到，用不同的入射离子对同一靶材料溅射时，所呈现的溅射率的差异，大大高于用同一种离子去轰击不同靶材所得到的溅射率的差异。

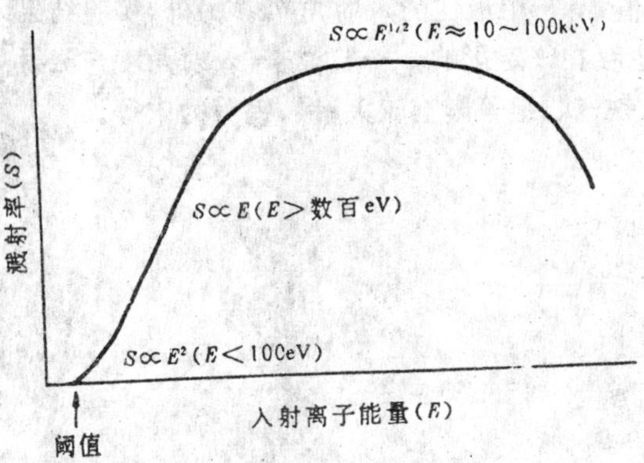

图 3-10　溅射率与入射离子能量的关系

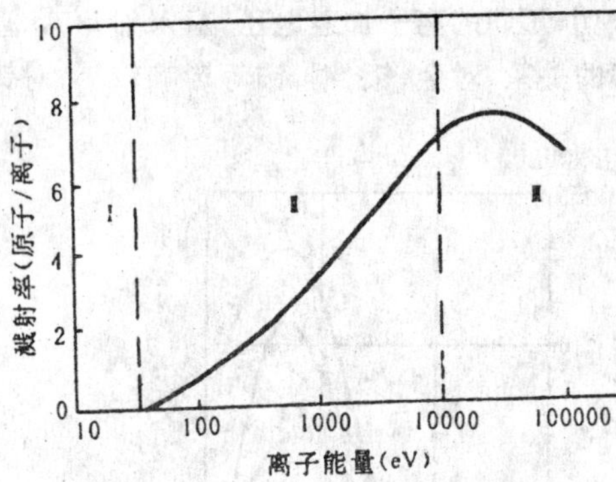

图 3-11　Ar 离子轰击铜时离子能量与溅射率的关系

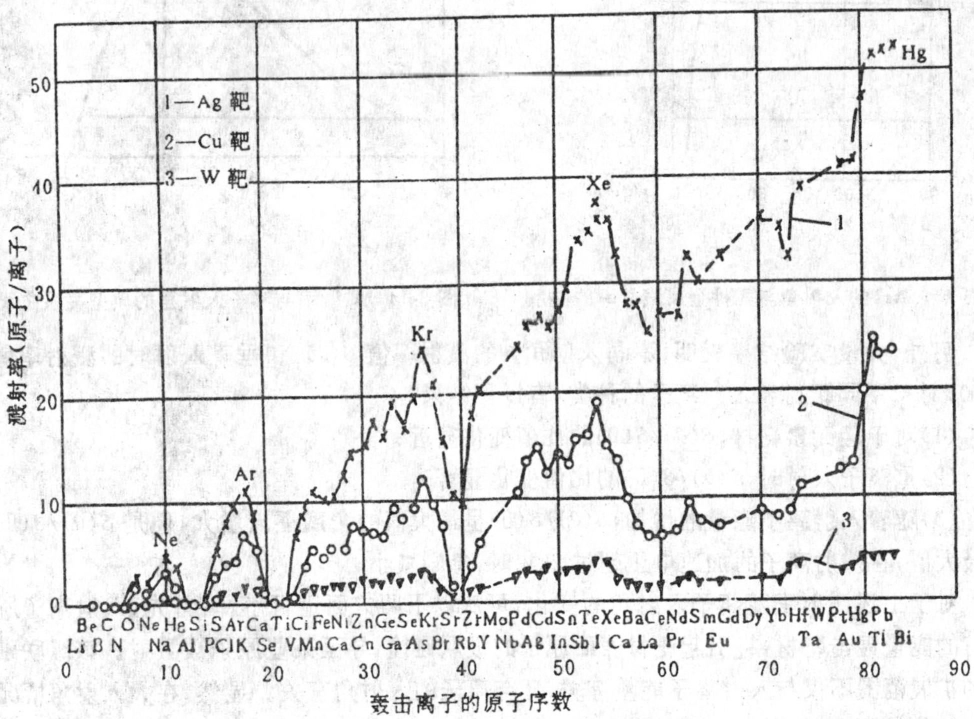

图 3-12　溅射率与入射离子的原子序数的关系

(4)入射离子的入射角　入射角是指离子入射方向与被溅射靶材表面法线之间的夹角。图 3-13 示出了 Ar 离子对几种金属的溅射率与入射角的关系。可以看出，随着入射角的增加溅射率逐渐增大，在 0～60°之间的相对溅射率基本上服从 $1/\cos\theta$ 规律，即 $S(\theta)/S(0)=1/\cos\theta$，$S(\theta)$和 $S(0)$分别为 θ 角和垂直入射时的溅射率。并且可见，60°时的 S 值约为垂直入射时的 2 倍。当入射角为 60°～80°时，溅射率最大，入射角再增加时，溅射率急剧减小，当等于 90°时，溅射率为零。这种变化情况的典型曲线见图 3-14 所示，即对于不同的靶材和入射离子而言，对应的最大溅射率 S 值，有一个最佳的入射角 θ_m。另外，实验结果表明，不同的离子加速电压，对入射角 θ_m 值也存在一定影响。一般说来，入射角度与溅射率的关系，对金、银、铜、铂等影响较小；对铝、铁、钛、钽等影响较大；镍、钨等为中等。

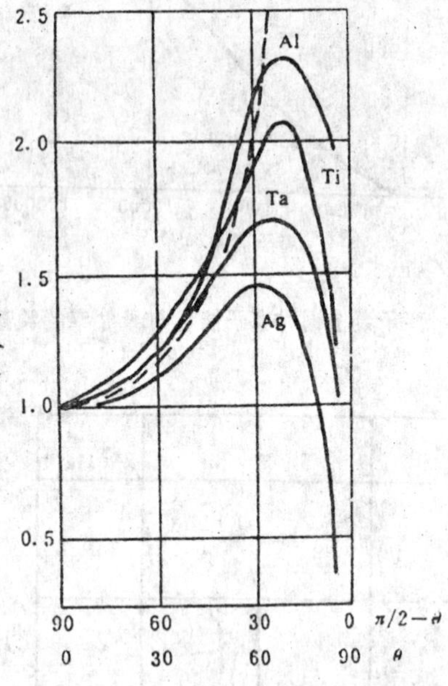

图 3-13　Ar^+的入射角与几种金属溅射率的关系

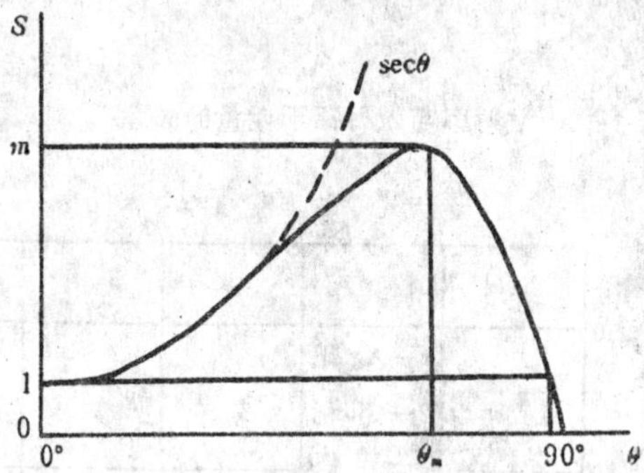

图 3-14　溅射率与离子入射角的典型关系曲线

另外，大量实验结果表明，不同入射角 θ 的溅射率值 $S(\theta)$，和垂直入射时的溅射率值 $S(0)$，对于不同靶材和入射离子的种类，有以下结果：

(1)对于轻元素靶材，$S(\theta)/S(0)$的比值变化显著；

(2)重离子入射时，$S(\theta)/S(0)$的比值变化显著；

(3)随着入射离子能量的增加，$S(\theta)/S(0)$呈最大值的角度逐渐增大，但是 $S(\theta)/S(0)$的最大值，在入射离子的加速电压超过 2kV 时，急剧减小。

对于上述溅射率随离子入射角的变化，可从以下两方面进行解释：首先，入射离子所具有的能量轰击靶材，将引起靶材表面原子的级联碰撞，导至某些原子被溅射。该级联碰撞的扩展范围不仅与入射离子能量有关，还与离子的入射角有关。显然，在大入射角情况下，级联碰撞主要集中在很浅的表面层，妨碍了级联碰撞范围的扩展。结果低能量的反冲原子的生成率很低，致使溅射率急剧下降。第二，入射离子以弹性反射方式从靶面反射。离子的反射方向与入射角有关。因此，反射离子对随后入射离子的屏蔽阻挡作用与入射角有关。在入射角为60°～80°时，其阻挡作用最小而轰击效果最好，故此时溅射率 S 呈最大值。

(5)靶材温度　溅射率与靶材温度的依赖关系，主要与靶材物质的升华能相关的某温度值有关，在低于此温度时，溅射率几乎不变。但是，超过此温度时，溅射率将急剧增加。可以认为，这和溅射与热蒸发二者的复合作用有关。图3-15是用45keV的氙离子(Xe^+)对几种靶材进行轰击时，所得溅射率与靶材温度的关系曲线。由图可见，在溅射时，应注意控制靶材温度，防止出现溅射率急剧增加现象的产生。

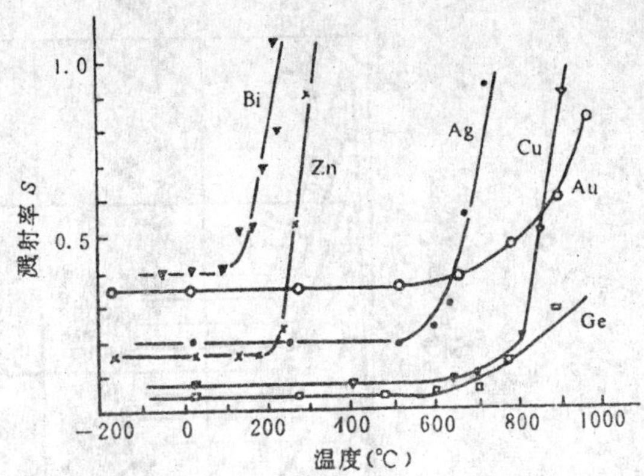

图3-15　溅射率与温度关系

(用 Xe^+ 以45keV对靶进行轰击)

溅射率除与上述因素有关外，还与靶的结构和靶材的结晶取向、表面形貌、溅射压强等因素有关。综上所述，为了保证溅射薄膜的质量和提高薄膜的淀积速度，应当尽量降低工作气体的压力和提高溅射率。

3.溅射原子的能量和速度

溅射原子所具有的能量和速度也是描述溅射特性的重要物理参数。一般由蒸发源蒸发出来的原子的能量为0.1eV左右。而在溅射中，由于溅射原子是与高能量(几百～几千eV)入射离子交换动量而飞溅出来的，所以，溅射原子具有较大的能量。如以1000eV加速的 Ar^+ 离子溅射铝等轻金属元素时，逸出原子的能量约为10eV，而溅射钨、钼、铂时，逸出原子的能量约为35eV。一般认为，溅射原子的能量比热蒸发原子能量大1～2个数量级，约为5～10eV。因此，溅射薄膜具有许多优点。

溅射原子的能量与靶材料、入射离子的种类和能量以及溅射原子的方向性等都有关。不同能量的 Hg^+ 离子轰击Ag单晶靶后逸出的Ag原子能量分布情况如图3-16所示。其能量的分布近似麦克斯威尔分布，大部分溅射原子的能量小于100eV，高能量部分有一拖长的尾巴，平均能量为10～40eV。轰击离子的能量增加，高能量尾巴也拖得更长。当入射离子能量大于1000eV时，所逸出原子的平均能量不再增大。

用能量为1200eV的 Kr^+ 离子轰击不同元素靶材得到的逸出溅射原子能量分布曲线如图3-17所示。Rh、Pd、Ag在元素周期表中是相邻元素，原子量大体相等，但能量分布曲线却有较大差异。不同种类入射离子轰击不同靶材时，逸出原子的能量分布示于图3-18，可见它们具有相近似的能量分布规律，但能量值的分布范围不相同。

同一离子轰击不同材料时，溅射原子的平均逸出能量和平均逸出速度分别如图 3-19 和图 3-20 所示，由图可见，当原子序 $Z>20$ 时，各元素的平均逸出能量差别增大，而平均速度的差别较小。另外由图 3-21 可见，不同方向逸出原子的能量分布也是不相同的。

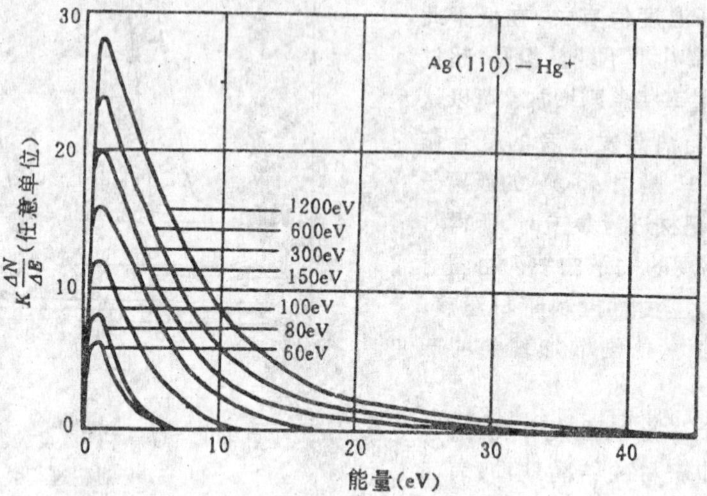

图 3-16　不同能量的 Hg^+ 轰击 Ag 靶时溅射原子的能量分布

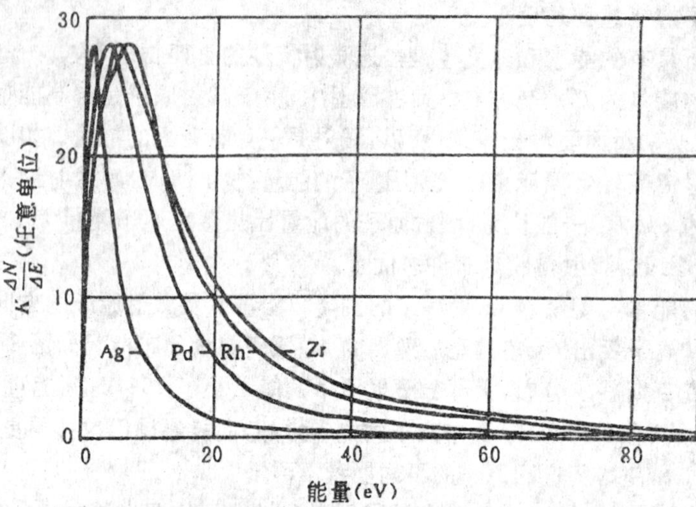

图 3-17　1200eV Kr^+ 轰击不同靶材时逸出原子的能量分布

实验结果表明，溅射原子的能量和速度具有以下几个特点：

(1)重元素靶材被溅射出来的原子有较高的逸出能量，而轻元素靶材则有高的原子逸出速度；

(2)不同靶材料具有不相同的原子逸出能量，而溅射率高的靶材料，通常有较低的平均原子逸出能量；

(3)在相同轰击能量下，原子逸出能量随入射离子质量线性增加，轻入射离子溅射出的原子其逸出能量较低，约为 10eV，而重入射离子溅射出的原子其逸出能量较大，平均达到 30～40eV，与溅射率的情形相类似；

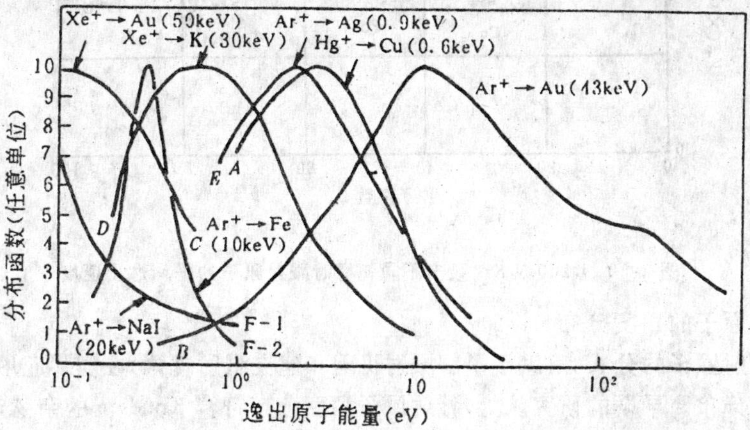

图 3-18 不同入射离子轰击不同靶材时逸出原子的能量分布

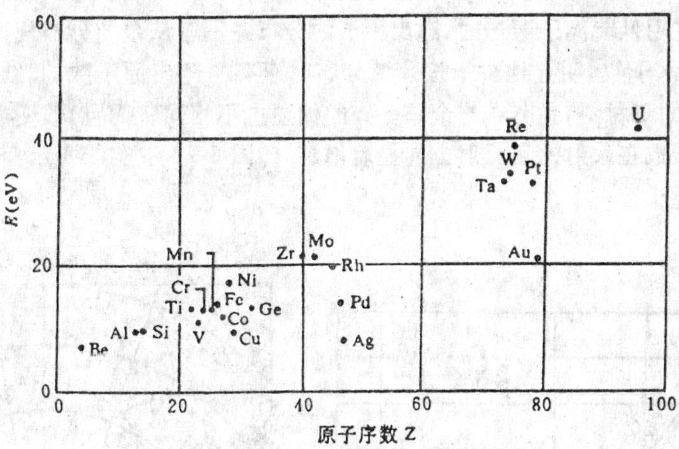

图 3-19 1200eV Kr^+轰击不同靶材时溅射原子的平均逸出能量

(4)溅射原子的平均逸出能量，随入射离子能量增加而增大，当入射离子能量达到 1keV 以上时，平均逸出能量逐渐趋于恒定值；

(5)在倾斜方向逸出的原子具有较高的逸出能量，这符合溅射的碰撞过程遵循动量和能量守恒定律。

此外，实验结果表明，靶材的结晶取向与晶体结构对逸出能量影响不大。溅射率高的材料通常具有较低的平均逸出能量。

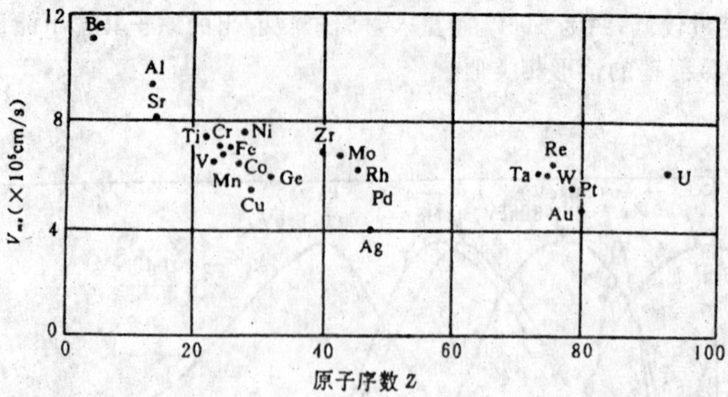

图 3-20 1200eV Kr^+ 轰击不同靶材时溅射原子的平均逸出速度

4. 溅射原子的角度分布

研究溅射原子的分布，有助于了解溅射机理和建立溅射理论，在实际应用上也有助于控制膜厚的分布。早期的研究认为，溅射原子角度分布符合 Knudsen 的余弦定律，并且与入射离子的方向性无关(参见图 3-22 中虚线部分)。这与早期的溅射理论分析相符，即认为溅射的发生是由于高能量的轰击离子产生了局部高温区，从而导致靶材料的蒸发，因此，逸出原子呈现余弦分布规律。这种理论称为溅射的热峰蒸发理论。但是，以后的进一步研究发现，在用低能离子轰击时，逸出原子的分布并不遵从余弦分布规律。垂直于靶表面方向逸出的原子数，明显地少于按余弦分布时应有的逸出原子数，其结果如图 3-23 所示。对于不同的靶材料，角分布与余弦分布的偏差也不相同。而且，改变轰击离子的入射角时，逸出原子数在入射的正反射方向显著增加，如图 3-22 中实线所示，与余弦分布的偏差明显增大。

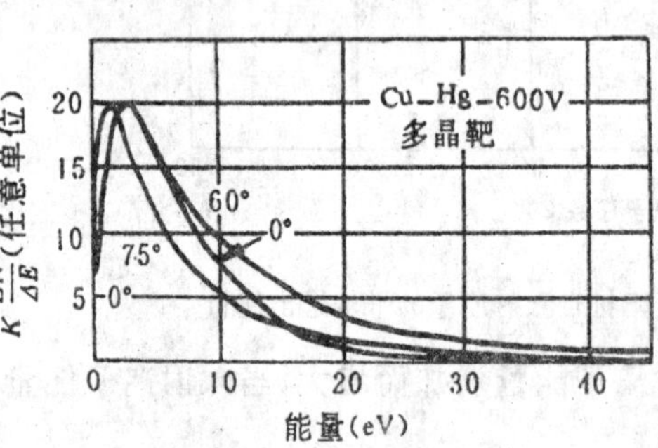

图 3-21 用 Hg^+ 垂直轰击 Cu 多晶靶时，与表面法线成不同角度方向溅射原子的能量分布

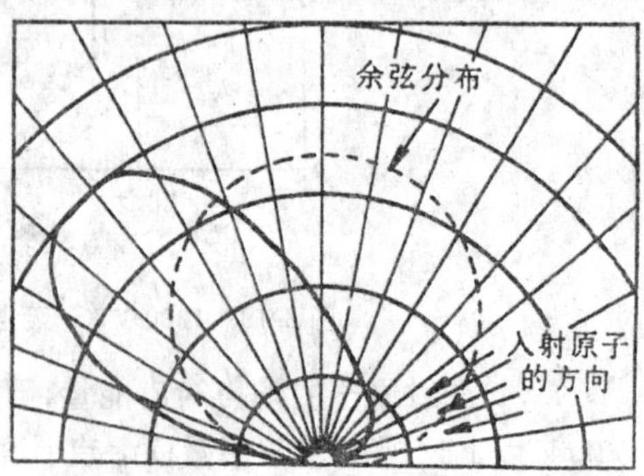

图 3-22 倾斜轰击时溅射原子的角度分布

另外，实验结果还表明，溅射原子的逸出主要方向与晶体结构有关。显然，这也直接影响其溅射率。对于单晶靶材料，通常，最主要的逸出方向是原子排列最紧密的方向，其次是

次紧密的方向。对于面心立方结构晶体，主要的逸出方向为[110]晶向，其次为[100]、[111]晶向。

半导体单晶材料逸出原子的角分布与金属类似，也存在与结晶构造有关的主要逸出方向，即具有各向异性的特点，但不如金属那样明显。

多晶靶材与单晶靶材溅射原子的角分布有明显的不同，如上所述，对于单晶靶可观察到溅射原子明显的择优取向，而多晶固体差不多显示一种余弦分布，如图 3-24 所示。

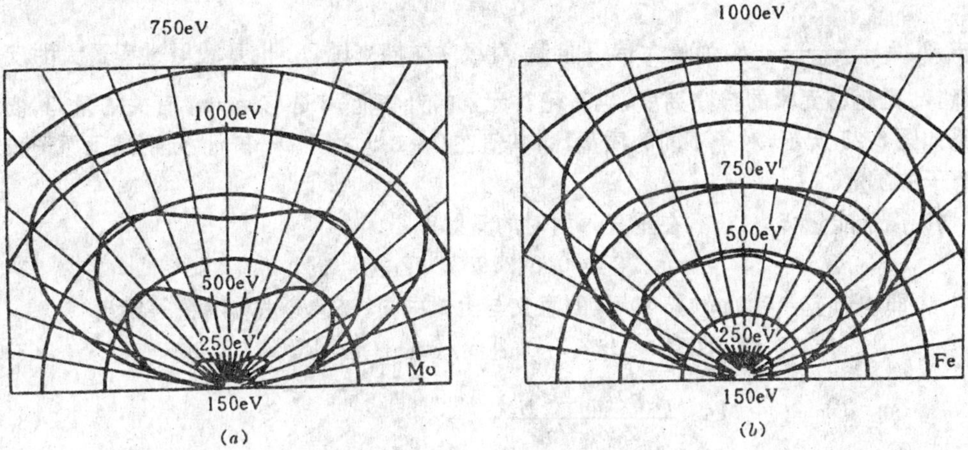

图 3-23　能量为 100～1000eV 的 Hg^+ 垂直入射时钼(a)和铁(b)的溅射原子角分布

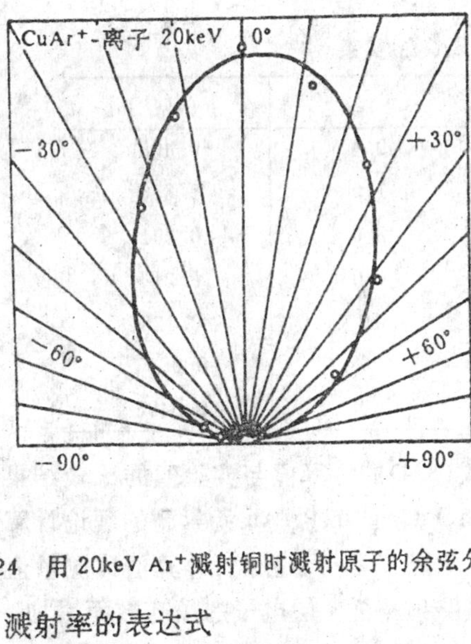

图 3-24　用 20keV Ar^+ 溅射铜时溅射原子的余弦分布规律

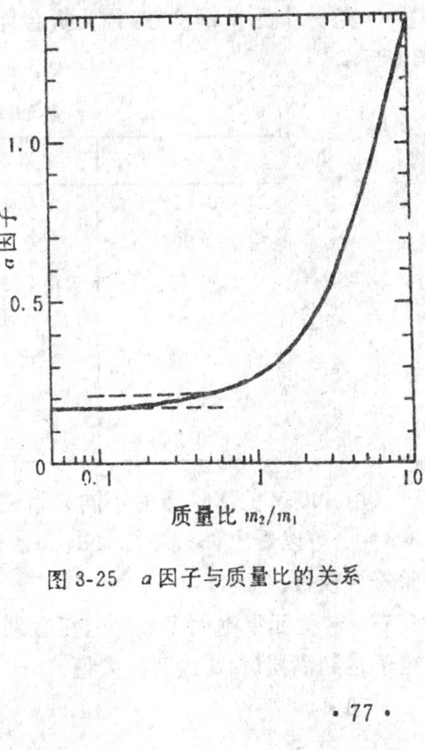

图 3-25　a 因子与质量比的关系

5. 溅射率的表达式

溅射率的理论计算必须考虑以下几点：

(1)确定荷能粒子(入射离子和溅射原子)在表面附近的能量；

(2)确定由此产生的低能溅射原子的数目；

(3)确定由这些溅射原子中到达基板表面的数目；

(4)确定到达基板表面的溅射原子中能量超过结合能的原子数目。

由此，可对一般轰击离子求得溅射率的表达式。

(1)离子能量 $E<1\text{keV}$，在垂直入射时，溅射率的表达式为

$$S=\left(\frac{3}{4\pi^2}\right)\frac{\alpha T_m}{V_0} \tag{3-4}$$

式中，$T_m=\frac{4m_1m_2}{(m_1+m_2)^2}E$，为最大传递能量，对级联碰撞来说，$T_m$ 也是溅射过程最大的反射能量；V_0 是靶材元素的势垒高度，也是靶材元素的升华能；α 是与 m_2/m_1 有关的量，其依赖关系如图 3-25 所示，对于不同的质量比，其值在 0～1.5 之间。m_1 和 m_2 分别是靶原子和入射离子的质量。

(2)离子能量 $E>1\text{keV}$，在垂直入射时的溅射率

$$S=0.042\alpha S_n(E)/V_0\text{Å}^2 \tag{3-5}$$

式中，Å即埃(1Å＝0.1nm)，α 和 V_0 的意义与上式中同。$S_n(E)$由林哈德等给出

$$S_n(E)=4\pi Z_1Z_2e^2a_{12}[m_1/(m_1+m_2)]S_n(\varepsilon) \tag{3-6}$$

式中

$$\varepsilon=\frac{m_1E/(m_1+m_2)}{Z_1Z_2e^2/a_{12}} \tag{3-7}$$

式中，$a_{12}=0.8853a_0(Z_1^{2/3}+Z_2^{2/3})^{-1/2}$，称汤姆逊-费米屏蔽半径；$a_0$ 为玻尔半径，$a_0=0.0529$ nm；$0.8853=\frac{1}{2}\left(\frac{3}{4}\pi\right)^{3/2}$ 称汤姆逊-费米常数；Z_1 为轰击离子的原子序数；Z_2 为靶材的原子序数。

ε 是一个无量纲参数，称为折合能量。$S_n(\varepsilon)$称为核阻止截面。ε 与 $S_n(\varepsilon)$的关系如表 3-3 所示。

表 3-3　ε 与 $S_n(\varepsilon)$的关系

ε	$S_n(\varepsilon)$	ε	$S_n(\varepsilon)$
0.002	0.120	0.4	0.405
0.004	0.154	1.0	0.356
0.01	0.211	2.0	0.291
0.02	0.261	4.0	0.214
0.04	0.311	10	0.128
0.1	0.372	20	0.0813
0.2	0.403	40	0.0493

用 400eV 的 Xe^+溅射不同元素靶材，按式(3-4)的计算值与实验值的比较结果示于图 3-9 中。可以看出，Be、Si、Cr、Ni、Cu、Ge、Ru、Rh、Pd、Ag、Ir、Pt、Au 元素靶的理论计算值与实验符合较好。而 Ti、V、Zr、Nb、Hf、Ta、Th、U 元素靶二者符合较差，计算值比测量值大一倍左右。这些元素绝大多数是过渡金属元素，其溅射率随 d 层电子的填充数而增加。当 d 层电子达到满层时，S 达到极大值。

(3)一般情况下,溅射率的计算式可按下式处理

$$S = W \times 10^5 / mIt \tag{3-8}$$

式中,W 为靶材的损失量(g);m 为原子量;I 为离子电流(A);t 为溅射时间(s)。

$$W = RtAd \tag{3-9}$$

式中,R 为刻蚀速率(cm/s);A 为样品面积(cm^2);d 为材料密度(g/cm^3)。

离子电流

$$I = JA \tag{3-10}$$

式中,J 为离子电流密度(A/cm^2)。

根据以上各式,可得出溅射率为

$$S = \frac{Rd}{mJ} \times 10^5 \tag{3-11}$$

三、溅射过程

溅射过程包括靶的溅射、逸出粒子的形态、溅射粒子向基片的迁移和在基板上成膜的过程。

1. 靶材的溅射过程

当入射离子在与靶材的碰撞过程中,将动量传递给靶材原子,使其获得的能量超过其结合能时,才可能使靶原子发生溅射。这是靶材在溅射时主要发生的一个过程。实际上,溅射过程十分复杂,当高能入射离子轰击固体表面时,还会产生如图 3-26 所示的许多效应。例如入射离子可能从靶表面反射,或在轰击过程中捕获电子后成为中性原子或分子,从表面反射;离子轰击靶引起靶表面逸出电子,即所谓次级电子;离子深入靶表面产生注入效应,称离子注入;此外还能使靶表面结构和组分发生变化,以及使靶表面吸附的气体解吸和在高能离子入射时产生辐射射线等。

除了靶材的中性粒子,即原子或分子最终淀积为薄膜之外,其他一些效应会对溅射膜层的生长产生很大的影响。必须指出,图 3-26 中所示的各种效应或现象,在大多数辉光放电镀膜工艺中的基片上,同样可能发生。因为在辉光放电镀膜工艺中,基片的自偏压和接地极一样,都将形成相对于周围环境为负的电位。所以也应将基片视为溅射靶。只不过二者在程度上有很大差异。

由于离子轰击固体表面所产生的各种现象与固体材料种类、入射离子种类及能量有关。表 3-4 示出了用 10～100eV 能量的 Ar^+ 离子对某些金属表面进行轰击时,平均每个入射离子所产生各种效应及其发生几率的大致情况。当靶材为介质材料时,一般溅射率比金属靶材的小,但电子发射系数大。

表 3-4 离子轰击固体表面所产生各种效应及其发生几率

效　应	名　称	发生几率
溅　射	溅射率 S	$S=0.1 \sim 10$
离子溅射	一次离子反射系数 ρ	$\rho=10^{-4} \sim 10^{-2}$
离子溅射	被中和的一次离子反射系数 ρ_m	$\rho_m=10^{-3} \sim 10^{-2}$

效　应	名　称	发 生 几 率
离子注入	离子注入系数 a	$a=1-(\rho-\rho_m)$
离子注入	离子注入深度 d	$d=1\sim10\text{nm}$
二次电子发射	二次电子发射系数 γ	$\gamma=0.1\sim1$
二次离子发射	二次离子发射系数 k	$k=10^{-5}\sim10^{-4}$

2. 溅射粒子的迁移过程

靶材受到轰击所逸出的粒子中，正离子由于反向电场的作用不能到达基片表面，其余的粒子均会向基片迁移。大量的中性原子或分子在放电空间飞行过程中，与工作气体分子发生碰撞的平均自由程 λ_1 可用下式表示

$$\lambda_1 = \bar{c}_1/(\nu_{11} + \nu_{12}) \tag{3-12}$$

式中，$\bar{c}_1$ 是溅射粒子的平均速度；ν_{11}是溅射粒子相互之间的平均碰撞次数；ν_{12}是溅射粒子与工作气体分子的平均碰撞次数。

通常，可认为溅射粒子的密度远小于工作气体分子的密度，则有 $\nu_{11}\ll\nu_{12}$，故

$$\lambda_1 \approx \bar{c}_1/\nu_{12} \tag{3-13}$$

ν_{12}与工作气体分子的密度 n_2、平均速度 c_2、溅射粒子与工作气体分子的碰撞面积 Q_{12} 有关，并可用下式表示

$$\nu_{12} = Q_{12}\sqrt{(\bar{c}_1)^2 + (\bar{c}_2)^2}\, n_2 \tag{3-14}$$

或者，$Q_{12}\approx\pi(r_1+r_2)^2$，这里 r_1、r_2 分别是溅射粒子和工作气体分子的原子半径。

由于溅射粒子的速度远大于气体分子的速度，所以，可认为式(3-14)$\nu_{12}\approx Q_{12}\bar{c}_1n_2$，则溅射粒子的平均自由程可近似地由下式表示

$$\lambda_1 \approx 1/\pi(r_1 + r_2)^2 n_2 \tag{3-15}$$

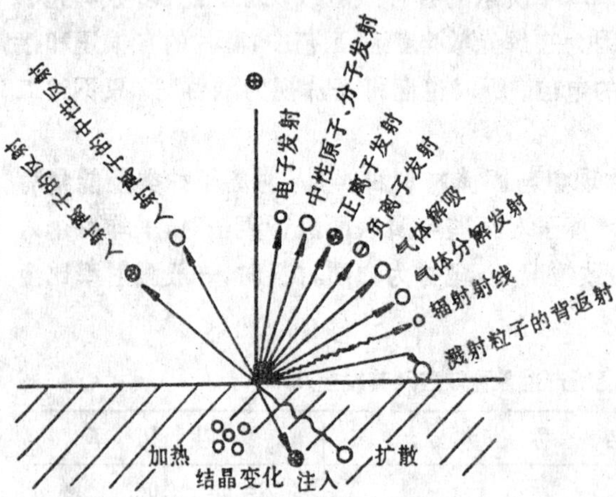

图 3-26　离子轰击固体表面所引起的各种效应

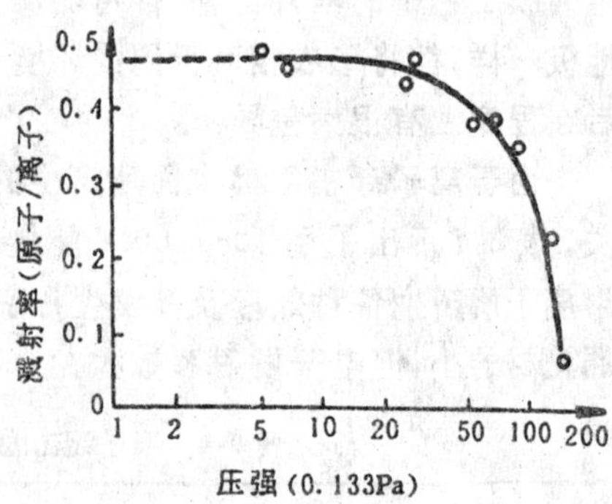

图 3-27　溅射率与 Ar 气压强的关系

例如，Ar^+离子溅射铜靶时，$r_1=0.96\times10^{-8}\text{cm}$，$r_2=1.82\times10^{-8}\text{cm}$，$n_2=3.5\times10^{16}/\text{cm}^3$

(0℃,133Pa),由式(3-15)可算得 $\lambda_1 \approx 11.7 \times 10^{-3}$cm。此值比中性气体分子间的平均自由程大得多。

溅射镀膜的气体压力为 $10^1 \sim 10^{-1}$Pa,此时溅射粒子的平均自由程约为 1～10cm,因此,靶与基片的距离应与该值大致相等。否则,溅射粒子在迁移过程中将发生多次碰撞,这样,既降低了靶材原子的动能,又增加靶材的散射损失。

尽管溅射原子在向基片的迁移输运过程中,会因与工作气体分子碰撞而降低其能量,但是,由于溅射出的靶材原子能量远远高于蒸发原子的能量,所以溅射过程中淀积在基片上靶材原子的能量仍比较大,如前所述,其值相当于蒸发原子能量的几十至上百倍。

3. 溅射粒子的成膜过程

关于薄膜的生长过程将在第七章中介绍,这里主要叙述靶材粒子入射到基片上在沉积成膜过程中应当考虑的几个问题。

(1)淀积速率

淀积速率 Q 是指从靶材上溅射出来的物质,在单位时间内淀积到基片上的厚度,该速率与溅射速率 S 成正比。即有

$$Q = CIS \tag{3-16}$$

式中,C—与溅射装置有关的特征常数;I—离子流;S—溅射率。

上式表明,对于一定的溅射装置(即 C 为确定值)和一定的工作气体,提高淀积速率的有效办法是提高离子电流 I。但是,如前所述,在不增高电压的条件下,增加 I 值就只有增高工作气体的压力。图 3-27 示出了气体压力与溅射率的关系曲线。由图可知,当压力增高到一定值时,溅射率将开始明显下降。这是由于靶材粒子的背返射和散射增大所引起的。事实上,在大约 10Pa 的气压下,从阴极靶溅射出来的粒子中,只有 10%左右才能够穿越阴极暗区。所以,由溅射率来选择气压的最佳值是比较恰当的。当然,应注意由于气压升高对薄膜质量的影响问题。

(2)淀积薄膜的纯度

为了提高淀积薄膜的纯度,必须尽量减少淀积到基片上杂质的量。这里所说的杂质主要指真空室的残余气体。因为,通常有约百分之几的溅射气体分子注入淀积薄膜中,特别在基片加偏压时。若真空室容积为 V,残余气体分压为 P_c,氩气分压为 P_{Ar},送入真空室的残余气体量为 Q_c,氩气量为 Q_{Ar},则有

$$Q_c = P_c V \qquad Q_{Ar} = P_{Ar} V$$

即

$$P_c = P_{Ar} Q_c / Q_{Ar} \tag{3-17}$$

由此可见,欲降低残余气体压力 P_c,提高薄膜的纯度,可采取提高本底真空度和增加送氩量这两项有效措施。本底真空度应为 $10^{-3} \sim 10^{-4}$Pa 较合适。

(3)淀积过程中的污染

众所周知,在通入溅射气体之前,把真空室内的压强降低到高真空区内(10^{-4}Pa)是很必要的。因此,原有工作气体的分压极低。即便如此,仍可存在许多污染源:

(a)真空室壁和真空室中的其他零件可能会有吸附气体、水汽和二氧化碳。由于辉光中电子和离子的轰击作用,这些气体可能重新释出。因此,可能接触辉光的一切表面都必

须在淀积过程中适当冷却，以便使其在淀积的最初几分钟内达到热平衡；也可在抽气过程中进行高温烘烤。

(b)在溅射气压下，扩散泵抽气效力很低，扩散泵油的回流现象可能十分严重。由于阻尼器各板间的间隔距离相当于此压强下的若干倍平均自由程，故仅靠阻尼器将不足以阻止这些气体进入真空室。因此，通常需要在放电区与阻尼器之间进行某种形式的气体调节，即在系统中利用高真空阀门作为节气阀，即可轻易地解决这一问题。另外，如果将阻尼器与涡轮分子泵结合起来，代替扩散泵，将能消除这种污染。

(c)基片表面的颗粒物质对薄膜的影响是会产生针孔和形成淀积污染。因此，淀积前应对基片进行彻底的清洗，尽可能保证基片不受污染或携带微粒状污物。

(4)成膜过程中的溅射条件控制

首先，应选择溅射率高、对靶材呈惰性、价廉、高纯的溅射气体或工作气体。一般，氩气是较为理想的溅射气体。其次，应注意溅射电压及基片电位(接地、悬浮或偏压)对薄膜特性的严重影响。溅射电压不仅影响淀积速率，而且还严重影响薄膜的结构；基片电位则直接影响入射的电子流或离子流，如果对基片有目的地施加偏压，使其按电的极性接收电子或离子，不仅可净化基片表面，增强薄膜附着力，而且还可改变淀积薄膜的结晶结构。此外，基片温度直接影响膜层的生长及特性。如淀积钽膜时，基片温度在200～400℃范围内，温度对钽膜特性影响不大，然而在700℃以上高温时，淀积钽膜将成为体心立方结构，而700℃以下则成为四方晶格。靶材中杂质和表面氧化物等不纯物质，是污染薄膜的重要因素。必须注意靶材的高纯度和保持清洁的靶表面。通常在溅射淀积之前对靶进行预溅射是使靶表面净化的有效方法。

此外，在溅射过程中，还应注意溅射设备中存在的诸如电场、磁场、气氛、靶材、基片、温度、几何结构、真空度等参数间的相互影响，因为，这些参数均综合地决定着溅射薄膜的结构与特性。

四、溅射机理

溅射现象很早就为人们所认识，通过大量实验研究，对这一重要物理现象得出以下几点结论：

(1)溅射率随入射离子能量的增加而增大；而在离子能量增加到一定程度时，由于离子注入效应，溅射率将随之减小；

(2)溅射率的大小与入射粒子的质量有关；

(3)当入射离子的能量低于某一临界值(阈值)时，不会发生溅射；

(4)溅射原子的能量比蒸发原子的大许多倍；

(5)入射离子的能量低时，溅射原子角分布就不完全符合于余弦分布规律。角分布还与入射离子方向有关。从单晶靶溅射出来的原子趋向于集中在晶体密度最大的方向。

(6)因为电子的质量小，所以，即使用具有极高能量的电子轰击靶材时，也不会产生溅射现象。

由于溅射是一个极为复杂的物理过程，涉及的因素很多，长期以来对于溅射机理虽然进行了很多的研究，提出过许多的理论，但都不能完善地解释溅射现象。尚未建立一套完整的统一的理论和模型能对所有实验结果作系统阐述和进行定量计算。这里,简单介绍比较成熟的两种理论:热蒸发理论和动量转移理论。

1. 热蒸发理论

早期有人认为,溅射现象是被电离气体的荷能正离子,在电场的加速下轰击靶表面,而将能量传递给碰撞处的原子,结果导致靶表面碰撞处很小区域内,发生瞬间强烈的局部高温,从而使这个区域的靶材料熔化,发生热蒸发。

热蒸发理论在一定程度上解释了溅射的某些规律和溅射现象,如溅射率与靶材料的蒸发热和轰击离子的能量关系、溅射原子的余弦分布规律等。但是,这一理论不能解释溅射率与离子入射角的关系,单晶材料溅射时,溅射原子的角分布的非余弦分布规律,以及溅射率与入射离子质量的关系等。

2. 动量转移理论

对于溅射特性的深入研究,各种实验结果都表明溅射完全是一个动量转移过程。现在,这一观点已成为定论,因而溅射又称为物理溅射。

动量转移理论认为,低能离子碰撞靶时,不能从固体表面直接溅射出原子,而是把动量转移给被碰撞的原子,引起晶格点阵上原子的链锁式碰撞。这种碰撞将沿着晶体点阵的各个方向进行。同时,碰撞因在原子最紧密排列的点阵方向上最为有效,结果晶体表面的原子从邻近原子那里得到愈来愈大的能量,如果这个能量大于原子的结合能,原子就从固体表面被溅射出来。动量转移理论能很好地解释热蒸发理论所不能说明如溅射率与离子入射角的关系,溅射原子的角分布规律等规律。

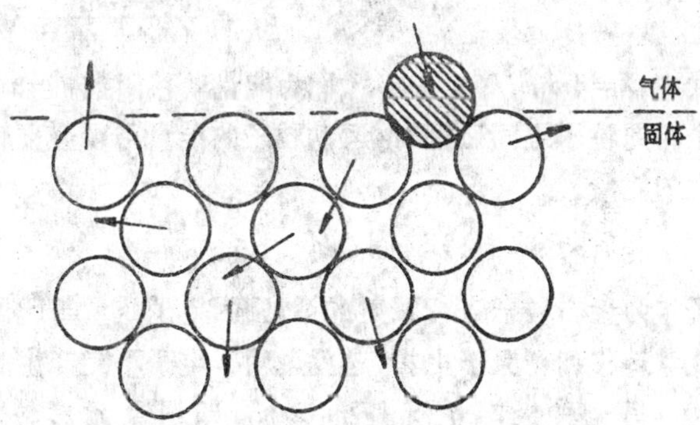

图 3-28 溅射原子的弹性碰撞模型

下面简单介绍这一理论近似的溅射模型和理论计算结果。如前所述,当入射离子的能量较低时,假定它与靶原子以及靶原子之间的相互作用是刚体弹性碰撞,用此模型可形象地描述溅射过程。如图 3-28 所示,当入射刚体原子球击发一堆排列整齐的刚体靶原子时,引起刚体球之间一系列相互碰撞,使靶原子球散向各方,靶原子的运动方向沿着原击发原子的逆方向时,就相当于逸出的靶原子。上述模型没有考虑原子之间存在的功函数,以及,原子之间的碰撞性质随能量不同而异等问题,所以,它并不能完全反映溅射的实际过程。但在溅射淀积的能量范围内(0.1～1keV),仍可近似地阐明溅射过程。入射离子轰击所引起靶原子之间的一系列二级碰撞,称为级联碰撞。

两球体间碰撞时有动量和动能的交换。若两个球体碰撞前后动能总和以及动量总和均保持不变,则弹性碰撞后能量就从一个球体转移到另一个球体。

设两个球体的质量分别为 m_1、m_2,若 m_2 静止,m_1 以速度 v_1 在以两个球中心联线成 θ 角方向与 m_2 碰撞,如图 3-29 所示。碰撞前 m_1 的能量为 E_1,碰撞后 m_2 获得的能量为 E_2,则

有

$$\frac{E_2}{E_1}=\frac{\frac{1}{2}m_2v_2^2}{\frac{1}{2}m_1v_1^2}=\frac{4m_1m_2}{(m_1+m_2)^2}\cos^2\theta \tag{3-18}$$

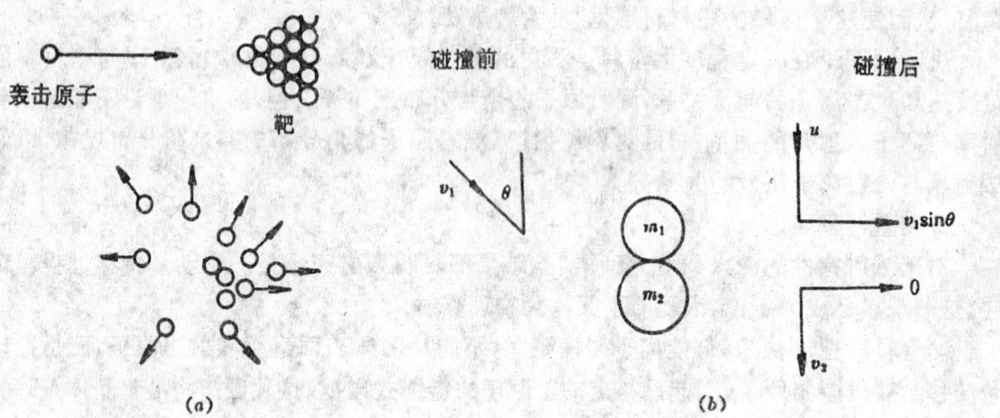

图 3-29　弹性碰撞前后的速度分量

如果碰撞发生在沿球体中心线方向，则 $\theta=0, \cos\theta=1$，则

$$E_2=\frac{4m_1m_2}{(m_1+m_2)^2}E_1=\lambda E_1 \tag{3-19}$$

式中，$\lambda=4m_1m_2/(m_1+m_2)^2$ 称为能量转移函数。当 $m_1=m_2$ 时，$\lambda=1$，此时 $E_2=E_1$，这说明两个相同粒子之间碰撞时，运动粒子的能量可以全部转移到静止粒子上去。即靶原子获得最大的能量。

若 $m_1 \ll m_2$ 时，$\lambda \approx 4m_1/m_2 \ll 1$，或 $E_2=4\frac{m_1}{m_2}E_1 \ll E_1$。这说明如用电子等质量很轻的粒子作为轰击粒子进行溅射的话，则因电子质量与靶原子质量相差太悬殊，只有极少的电子能量转移到靶原子上去，这就说明了电子不能产生溅射作用。

另一种极端情况是 $m_1 \gg m_2$，即用重元素粒子轰击轻元素粒子，同样可以得到 $\lambda \approx 4m_2/m_1 \ll 1$ 即

$$\frac{E_2}{E_1}=\frac{\frac{1}{2}m_2v_2^2}{\frac{1}{2}m_1v_1^2}=\frac{4m_2}{m_1}$$

则化简后得到

$$v_2=2v_1 \tag{3-20}$$

此结果表明轻粒子被重粒子碰撞后的速度为碰撞前重粒子速度的二倍。

溅射过程实质上是入射离子通过与靶材碰撞，进行一系列能量交换的过程。入射离子转移到从靶材表面逸出的溅射原子上的能量大约只有入射能量的 1%左右，而大部分能量则通过级联碰撞而消耗在靶的表面层中，并转化为晶格的热振动。

溅射率 S 是表征溅射特性最主要的物理量。根据能量转移关系式，可以估计到 S 与入射离子的能量 E_1、入射离子的质量 m_1 及靶原子的质量 m_2 有关。但如果考虑到入射离子能量转移到溅射原子的全过程，以及溅射原子只能从靶材表面逸出，则溅射率 S 必与聚积在近表面附近的一薄层中的能量成正比。可以用核阻止截面 $S_n(\varepsilon)$ 来表征聚积的能量。则应用输运理论并作若干假设后，当入射离子能量较低时有

$$S_n(\varepsilon) = 12\pi a^2 \lambda E \tag{3-21}$$

式中，a 为原子之间相互作用的屏蔽半径。

应用输运理论并经简化后，可求得平面靶的溅射率表达式

$$S = \frac{\alpha S_n(\varepsilon)}{16\pi^3 a^2 U_0} \tag{13-22}$$

将式(3-21)代入后得到

$$S = \frac{3\alpha\lambda E}{4\pi^2 U_0} \tag{3-23}$$

α 为 m_2/m_1 的单调上升函数；U_0 为表面势能。在入射能量 $E>1\text{keV}$ 时，还必须计入原子间的相互作用，因而上式可修正为

$$S = 3.56\alpha \frac{Z_1 Z_2}{Z_1^{2/3} + Z_2^{2/3}} \cdot \frac{m_1}{(m_1 + m_2)} \cdot \frac{S_n(\varepsilon)}{U_0} \tag{3-24}$$

式中，Z_1、Z_2 分别为入射离子和靶原子的原子序数。动量转移理论与实验结果在大多数情况下比较符合，目前已被普通接受。按式(3-23)和(3-24)的理论计算与实测结果如图 3-30 所示。

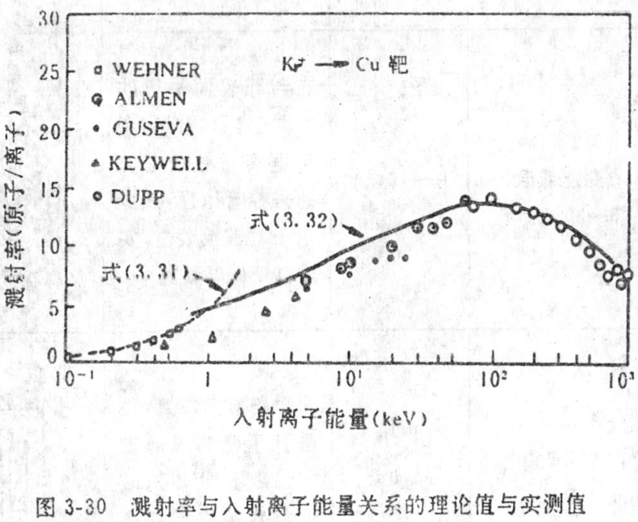

图 3-30 溅射率与入射离子能量关系的理论值与实测值

§3-3 溅射镀膜类型

溅射镀膜的方式较多，表 3-5 是具有代表性的例子。表中列出了各种溅射镀膜方式的特点及原理图。从电极结构上可分为二极溅射、三或四极溅射和磁控溅射；射频溅射是为

制备绝缘薄膜而研制的;反应溅射可制备化合物薄膜;为了提高薄膜纯度而分别研制出偏压溅射、非对称交流溅射和吸气溅射等;近年来为进行磁性薄膜的高速低温制备,还研究开发成功对向靶溅射装置。

表 3-5 各种溅射镀膜类型的比较

序号	溅射方式	溅射电源	Ar 压强 (Pa)	特征	原理图
1	二极溅射	DC 1～7kV 0.15～1.5mA/cm² RF 0.3～10kW 1～10W/cm²	1	构造简单,在大面积基板上可制取均匀薄膜,放电电流随压强和电压的改变而变化	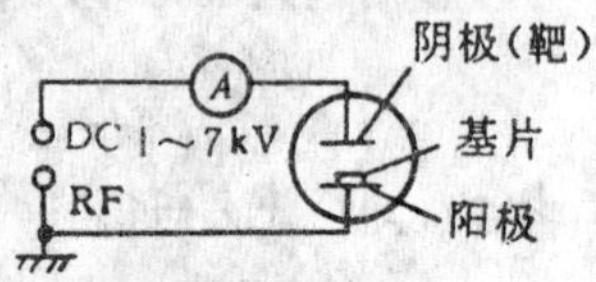 阴极和阳极基片也有采用同轴圆结构的
2	三级或四极溅射	DC 0～2kV RF 0～1kV	6.7×10^{-2} $\sim1.3\times10^{-1}$	可实现低气压、低电压溅射,可独立控制放电电流和轰击靶的离子能量。可控制靶电流,也可进行射频溅射	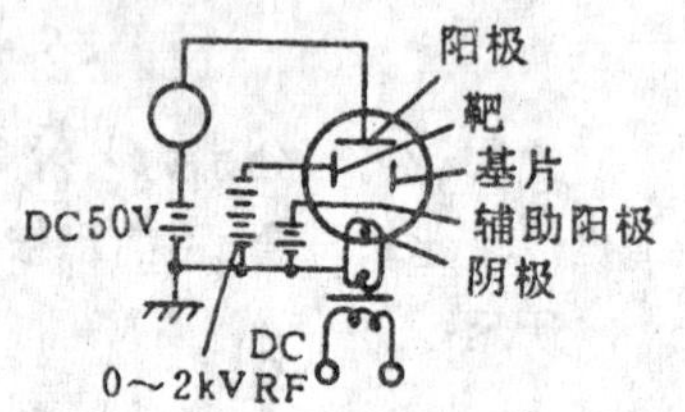
3	磁控溅射(高速低温溅射)	0.2～1kV (高速低温) 3～30W/cm²	$\sim10^{-1}$	在与靶表面平行的方向上施加磁场,利用电场与磁场正交的磁控管原理,减少电子对基板轰击,实现高速低温溅射	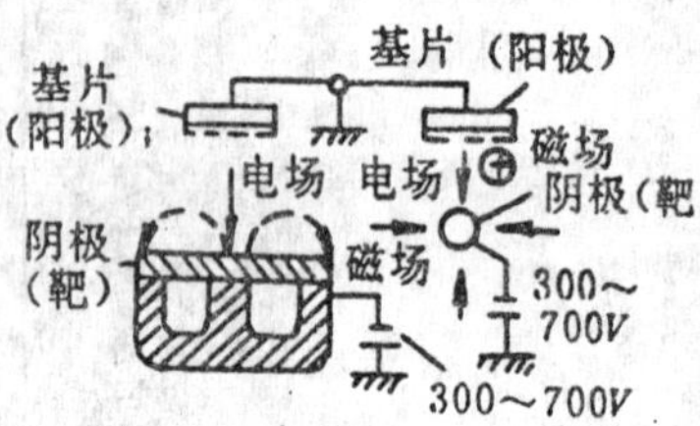
4	对向靶溅射	DC RF	$\sim10^{-1}$	两个靶对向放置,在垂直于靶的表面方向加磁场,可以对磁性材料等进行高速低温溅射	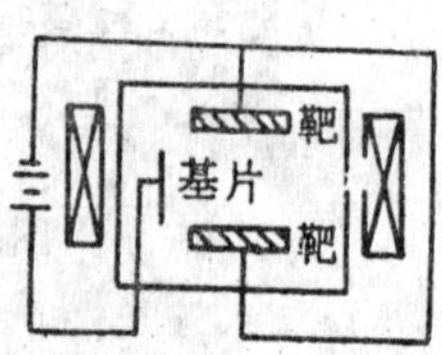

序号	溅射方式	溅射电源	Ar 压强 (Pa)	特　征	原理图
5	射频溅射	RF 0.3～10kW 0～2kW	1	为制取绝缘薄膜，如 SiO_2、Al_2O_3、玻璃膜等而研制，也可溅射金属	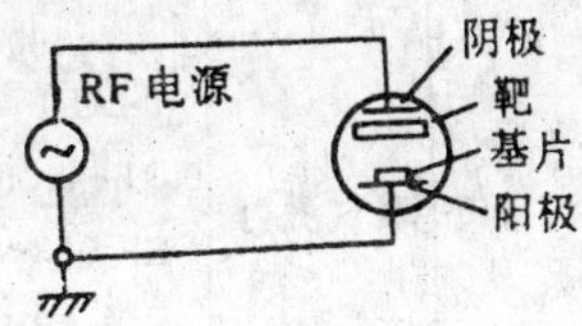
6	反应溅射	DC 1～7kV RF 0.3～10kW	在氩中混入适量活性气体如 O_2、N_2 等	制作阴极物质的化合物薄膜，如 TiN，SiC、AlN、Al_2O_3 等	从原理上讲，除 3、10 两种方式以外，都可以进行反应溅射
7	偏压溅射	在 0～500V 范围内，使基片对阳极处于正或负的电位	1	镀膜过程中同时清除基片上轻质量的带电粒子，从而使基板中不含有不纯气体(残留 H_2O、N_2 等)	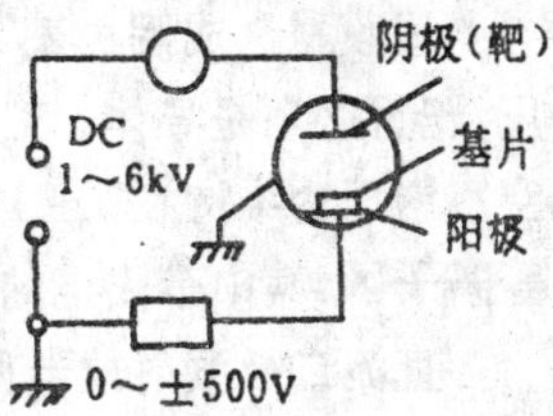
8	非对称交流溅射	AC 1～5kV 0.1～2mA/cm²	1	在振幅大的半周期内对靶进行溅射，在振幅小的半周期内对基片进行离子轰击，清除吸附的气体，以获得高纯薄膜	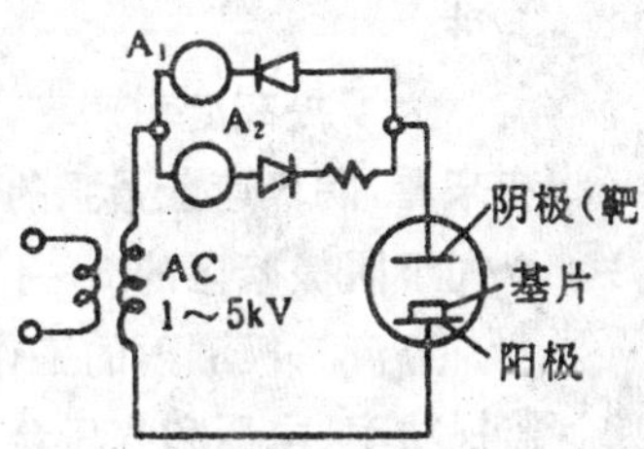
9	离子束溅射	DC	1.3×10⁻³	在高真空下，利用离子束溅射镀膜，是非等离子体状态下的成膜过程。靶接地电位也可	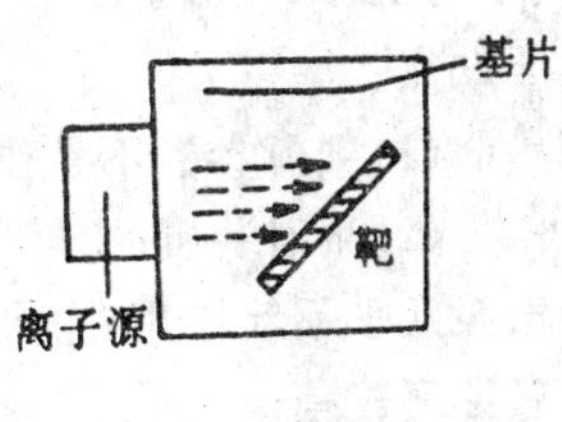

序号	溅射方式	溅射电源	Ar 压强 (Pa)	特　征	原理图
10	吸气溅射	DC 1～7kV 0.15～1.5mA/cm² RF 0.3～10kW 1～10W/cm²	1	利用对溅射粒子的吸气作用，除去不纯物气体，能获得纯度高的薄膜	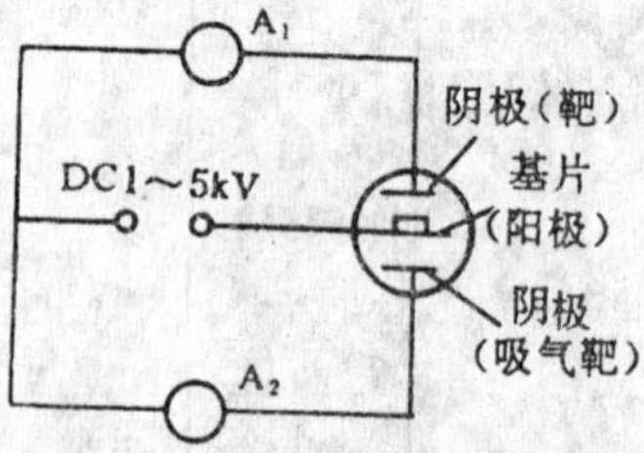

一、二极溅射

被溅射的靶（阴极）和成膜的基板及其固定架（阳极）构成了溅射装置的两个极，所以称为二极溅射，其结构原理见图 3-31。使用射频电源时称为射频二极溅射，使用直流电源则称为直流二极溅射，因为溅射过程发生在阴极，故又称阴极溅射。靶和基板固定架都是平板状的称为平面二极溅射，若二者是同轴圆柱状布置就称为同轴二极溅射。

用膜材制成阴极靶，并接上负高压，为了在辉光放电过程中使靶表面保持可控的负高压，靶材必须是导体。工作时，先将真空室预抽到高真空（如 10^{-3}Pa），然后，通入氩气使真空室内压力维持在 1～10Pa 时，接通电源使在阴极和阳极间产生异常辉光放电，并建立起等离子区，其中带正电的氩离子受到电场加速而轰击阴极靶，从而使靶材产生溅射。

直流二极溅射放电所形成电回路，是依靠气体放电产生的正离子飞向阴极靶，一次电子飞向阳极而形成的。而放电是依靠正离子轰击阴极时所产生的二次电子，经阴极暗区被加速后去补充被消耗的一次电子来维持的。因此，在溅射镀膜过程中，电离效应是必备的条件。

为了提高淀积速率，在不影响辉光放电前提下，基片应尽量靠近阴极靶。但从膜厚分布来看，阴极遮蔽最强的中心部位膜厚最薄。因此，有关资料指出：阴极靶与基片间的距离以大于阴极暗区的 3～4 倍较为适宜。

直流二极溅射的工作参数为溅射功率、放电电压、气体压力和电极间距。溅射时主要监视功率、电压和气压参数。当电压一定时，放电电流与气体压强的关系如图 3-32 所示。气体压力不低于 1Pa，阴极靶电流密度为 0.15～1.5mA/cm²。

直流二极溅射虽然结构简单，可获得大面积膜厚均匀的薄膜。但是这种装置存在着以下缺点：

（1）溅射参数不易独立控制，放电电流易随电压和气压变化，工艺重复性差；

（2）溅射装置的排气系统，一般多采用油扩散泵，但在直流二极溅射的压力范围内，扩散泵几乎不起作用，主阀处于关闭状态，排气速率小，所以残留气体对膜层污染较严重，薄膜纯度较差；

（3）基片温升高（达数百度左右）、淀积速率低；

（4）靶材必须是良导体。

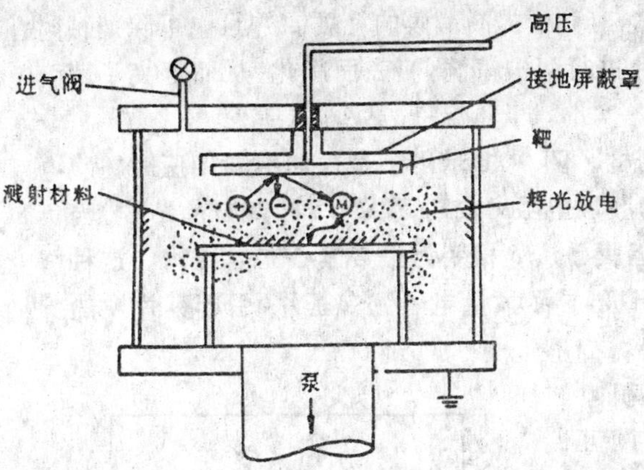

图 3-31　二极溅射

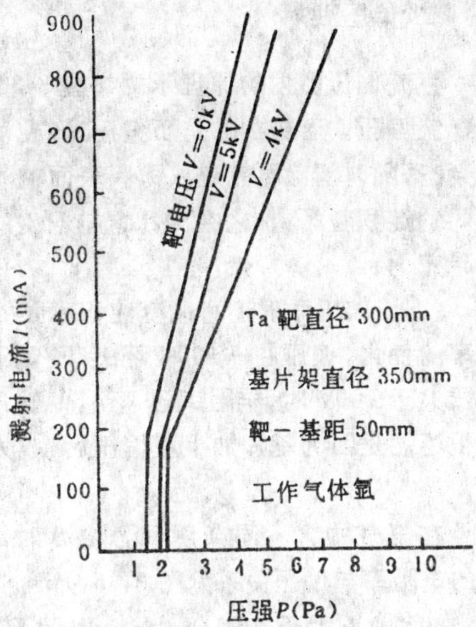

图 3-32　直流二极溅射电流与气体压强关系

为了克服这些缺点，可采取如下措施：

(1)设法在 10^{-1}Pa 以上的真空度下产生辉光放电，同时形成满足溅射要求的高密度等离子体；

(2)加强靶的冷却，在减少热辐射的同时，尽量减少或减弱由靶放出的高速电子对基板的轰击；

(3)选择适当的入射离子能量。

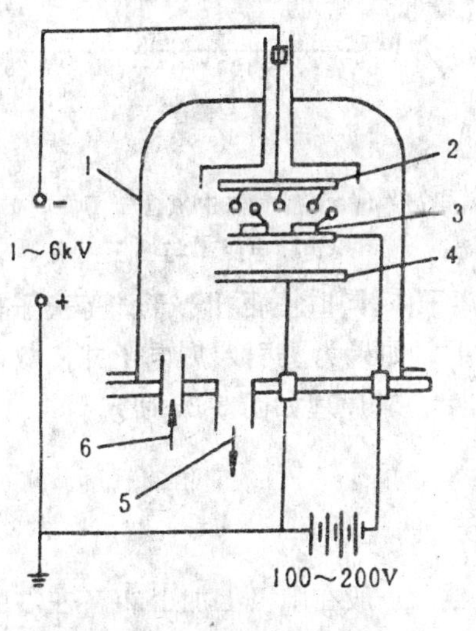

图 3-33　直流偏压溅射

1—溅射室　2—阴极　3—基片

4—阳极　5—排气系统　6—氩气入口

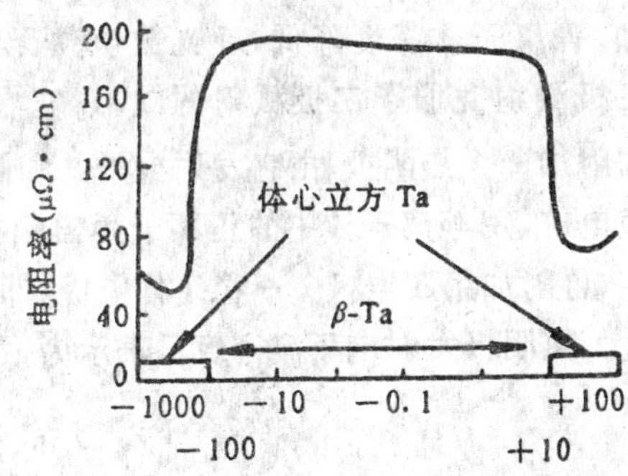

图 3-34　钽膜电阻率与基片偏压关系

二、偏压溅射

直流偏压溅射的原理示意如图3-33。它与直流二极溅射的区别在于基片上施加一固定直流偏压。若施加的是负偏压，则在薄膜淀积过程中，基片表面都将受到气体离子的稳定轰击，随时清除可能进入薄膜表面的气体，有利于提高薄膜的纯度。并且也可除掉粘附力弱的淀积粒子，加之在淀积之前可对基片进行轰击清洗，使表面净化，从而提高了薄膜的附着力。

此外，偏压溅射还可改变淀积薄膜的结构。图3-34示出了基片加不同偏压时钽膜电阻率的变化。偏压在－100V至＋10V范围，膜层电阻率较高，属β-Ta即四方晶结构。当负偏压大于100V时，电阻率迅速下降，这时钽膜已从β相变为正常体心立方结构。这种情况很可能是因为基片加上正偏压后，成为阳极，导致大量电子流向基片，引起基片发热所致。

在氩气中含不同杂质(O_2)浓度时，淀积钽膜的电阻率与偏压关系见图3-35所示。由图可见，在负偏压大于20V以上时，电阻率迅速下降，这表明杂质(O_2)已从钽膜中被溅射出来。而当负偏压较高时，电阻率逐渐上升，这是由于Ar渗入钽膜的浓度增加引起的。另外，偏压溅射技术已有效地用于制造高纯度的铁镍合金膜、钽膜等。

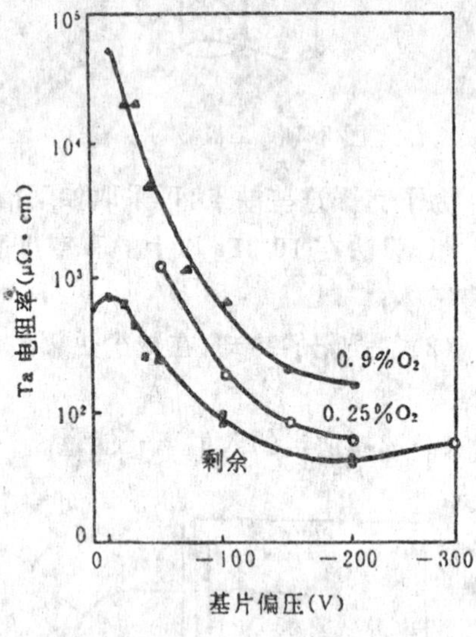

图3-35　溅射气体中氧含量不同时，钽膜电阻率与偏压关系

三、三极或四极溅射

二极直流溅射只能在较高气压下进行，因为它是依赖离子轰击阴极所发射的次级电子来维持辉光放电。如果气压降到1.3～2.7Pa(10～20mTorr)时，则阴极暗区扩大，电子自由程增加，等离子体密度降低，辉光放电便无法维持。三极溅射克服了二极溅射的缺点，它在真空室内附加一个热阴极，由它发射电子并和阳极产生等离子体。同时使靶相对于该等离子体为负电位，用等离子体中的正离子轰击靶材而进行溅射。如果为了引入热电子并使放电稳定，再附加第四电极——稳定化电极，即称为四极溅射。其原理如图3-36所示。

热阴极发射电子流密度可表示为

$$j = AT^2 \exp\left(-\frac{e\phi}{kT}\right) \tag{3-25}$$

式中，T为阴极温度，ϕ为阴极金属的功函数，A为常数。一般在阳极上加上20V左右的电压，就可把阴极发射的电子全部吸引过来。

稳定电极的作用在于使放电趋于稳定。图3-37示出阳极电流与气体压力的关系，从图看出，若从E点降低气压，放电电流逐渐减小，到$F-G$点放电停止，为使放电重新开始、要提高气体压力。但是，若对稳定性电极加+300V 电压时，只要稍微提高一点气压(由 G 至 T)，放电即可重新开始。即稳定性电极的作用使稳定放电的范围从 D 点扩大到 T 点，使放电气压提高一个数量级。因为，若稳定性电极为自由电位时，必须将气压由 G 点提高到 D 点才能再行放电。因此，四极溅射的主阀几乎可在全开状态下进行溅射。靶电流主要决定于阳极电流，而不随靶电压而变，因此，靶电流和靶电压可独立调节，从而克服了二极溅射的相应缺点。

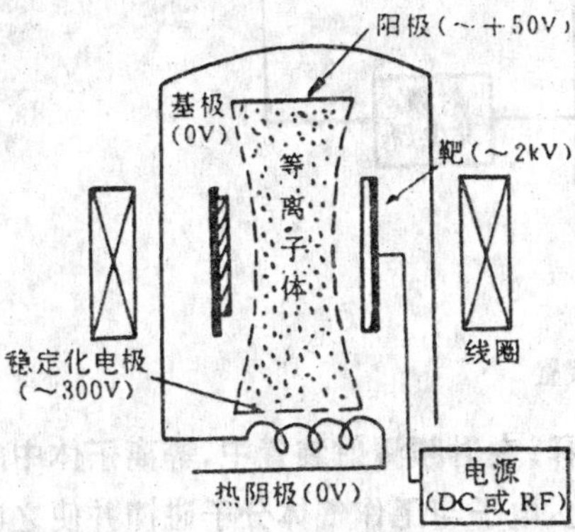

图 4-36　四极溅射装置原理图

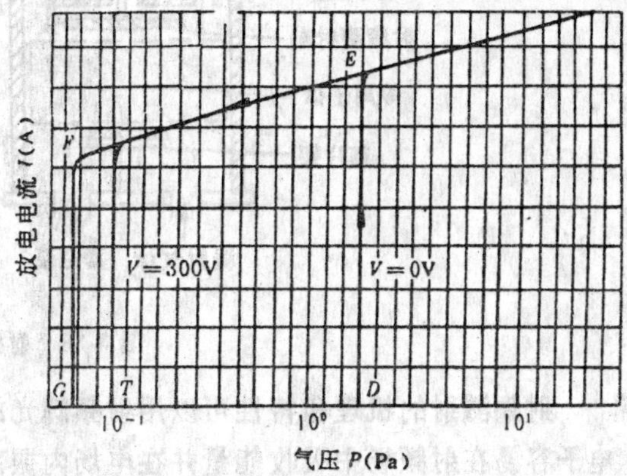

图 3-37　等离子体的稳定性

三极溅射装置在 100 伏至数百伏的靶电压下也能工作。由于靶电压低，对基片的溅射损伤小，适宜用来制作半导体器件和集成电路，并已取得良好效果。另外，还因为三极溅射的进行不再依赖于阴极所发射的二次电子，所以溅射速率可以由热阴极的发射电流控制，提高了溅射参数的可控性和工艺重复性。

但是，三(四)极溅射还不能抑制由靶产生的高速电子对基板的轰击，特别在高速溅射的情况下，基板的温升较高；而且灯丝寿命短，也还存在灯丝的不纯物使膜层沾污等问题。此外，这种溅射方式并不适用于反应溅射，特别在用氧作反应气体的情况下，灯丝的寿命将显著缩短，必须予以注意。

四、射频溅射

由于直流溅射(含磁控)装置需要在溅射靶上加一负电压，因而就只能溅射导体材料，溅射绝缘靶时，由于放电不能持续而不能溅射绝缘物质。为了淀积介质薄膜，导致了射频溅射技术的发展。

射频溅射装置如图 3-38 所示。相当于直流溅射装置中的直流电源部分改由射频发生器、匹配网络和电源所代替，利用射频辉光放电产生溅射所需正离子。

射频电源对绝缘靶之所以能进行溅射镀膜，主要是因为在绝缘靶表面上建立起负偏压的缘故。因为，对于直流溅射来说，如果靶材不是良导体材料，而是绝缘材料的话，正离子轰击靶面时靶就会带正电，从而使电位上升，离子加速电场就要逐渐变小，以致发展到使离子溅射靶材不可能，于是辉光放电和溅射就停止了。如果在靶上施加的是射频电压，当溅射靶处于上半周时,由于电子的质量比离子的质量小得多,故其迁移率很高仅用很短时间就可以飞向靶面,中和其表面积累的正电荷,从而实现对绝缘材料的溅射。并且在靶面又迅速积累大量的电子,使其表面因空间电荷呈现负电位,导致在射频电压的正半周时也吸引离子轰击靶材。从而实现了在正、负半周中,均可产生溅射。

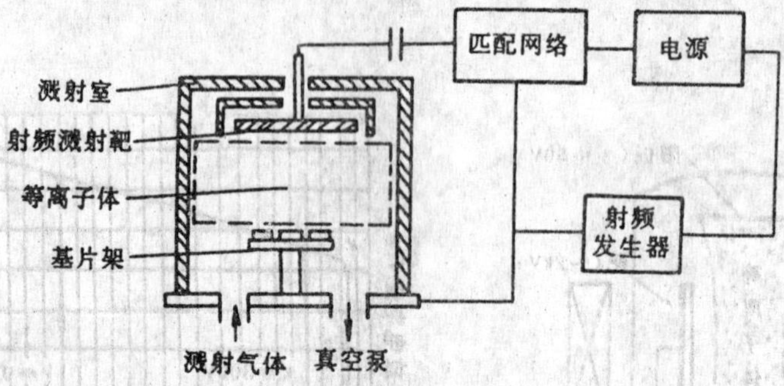

图 3-38 射频溅射装置

射频溅射的机理和特性可以用射频辉光放电解释。在射频溅射装置中,等离子体中的电子容易在射频场中吸收能量并在电场内振荡,因此,电子与工作气体分子碰撞并使之电离的几率非常大,故使得击穿电压和放电电压显著降低,其值只有直流溅射时的十分之一左右。

如射频电场强度为

$$E = E_m \cos\omega t \tag{3-26}$$

式中,$\omega = f/2\pi$,f 为射频频率。在真空中的自由电子,由于射频电场的作用,所受到的力为

$$F = m_e \frac{d^2x}{dt^2} = -eE_m \cos\omega t \tag{3-27}$$

电子速度

$$\frac{dx}{dt} = \frac{-eE_m}{m_e\omega}\sin\omega t$$

速度比电场滞后 90°。

电子运动方程为

$$x = \frac{eE_m}{m_e\omega^2}\cos\omega t = A\cos\omega t \tag{3-28}$$

式中,$A = eE_m(m_e\omega^2)$为电子运动的振幅。即真空中的自由电子在交变电场作用下,以振幅为 A 作简谐运动。由于在溅射条件下有气体分子存在,电子在振荡过程中与气体分子碰撞的几率增加,其运动方向也从简谐运动变为无规则的杂乱运动。因为电子能从电场不断吸收能量,因此,在不断碰撞中有足够的能量来使气体分子离化,即使在电场较弱时,电子也能积累足够能量来进行离化,所以射频溅射可比直流溅射在更低的电压下维持放电。

射频溅射的另一个特点,如前所述,是能淀积包括导体、半导体、绝缘体在内的几乎所有材料。表 3-6 是射频二极溅射淀积速率的一例。根据表中数据,再利用表 3-2 中 Ar^+ 对

不同元素的溅射率，可粗略地估算出其他物质的淀积速率。

表 3-6　几种材料射频二极溅射的可能溅射速率(nm/min)

靶　材	Au	Cu	Al	不锈钢	Si	SiO_2	ZnS	CdS
溅射速率	300	150	100	100	50	25	1000	60

注：Ar 气压强 2Pa，射频功率 1kW。

射频溅射不需要用次级电子来维持放电。但是，当离子能量高达数千电子伏时，绝缘靶上发射的次级电子数量也相当大，又由于靶具有较高负电位，电子通过暗区得到加速，将成为高能电子轰击基片，导致基片发热、带电并损害镀膜的质量。为此，须将基片放置在不直接受次级电子轰击的位置上，或者利用磁场使电子偏离基片。

五、磁控溅射

溅射技术的最新成就之一是磁控溅射。前面所介绍的溅射系统，主要缺点是淀积速率较低，特别是阴极溅射，因为它在放电过程中只有大约 0.3～0.5%的气体分子被电离。为了在低气压下进行高速溅射，必须有效地提高气体的离化率。由于在磁控溅射中引入了正交电磁场，使离化率提高到 5～6%，于是溅射速率可比三极溅射提高 10 倍左右。对许多材料，溅射速率达到了电子束蒸发的水平。

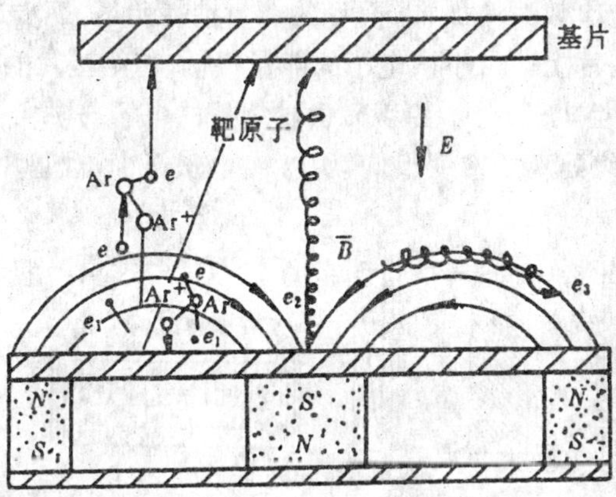

图 3-39　磁控溅射工作原理

1. 工作原理

磁控溅射的工作原理如图 3-39 所示。电子 e 在电场 E 作用下，在飞向基板过程中与氩原子发生碰撞，使其电离出 Ar^+ 和一个新的电子 e，电子飞向基片，Ar^+ 在电场作用下加速飞向阴极靶，并以高能量轰击靶表面，使靶材发生溅射。在溅射粒子中，中性的靶原子或分子则淀积在基片上形成薄膜。二次电子 e_1 一旦离开靶面，就同时受到电场和磁场的作用。为了便于说明电子的运动情况，可以近似认为：二次电子在阴极暗区时，只受电场作用；一旦进入负辉区就只受磁场作用。于是，从靶面发出的二次电子，首先在阴极暗区受到电场加速，飞向负辉区。进入负辉区的电子具有一定速度，并且是垂直于磁力线运动的。在这种情况下，电子由于受到磁场 B 洛仑兹力的作用，而绕磁力线旋转。电子旋转半圈之后，重新进入阴极暗区，受到电场减速。当电子接近靶面时，速度即可降到零。以后，电子又在电场的作用下，再次飞离靶面，开始一个新的运动周期。电子就这样周而复始，跳跃式地朝 E(电场)$\times B$(磁场)所指的方向漂移(见图 3-40)。简称 $E\times B$ 漂移。电子在正交电磁场作用下的运动轨迹近似于一条摆线。若为环形磁场，则电子就以近似摆线形式在靶表面作圆周运动。

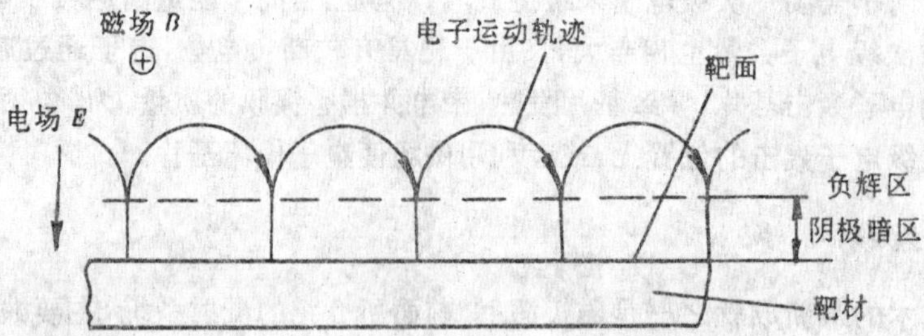

图 3-40 电子在正交电磁场下的 $E\times B$ 漂移

二次电子在环状磁场的控制下，运动路径不仅很长，而且被束缚在靠近靶表面的等离子体区域内，在该区中电离出大量的 Ar^+ 离子用来轰击靶材，从而实现了磁控溅射淀积速率高的特点。随着碰撞次数的增加，电子 e_1 的能量消耗殆尽，逐步远离靶面。并在电场 E 的作用下最终沉积在基片上。由于该电子的能量很低，传给基片的能量很小，致使基片温升较低。另外，对于 e_2 类电子来说，由于磁极轴线处的电场与磁场平行，电子 e_2 将直接飞向基片，但是在磁极轴线处离子密度很低，所以 e_2 电子很少，对基片温升作用极微。

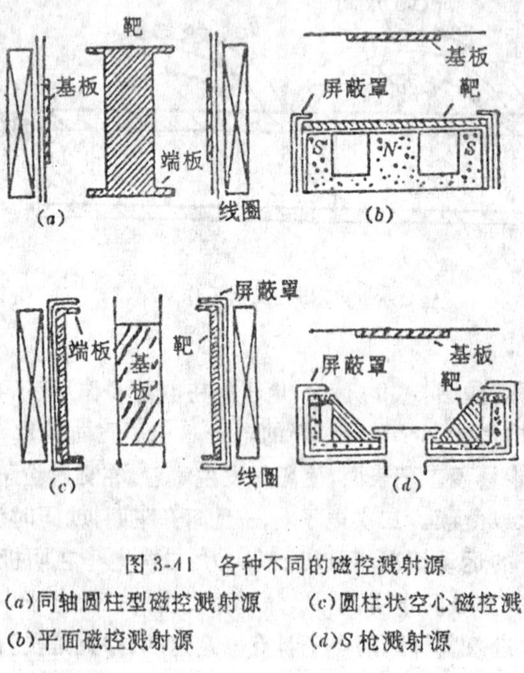

图 3-41 各种不同的磁控溅射源

(a)同轴圆柱型磁控溅射源　(c)圆柱状空心磁控溅射源

(b)平面磁控溅射源　(d)S 枪溅射源

综上所述，磁控溅射的基本原理，就是以磁场来改变电子的运动方向，并束缚和延长电子的运动轨迹，从而提高了电子对工作气体的电离几率和有效地利用了电子的能量。因此，使正离子对靶材轰击所引起的靶材溅射更加有效。同时，受正交电磁场束缚的电子，又只能在其能量要耗尽时才沉积在基片上。这就是磁控溅射具有"低温"、"高速"两大特点的道理。

磁控溅射源主要有三种类型，如图3-41所示。最早发展起来的是柱状磁控溅射源，如图中(a)、(c)。同轴圆柱形磁控溅射源的原理和结构都比较简单，它适合于制作大面积溅射膜，在工业上应用较广泛。第二种类型是平面磁控溅射源，如图中(b)和图3-42圆形的可以制成小靶，适合于贵重的靶材；矩形的适合制成大靶和一般材料的靶材。平面磁控溅射源的结构简单，造价不高，通用性强，应用最广。第三类是溅射枪（S枪），如图3-41(d)。S枪结构较复杂，一般配合行星式夹具使用。它不仅具有磁控溅射共同的工作原理和"低温"、"高速"的特点，而且由于其特殊的靶形状与冷却方式，还具有靶材利用率高、膜厚分布均匀、靶功率密度大和易于更换靶材等优点。

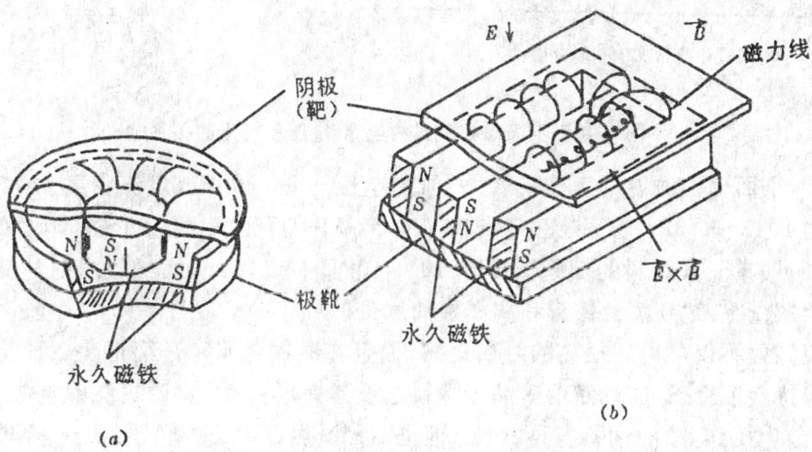

图3-42　平面磁控溅射源
(a)圆形　　(b)矩形

上述各种磁控溅射源尽管结构上各有差异，但都具备两个条件：(1)磁场与电场正交；(2)磁场方向与阴极表面平行。

2. 平面磁控溅射的工作特性

不同气压下，矩形平面磁控溅射的电流—电压特性如图3-43(a)所示。在最佳的磁场强度和磁力线分布条件下，溅射时电流与电压之间的关系基本遵循下面的公式

$$I = KV^n \tag{3-29}$$

式中，K和n是与气压、靶材料、磁场和电场有关的常数。气压高，阻抗小，伏安特性曲线较陡，溅射功率的变化可表示成

$$dP = d(IV) = IdV + VdI = IdV + nIdV$$

显然，电流引起的功率变化$(nIdV)$是电压引起的(IdV)的n倍，所以要使溅射速率恒定，不

仅要稳压，更重要的是稳流，或者说必须稳定功率。图 3-42(*b*)示出了恒定阴极电流条件下，阴极电压与气压的关系曲线。此时功率 P 为

$$P = KV^{n+1} \tag{3-30}$$

在气压和靶材料等因素确定之后，如果功率不太大，则溅射速率基本上与功率成线性关系。但是功率如果太大，可能出现饱和现象。

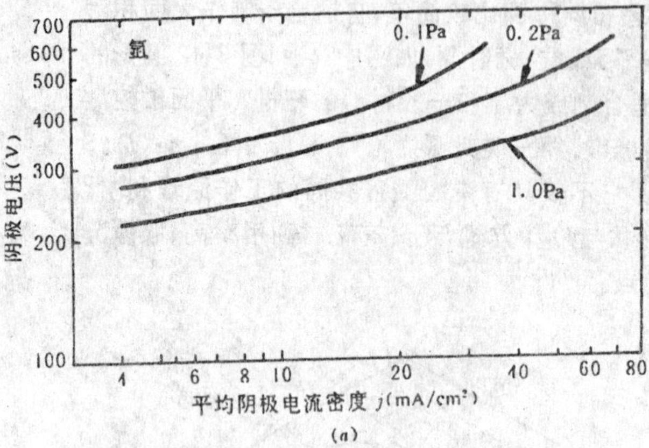

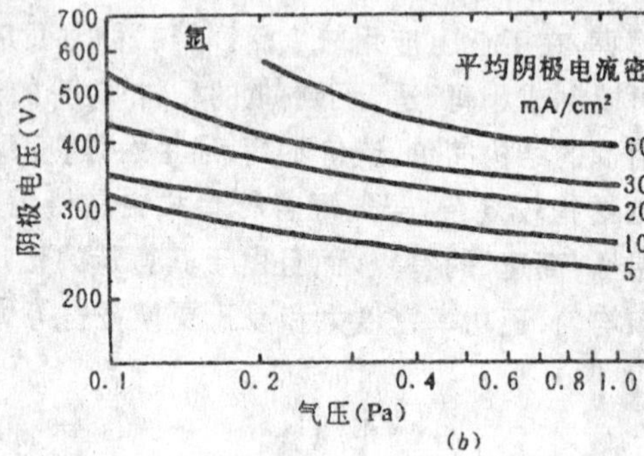

图 3-43　平面磁控溅射的电流、电压和气压的关系

通常，平面磁控溅射的工作参数为：溅射电压 300～800V、电流密度 4～50mA/cm²、氩气压力 0.13～1.3Pa、功率密度 1～36W/cm²、基片与靶的距离为 4～10cm。在上述工艺条件下，一般单元素材料的淀积速率为 10^3～10^4Å/kW·min，比一般溅射的淀积速率提高了一个数量级，达到蒸发镀膜和离子镀的水平。

磁控溅射不仅可得到很高的溅射速率，而且在溅射金属时还可避免二次电子轰击而使基板保持接近冷态，这对使用单晶和塑料基板具有重要意义。磁控溅射电源可为DC也可为RF放电工作，故能制备各种材料。但是磁控溅射存在三个问题：第一，不能实现强磁性材料的低温高速溅射，因为几乎所有磁通都通过磁性靶子，所以在靶面附近不能外加强磁场；第二，使用绝缘材料靶会使基板温度上升；第三，靶子的利用率较低(约 30%)，这是由于靶子侵蚀不均匀的原因。

六、对向靶溅射

对于 Fe、Co、Ni、Fe_2O_3、坡莫合金等磁性材料，要实现低温、高速溅射镀膜，有特殊的要求。采用前述几种磁控溅射方式都受到很大的限制。这是由于靶的磁阻很低，磁场几乎完全从靶中通过，不可能形成平行于靶表面的使二次电子作圆摆线运动的强磁场。若采用三极溅射和射频溅射时，基板温升非常严重。

采用对向靶溅射法，即使用强磁性靶也能实现低温高速溅射镀膜。这是一种设计新颖的溅射镀膜技术。其原理如图 3-44 所示。两只靶相对安置。所加磁场和靶表面垂直，且磁场和电场平行。阳极放置在与靶面垂直部位，和磁场一起，起到约束等离子体的作用。二次电子飞出靶面后，被垂直靶的阴极位降区的电场加速。电子在向阳极运动过程中受磁场

作用，作洛仑兹运动。但是由于两靶上加有较高的负偏压，部分电子几乎沿直线运动，到对面靶的阴极位降区被减速，然后又被向相反方向加速运动。加上磁场的作用，这样由靶产生的二次电子就被有效的封闭在两个靶极之间，形成柱状等离子体。电子被两个电极来回反射，大大加长了电子运动的路程，增加了和氩气的碰撞电离几率，从而大大提高了两靶间气体的电离化程度，增加了溅射所需氩离子的密度，因而提高了淀积速率。

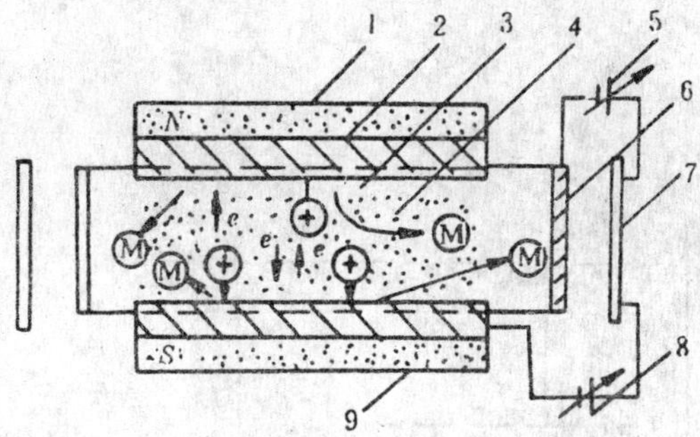

图 3-44　对向靶溅射原理

1—N 极　2—对靶阴极　3—阴极暗区　4—等离子体区　5—基板偏压电源　6—基板　7—阳极(真空室)　8—靶电源　9—S 极

二次电子除被磁场约束外，还受很强的静电反射作用。把等离子体紧紧地约束在两个靶面之间，避免了高能电子对基板的轰击，使基板温升很小。

对靶可用于溅射磁性靶材，垂直靶面的磁场可以穿过靶材，在两靶间形成柱状的磁封闭。而一般磁控靶的磁场是平行于靶面，易形成磁力线在靶材内短路，失去了“磁控”的作用。

对靶溅射具有溅射速率高、基板温度低、可淀积磁性薄膜等优点。

七、反应溅射

利用溅射技术制备介质薄膜除可采用射频溅射法外，另一种方法是采用反应溅射法。即在溅射镀膜时，引入某些活性反应气体，来改变或控制淀积特性，可获得不同于靶材的新物质薄膜。例如在 O_2 中溅射反应而获得氧化物，在 N_2 或 NH_3 中获得氮化物，在 O_2+N_2 混合气体中得到氮氧化合物，在 C_2H_2 或 CH_4 中得到碳化物，在硅烷中得到硅化物和在 HF 或 CF_4 中得到氟化物等。

反应物之间产生反应的必要条件是，反应物分子必须有足够高的能量以克服分子间的势垒。势垒 ε 与能量之间关系为

$$E_a = N_A\varepsilon \tag{3-31}$$

式中 E_a 为反应活化能，N_A 是阿佛加德罗常数。根据过渡态模型理论，两种反应物的分子进行反应时，首先经过过渡态——活化络合物，然后再生成反应物，如图 3-45 所示。图中 E_a 和 E_a' 分别为正、逆向反应活化能；x 为反应物初始态能量；w 为终态能量；T 为活化络合物能量；ΔE 是反应物与生成物能量之差。由图可见，反应物要进行反应必须要有足够的能量去克服反应活化能。

如前所述，蒸发粒子的平均能量只有 0.1～0.2eV，而溅射粒子可达 10～20eV，比蒸发高二个数量级左右。蒸发和溅射粒子的能量分布如图 3-46 所示。其中能量大于反应活化能 E_a 的粒子数分数可近似地表示为

$$n = \exp\left(\frac{-E_a}{kT}\right) \tag{3-32}$$

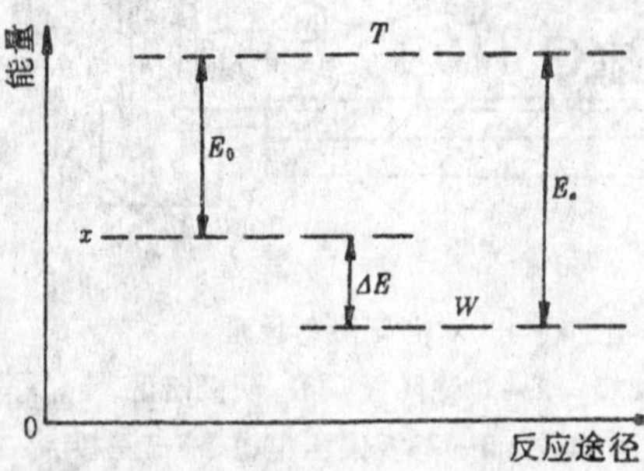

图 3-45 反应中反应能量变化示意图

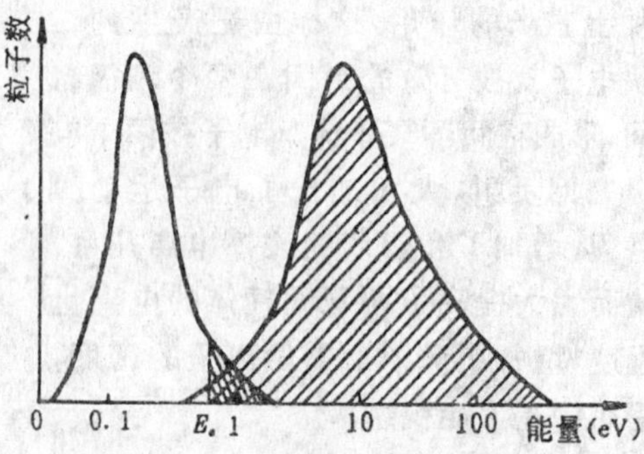

图 3-46 蒸发和溅射粒子的能量分布

由于粒子的平均能量 $\overline{E}=3kT/2$，因此溅射粒子的能量大于 E_a 的分数

$$n_s \approx \exp\left(\frac{-3E_a}{2\overline{E}_s}\right) \tag{3-33}$$

同理，蒸发粒子能量大于 E_a 的分数

$$n_e \approx \exp\left(\frac{-3E_a}{2\overline{E}_e}\right) \tag{3-34}$$

式中，$\overline{E}_s$ 和 $\overline{E}_e$ 分别为溅射和蒸发粒子的平均动能。由图 3-46 可看出，能量 $E>E_a$ 的溅射粒子远多于蒸发粒子，其倍数

$$M = \frac{n_s}{n_e} = \exp\left[\frac{3}{2}E_a\left(\frac{1}{\overline{E}_e} - \frac{1}{\overline{E}_s}\right)\right] \tag{3-35}$$

假设只有能量大于 E_a 的粒子才参与反应，则溅射粒子的反应度必然远大于蒸发粒子的反应度。

例如 Ti 和 Zn 与 O_2 反应，反应方程式为

$$Ti + O_2(\text{空气}) \xrightarrow{1200℃} TiO_2$$

$$2Zn + O_2 \xrightarrow[\text{燃烧}]{1000\,C} 2ZnO$$

若两种反应物处于同一能量状态，则 Ti 和 O_2、Zn 和 O_2 的反应活化能 E_a 大约分别为 0.2eV 和 0.17eV，但在室温基板表面的氧分子完全处于惰性钝化状态(可能只有百分之几的离子氧)，因此膜料粒子最小的反应阈值能至少增加一倍，即 Ti、Zn 与 O_2 反应至少要有 0.4eV 和 0.34eV 的能量。设溅射原子的平均动能为 15eV，由式(3-33)和(3-34)，则大约有 98%的溅射 Ti 原子和 Zn 原子能量大于 E_a，而蒸发 Ti 原子和 Zn 原子分别只有 10%和 0.5%左右。

参与反应的高能粒子数越多，反应速度越快。反应速度与活化能 E_a 的关系为

$$\tau = A\exp\left(\frac{-E_a}{RT}\right) \tag{3-36}$$

式中，τ 为反应速度常数，R 为气体常数，A 是有效碰撞的频率因子。若用平均能量 $\bar{E}$ 代替温度 T，则式(3-36)可改写成

$$\tau = A\exp\left(\frac{-3E_a}{2N_A\bar{E}}\right) \tag{3-37}$$

由于 $\bar{E}_s > \bar{E}_e$，故溅射的反应速度要比蒸发快。

如同蒸发一样，反应过程基本上发生在基板表面，气相反应几乎可以忽略。另方面，溅射时靶面的反应也不可忽视，这是因为受离子轰击的靶面金属原子变得非常活泼，加上靶面升温，将使得靶面的反应速度大大增加。这时，在靶面同时存在着溅射和反应生成化合物两个过程。如果溅射速率大于化合物的生成速率，则靶就可能处于金属溅射态；反之，反应气体压强增加或金属溅射速率减小，靶就可能发生化合物生成的速率超过溅射除去的速率而使溅射停止。这一机理有三种可能：第一，在靶面生成了溅射速率比金属低得多的化合物；第二，化合物的二次电子发射要比相应的金属大得多，更多的离子能量用于产生和加速二次电子；第三，反应气体离子的溅射速率比惰性 Ar 离子低。为了解决这一问题，常将反应气体和溅射气体分别送到基板和靶附近，以形成压强梯度。

为了保证反应充分，必须控制入射在基板上的金属原子与反应气体分子的速率。在一定的反应气压下，溅射功率越大，反应可能越不完全。通过调节功率可得到较小的薄膜吸收，或者恒定溅射功率，调节反应气体压强，以获得低吸收薄膜。

反应溅射的过程如图 3-47 所示。通常的反应气体有氧、氮、甲烷、一氧化碳、硫化氢等。如前所述，根据反应溅射气体压力的不同，反应过程可以发生在基片上或发生在阴极(反应后以化合物形式迁移到基片上)。一般反应溅射的气压都很低，气相反应不显著。但是，等离子体中流通电流很高，在反应气体分子的分解、激发和电离等过程中，该电流起着重要作用。因此，反应溅射中产生一股强大的由载能游离原子团组成的粒子流伴随着溅射出来的靶原子从阴极靶流向基片，在基片上克服与薄膜生长有关的激活能且形成化合物。这就是反应溅射的主要机理。

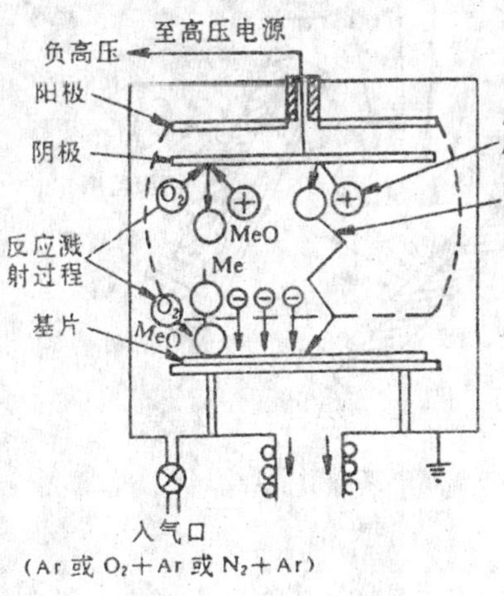

图 3-47　反应溅射过程

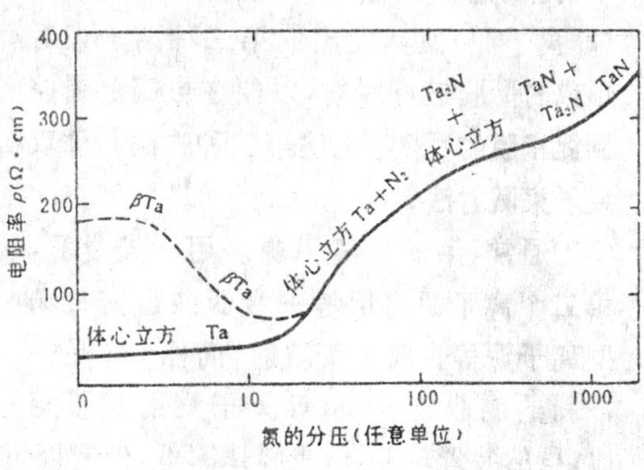

图 3-48　钽膜特性与掺入氮量的关系

在很多情况下，只要简单地改变溅射时反应气体与惰性气体的比例，就可改变薄膜的性质。如可使薄膜由金属改变为半导体或非金属。图 3-48 示出了钽膜特性与氮气掺入量的关系。可见，随着氮气分压的增加，薄膜结构改变，并且其电阻率亦随之变化。

大量实验结果表明，金属化合物的形成几乎全都发生在基片上。并且，基片温度越高，淀积速率也往往越快。

在很多氧化物溅射实验中发现，用纯氧作为溅射气体是不必要的，通常 Ar 中只要有 1～2%的 O_2 就可获得与用纯氧一样的效果。就是说，只要保持足以使膜完全氧化的最少量氧就可以了。

八、离子束溅射

上述各种溅射方法，都是直接利用辉光放电中产生的离子进行溅射，并且基片也处于等离子体中。因此，基片在成膜过程中不断地受到周围环境气体原子和带电粒子的轰击，以及快速电子的轰击。而且淀积粒子的能量随基板电位和等离子体电位的不同而变化。因此，在等离子状态下镀制的薄膜，性质往往差异较大。而且，溅射条件，如溅射气压、靶电压、放电电流等不能独立控制，这使得对成膜条件难以进行精确而严格的控制。

离子束溅射又称离子束沉积，它是在离子束技术基础上发展起来的新的成膜技术。按用于薄膜淀积的离子束功能不同，可分为两类。即一次离子束沉积，这时离子束由需要淀积的薄膜组分材料的离子组成，离子能量较低，它们在到达基片后就淀积成膜，又称低能离子束淀积。另一类为二次离子束淀积，离子束系由惰性气体或反应气体的离子组成，离子的能量较高，它们打到由需要淀积的材料组成的靶上，引起靶原子溅射，再淀积到基片上形成薄膜。因此，又称离子束溅射。

离子束溅射淀积原理如图 3-49 所示，由大口径离子束发生源（1#离子源）引出惰性气体离子（Ar^+、Xe^+等），使其照射在靶上产生溅射作用，利用溅射出的粒子淀积在基片上制得薄膜。在大多数情况下，淀积过程中还要采用第二个离子源（2#离子源）使其发出的第二种离子束对形成的薄膜进行照射，以便在更广范围控制淀积膜的性质。上述第二种方法又称双离子束溅射法。

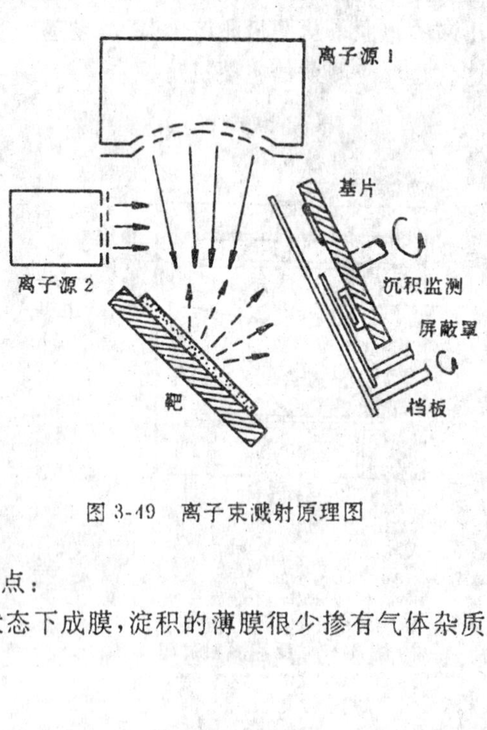

图 3-49　离子束溅射原理图

通常，第一个离子源多用考夫曼源，第二个离子源可用考夫曼源或自交叉场型离子源等。离子束溅射，简称 IBS 是一种新的制膜技术，和等离子溅射镀膜相比，虽然装置较复杂，成膜速率低，但有以下优点：

（1）在 10^{-3}Pa 的高真空下，在非等离子状态下成膜，淀积的薄膜很少掺有气体杂质，所以纯度较高；

(2)淀积发生在无场区域，基片不再是电路的一部分，不会由于快速电子轰击使基片引起过热；所以基片的温升低；

(3)可以对制膜条件进行独立的严格的控制，重复性较好。

(4)适合用于制备多成分膜的多层膜。

(5)许多材料都可以用离子束溅射，其中包括各种粉末、介质材料、金属材料和化合物等。特别是对于饱和蒸气压低的金属和化合物以及高熔点物质的淀积等，用 IBS 比较适合。

离子束溅射技术中所用离子源可以是单源、双源和多源。虽然这种镀膜技术所涉及到的现象比较复杂，但是，通过合适地选择靶及离子的能量、种类等，可以比较容易地制取各种不同的金属、氧化物、氮化物及其它化合物等薄膜。特别适合制作多组元金属氧化物薄膜。目前这一技术已在磁性材料、超导材料以及其他电子材料的薄膜制备方面得到应用。另外，由于离子束的方向性强，离子流的能量和通量较易控制，所以也可用于研究溅射过程特性，如高能离子的轰击效应、单晶体的溅射角分布以及离子注入和辐射损伤过程等。

§3-4　溅射镀膜的厚度均匀性

膜厚的均匀性是衡量薄膜质量和镀膜装置性能的一个重要指标。为了提高膜厚均匀性，可采取优化靶基距、改变基片运动方式、增加挡板机构和实行膜厚监控等措施。

一、二极溅射的膜厚均匀性

如前所述，溅射镀膜的厚度分布，与溅射粒子的角分布、溅射粒子与气体分子的碰撞情况以及靶的配置等因素有关。如果近似地认为溅射粒子角分布服从余弦规律，并忽略溅射粒子与气体分子的碰撞，对于如图 3-50(a)所示的平面形靶，基片内膜厚分布 d/d_0 可用下式表示

$$\frac{d}{d_0}=\frac{(1+R/h)^2}{2(R/h)^2}\left\{1-\frac{1+(l/h)^2-(R/h)^2}{\sqrt{[1-(l/h)^2+(R/h)^2]^2+4(l/h)^2}}\right\} \tag{3-38}$$

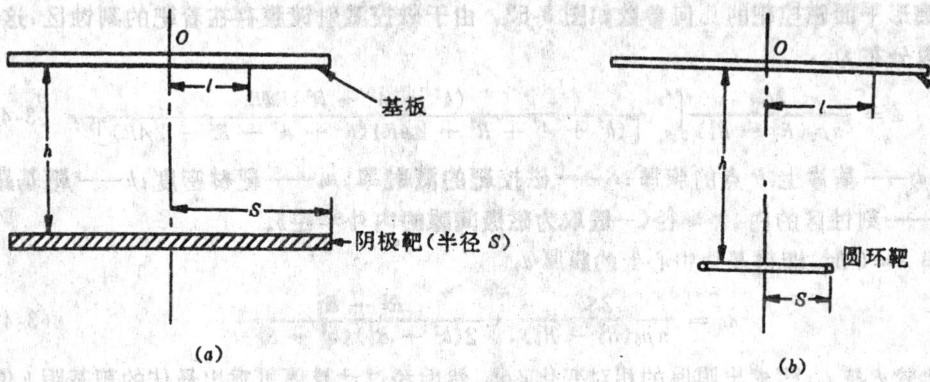

图 3-50　平行圆板靶与圆环靶

式中，R 是靶 的半径，h 是靶基距，d_0 是阳极中心处的膜厚，d 是距阳极中心距离为 l 处的膜厚，l 是考察点与中心的距离。

若采用图 3-50(b)圆环靶时，则膜厚分布为

$$\frac{d}{d_0} = [1 + (R/h)^2]^2 \frac{1 + (l/h)^2 + (R/h)^2}{\{[1 - (l/h)^2 + (R/h)^2]^2 + 4(l/h)^2\}^{3/2}} \tag{3-39}$$

根据式(3-39)的计算结果，不同 S/h 比值时的膜厚分布如图 3-51 所示。

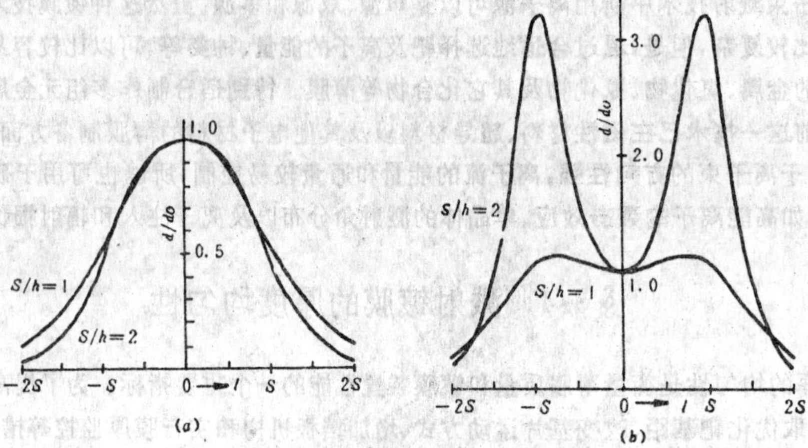

图 3-51 平行圆板靶与圆环靶的膜厚分布

(a)平行圆板靶的膜厚分布 (b)圆环靶的膜厚分布

二、磁控溅射的膜厚均匀性

对于磁控溅射镀膜，由于存在着电磁场的不均匀性，尤其是磁场的不均匀分布，所造成的不均匀的等离子体密度，将导致靶原子的不均匀溅射和不均匀淀积。因此，膜厚不均匀性问题必须引起注意。

1. 圆形平面磁控靶

圆形平面磁控靶的几何参数如图 3-52。由于磁控溅射镀膜存在着靶的刻蚀区，这时其膜厚分布为

$$d = \frac{2Sh}{\pi\rho_0(R_2^2 - R_1^2)}\int_{R_1}^{R_2} \frac{(h^2 + A^2 + R^2)RdR}{[(h^2 + A^2 + R^2 + 2AR)(h^2 + A^2 + R^2 - 2AR)]^{3/2}} \tag{3-40}$$

式中，d——基片上 P 点的膜厚；S——磁控靶的溅射率；ρ_0——靶材密度；h——靶基距；R_1、R_2——刻蚀区的内、外半径(一般取为磁极间隙的内外半径)。

当 $A=0$ 时，即得基片中心处的膜厚 d_0

$$d_0 = \frac{2Sh}{\pi\rho_0(R_2^2 - R_1^2)} \cdot \frac{R_2^2 - R_1^2}{2(h^2 + R_1^2)(h^2 + R_2^2)} \tag{3-41}$$

比较 d 与 d_0，即求出膜厚的相对变化 d/d_0，然后经过计算便可求出最佳的靶基距 h 值，通常 $h \approx 2R_2$。

2. S 枪磁控靶

对于倒锥形靶的 S 枪磁控靶可以简化为图 3-53 所示，看成为由若干个丝状环形源的集合，其膜厚分布

$$d = \frac{2S}{\pi\rho_0(R_2^2 - R_1^2)}\int_{R_1}^{R_2}\frac{h_0^2(h_0^2 + A^2 + R^2)RdR}{[(h_0^2 + A^2 + R^2 + 2AR)(h_0^2 + A^2 + R^2 - 2AR)]^{3/2}} \tag{3-42}$$

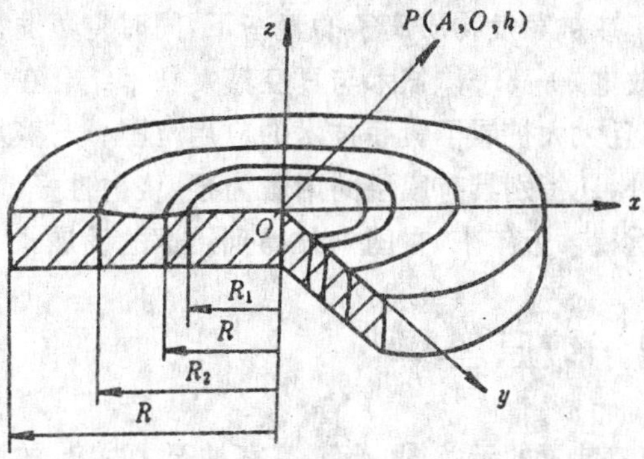

图 3-52 圆形平面磁控靶的几何参数

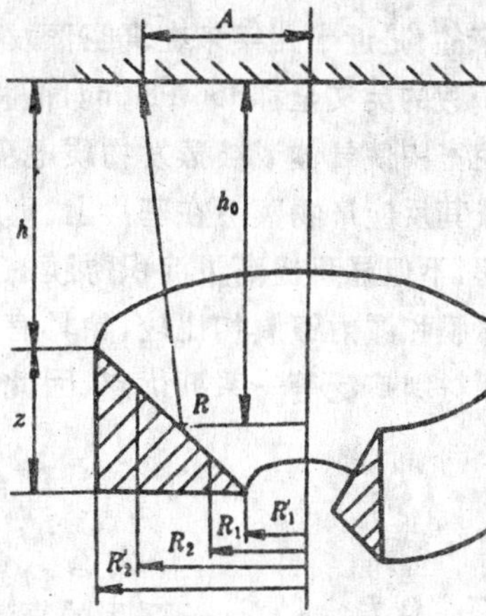

图 3-53 S 枪磁控靶的几何参数

式中 S——S 枪磁控靶的溅射率；ρ_0——靶材密度；R_1、R_2——S 枪靶刻蚀区的内、外半径；R——丝状环形源半径；h_0——丝状环形源到基片的垂直距离，由该图

$$h_0 = aR + b \tag{3-43}$$

式中，$a=\frac{Z}{R'_2-R'_1}$，$b=h+\frac{Z}{R'_2-R'_1}R'_2$，$Z$——S 枪靶的高度；$R'_1$、$R'_2$——分别为 S 枪靶的内、外半径；$h$——靶基距。

根据 S 枪磁控靶的磁场分布及其结构，确定靶刻蚀区半径 R_1、R_2，利用上述公式可算出与轴线距离为任意点 A 处的膜厚 d_0。

当 $A=0$ 时，得到轴线处的膜厚 d_0 为

$$d_0 = \frac{2S}{\pi\rho_0(R_2^2 - R_1^2)}\int_{R_1}^{R_2}\frac{(aR + b)^2RdR}{[(aR + b)^2 + R^2]^2} \tag{3-44}$$

比较 d 与 d_0 便得出膜厚的相对变化率 d/d_0。经计算可得出膜厚均匀的靶基距 h 值。通常，$h=1.5\sim2R_2$。

但在 S 枪靶溅射中，靶原子散射较严重，故以圆环形理论计算的膜厚分布与实际值存在着一定偏差，尤其在小角度范围内偏差较大。但若保证溅射靶与基片的直径比大于 2，则可忽略小角度内的影响。

第四章 离子镀膜

离子镀膜技术(简称离子镀)是美国 Sandia 公司的 D. M. Mattox 于 1963 年首无提出来的。是近十几年来在真空蒸发和真空溅射技术基础上发展起来的一种新的镀膜技术。离子镀的英文全称 Ion Plating,简称 IP。它是在真空条件下,应用气体放电实现镀膜,即在真空室中使气体或被蒸发物质电离,在气体离子或被蒸发物质离子的轰击下,同时将蒸发物或其反应产物蒸镀在基片上。离子镀把辉光放电、等离子体技术与真空蒸发技术结合在一起,不但显著提高了淀积薄膜的各种性能,而且大大扩展了镀膜技术的应用范围。与蒸发镀膜和溅射镀膜相比较,除具有二者的特点外,还特别具有膜层的附着力强、绕射性好、可镀材料广泛等一系列优点,因此受到人们的重视。近年来,在国内外得到迅速的发展。

§4-1 离子镀原理

图 4-1 为 Mattox 采用的直流二极型离子镀装置的示意图。当真空室抽至 10^{-4}Pa 的高真空后,通入惰性气体(如氩),使真空度达到 1～10^{-1}Pa。接通高压电源,则在蒸发源与基片之间建立起一个低压气体放电的等离子区。由于基片处于负高压并被等离子体包围,不断受到正离子的轰击,因此可有效地清除基片表面的气体和污物,使成膜过程中膜层表面始终保持清洁状态。与此同时,镀材气化蒸发后,蒸发粒子进入等离子区,与等离子区中的正离子和被激活的惰性气体原子以及电子发生碰撞,其中一部分蒸发粒子被电离成正离子,正离子在负高压电场加速作用下,淀积到基片表面成膜。由此可见,离子镀膜层的成核与生长所需的能量,不是靠加热方式获得,而是由离子加速的方式来激励的。被电离的镀材离子和气体离子一起受到电场的加速,以较高的能量轰击基片或镀层表面,这种轰击作用一直伴随着离子镀的全过程。但是,由于基片是阴极,蒸发源为阳极,通常在两极间有 1～5kV 的负高压,因此,在膜材原子淀积过程的同时,还存在着正离子(Ar^+或被电离的蒸发离子)对基片的溅射作用。显然,只有当淀积作用超过溅射剥离作用时,才能发生薄膜的淀积过程。

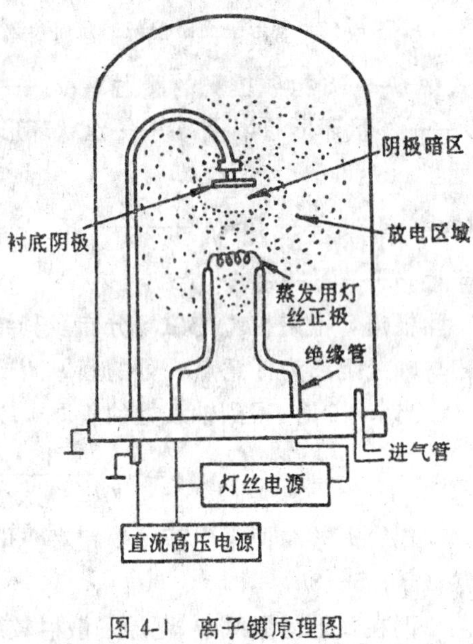

图 4-1 离子镀原理图

下面分析离子镀的成膜条件。若辉光放电空间只有金属蒸发物质,且只考虑蒸发原子的淀积作用,则单位时间内入射到单位表面上淀积的金属原子数 n 可用下式表示

$$n = \mu \frac{10^{-4}\rho N_A}{60M} \tag{4-1}$$

式中，μ——淀积原子在基片表面的淀积速率(μm/min)；ρ——薄膜的密度(g/cm³)；M——淀积物质的摩尔质量；N_A——阿佛加德罗常数，$N_A=6.029\times10^{23}$。例如，对于 Ag，当其蒸发速率为 1μm/min 时，则 $n=9.76\times10^{16}/cm^2\cdot s$。Ag 的 $M=107.88$，$\rho=10.49g/cm^3$。

显然，上述分析并未考虑溅射剥离效应，如果考虑剥离效应，则应引入溅射率概念。如轰击基片为一价正离子(如 Ar^+)，测得其离子电流密度为 j，则单位时间内轰击到基片表面的离子数为 n_j

$$n_j = \frac{10^{-3}j}{1.6\times10^{-19}} = 0.63\times10^{16}j/cm^2\cdot s \tag{4-2}$$

式中，1.6×10^{-19}是一价正离子的电荷量(C)；j 是入射离子形成的电流密度(mA/cm²)。

比较式(4-1)和(4-2)可知，离子镀过程中，要想得到淀积薄膜，必须使淀积效应优于溅射剥离效应。即离子镀的成膜条件为 $n>n_j$。而且 n_j 中应包括在有附加气体时所产生的离子数。

另外，在经过简化处理后，并设正离子在到达基片的过程中与中性粒子的碰撞次数为 d_K/λ 时，D. G. Teer 给出了离子镀过程中，由离子带到基片表面能量 E_i 的下列近似表达式

$$E_i \approx N_0 eV_c\left[\frac{2\lambda}{d_k} - \frac{2\lambda^2}{d_k^2}\right] \tag{4-3}$$

式中，N_0——离开负辉光区的离子数；V_c——基片偏压。在离子镀系统中，$\lambda/d_k\approx1/20$。因此，离子的平均能量为 $eV_c/10$。当 V_c 为 1～5kV 时，离子的平均能量为 100～500eV。

由于受到碰撞的中性粒子的数量大约为 $d_k/\lambda N_0$，即约为离子数的 20 倍。但是，并非所有的高能中性原子都能到达基板。通常，约有 70%左右可到达基板，其余 30%则到达器壁、夹具等处。这些高能中性原子的平均能量为 $eV_c/22$，当 V_c 为 1～5kV 时，其平均能量为 45～225eV。考虑到粒子间碰撞几率不相同，离子和高能中性原子的能量将在零至数千电子伏范围内变化，个别离子的能量也能达到 1～5keV。

D. G. Teer 测出金属的离化率只有 0.1～1%，但是，由于产生了大量高能中性原子，故提高了蒸发粒子的总能量。因此，使得离子镀具有许多优点。

§4-2 离子镀的特点

与蒸发和溅射相比，离子镀有如下几个特点：

(1)膜层附着性能好。因为在离子镀过程中，利用辉光放电所产生的大量高能粒子对基片表面产生阴极溅射效应，对基片表面吸附的气体和污物进行溅射清洗，使基片表面净化，而且伴随镀膜过程这种净化清洗随时进行，直至整个镀膜过程完成，这是离子镀获得良好附着力的重要原因之一。另一方面，离子镀过程中溅射与淀积两种现象并存，在镀膜初期，可在膜基界面形成组分过渡层或膜材与基材的成分混合层，Mattox 称之为“伪扩散层”，能有效改善膜层的附着性能。

(2)膜层的密度高(通常与大块材料密度相同)。离子镀过程中，膜材离子和高能中性原子带有较高的能量到达基片，可以在基片上扩散、迁移。而且膜材原子在空间飞行过程

中即使形成了蒸气团，到达基片时也能被离子轰击碎化，形成细小的核心，生长为细密的等轴结晶。在此过程中，高能氩离子对改善膜层的结构，并使之形成接近块材的密度值，发挥了重要作用。

也可以说，镀层质量高，主要是由于淀积膜层不断受到正离子轰击，从而引起冷凝物发生溅射，使膜层致密，针孔和空气孔大大减少的缘故。

(3)绕射性能好。离子镀过程中，部分膜材原子被离化成正离子后，它们将沿着电场的电力线方向运动，凡是电力线分布之处，膜材离子都能到达。在离子镀中由于工件为阴极，且带负高压，因此，工件的各个表面(包括孔、槽、面向蒸发源或背向蒸发源的表面)都处于电场之中。这样，膜材的离子就能到达工件的所有表面。

另外，由于膜材在压强较高情况下(≥1Pa)被电离，气体分子的平均自由程 λ 比源基之间距离 h 小，所以蒸气的离子或分子在它到达基片的路程中将与惰性气体分子、电子及其他蒸气原子之间发生多次碰撞，产生非定向的气体散射效应，使膜材粒子散射在整个工件的周围。

由于上述原因，离子镀可以在基片的所有表面上淀积薄膜。这是真空蒸发所无法比拟的。

(4)可镀材质范围广泛。可在金属或非金属表面上镀金属或非金属材料。如塑料、石英、陶瓷和橡胶等材料，以及各种金属、合金和某些合成材料、敏感材料、高熔点材料等。

(5)有利于化合物膜层的形成。在离子镀技术中，在蒸发金属的同时，向真空室通入某些反应性气体，则可反应生成化合物。由于辉光放电低温等离子体中高能电子的作用，将电能变成了金属粒子的反应活化能，所以可在较低温度下形成在高温下靠热激发才能形成的化合物。

(6)淀积速率高，成膜速度快，可镀较厚的膜。通常，离子镀淀积几十纳米至数微米厚膜层时，其速度较其他镀膜方法快。试验表明：离子镀钛每小时约为 0.23mm，镀不锈钢每小时约为 0.3mm。

离子镀与真空蒸发和溅射镀膜的比较见表 4-1。

表 4-1　PVD 的三种基本镀膜方法比较

项目 \ 类型	真空蒸镀		溅射镀膜		离子镀	
	电阻加热	电子束	DC	RF	电阻加热	电子束
被镀膜的物质：						
低熔点金属	能		能		能	
高熔点金属	不能	能	能		不能	能
高温氧化物	不能	能	能		不通	能
粒子能量：蒸发原子	0.1～1eV		1～10eV		0.1～1eV	
离子	—		—		数百～数千 eV	
沉积速度(μm/min)	0.1～3	1～75	0.01～0.5		0.1～2	1～50
镀层外观	光泽	光泽～半光泽	半光泽～无光泽		半光泽～无光泽	

项目 \ 类型	真空蒸镀*		溅射镀膜		离子镀	
	电阻加热	电子束	DC	RF	电阻加热	电子束
镀层密度	低温时密度低		高密度		高密度	
镀层针孔、气孔	低温时较多		少		少	
膜与基片的界面层	若不进行热扩散处理，界面清晰		很清晰		有扩散层	
附着性	不太好		较好		非常好	
膜的纯度	取决于蒸发材料的纯度		取决于靶材纯度		取决于蒸发材料的纯度	
基片镀膜情况	仅面对蒸发源的基片表面被镀膜		对向靶材基片表面被镀膜		在一定范围内所有表面完全被镀膜	
镀膜前基片的表面处理	真空中加热脱气或辉光放电清洁表面		溅射清洗、刻蚀(反溅射)		溅射清洗(在整个成膜过程中进行)	
常用压强(Torr)	$10^{-5}\sim10^{-6}$		$1.5\times10^{-1}\sim2\times10^{-2}$		$2\times10^{-1}\sim5\times10^{-3}$	

*注：蒸发法除表列方法之外，还可采用感应加热及激光蒸发等。

§4-3 离子轰击的作用

离子镀膜区别于普通真空蒸发的许多特性均与离子、高速中性粒子参与镀膜过程有关。而且，在离子镀的整个过程中都存在着离子轰击。因此，对离子的作用必须了解。

一、离化率

离化率是指被电离的原子数占全部蒸发原子数的百分比例。是衡量离子镀特性的一个重要指标。特别在反应离子镀中更为重要。因为它是衡量活化程度的主要参量。被蒸发原子和反应气体的离化程度对薄膜的各种性质都能产生直接影响。

1. 中性粒子的能量

中性粒子所具有的能量 W_v 主要取决于蒸发温度的高低，其值为

$$W_v = n_v E_v \tag{4-4}$$

式中，n_v——单位时间在单位面积上所淀积的粒子数；E_v——蒸发粒子的动能，$E_v = 3kT_v/2$，其中，k 为波耳兹曼常数，T_v 为蒸发物质的温度。

2. 离子的能量

离子的能量 W_i 主要由阴极加速电压决定，其值为

$$W_i = n_i E_i \tag{4-5}$$

式中，n_i——单位时间对单位面积轰击的离子数；E_i——离子的平均能量，$E_i \approx eU_i$，其中 U_i 是淀积离子的平均加速电压。

3. 薄膜表面的能量活性系数

薄膜表面的能量活性系数 ε 可由下式近似给出

$$\varepsilon = (W_i + W_v)/W_v = (n_i E_i + n_v E_v)/n_v E_v \tag{4-6}$$

当 $n_v E_v \ll n_i E_i$ 时，可得

$$\varepsilon \approx \frac{n_i E_i}{n_v E_v} = \frac{eU_i}{3kT_v/2}\left(\frac{n_i}{n_v}\right) = C\frac{U_i}{T_v}\left(\frac{n_i}{n_v}\right) \tag{4-7}$$

式中，n_i/n_v——离子镀过程中的离化率；C——可调节参数。

从式(4-7)可以看出，离子镀过程中由于基片加速电压 U_i 的存在，即使离化率很低也会影响离子镀的能量活性系数。在离子镀中轰击离子的能量取决于基片加速电压，其典型能量值为 50～5000eV。溅射所产生的中性原子也有一定的能量分布，其平均能量约为几个电子伏。在普通的电子束蒸发中，若蒸发温度为 2000K，则蒸发原子的平均能量为 0.2 eV。各种镀膜方法所达到的能量活性系数 ε 值见表 4-2。由表可见，在离子镀中可以通过改变 U_i 和 n_i/n_v，使 ε 值提高 2～3 个数量级。如离子的平均加速电压 U_i=500V，离化率 n_i/n_v 为 3×10^{-3} 时，离子镀的能量活性系数则与溅射时相同。因此，在离子镀过程中离化率的高低非常重要。图 4-2 是在典型的蒸发温度 T_v=1800K 时，能量活性系数 ε 与离化率 n_i/n_v 和 U_i 的关系。从该图可看出，能量活性系数与加速电压的关系，在很大程度上受离化率的限制。为了提高离子镀活性系数，通常可通过提高离子镀装置的离化率来实现。几种离子镀装置的离化率值见表 4-3 所示。

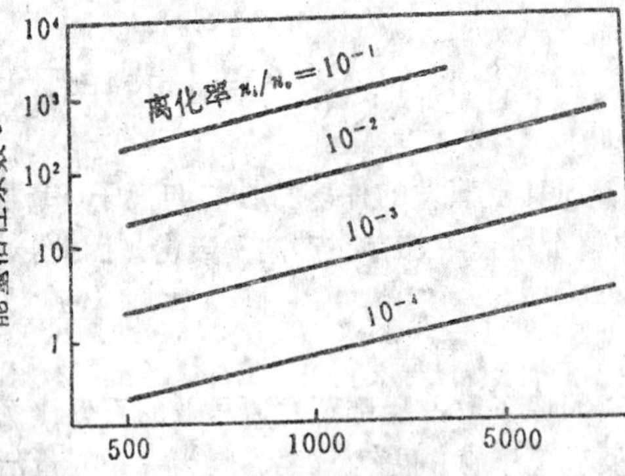

图 4-2 能量活性系数 ε 与离化率 n_i/n_v 和离子平均加速电压 U_i 的关系(T_v=1800K)

表 4-2 不同镀膜工艺的表面能量活性系数

镀膜工艺	能量活性系数 ε	参数	
真空蒸发	1	蒸发粒子所具有的能量 $E_v\approx0.2$eV	
溅射	5～10	溅射粒子所具有的能量 $E_s\approx1$～10eV	
离子镀		离化率 n_i/n_v	平均加速电压 U_i
	1.2	10^{-3}	
	3.5	10^{-2}～10^{-4}	50V～5000V
	25	10^{-1}～10^{-3}	50V～5000V
	250	10^{-1}～10^{-2}	500V～5000V
	2500	10^{-1}～10^{-2}	500V～5000V

表 4-3 几种离子镀装置的离化率

离子镀装置	Mattox 二极型离子镀	射频激励型 离子镀	空心阴极放电型 离子镀	电弧放电型 离子镀
离化率 n_i/n_v	0.1～2%	10%	22～40%	60～80%

二、溅射清洗

在薄膜淀积之前的离子轰击对基片表面的作用如下：

(1)溅射清洗作用。此作用可有效地清除基片表面所吸附的气体、各种污染物和氧化物。如入射离子能量高、活性大，还可与基片物质发生化学反应乃至发生化学溅射。

(2)产生缺陷和位错网。轰击粒子传递给基片晶格原子的能量 E_t 决定于粒子的相对质量，其表达式为

$$E_t = \frac{4m_i m_t}{(m_i + m_t)^2}E \tag{4-8}$$

式中，m_i——入射粒子质量；m_t——靶材原子质量；E——入射粒子能量。

若入射粒子传递给靶材原子的能量超过靶原子发生离位的最低能量(约为 25eV)时，晶格原子将会离位并迁移到晶格的间隙位置上去，从而形成空位、间隙原子和热激励(短时间微区的高温化)。轰击粒子将大部分能量传递给基片使其发热，增加淀积原子在基片表面扩散的能力，某些缺陷也可以发生迁移、聚集成位错网。有时，固溶体内的间隙原子溶质还会迁移到基片表面而发生偏析。轰击过的表面尽管有缺陷的聚集，但仍将有大量的点缺陷在表面层留下来。

(3)破坏表面结晶结构。如果离子轰击产生的缺陷是很稳定的，则表面的晶体结构就会被破坏而变成非晶态结构。同时，气体的掺入也会破坏表面的结晶结构。

(4)气体掺入。低能离子轰击会造成气体掺入表面和淀积膜之中。不溶性气体的掺入能力决定于迁移率、捕获位置、基片温度及淀积粒子的能量大小。一般，非晶材料捕集气体能力比晶体材料强。当然，轰击加热作用也会使捕集的气体释放。在某种工艺条件下，掺入气体量可高达百分之几。

(5)表面成分变化。由于系统内各成分的溅射率不同，会造成表面成分与整体成分的不同，表面区的扩散对成分有显著的影响。高缺陷浓度和高温也会促进扩散。点缺陷易于聚集在表面，缺陷的移动会使溶质发生偏析并使较小的离子在表面聚集。

(6)表面形貌变化。表面经受离子轰击后，无论晶体和非晶体基片的表面形貌，将会发生很大的变化，使表面粗糙度增大，并改变溅射率。

(7)温度升高。因为轰击离子的绝大部分能量都转变成热能。

三、粒子轰击对薄膜生长的影响

在离子镀时，一方面有镀材粒子淀积到基片上，另一方面有高能离子轰击表面，使一些粒子溅射出来。当前者的速率大于后者，薄膜就会增厚。这一特殊的淀积与溅射的综合过程使膜基界面具有许多特点。

首先是在溅射与淀积混杂的基础上，由于蒸发粒子不断增加，在膜基面形成“伪扩散层”。这是一种膜基界面存在基片元素和蒸发膜材元素的物理混合现象。即在基片与薄膜的界面处形成一定厚度的组分过渡层。这种过渡层，可以使基片和膜层材料的不匹配性分散在一个较宽的厚度区域内，从而缓和了这种不匹配程度。这对提高膜基界面的附着强度十分有利。

直流二极型离子镀、银膜与铁基界面间可形成100nm厚的过渡层。磁控溅射离子镀铝膜铜基时，过渡层厚度为1～4μm。而且负偏压越高，过渡层越厚。

离子轰击的表面形貌受到破坏，可能比未破坏的表面提供更多的成核位置，即使在非反应性系统中成核密度也较高。由于这种特有的微观结构(形貌粗糙、缺陷密度高)，加之表面沾污物的清除以及阻碍扩散和反应成核的障碍层的破坏，也将为淀积的粒子提供良好的核生长条件。此外，膜料粒子注入表面也可成为成核位置。显然，较高的成核密度对于减少基片与膜层界面的空隙十分有利。无疑，这也是离子镀具有良好附着力的原因之一。

此外，离子对膜层的轰击作用，对膜的形态和结晶组分等也有影响。在蒸发中由于几何阴影效应，峰区的择优生长使淀积膜呈柱状结构，导致岛沟的出现。而离子镀膜时，由于离子的轰击作用，使岛上的粒子向岛沟转移，能消除柱状结晶，减轻阴影效应。而且，随着基片负偏压的增高，轰击基片离子能量也将增加，这种消除柱状结晶的效应就越显著，这时，代之而形成的将是均匀的颗粒状结晶。

内应力受离子轰击的影响也很明显。内应力是由那些尚未处于最低能量状态的原子所产生的。粒子的轰击一方面迫使一部分原子离开平衡位置而处于一种较高的能量状态，从而引起内应力的增加，另方面，粒子轰击使基片表面所产生的自加热效应又有利于原子的扩散。因此，恰当的利用轰击的热效应或进行适当的外部加热，一方面可使内应力减小，另外，也对提高膜层组织的结晶性能有利。

通常，蒸发薄膜具有张应力，溅射淀积的薄膜具有压应力，离子镀薄膜也具有压应力。

§4-4 离子镀的类型

根据膜材不同的气化方式和离化方式，可构成不同类型的离子镀膜方式。膜材的气化方式有：电阻加热、电子束加热、等离子电子束加热、高频感应加热、阴极弧光放电加热等，如图4-3所示。

气体分子或原子的离化和激活方式有：辉光放电型、电子束型、热电子型、等离子电子束型、多弧型及高真空电弧放电型，以及各种形式的离子源等，见图4-4。不同的蒸发源与不同的电离或激发方式又可以有多种不同的组合。

表4-4给出了目前常用的几种离子镀的种类以及它们的蒸发、离化或激活方式、气体压强及主要优缺点，以及它们的原理示意图。

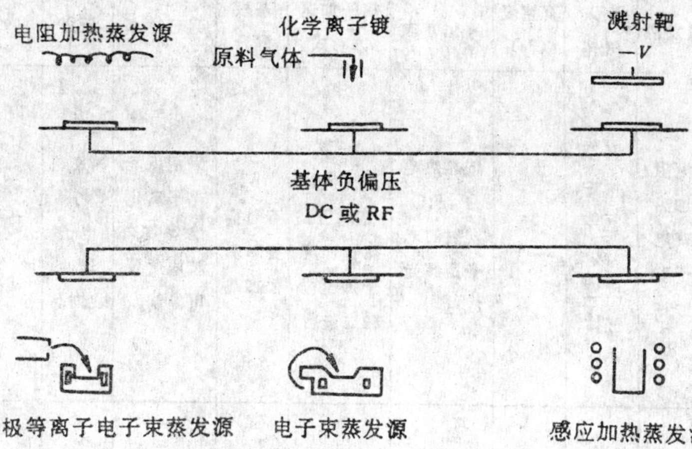

图 4-3　离子镀的几种蒸发源

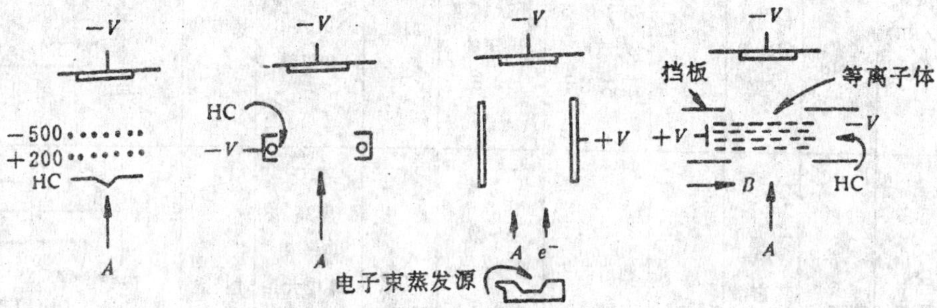

图 4-4　离子镀过程中的各种离化方式

表 4-4　各种离子镀装置的比较

编号	种类	蒸发源	充入气体	真空度(Pa)	离化方式	离子加速方式	基板温升	其它特点	应用	示意图
1	直流二极型(DC IP)	电阻加热或电子束加热	Ar也可充少量反应气体	6.67×10⁻¹～1	被镀基体为阴极，利用高电压直流辉光放电	在数百伏～数千伏的电压下加速．离化和离子加速一起进行	大	绕射性好．附着性好，基板温度易上升，膜结构及形貌差，若用电子束加热必须用差压板	耐蚀润滑机械制品	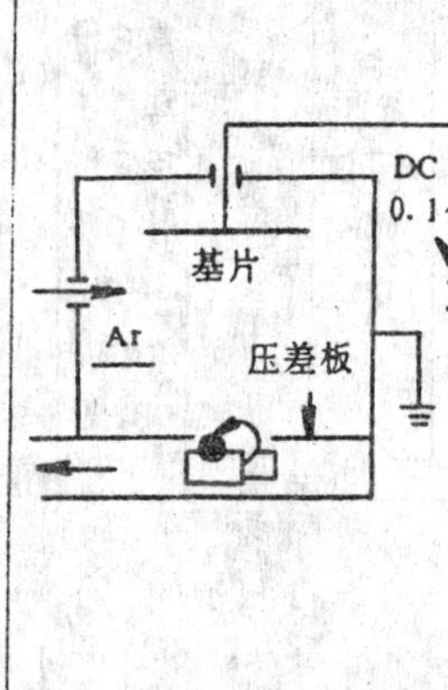

编号	种类	蒸发源	充入气体	真空度(Pa)	离化方式	离子加速方式	基板温升	其它特点	应用	示意图
2	多阴极型	电阻加热或电子束加热	真空惰性气体或反应气体	10^{-4}~1	依靠热电子、阴极发射的电子及辉光放电	0~数千伏的加速电压。离化和离子加速可独立进行	小。有时需要对基板加热	采用低能电子离化效率高，膜层质量可控制	精密机械制品、电子器件装饰品	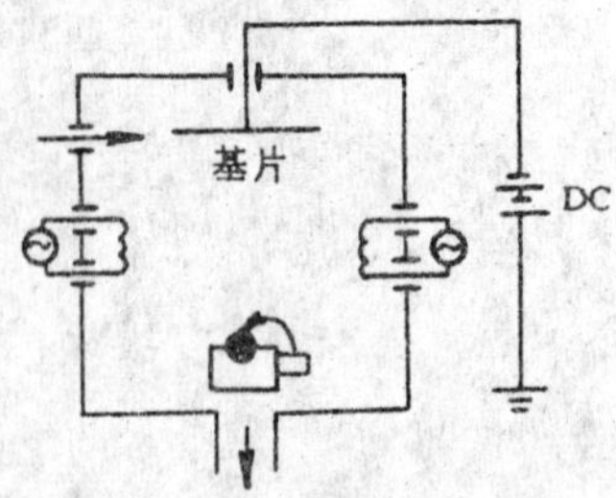
3	活性反应蒸镀(ARE)	电子束加热	反应气体 O_2、N_2、C_2H_2、CH_4 等	10^{-4}~10^{-1}	依靠正偏置探极和电子束间的低压等离子体辉光放电。二次电子	无加速电压。也有在基片上加0~数千伏加速电压的ARE	小。要对基板加热	蒸镀效率高，能获得 Al_2O_3，TiN、TiC等薄膜	机械制品、电子器件、装饰品	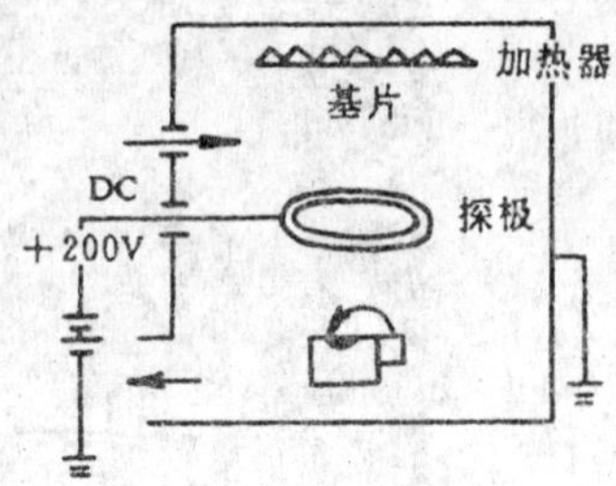
4	空心阴极离子镀(HCD)	等离子电子束	Ar 其它惰性气体 反应气体	10^{-2}~1	利用低压大电流的电子束碰撞	0~数百伏的加速电压。离化和离子加速独立进行	小。要对基板加热	离化率高，电子束斑较大，能镀金属膜、介质膜、化合物膜	装饰镀层、耐磨镀层、机械制品	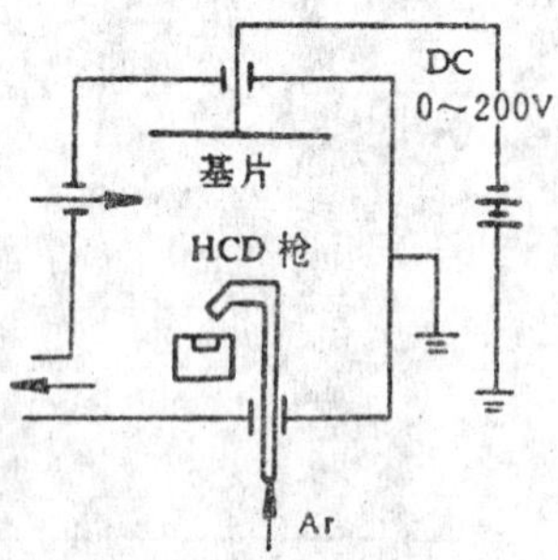
5	射频离子镀(RF IP)	电阻加热或电子束加热	真空、Ar 其它惰性气体 反应气体 O_2、N_2、C_2H_2、CH_4 等	10^{-3}~10^{-1}	射频等离子体放电(13.56 MHz)	0~数千伏的加速电压。离化和离子加速独立进行	小	不纯气体少，成膜好，适合镀化合物膜。匹配较困难	光学、半导体器件、装饰品、汽车零件	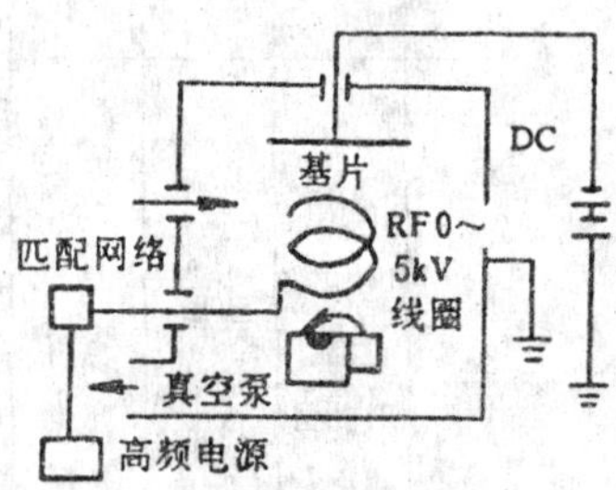

编号	种类	蒸发源	充入气体	真空度(Pa)	离化方式	离子加速方式	基板温升	其它特点	应用	示意图
6	增强ARE型	电子束加热	Ar 其它惰性气体 反应气体 O_2、N_2、CH_4、C_2H_2 等	10^{-2} $\sim10^{-1}$	探极除吸引电子束的一次电子、二次电子外，增强极发出的低能电子促进离化	无加速电压。也有在基片上加 0～数千伏加速电压的增强的 ARE	小。要对基板加热	易离化，基板所需功率和放电功率能独立调节，膜层质量、厚度易控制	机械制品、电子器件装饰品、电子器件	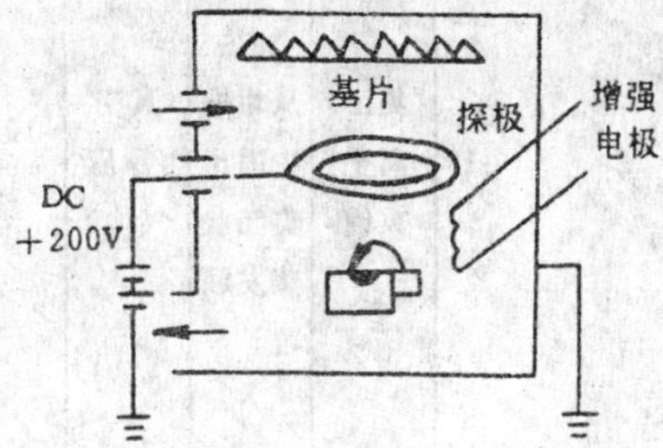
7	低压等离子体离子镀（LPPD）	电子束加热	惰性气体 反应气体	10^{-2} $\sim10^{-1}$	等离子体	DC 或 AC，50V	小。要对基板加热	结构简单能获得 TiC、TiN、Al_2O_3 等化合物镀层	机械制品、电子器件、装饰品	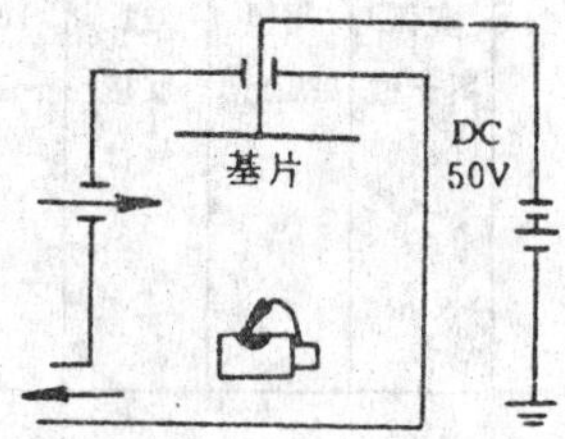
8	电场蒸发	电子束加热	—	10^{-4} $\sim10^{-2}$	利用电子束形成的金属等离子体	数百～数千伏的加速电压，离化和加速连动进行	小。要对基板加热	带电场的真空蒸镀，镀层质量好	电子器件、音响器件	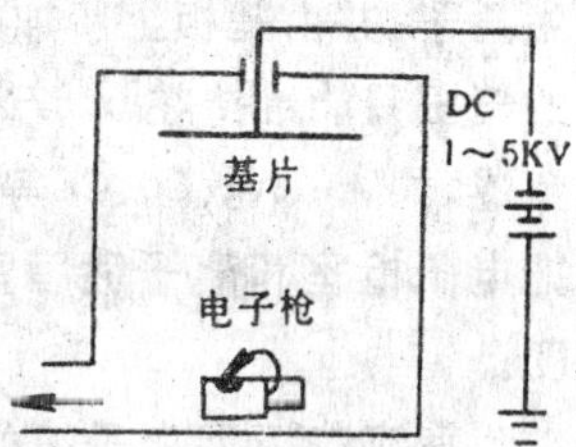
9	感应加热离子镀	高频感应加热	惰性气体 反应气体	10^{-4} $\sim10^{-2}$	感应漏磁	DC 1～5kV	小	能获得化合物镀层	机械制品、装饰品、电子器件	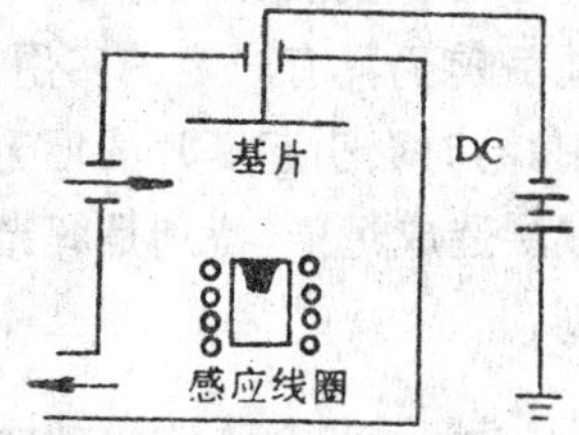

编号	种类	蒸发源	充入气体	真空度(Pa)	离化方式	离子加速方式	基板温升	其它特点	应用	示意图
10	集团离子束镀	电阻加热从坩埚中喷出集团状蒸发颗粒	真空(反应气体)	$10^{-4}\sim10^{-2}$	电子发射，从灯丝发出电子的碰撞作用	0～数千伏的加速电压，离化和加速独立进行	小	既能镀纯金属膜又能直接镀化合物膜，如ZnO等	电子器件、音响器件	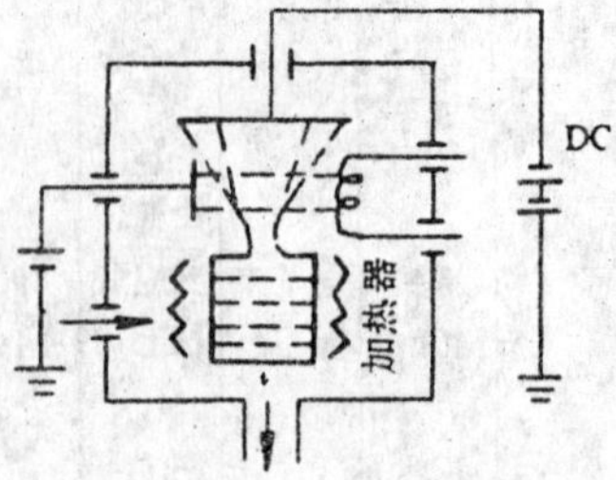
11	多弧离子镀	阴极弧光	真空或反应气体	$10^{-1}\sim10^{-3}$	热电离，场离子发射，弧光放电产生的离子	利用蒸发原子束的定向运动	较大	离化率高，沉积速率大	机械制品、刀具、模具	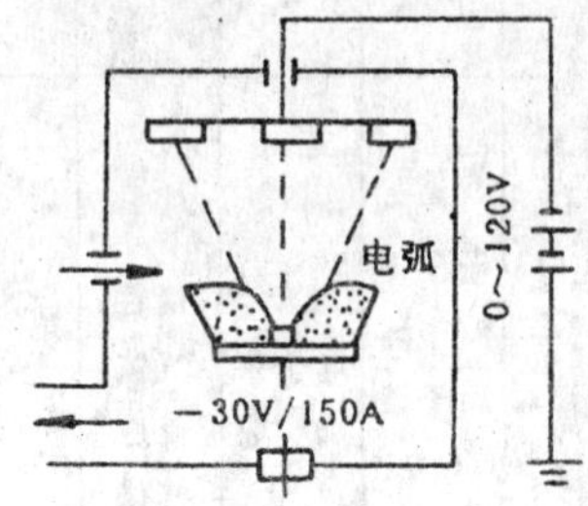

一、直流二极型离子镀

直流二极型离子镀的结构原理如图 4-1 所示。其特征是利用二电极间的辉光放电产生离子，并由基板上所加的负偏压对离子加速。按巴邢定律和气体放电理论，其辉光放电的气压只能维持在 $6.67\times10^{-1}\sim1$Pa。由于工作压强较高，故对蒸镀熔点在 1400℃以下的金属，如 Au、Ag、Cu、Cr 等多采用电阻加热式蒸发源。如用电子束蒸发源，必须利用压差板把电子枪室和离子镀膜室分开，并采用两套真空系统，以保证电子枪工作所需的高真空度。

直流二极型离子镀的放电空间电荷密度较低，阴极电流密度仅 0.25～0.4mA/cm²，故离化率较低，一般为百分之零点几，最高也只有 2%。用它镀制的膜层均匀、具有较好的附着力和较强的绕射性，设备也比较简单，镀膜工艺容易实现，可用普通的镀膜机改装，因此目前仍具有一定的实用价值。其缺点是由于轰击粒子能量大，对形成的膜层有剥离作用，同时会引起基片的温升，结果使膜层表面粗糙，质量差，另外，由于工作真空度低会对膜层造成污染，特别是辉光放电电压和离子加速电压不易分别调整，因此工艺参数较难控制。

二、三极和多阴极型离子镀

这两种方式也属于直流放电型，是二极型的改进。其原理图如图 4-5 和图 4-6 所示。

在直流放电离子镀中，将低能电子引入等离子区并使电子在等离子区中的平均自由程增加，则可显著地提高蒸镀粒子的离化效果。在图 4-5 中利用热阴极 6 发射大量热电子，在收集极 4 的作用下横向穿过被蒸发粒子流，发生碰撞电离。和二极型相比，三极型的离化率可明显提高，基板电流密度可提高 10－20 倍。

多阴极型是把被镀基片作为阴极（主阴极），在其旁侧配置几个热阴极（多阴极），利用热阴极发出的电子促进气体电离，实际上是在热阴极与阳极的电压下维持放电，见图 4-6。因这种方式可在低气压下维持放电，故可实现低气压下的离子镀。

由于主阴极（基板）上所加的维持辉光放电的电压不高，而且多阴极灯丝处于基板四周，扩大了阴极区，改善了绕射性，减少了高能离子对基板的轰击作用。从而避免了二极型离子镀溅射严重、成膜粗糙、升温快而且难以控制的缺点。由于在 10^{-1}Pa 也可以维持稳定的放电，比二极型的真空度高一个数量级，所以镀膜质量好，光泽而致密。同时，因低能电子的引入使离化率有较大提高，可达 10%左右。这种镀膜方式已成功地用于活性反应离子镀上，并在手表外壳上得到了较为理想的 TiN 镀层。

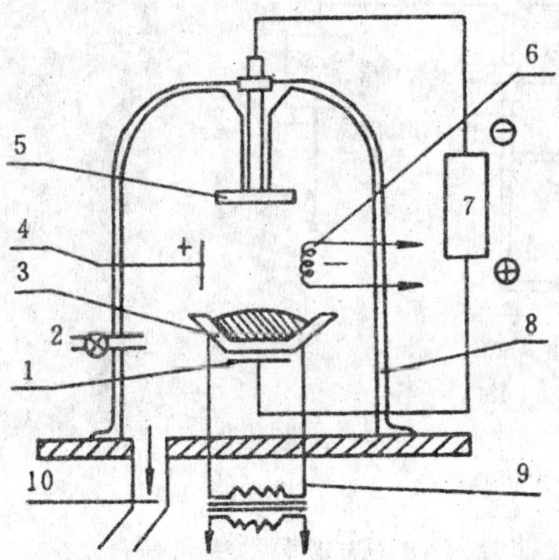

图 4-5　三极型离子镀

1—阳极　2—进气口　3—蒸发源　4—电子收集极　5—基板　6—电子发射极　7—直流电源　8—真空室　9—蒸发电源　10—抽气系统

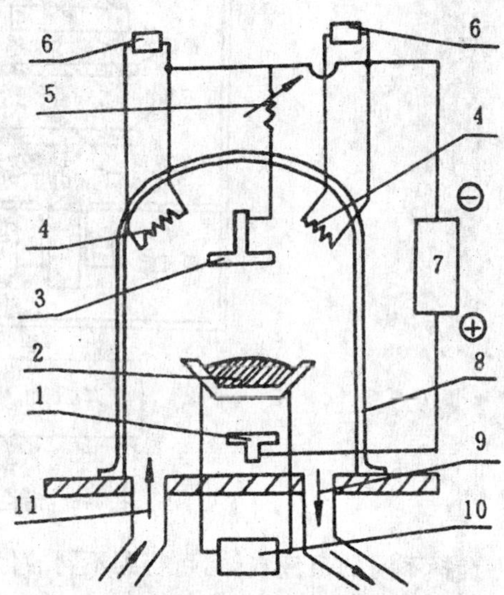

图 4-6　多阴极方式离子镀

1—阳极　2—蒸发源　3—基板　4—阴极灯丝　5—可变电阻　6—灯丝电源　7—负高压电源　8—真空室　9—抽气系统　10—蒸发电源　11—进气口

另外，通过调节多阴极灯丝的负电位，可调节其接收的离子量，从而调节到达基片的离子数量，这也有利于控制基片的温度。如果基片为绝缘体，也可通过多阴极灯丝的电子发射消除基片上的电荷积累，使镀膜工艺得以进行。因此，多阴极式扩展了离子镀的应用领域。

三、活性反应离子镀（ARE）

在离子镀过程中，若在真空室中导入能和金属蒸气起反应的气体，如 O_2、N_2、C_2H_2、

CH_4 等代替 Ar 或将其掺入 Ar 气中，并用各种放电方式使金属蒸气和反应气体的分子、原子激活离化，促进其间的化学反应，在基片表面上就可获得化合物薄膜。这种方法称为活性反应离子镀。简称 ARE(Activated Reactive Evaporation)法，是由美国的 R. F. Bunshah 于 1972 年首先发明的，故有人称为"班萨"法。这种方法具有广泛的实用价值。

由于各种离子镀装置均可改装成活性反应离子镀，因此，反应性离子镀的种类较多。典型的 ARE 装置如图 4-7 所示。这种装置的蒸发源通常采用"e"型枪。真空室结构分上下两室，上面为蒸发室，下面为电子束源的热丝发射室，两室之间设有压差孔，由电子枪发射的电子束经压差孔偏转聚焦在坩埚中心使膜材加热蒸发。采用这种枪既可加热蒸发高熔点金属，又为激活金属蒸气粒子提供了电子，为高熔点金属化合物的制备提供了良好的热源。

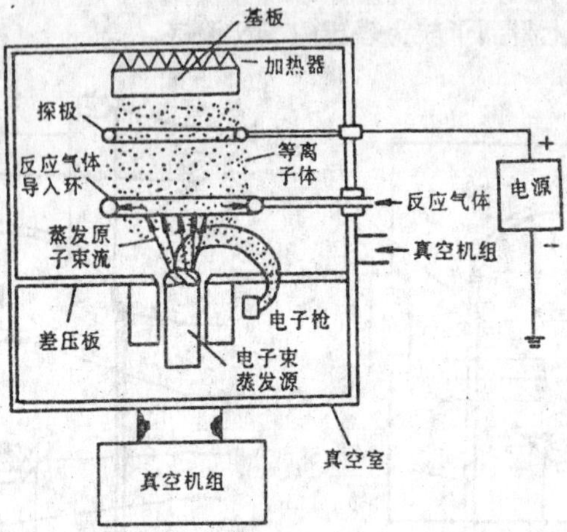

图 4-7　活性反应离子镀原理

选择不同的反应气体，可得到不同的化合物薄膜。ARE 法镀膜的特点是：

(1)基片加热温度低。由于电离增加了反应物的活性，故容易在较低的温度下获得附着性能良好的碳化物、氮化物等膜层。若采用 CVD 法，基板则要加热到 1000℃左右。

(2)可在任何基材上制备薄膜，如金属、玻璃、陶瓷、塑料等，并可获得多种化合物膜，这是 ARE 离子镀的一个十分显著的特点。

(3)淀积速率高。每分钟可达数微米，比溅射淀积速率至少高一个数量级，而且可制备厚膜。

(4)调整或改变蒸发速度及反应气体的压力，可十分方便地制取不同配比和不同性质的同类化合物。

(5)清洁无公害。

由于活性反应离子镀应用广泛，近年来在 ARE 基础又发展了许多新的离子镀类型，如带负偏压的活性反应离子镀(BARE)、低压等离子体沉积(LPPD)、增强活性反应离子镀(EARE)、反应离子镀(RIP)、电子束电压调制反应离子镀等。

四、射频离子镀

射频离子镀是由日本的村三洋一在1973年提出，其原理如图4-8所示。这种离子镀技术放电稳定，能在高真空度下镀膜。因为采用了射频激励方式，所以被蒸镀物质气化分子的离化率可达10%左右，工作压力一般为$10^{-1}\sim10^{-3}$Pa，仅为直流二极型的1%，一般射频线圈为7圈，高度为7cm，用直径ϕ3mm的铜丝绕制而成，安装在蒸发源和基板之间，基板与蒸发源的距离为20cm，射频频率为13.56MHz或18MHz，功率多为1～2kW，直流偏压为0～－1500V。

射频离子镀的特点是：

(1)蒸发、离化和加速三种过程可分别独立控制；离化率介于直流放电型与空心阴极型之间；

(2)在$10^{-1}\sim10^{-3}$Pa的高真空下也能稳定放电，且离化率高，镀层质量好；

(3)易进行反应离子镀膜；

(4)和其他离子镀相比，基片温升低，且容易控制。

但是，这种方法由于工作真空度较高，故镀膜的绕射性差，射频对人体有害，应进行屏蔽和防护。

除此以外，还有磁控溅射离子镀、真空电弧离子镀、空心阴极放电离子镀装置等。

目前，离子镀膜技术已在制备敏感、耐热、耐磨、抗蚀和装饰薄膜方面，得到日益广泛的应用。

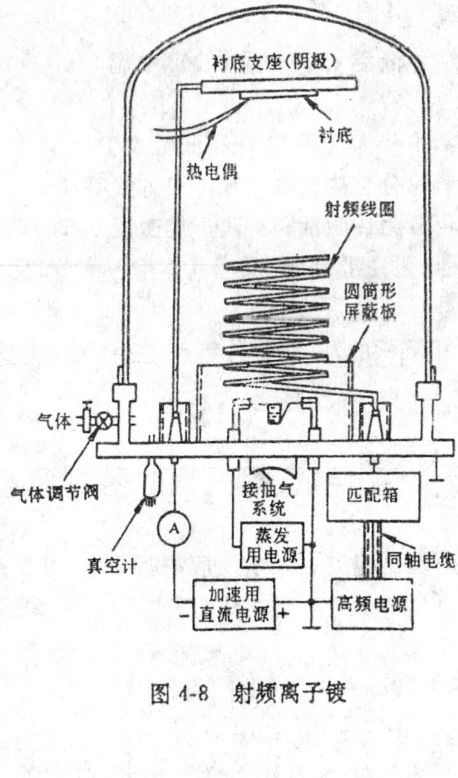

图4-8　射频离子镀

第五章　化学气相沉积

化学气相沉积是一种化学气相生长法，简称 CVD(Chemical Vapor Deposition)技术。这种方法是把含有构成薄膜元素的一种或几种化合物的单质气体供给基片，利用加热、等离子体、紫外光乃至激光等能源，借助气相作用或在基片表面的化学反应(热分解或化学合成)生成要求的薄膜。这种化学制膜方法完全不同于物理气相沉积法(PVD)，后者是利用蒸镀材料或溅射材料来制备薄膜的。但最近出现了兼备化学气相沉积和物理气相沉积特性的薄膜制备方法，如等离子体气相沉积法等。由于 CVD 法是一种化学反应方法，所以可制备多种物质薄膜，如各种单晶、多相或非晶态无机薄膜，在以 LSI 为中心的薄膜微电子学领域起着重要作用。特别是近年来采用 CVD 法研制出金刚石薄膜、高 T_c 超导薄膜、透明导电薄膜以及某些敏感功能薄膜，因而更加受到重视与发展。

由于 CVD 法是利用各种气体反应来组成薄膜，所以可任意控制薄膜组成，从而制得许多新的膜材。采用 CVD 法制备薄膜时，其生长温度显著低于薄膜组成物质的熔点，所得膜层均匀性好，具有台阶覆盖性能，适宜于复杂形状的基板。由于其淀积速率高，膜层针孔少，纯度高，致密，形成晶体的缺陷较少等，因而，化学气相沉积的应用范围非常广泛。

CVD 技术可按照淀积温度、反应器内的压力、反应器壁的温度和淀积反应的激活方式进行分类。

(1)按淀积温度，可分为低温(200～500℃)、中温(500～1000℃)和高温(1000～1300℃)CVD；

(2)按反应器内的压力，可分为常压 CVD 和低压 CVD；

(3)按反应器壁的温度，可分为热壁方式和冷壁方式 CVD；

(4)按反应激活方式，可分为热激活和等离子体激活 CVD 等。

各种 CVD 装置都包括以下主要部分：反应气体输入部分，反应激活能源供应部分和气体排出部分。

本章主要介绍化学气相沉积的基本原理、特点、基本反应类型及几种主要的 CVD 技术。

§5-1　化学气相沉积的基本原理

化学气相沉积的基本原理是建立在化学反应的基础上，习惯上把反应物是气体而生成物之一是固体的反应称为 CVD 反应。通常认为有以下几种类型的 CVD 反应(以下各式中的(s)表示固相，(g)表示气相)。

热分解反应：　$AB(g) \longrightarrow A(s) + B(g)$

例　$SiH_4 \longrightarrow Si + 2H_2$

还原或置换反应：　$AB(g) + C(g) \longrightarrow A(s) + BC(g)$　(C 为 H_2 或金属)

例　　$SiCl_4 + 2H_2 \longrightarrow Si + 4HCl$

氧化或氮化反应：　$AB(g) + 2D(g) \longrightarrow AD(s) + BD(g)$　（D 为 O_2 或 N_2）

例　　$SiH_4 + O_2 \longrightarrow SiO_2 + 2H_2$

水解反应：　$AB_2(g) + 2HOH(g) \longrightarrow AO(s) + 2BH(g) + HOH(g)$

例　　$Al_2Cl_6 + 3CO_2 + H_2 \longrightarrow Al_2O_3 + 3HCl + 3CO$

歧化反应：　$AB_2(g) \rightleftharpoons A(s) + AB(g)$

例　　$2GeI_2 \rightleftharpoons Ge + GeI_4$

聚合反应：　$XA(g) \longrightarrow Ax(s)$

CVD 过程是一个涉及反应热力学和动力学的复杂过程。按照热力学原理，化学反应的自由能的变化 ΔG_r 可用反应生成物的标准自由能 G_f 来计算，即

$$\Delta G_r = \sum \Delta G_f(\text{生成物}) - \sum \Delta G_f(\text{反应物}) \tag{5-1}$$

ΔG_r 与反应系统中各分压强相关的平衡常数 K_P 之间存在以下关系

$$\Delta G_r = -2.3RT\log K_P \tag{5-2}$$

且

$$K_P = \prod_{i=1}^{n} P_i(\text{生成物}) / \prod_{i=1}^{n} P_i(\text{反应物})$$

采用优选法和非线性方程方法可以计算多组分系统的热力学平衡问题。另外，实际反应中的动力学问题包括反应气体对表面的扩散、反应气体在表面的吸附、在表面的化学反应和反应副产物从表面解吸与扩散等过程。在较低衬底温度下，反应速率 τ 随温度按指数规律变化

$$\tau = Ae^{-\Delta E/RT} \tag{5-3}$$

式中，A 为有效碰撞的频率因子，ΔE 为活化能（对表面工艺一般为 25～100kcal/mol）。在较高温度下，反应物及副产物的扩散速率成为决定反应速率的主要因素，与温度的依赖关系在 $T^{1.5} \sim T^{2.0}$ 之间变化。

上述各种类型的反应，在大多数情况下是依靠热激发，在某些情况下，特别是在放热反应时，基片温度低于进料温度下进行沉积，因此，也可以称之为热 CVD。所以，高温是 CVD 法的一个重要特征，但这使得基板材料在选用上受到一定限制。有些化学反应的基板温度为 300～600℃，也有许多反应要求温度高于 600℃，但对有机玻璃，最高只能承受 100℃。而且，由于反应发生在基板表面的高温区，气相反应的副产物有可能进入膜内而影响薄膜质量。

CVD 反应的自由能与温度的关系如图 5-1 所示。可以看出，一个反应之所以能够进行，其反应自由能的变化（ΔG_r）必须为负值（如式（5-2）所示），且随着温度的升高，相应的 ΔG_r 值下降，因此升温有利于反应的自发进行。

CVD 法制备薄膜的过程，可以分为以下几个主要的阶段：

（1）反应气体向基片表面扩散；

（2）反应气体吸附于基片的表面；

（3）在基片表面上发生化学反应；

（4）在基片表面上产生的气相副产物脱离表面而扩散掉或被真空泵抽走，在基片表面

留下不挥发的固体反应产物——薄膜。

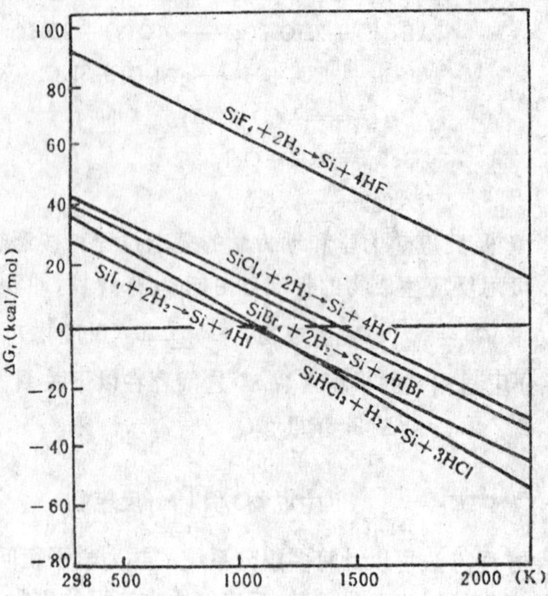

图 5-1 硅卤化物的氢还原反应自由能变化与温度关系

上述过程是依次进行的，其中最慢的步骤限制了反应速率的大小。而且，由此可清楚看到 CVD 的基本原理涉及反应化学、热力学、动力学、输运过程、膜生长现象和反应器工程等多学科范畴。一个过程能否按预期方向进行，可应用物理化学的基本知识，对沉积过程进行热力学分析，找出反应向沉积薄膜方向进行的条件及平衡时能达到的最大产量或转换效率。

下面介绍几种最常见的化学气相沉积反应类型。

1. 热分解反应

最简单的沉积反应是化合物的热分解。热分解法一般在简单的单温区炉中，在真空或惰性气体保护下加热基体至所需温度后，导入反应物气体使之发生热分解，最后在基体上沉积出固态涂层。热分解法已用于制备金属、半导体和绝缘体等各种薄膜。这类反应体系的主要问题是源物质和热分解温度的选择。在选择源物质时，既要考虑其蒸气压与温度关系，又要特别注意在该温度下的分解产物中固相必须仅为所需要的沉积物质，而没有其他夹杂物。目前用于热分解反应的化合物有以下几种：

(1)氢化物。由于氢化物 H—H 键的离解能、键能都比较小，所以热分解温度低，唯一的副产物是无腐蚀性的氢气。例如

$$SiH_4 \xrightarrow{700 \sim 1100^\circ C} Si + 2H_2 \uparrow$$

(2)金属有机化合物。金属的烷基化合物，其 M—C 键能一般小于 C—C 键能，可广泛用于沉积高附着性的金属膜和氧化物薄膜。例如

$$2Al(OC_3H_7)_3 \xrightarrow{420℃} Al_2O_3 + 6C_3H_6\uparrow + 3H_2O\uparrow$$

利用金属有机化合物可使化学气相沉积的温度大大降低，从而扩大了 CVD 反应的基板选择范围以及避免了基板变形问题。

(3)氢化物和金属有机化合物体系。利用这类热解体系可在各种半导体或绝缘基板上制备化合物半导体薄膜，如Ⅲ-Ⅴ族和Ⅱ-Ⅵ族化合物。例如：

$$Ga(CH_3)_3 + AsH_3 \xrightarrow{630 \sim 675℃} GaAs + 3CH_4\uparrow$$

$$Cd(CH_3)_2 + H_2S \xrightarrow{475℃} CdS + 2CH_4\uparrow$$

(4)其他气态络合物、复合物。这一类化合物中的羰基化合物和羰基氯化物多用于贵金属(铂族)和其他过渡族金属的沉积。例如

$$Pt(CO)_2Cl_2 \xrightarrow{600℃} Pt + 2CO\uparrow + Cl_2\uparrow$$

$$Ni(CO)_4 \xrightarrow{140 \sim 240℃} Ni + 4CO\uparrow$$

单氨络合物已用于热解制备氮化物，例如

$$AlCl_3 \cdot NH_3 \xrightarrow{800 \sim 1000℃} AlN + 3HCl\uparrow$$

2.化学合成反应

绝大多数沉积过程都涉及到两种或多种气态反应物在一个热基体上发生的相互反应，这类反应称化学合成反应。其中最普遍的一种类型就是用氢还原卤化物来沉积各种金属和半导体薄膜，以及选用合适的氢化物、卤化物或金属有机化合物来沉积绝缘膜。最典型的例子是用 H_2 还原四氯化硅制备单晶硅的反应

$$SiCl_4 + 2H_2 \xrightarrow{1150 \sim 1200℃} Si + 4HCl$$

该反应与硅烷热分解不同，在反应温度下平衡常数接近于 1。因此，如果调整反应器内气流的组成，例如，加大氯化氢浓度，则反应就会向逆方向进行。一般可以利用这个逆反应在气相沉积之前进行气相腐蚀清洗。在经腐蚀过的单晶表面上再进行沉积，则可以得到缺陷少、纯度高的薄膜。

与热分解法相比较，化学合成反应法的应用范围更为广泛。因为可以用热分解法沉积的化合物并不是很多，但任意一种无机材料在原则上都可以通过合适的化学反应合成出来。用这种方法除了可以制备单晶薄膜以外，还可以制备多晶和非晶薄膜。例如 SiO_2、Al_2O_3、Si_3N_4、硼硅玻璃、磷硅玻璃以及各种金属元素的氧化物、氮化物和其他元素间的化合物等。这些薄膜在电子、光学和机械等行业中具有重要的应用价值。其中氮化硅用于晶体管和集成电路的钝化处理，可阻挡 Na^+ 和 K^+ 等离子的穿透；而沉积在刀具、工模具表面的 TiN 薄层，可显著提高其使用寿命。代表性的化学合成反应体系有

$$SiH_4 + 2O_2 \xrightarrow{325 \sim 475℃} SiO_2 + 2H_2O\uparrow$$

$$Al_2(CH_3)_6 + 12O_2 \xrightarrow{450℃} Al_2O_3 + 9H_2O\uparrow + 6CO_2\uparrow$$

$$3SiH_4 + 4NH_3 \xrightarrow{750℃} Si_3N_4 + 12H_2\uparrow$$

$$3SiCl_4 + 4NH_3 \xrightarrow{350 \sim 900℃} Si_3N_4 + 12HCl \uparrow$$

$$TiCl_4 + \frac{1}{2}N_2 + 2H_2 \xrightarrow{800 \sim 1100℃} TiN + 4HCl \uparrow$$

3. 化学输运反应

把需要沉积的物质当作源物质（不挥发性物质），借助于适当的气体介质与之反应而形成一种气态化合物，这种气态化合物经化学迁移或物理载带（利用载气）输运到与源区温度不同的沉积区，并在基板上再发生逆向的反应，使源物质重新在基板上沉积出来，这样的反应过程称为化学输运反应。上述气体介质叫输运剂。这种方法最早用于稀有金属的提纯。例如

$$Ge(s) + I_2(g) \underset{T_2}{\overset{T_1}{\rightleftharpoons}} GeI_2$$

$$Zr(s) + I_2(g) \underset{T_2}{\overset{T_1}{\rightleftharpoons}} ZrI_2$$

$$ZnS(s) + I_2(g) \underset{T_2}{\overset{T_1}{\rightleftharpoons}} ZnI_2 + \frac{1}{2}S_2$$

在源区（温度为 T_1）发生传输反应（向右进行），源物质 Ge、Zr 或 ZnS 与 I_2 作用生成气态的 GeI_2、ZrI_2 或 ZnI_2；气态生成物被输运到沉积区之后在沉积区（温度为 T_2）则发生沉积反应（向左进行），Ge、Zr 或 ZnS 重新沉积出来。

如果传输剂 XB 是气体化合物，而所要沉积的是固态物质 A，则传输反应通式为

$$A + XB \underset{(2)}{\overset{(1)}{\rightleftharpoons}} AB_x$$

反应平衡常数为

$$K_P = \frac{P_{AB_x}}{(P_B)^x}$$

式中，P_{AB_x} 和 P_B 分别为 AB_x 和 XB 的气体分压强。

在源区 T_1 希望按(1)的方向进行输运反应，尽可能多地形成 AB_x 向沉积区传输；在沉积区(T_2)，则希望尽可能多地沉积上 A，而使 P_{AB_x} 尽量低。为了使可逆反应易于随温度的不同而改变方向（即所需的 $\Delta T = T_1 - T_2$ 不太大）平衡常数 K_P 值越接近 1 越好。在标准状态下，反应自由能与平衡常数的关系如式(5-2)所示。对于大多数反应的 ΔG_r 值都可以通过查表或通过热力学函数的计算而求得，所以可根据热力学的方法来大致地选择化学反应的体系及估计输运温度。一般步骤是：先根据所选择的反应体系求出 $\lg K_P$ 与温度的函数关系，若有 $\lg K_P \simeq 0$ 或者 $K_P \simeq 1$ 存在，说明所选择的反应体系是较合适的。再取使 $\lg K_P > 0$ 的温度 T_2 为源区温度；使 $\lg K_P < 0$ 的温度 T_1 为沉积区温度。在这样选定的温度梯度下，一般就可以得到有效的输运。表 5-1 列出了可以用 CVD 法制取薄膜的材料、反应温度以及输运或反应气体的种类等。

表 5-1 用 CVD 法制备的薄膜

类别	薄膜	源材料名称	源材料气化温度(℃)	反应温度(℃)	输运或反应气体
(a)金属	Cu	CuCl、$CuCl_3$、CuBu、CuI	500～700	500～1000	H_2 或 Ar
	Be	$BeCl_3$	290～340	500～800	H_2
	Al	$AlCl_3$	125～135	800～1000	H_2
		$AlCH_2CH(CH_3)_2$	～38	93～100	H_2 或 Ar
	Ti	$TiCl_4$	20～80	1100～1400	H_2 或 Ar
	Zr	$ZrCl_4$	200～250	800～1000	H_2 或 Ar
	Ge	GeI_2	250	450～900	H_2
	Sn	$SnCl_4$	25～35	400～550	H_2
	V	VCl_4	50	800～1000	H_2 或 Ar
	Ta	$TaCl_5$	250～300	600～1400	H_2 或 Ar
	Sb	$SbCl_3$	80～110	500～600	H_2
	Bi	$BiCl_3$	240	240	H_2
	Mo	$MoCl_5$	130～150	500～1000	H_2
		$Mo(CO)_6$		150～160	Ar 或 H_2
	Co	$CoCl_3$	60～150	370～450	H_2
	W	WCl_6	165～230	600～700	H_2
		$W(CO)_6$	50	350～600	Ar 或 H_2
	Cr	CrI_2	100～130	1100～1200	H_2
		$Cr[C_6H_4CH(CH_3)_2]_3$		400	Ar 或 H_2
	Nb	NbI_3	200	1800	H_2
	Fe	$FeCl_3$	317	650～1100	H_2
		$Fe(CO)_4$	102	140	Ar 或 H_2
	Si	$SiCl_4$	20～80	770～1200	H_2
		SiH_2Cl_2	20～80	1000～1200	H_2
	B	BCl_3	−30～0	1200～1500	H_2
	Ni	$Ni(CO)_4$	43	180～200	Ar 或 H_2
	Pt	$Pt(CO)_2Cl_2$	100～120	600	Ar 或 H_2
	Pb	$Pb(C_2H_5)_4$	94	200～300	Ar 或 H_2
(b)合金	Ta/Nb	$TaCl_5+NbCl_5$	250	1300～1700	Ar 或 H_2
	Ti-Ta	$TiCl_4+TaCl_5$	250	1300～1400	Ar 或 H_2
	Mo-W	$MoCl_6+WCl_6$	130～230	1100～1500	Ar 或 H_2
	Cr-Al	$CrCl_3+AlCl_3$	95～125	1200～1500	Ar 或 H_2
(c)氧化物	Al_2O_3	$AlCl_3$	130～160	800～1000	H_2+H_2O
	SiO_2	$SiCl_4$	20～80	800～1100	H_2+H_2O
		SiH_4+O_2		400～1000	H_2+H_2O
	Fe_2O_3	$Fe(CO)_5$		100～300	N_2+O_2
	ZrO_2	$ZrCl_4$	290	800～1000	H_2+H_2O

薄膜		源材料 名称	源材料 气化温度(℃)	反应温度(℃)	输运或反应气体
(d)氮化物	BN	BCl_3	−30～0	1200～1500	N_2+H_2
	TiN	$TiCl_4$	20～80	1100～1200	N_2+H_2
	ZrN	$ZrCl_4$	30～35	1150～1200	N_2+H_2
	HfN	$HfCl_4$	30～35	900～1300	N_2+H_2
	VN	VCl_4	20～50	1100～1300	N_2+H_2
	TaN	$TaCl_5$	25～30	800～1500	N_2+H_2
	AlN	$AlCl_3$	100～130	1200～1600	N_2+H_2
	Si_3N_4	$SiCl_4$	−40～0	～900	N_2+H_2
		SiH_4+NH_3		550～1150	Ar 或 H_2
	Th_3N_4	$ThCl_4$	60～70	1200～1600	N_2+H_2
(e)碳化物	BeC	$BeCl_2+C_6H_5CH_3$	290～340	1300～1400	Ar 或 H_2
	SiC	$SiCl_4+CH_4$	20～80	1900～2000	Ar 或 H_2
	TiC	$TiCl_4+C_6H_5CH_3$	20～140	1100～1200	H_2
		$TiCl_4+CH_4$	20～140	900～1100	H_2
		$TiCl_4+CCl_4$	20～140	900～1100	H_2
	ZrC	$ZrCl_4+C_6H_6$	250～300	1200～1300	H_2
	WC	$WCl_6+C_6H_5CH_3$	160	1000～1500	H_2
(f)硅化物	MoSi	$MoCl_5+SiCl_4$	−50～13	1000～1800	H_2
	TiSi	$TiCl_4+SiCl_4$	−50～20	800～1200	H_2
	ZrSi	$ZrCl_4+SiCl_4$	−50～20	800～1000	H_2
	VSi	VCl_4+SiCl_4	−50～50	800～1100	H_2
(g)硼化物	AlB	$AlCl_3+BCl_3$	−20～125	1100～1300	H_2
	SiB	$SiCl_4+BCl_3$	−20～0	1100～1300	H_2
	TiB_2	$TiCl_4+BCl_3$	20～80	1100～1300	H_2
	ZrB_2	$ZrCl_4+BBr_3$	20～30	1000～1500	H_2
	HfB_2	$HfCl_4+BBr_3$	20～30	1000～1700	H_2
	VB_2	VCl_4+BBr_3	20～75	900～1300	H_2
	TaB_2	$TaCl_5+BBr_3$	20～100	1300～1700	H_2
	WB	WCl_6+BBr_3	20～35	1400～1600	H_2

§5-2 化学气相沉积的特点

化学气相沉积具有如下的优点:

1. 既可以制作金属薄膜、非金属薄膜,又可按要求制作多成分的合金薄膜。通过对多种气体原料的流量进行调节,能够在相当大的范围内控制产物的组成,并能制作混晶等组成和结构复杂的晶体,同时能制取用其他方法难以得到的优质薄膜,如 GaN、BP 等。

2. 成膜速度可以很快,每分钟可达几个 μm 甚至达到数百 μm。同一炉中可放置大量的基板或工件,能同时制得均匀的镀层。这是其他薄膜技术,如液相外延(LPE)和分子束外延(MBE)所不能比拟的。

3. CVD 反应在常压或低真空进行，镀膜的绕射性好，对于形状复杂的表面或工件的深孔、细孔都能均匀镀覆，在这方面比 PVD 优越得多。

4. 能得到纯度高、致密性好、残余应力小、结晶良好的薄膜镀层。由于反应气体、反应产物和基体的相互扩散，可以得到附着力好的膜层，这对于表面钝化、抗蚀及耐磨等表面增强膜是很重要的。

5. 由于薄膜生长的温度比膜材料的熔点低得多，由此可以得到纯度高、结晶完全的膜层，这是有些半导体膜层所必须的。膜层纯度高、结晶完全的原因主要是：由于低温（相对于熔点）生长，反应气体和反应器壁以及其中所含不纯物几乎不发生反应，对膜层生长的污染少，因此纯度高。结晶完全的原因可解释如下：从理论上讲，完整晶体只有在 0K 才是稳定的，根据在某一确定温度下，稳定状态取自由能最低的原则，单从熵考虑，不完整晶体更稳定，要想获得更完整的结晶，希望在更低的温度下生长；但是若从生长过程考虑，若想获得更完整的结晶，必须在接近平衡的条件下生成，而非平衡度大时，缺陷和不纯物的引入变得十分显著，这意味着温度越高越好。因此，在实际的生长过程中可综合考虑上述两个因素选择合适的生长温度，使薄膜的结晶程度达到最佳。

6. CVD 法可获得平滑的沉积表面。这是由于：(1)CVD 和 LPE 等相比，前者是在高饱和度下进行的，成核率高、成核密度大，在整个平面上分布均匀，从而形成宏观平滑的表面；(2)在 CVD 中，与沉积相关的分子或原子的平均自由程比 LPE 和熔盐法要大得多，其结果，分子的空间分布更均匀，有利于形成平滑的沉积表面。

7. 辐射损伤低。这是制造 MOS 半导体器件等不可缺少的条件。

化学气相沉积的主缺点是：反应温度太高，一般要在 1000℃左右，使许多基体材料都耐受不住 CVD 的高温，因此限制了它的用途范围。

CVD 技术已成功的应用于半导体工业，图 5-2 是 CVD 的分类及其在微电子技术中应用的各种实例。

- CVD 法
  - 流通式
    - 材料的精制（Ge、Si、Ⅲ族、Ⅴ族元素等）
    - 常压 CVD
      - 用卤化物气体原料（Ge、Si、GaAs 等Ⅲ-Ⅴ，Ⅱ-Ⅵ族化合物以及混晶，Si_3N_4，Al_2O_3 等绝缘膜）
      - 用氢化物气体原料（Ge、Si、SiO_2、Si_3N_4 等）
      - 有机金属（MOCVD）（Ⅲ-Ⅴ、Ⅱ-Ⅵ、Ⅳ-Ⅵ族化合物等）
    - 减压 CVD（Si、SiO_2、Si_3N_4 等）
    - 等离子体 CVD（PCVD）、光 CVD 等（非晶态 Si、SiO_2、Si_3N_4、金刚石薄膜等）
  - 封闭式（Ge、Si、Ⅲ-Ⅴ、Ⅱ-Ⅵ族化合物及混晶等。

图 5-2 CVD 的分类及在微电子技术中的应用

除此以外，CVD 技术在表面处理方面正在受到广泛的重视。机械材料、反应堆材料、宇航材料、光学材料、医用材料以及化工设备材料等，都可根据不同的使用条件，用 CVD 法沉积防护膜层，达到防腐、抗蚀、耐热、耐磨、强化表面等方面的要求。

§5-3 CVD方法简介

选择CVD反应和反应器决定很多因素，主要有薄膜的性质、质量、成本、设备大小、操作方便、原料的纯度和来源方便及安全可靠等。但任何CVD所用的反应体系，都必须满足以下三个条件：

(1)在沉积温度下，反应物必须有足够高的蒸气压，要保证能以适当的速度被引入反应室；

(2)反应产物除了所需要的沉积物为固态薄膜之外，其他反应产物必须是挥发性的；

(3)沉积薄膜本身必须具有足够低的蒸气压，以保证在整个沉积反应过程中都能保持在受热的基体上；基体材料在沉积温度下的蒸气压也必须足够低。

总之，CVD的反应在反应条件下是气相，生成物之一则必须是固相。

一、开口体系CVD

这是CVD反应器中最常用的类型，如图5-3所示，这类反应器通常在常压下操作，装、卸料方便。一般包括：气体净化系统；气体测量和控制部分；反应器；尾气处理系统和抽真空系统等。

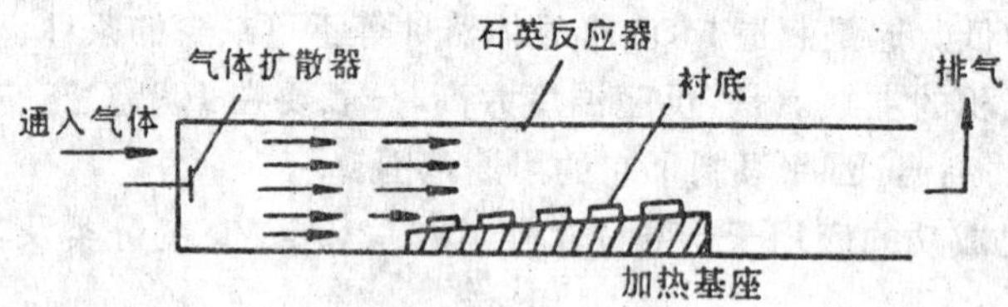

图5-3 卧式开管CVD装置

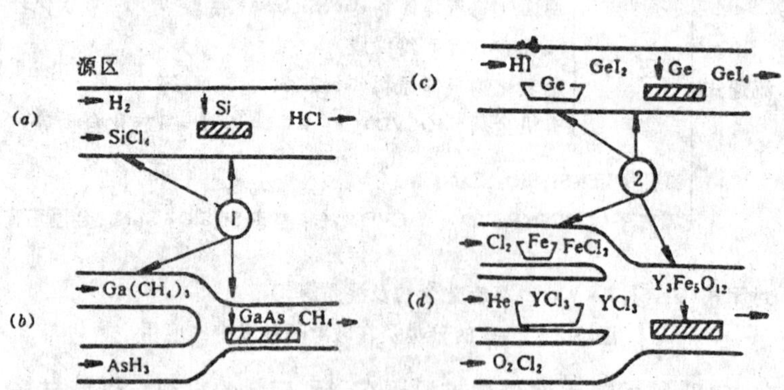

图5-4 几种形式的开口反应器

(a)不加热非活性 (b)不加热活性 (c)加热平衡 (d)加热活性

①源区和反应器壁是冷的 ②源区和反应器壁是热的

在室温下,原料不一定都是气体,若用液体原料,需加热使其产生蒸气,再由载流气体携带入炉。若用固体原料,加热升华后产生的蒸气由载流气体带入反应室。这些反应物在进入沉积区之前,一般不希望它们之间相互反应。因此,在低温下会互相反应的物质,在进入沉积区之前应隔开。图 5-4 是根据原料特性分成的四种类型反应器。前两种类型是反应器壁和原料区都不加热,即所谓的冷壁反应器,沉积区一般采用感应加热。这类反应器适合反应物在室温下是气体或者具有较高蒸气压的液体。后两种类型的原料区和反应器壁是加热的,反应器壁加热是为了防止反应物冷凝。

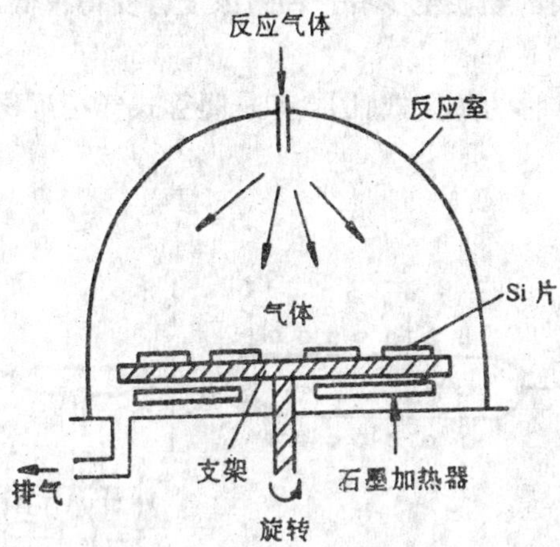

图 5-5　立式 CVD 装置图

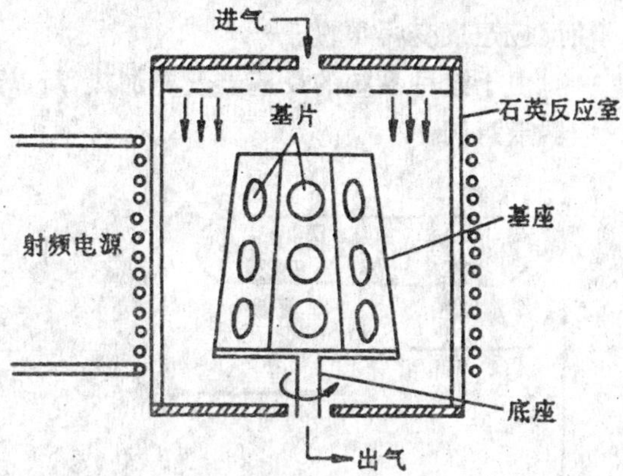

图 5-6　转筒式 CVD 装置

开口体系工艺的特点是能连续地供气和排气,物料的运输一般是靠外加不参予反应的惰性气体来实现的。由于至少有一种反应产物可连续地从反应区排出,这就使反应总处于非平衡状态,而有利于形成薄膜沉积层。在大多数情况下,开口体系是在一个大气压或稍高于一个大气压下进行的(以使废气从系统中排出)。但也可在真空下连续地或脉冲地供气及不断地抽出副产物,这种系统有利于沉积厚度均匀的薄膜。开口体系的沉积工艺容易控制,工艺重现性好,工件容易取放,同一装置可反复多次使用。

开口体系 CVD 法的反应器有立式和卧式两种形式。卧式如图 5-3 所示,应用最广泛,但沉积膜的均匀性较差。立式装置如图 5-5、5-6、5-7 所示。由于气流垂直于基体,并可使气流以基板为中心均匀分布,故沉积膜的均匀性较好。图 5-5 是立式 CVD 装置的示意图。基片支架为旋转圆盘,可保证反应气体混合均匀,沉积膜的厚度、成分及杂质分布均匀;图 5-6 为

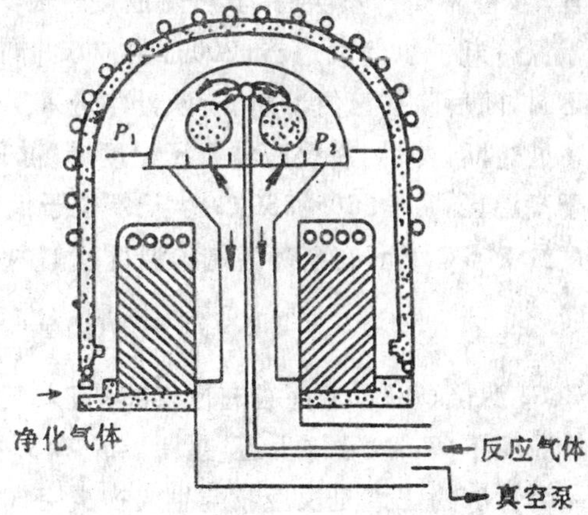

图 5-7　等温球体加热 CVD 装置

转筒式结构，能对大量基片同时进行外延生长。图 5-7 所示的沉积区域为球形的。由于基片受热均匀，反应气体也能均匀地供给，因此产品的均匀性好，膜层厚度一致，质地均匀。

二、封闭式沉积法

这种反应系统是把一定量的反应物和适当的基体分别放在反应器的两端，管内抽空后充入一定的输运气体，然后密封，再将反应器置于双温区炉内，使反应管内形成温度梯度。由于温度梯度造成的负自由能变化是传输反应的推动力，所以物料从闭管的一端传输到另一端并沉积下来。在理想情况下，闭管反应器中所进行的反应其平衡常数值应接近于1。若平衡常数太大或太小，则输运反应中所涉及的物质至少有一种的浓度会变得很低，而使反应速度变得很慢。

由于这种系统的反应器壁要加热，所以通常称为热壁式，图 5-8 是闭管式气相沉积反应器示意图。

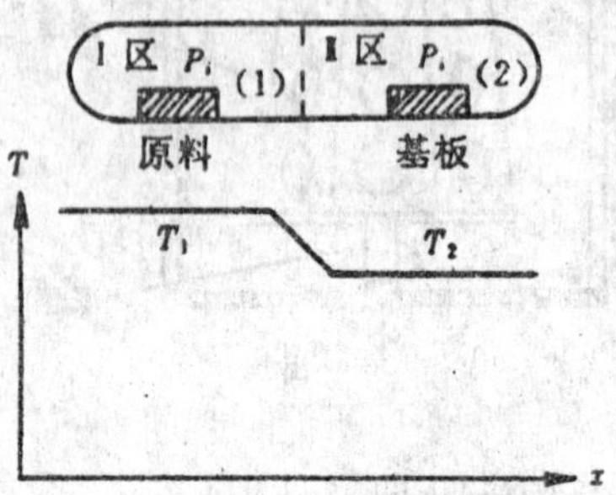

图 5-8　闭管式气相沉积反应器示意图

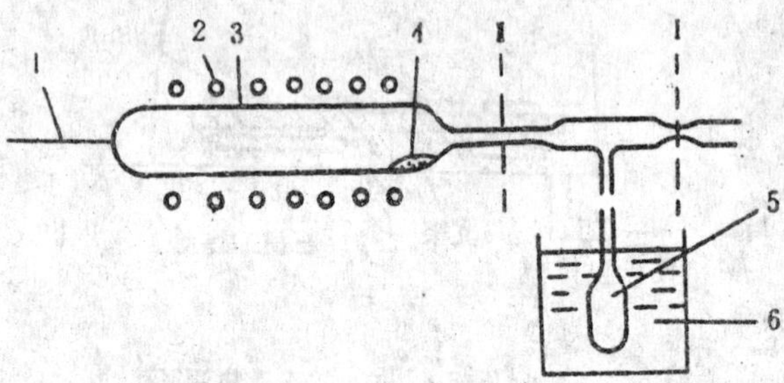

图 5-9　闭管法化学传输生长 ZnSe 单晶装置

1—实心棒　2—加热器　3—反应器

4—ZnSe 料　5—碘　6—液氮

元素周期表中Ⅱ-Ⅵ族化合物的单晶生长多采用闭管法。图 5-9 是制备 ZnSe 单晶的装置。反应器是一石英管，其一端连接一根实心棒，另一端放置高纯 ZnSe 原料。盛碘安瓶用液氮冷却。烘烤反应器(200℃左右)，并同时抽真空(约为 10^{-3}Pa)；在虚线Ⅰ处用氢氧焰熔封，随后除去液氮冷阱；待碘升华进入反应器后，并使碘浓度在合适的范围内，再在虚线Ⅱ处熔断。然后，将反应器置于温度梯度炉的适当位置上(用石英棒调节)，使 ZnSe 料端处于高温区，$T_2\approx850\sim860$℃，生长端位于低温度区，$T_1=T_2-\Delta T$，$\Delta T=13.5$℃ 生长端温度梯度约 2.5℃/cm，在精确控制的温度范围内(±0.5℃)进行 ZnSe 单晶生长，其反应如下

$$ZnSe(s)+I_2(g)\underset{T_1}{\overset{T_2}{\rightleftharpoons}}ZnI_2(g)+\frac{1}{2}Se_2(g)$$

在 ZnSe 源区(T_2)反应向右进行，ZnSe 进入气相，形成的 ZnI_2 和 Se_2 气体运动到生长端，在较低温度下(T_1)发生逆反应，重新形成 ZnSe 的单晶体。

闭管法的优点是反应物与生成物被空气或大气污染物(水蒸气等)偶然污染的机会很小，不必连续抽气就可以保持反应器内的真空，对于必须在真空条件下进行的沉积十分方便；可以沉积蒸气压高的物质。

闭管法的缺点是：材料生长速率慢，不适于进行大批量生产；反应管（一般为高纯石英管）只能使用一次，生产成本高；管内压力无法测定时，温控失灵造成内部压力过大，就存在爆炸危险。

因而，反应器材料的选择、装料时压力的计算、温度的选择和控制等是闭管法的几个关键环节。

除了上述开管法和闭管法这两种基本方法之外，还有一种所谓热丝法。在热丝法装置的整个沉积区中仅有一根线或带被加热，沉积反应就在这根热丝或热带的表面上发生。

§5-4　低压化学气相沉积

近年来，在 CVD 法中令人注目的新发展是低压 CVD 技术（LPCVD 法），它的产生对于提高薄膜的均匀性，改善薄膜的质量都有很大的作用。CVD 过程本质上是一个气相的输运和反应的过程。LPCVD 的原理与常压 CVD 基本相同，其主要区别是：由于低压下气体的扩散系数增大，使气态反应剂与副产物的质量传输速度加快，形成沉积薄膜的反应速度增加。由气体分子运动论可知，气体的密度和扩散系数都与压力有关（$n=P/kT$），前者与压力成正比，而后者与压力成反比。而气体分子的平均自由程 $\bar{\lambda}=1/\sqrt{2}\pi\sigma^2 n$。当反应器内的压力从常压（约 10^5Pa）降至 LPCVD 中所采用的压力 10^2Pa 以下时，即压力降低了 1000 倍，分子的平均自由程将增大（较常压）1000 倍左右。因此，LPCVD 系统内气体的扩散系数比常压 CVD 时大 1000 倍。扩散系数大意味着质量输运快，气体分子分布的不均匀能够在很短的时间内消除，使整个系统空间气体分子均匀分布。所以能生长出厚度均匀的薄膜。而且由于气体的扩散系数和扩散速度都增大，基片就能以较小的间距迎着气流方向垂直排列，可使生产效率大大提高，并且可以减少自掺杂，改善杂质分布。

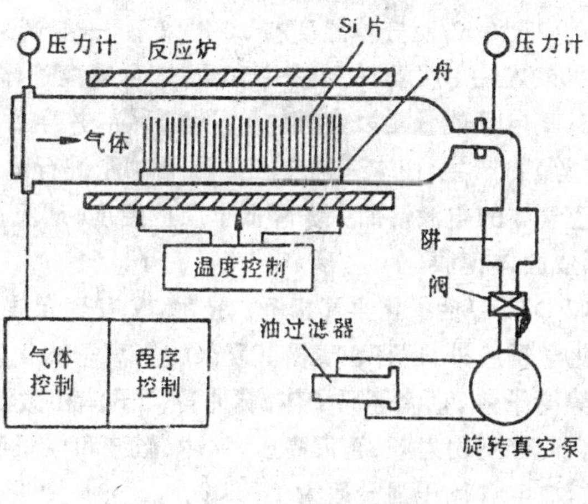

图 5-10　LPCVD 设备示意图

由于气体分子的运动速度快，参加反应的气体分子在各点上所吸收的能量大小相差很少，因此它们的化学反应速度在各点上也就会大体相同，这是生长均匀薄膜的原因之一。在气体分子输运过程中，参加化学反应的反应物分子在一定的温度下，吸收了一定的能量，使这些分子得以活化而处于激活状态，这些被活化的反应物分子间发生碰撞，进行动量交换，即发生化学反应。由于 LPCVD 比常压 CVD 系统中气体分子间的动量交换速度快，因此被激活的参加化学反应的反应物气体分子间易于发生化学反应。也就是说 LPCVD 系统中沉积速率高。

此外，随着压力的下降反应温度也能下降。例如，当反应压力从 10^5Pa 降至数百 Pa 时，反应温度可以下降 150℃左右。图 5-10 为低压 CVD 设备的示意图。用低压 CVD 法可以制备单晶硅和多晶硅薄膜、氮化硅薄膜和Ⅲ-Ⅴ族化合物薄膜，以及氮化硅、二氧化硅和三氧化二铝等薄膜。由于它们的优良性能，因而可以用于超大规模集成电路的制造。

§5-5 等离子体化学气相沉积

一般 CVD 的沉积温度较高，除少数可在 600℃以下外，多数都必须要在 900～1000℃才能实现，有的甚至要在更高温度下进行。高温所带来的主要问题是：容易引起基板的变形和组织上的变化，会降低基板材料的机械性能；基底材料与膜层材料在高温下会发生相互扩散，在界面处形成某些脆性相，从而削弱了两者之间的结合力。所以它在应用上受到一定限制。近年来，开发较成功的等离子体激活的化学气相沉积法（PECVD 法）和激光化学气相沉积法，在降低薄膜沉积温度和探索新的激活反应方式方面十分引人注目，并得到日益广泛应用。

等离子体激活的化学气相沉积法，是利用辉光放电的物理作用来激活化学气相沉积反应。在辉光放电所形成的等离子体中，由于电子和离子的质量相差悬殊，二者通过碰撞交换能量的过程比较缓慢，所以在等离子体内部，各种带电粒子各自达到其热力学平衡状态，于是在这样的等离子体中将没有统一的温度，就只有所谓的电子气温度和离子温度。此时，电子气的温度约比普通气体分子的平均温度高 10～100 倍，电子能量约为 1～10eV，相当于温度 10^4～10^5K，而气体温度在 10^3K 以下，一般情况原子、分子、离子等粒子的温度只有 25～300℃左右。所以，从宏观上来看，这种等离子体的温度不高，但其内部却处于受激发的状态，其电子能量足以使气体分子键断裂，并导致具有化学活性的物质（活化分子、离子、原子等）的产生，使本来需要在高温下才能进行的化学反应，当处于等离子体场中时，由于反应气体的电激活而大大降低了反应温度，从而在较低的温度甚至在常温下也能在基片上形成固体薄膜。

由此可见，PECVD 既包括了化学气相沉积技术，又有辉光放电的增强作用。在 PECVD 过程中，除了有热化学反应外，还存在着极其复杂的等离子体化学反应。用于激发 CVD 的等离子体有：射频等离子体、直流等离子体、脉冲等离子体和微波等离子体以及电子回旋共振等离子体等。它们分别由射频、直流高压、脉冲、微波和电子回旋共振激发稀薄气体进行辉光放电而得到，放电气体压强一般为 1～600Pa。

等离子体在化学气相沉积中有如下作用：

(1)将反应物中的气体分子激活成活性离子，降低反应所需的温度；

(2)加速反应物在表面的扩散作用（表面迁移率），提高成膜速度；

(3)对于基体及膜层表面具有溅射清洗作用，溅射掉那些结合不牢的粒子，从而加强了形成的薄膜和基板的附着力；

(4)由于反应物中的原子、分子、离子和电子之间的碰撞、散射作用，使形成的薄膜厚度均匀。

因此，PECVD 和普通 CVD 比较有如下优点：

(1)可以低温成膜(最常用的温度是 300～350℃)，对基体影响小，并可以避免高温成膜造成的膜层晶粒粗大以及膜层和基体间生成脆性相等问题；

(2)PECVD 在较低的压强下进行，由于反应物中的分子、原子、等离子粒团与电子之间的碰撞、散射、电离等作用，提高膜厚及成分的均匀性，得到的薄膜针孔少、组织致密、内应力小、不易产生裂纹；

(3)扩大了化学气相沉积的应用范围，特别是提供了在不同的基体上制取各种金属薄膜、非晶态无机薄膜、有机聚合物薄膜的可能性；

(4)膜层对基体的附着力大于普通 CVD

必须指出，PECVD 等离子体中的实际化学反应过程十分复杂，淀积薄膜的性质与淀积条件密切相关，许多参量如工作频率、功率、压力、基板温度、反应气体分压、反应器的几何形状、电极空间、电极材料和抽速等都可影响薄膜的质量，且许多因素相互影响，某些因素难于控制，其反应机理、反应动力学、反应过程等目前尚不十分清楚。其应用也正在发展和扩大。表 5-2 列出了应用 PECVD 法制作薄膜的一些典型例子。

表 5-2 PECVD 的一些典型应用

应用	膜成分	气体原料	优点
绝缘及钝化膜	SiO_2 Si_3N_4 P-PSG BSG Al_2O_3	SiH_4+N_2O $SiCl_4+O_2$ $Si(OC_2H_5)_4$ SiH_4+NH_3 $SiH_4+PH_3+O_2$ $SiH_4+BH_6+O_2$ $2AlCl_3+3CO_2+3H_2$	温度低，可避免普通 CVD 由于水蒸汽造成的针孔；也可避免 Na^+ 等杂质掺入。PSG 膜可在更低的温度下生成。
非晶硅太阳电子、电子感光照相静电复印	α-Si	$SiH_4(SiH_2Cl_2)+B_2H_6(PH_3)$ 或采用混合气体：$SiH_4+SiF_4+Si_2H_6$	基板材料不必是单晶，只需变更掺杂介质气体，可方便地制取 P-N 结；低温(200～400℃)大面积成膜，价廉。
等离子聚合	有机化合物		不必要完全破坏有机单体，选择能生成原子团的条件就能聚合成有机化合物，能获得一般办法得不到的非晶态聚合物。
耐磨抗蚀膜	TiC TiN TiC_xN_{1-x}	$TiCl_4+CH_4$ $TiCl_4+N_2$ $TiCl_4+CH_4+N_2$	成膜温度低，膜层均匀光滑，膜层和基体附着力强，沉积速度高。

应　　用	膜成分	气 体 原 料	优　　点
其他薄膜	SiC Si,Ge Al_2O_3 GeO_2 B_2O_3 TiO_2 SnO_2 BN P_3N_5	$SiH_4+C_2H_2$ SiH_4+CH_4(或 CF_4) SiH_4，GeH_4 $AlCl_3+O_2$ 烷基或烷氧化合物 $B_2H_6+NH_3$ $P+N_2$	成膜温度低， 可调节膜成分和性能，膜层均匀光滑， 表面质量好。

§5-6　其他化学气相沉积法

一、有机金属化学气相沉积法

有机金属化学气相沉积法(简称 MOCVD 法)是一种利用有机金属化合物的热分解反应进行气相外延生长薄膜的 CVD 技术。该法目前主要用于化合物半导体气相生长方面。

1. MOCVD 法原理

MOCVD 法是利用热来分解化合物的一种方法，其原理与利用硅烷(SiH_4)热分解得到硅外延生长的技术相同。因此作为含有化合物半导体元素的原料化合物必须满足以下条件：

①在常温下较稳定且容易处理；

②反应的副产物不应妨碍晶体生长，不应污染生长层；

③为适应气相生长，在室温附近应具有适当的蒸气压(≥1 Torr)。

通常可选用金属的烷基或芳基衍生物、烃基衍生物、乙酰丙酮基化合物、羰基化合物等为源材料。

表 5-3 所示Ⅲ-Ⅴ族，Ⅱ-Ⅳ族化合物的构成元素，同属于周期表中 B 族的部分元素。其粗线左侧元素具有强金属性，不能构成满足要求的无机化合物原料. 但其有机化合物特别是烷基化合物大多能满足作为原料的要求。右侧元素具有强非金属性，其氢化物能满足 MOCVD 的原料化合物要求。此外，不仅金属烷基化合物，而且非金属烷基化合物都能作为 MOCVD 原料，因此可用作原料化合物的物质相当多。例如对 GaAs、$Ga_{1-x}Al_xAs$，作为 Ga、Al 的原料可选择$(CH_3)_3Ga$(三甲基镓 TMG)、$(CH_3)_3Al$(三甲基铝 TMA)；$(C_2H_5)_2Zn$(二乙烷基锌 DEZ)，作为 As 的原料可选择 AsH_3 气体。使用上述原料，在高温下使其发生热分解就可得到化合物半导体，如

$$(CH_3)_3Ga + AsH_3 \xrightarrow{630\sim675℃} GaAs + 3CH_4$$

$$(1-x)(CH_3)_3Ga + x(CH_3)_3Al + AsH_3 \xrightarrow{600\sim700℃} Ga_{1-x}Al_xAs + 3CH_4$$

MOCVD 系统也分为低压 MOCVD 和常压 MOCVD，前者工作压力一般在(1～5)×

10^4Pa。

表 5-3　B族元素周期表

周期＼族	ⅡB	ⅢB	ⅣB	ⅤB	ⅥB
2		B	C	N	O
3		Al	Si	P	S
4	Zn	Ca	Ge	As	Se
5	Cd	In	Sn	Sb	Te
6	Hg		Pb		

2. MOCVD 法的特点

MOCVD 是近十几年迅速发展起来的新型外延技术，成功地用于制备超晶格结构、超高速器件和量子阱激光器等。

MOCVD 所以得到迅速发展，主要是其独特优点所决定的。MOCVD 的特点是：

①MOCVD 最主要的特点是沉积温度低。例如 ZnSe 薄膜，采用普通 CVD 技术沉积温度在 850℃左右，而 MOCVD 仅为 350℃左右；又如用四甲基硅烷为源制备 SiC，生长温度 <300℃，远低于用 $SiCl_4$ 和 C_3H_8 为源的生长温度（1300℃以上）。由于沉积温度低，因而减少了自污染（舟、衬底、反应器等的污染），提高了薄膜的纯度；许多宽禁带材料有易挥发组分，高温生长易产生空位，形成无辐射跃迁中心，且空位与杂质存在是造成自补偿的原因。所以低温沉积有利于降低空位密度和解决自补偿问题；对衬底取向要求低。

②MOCVD 由于不采用卤化物原料，因而在沉积过程中不存在刻蚀反应，以及可通过稀释载气来控制沉积速率等，有利于沉积沿膜厚度方向成分变化极大的膜层和多次沉积不同成分的极薄膜层（几纳米厚），因而可用来制备超晶格材料和外延生长各种异质结构。

③MOCVD 的适用范围广，几乎可以生长所有化合物和合金半导体；如控制Ⅲ族 Al、Ga、In 等有机金属的物质的量的比，可以生成不同成分的混合晶体。而且 MOCVD 是非平衡的生长过程，能沉积卤族 CVD 和液相外延（LPE）不能制取的混合晶体。

④仅单一的生长温度范围是生长的必要条件，反应装置容易设计，较气相外延简单。生长温度范围较宽，生长易于控制，适宜于大批量生产。

⑤可在蓝宝石、尖晶石基片上实现外延生长。

MOCVD 的主要缺点是：

①虽然采用有机金属化合物取代普通 CVD 中常用的卤化物，排除了卤素的污染和腐蚀性带来的危害，但许多有机金属化合物蒸气有毒和易燃，给有机金属化合物的制备、贮存、运输和使用带来了困难，必须采取严格的防护措施。

②由于反应温度低，有些金属有机化合物在气相中就发生反应，生成固态微粒再沉积到衬底表面，形成薄膜中的杂质颗粒，破坏了膜的完整性。

以生长 $Ga_{1-x}Al_xAs$ 为例，MOCVD 装置原理结构如图 5-11 所示。

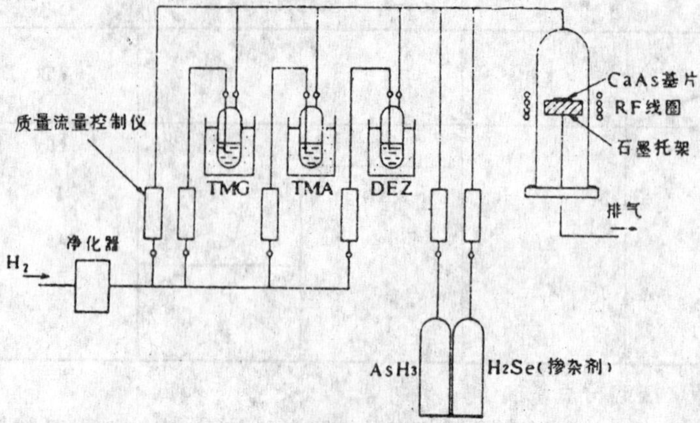

图 5-11 $Ga_{1-x}Al_xAs$ MOCVD 装置原理图

二、光 CVD

光 CVD 是利用光能使气体分解，增加反应气体的化学活性，促进气体之间化学反应的化学气相沉积技术。

在薄膜沉积过程中，必须要有一定激活能量才能使反应物发生化学反应。由光能提供激活能时，只有能被反应物吸收的辐射才能导致光化学反应（光化学第一定律）。例如，用可变波长的 CO_2 激光可以使 SiH_4 等振动分解，或利用 Ar 激光使其热分解；利用几个电子伏特能量的光直接使分子中的电子激发，使分子电离等。

除了利用激光的热解作用之外，如果反应气体的受激发的吸收谱与加热的电磁谱重迭，就能同时产生激发和加热的联合效果。通过选择激光器的波长，能在多原子的分子中断裂一些特定的化学键，通过反应生成所需要的沉积膜层。

光 CVD 的光源有 Hg 灯、TEA（横向激励大气压激光器）、CO_2 激光器、短波激光器以及紫外光源等。波长为 250nm 的紫外光能量足以打破某些金属有机化合物分子链而得到金属膜。例如，$Al(CH_3)_3$ 和 He 或 $Cd(CH_3)_2$ 和 He 混合气体经紫外线辐照后，在室温下即产生光分解作用。波长 10.6μm 的 CO_2 激光对加热基板是特别有效的，用功率 0.5～5W 的 CO_2 激光束，由 $Ni(CO_4)$ 制备 Ni 膜的速率可达 1～17μm/s。同理，可获得 Fe、W、Al、Sn、Si、TiO_2、TiC 和 SnO_2 等薄膜。

此外，如果在 MOCVD 中采用光能代替热能，则可解决沉积温度过高的问题，这就是所谓光 MOCVD。

三、电子回旋共振（ECR）等离子体沉积

为了进一步降低 CVD 的成膜温度，人们研究了电子回旋共振（ECR）等离子沉积技术，如图 5-12 所示。在反应室中导入 2.45GHz 的微波能，在 875Gs（高斯）的磁场中，电子的回旋运动和微波发生共振现象。电子和气体原子碰撞，促进放电。这种技术的特点是在

10^{-2}Pa 的较高真空下放电，因此，即使 Si_3N_4 分解，也不会在膜中掺入过量的氢，所以，能获得高质量的薄膜。最近，国外采用这种新型薄膜淀积技术，解决了长期以来很难在半导体基板上淀积导电薄膜的技术难关。采用 ECR 等离子 CVD 法不仅可以制作 LSI 中的导电薄膜，还可以制作绝缘介质薄膜，磁光盘中的钴-镍合金薄膜，以及氧化物高 T_c 超导薄膜等。

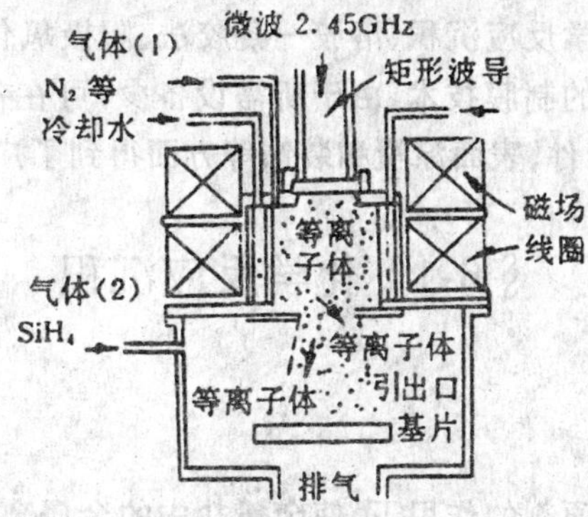

图 5-12　电子回旋共振(ECR)等离子体 CVD 装置

第六章　溶液镀膜法

溶液镀膜法是指在溶液中利用化学反应或电化学反应等化学方法在基板表面沉积薄膜的一种技术。它包括化学反应沉积、溶胶—凝胶法、阳极氧化、电镀以及LB制膜法等。这是一类不需要真空环境的制膜技术，由于所需设备少，可在各种基体表面成膜、原材料容易解决，所以在电子元器件、表面涂覆和装饰等方面得到了广泛的应用。

§6-1　化学反应沉积

一、化学镀

化学镀实质上是在还原剂的作用下，使金属盐中的金属离子还原成原子状态并沉积在基板表面上，从而获得镀层的一种方法，又称为无电源电镀。它与化学沉积法同属于不通电而靠化学反应沉积金属的镀膜方法。两者的区别在于，化学镀的还原反应必须在催化剂的作用下才能进行，且沉积反应只发生在镀件的表面上，而化学沉积法的还原反应却是在整个溶液中均匀发生的，只有一部分金属镀在镀件上，大部分则成为金属粉末沉淀下来。所以，确切地说化学镀的过程是在有催化条件下发生在镀层上的氧化还原过程。即在这种镀覆的过程中，溶液中的金属离子被生长着的镀层表面所催化，并且不断还原而沉积在基体表面上。在此过程中基体材料表面的催化作用相当重要，周期表中的Ⅷ族金属元素都具有在化学镀过程中所需的催化效应。

所谓催化剂指的是敏化剂和活化剂，它可以促使化学镀过程发生在具有催化活性的镀件表面。如果被镀金属本身不能自动催化，则在镀件的活性表面被沉积金属全部覆盖之后，其沉积过程便自动终止；相反，像Ni、Co、Fe、Cu和Cr等金属，其本身对还原反应具有催化作用，可使镀覆反应得以继续进行，直到镀件取出，反应才自行停止。这种依靠被镀金属自身催化作用的化学镀又称为自催化化学镀。通常所谓的化学镀均指这类化学镀。

自催化化学镀有以下优点：(1)可在复杂的镀件表面形成均匀的镀层；(2)镀层的孔隙率比较低；(3)可直接在塑料、陶瓷、玻璃等非导体上进行沉积镀膜；(4)镀层具有特殊的物理、化学性质；(5)不需要电源，没有导电电极。化学镀在电子工业等部门中得到广泛应用。

在化学镀中，所用还原剂的电离电位必须比沉积金属的电极电位低，但二者电位差又不宜过大。常用的还原剂有次磷酸盐和甲醛，前者用来镀Ni，后者用来镀Cu。此外，还有用氢硼化物、肼、氨基硼氢化合物等，无论采用什么还原剂都必须能在自催化的条件下提供金属离子还原时所需要的电子，即

$$M^{+n} + ne(\text{来自还原剂}) \xrightarrow{\text{催化表面}} M^0 \quad (6\text{-}1)$$

这种反应只能在具有催化性质的镀件表面上进行，才能得到镀层，而且如前所述，一旦沉

积开始，沉积出来的金属就必须继续这种催化功能，沉积过程才能继续进行，镀层才能加厚。所以，从这个意义讲，化学镀必然是一种受控的自催化的化学还原过程。目前广泛用于镀制镍、钴、钯、铂、铜、银、金以及上述金属的合金薄膜。

例如，化学镀镍是利用镍盐溶液（硫酸镍或氯化镍）和钴盐（硫酸钴）溶液，在强还原剂次磷酸盐（次磷酸钠、次磷酸钾等）的作用下，使镍离子和钴离子还原成镍金属和钴金属，同时次磷酸盐分解析出磷，在具有催化表面的基体上，获得镍磷或镍钴磷合金的沉积膜。关于使用次磷酸盐作还原剂的化学镀镍的反应机理，多数学者认为镍的沉积反应是由于基体材料具有催化表面，使次磷酸盐分解释出初生态原子氢，同时，先沉积的镍膜是活泼的，具有自催化性质，其反应过程如下：

$$H_2PO_2^- + H_2O \xrightarrow{\text{表面催化}} HPO_3^{2-} + H^+ + 2H$$

$$Ni^{2+} + 2H \longrightarrow Ni + 2H^+$$

$$2H \longrightarrow H_2\uparrow$$

$$H_2PO_2^- + H \longrightarrow H_2O + OH^- + P$$

由这一理论导出次磷酸的氧化和镍离子的还原的总反应式为

$$Ni^{2+} + H_2PO_2^- + H_2O \longrightarrow HPO_3^{2-} + 3H^+ + Ni$$

化学镀镍所得到的镍层并非纯镍，而是含有大约 3～5%（重量）磷的镀层，具体含量视沉积参数而定，如镀液组分和各组分的浓度、镀液温度及 pH 值等。

二、溶胶—凝胶法

采用适当的金属有机化合物等溶液水解的方法，可获得所需的氧化物薄膜。这种溶液水解镀膜方法的实质是将某些Ⅲ、Ⅵ、Ⅴ族元素合成烃氧基化合物，以及利用一些无机盐类如氯化物、硝酸盐、乙酸盐等作为镀膜物质。将这些成膜物质溶于某些有机溶剂，如乙酸或丙酮中成为溶胶镀液，采用浸渍和离心甩胶等方法涂覆于基体表面，因发生水解作用而形成胶体膜，然后进行脱水而凝结为固体薄膜。膜厚取决于溶胶液中金属有机化合物的浓度、溶胶液的温度和粘度、基板拉出或旋转速度、角度以及环境温度等。

采用溶胶—凝胶法制备薄膜具有多组分均匀混合，成分易控制，成膜均匀，能制备较大面积的膜，成本低，周期短，易于工业化生产等优点。目前已用于制备 TiO_2、Al_2O_3、SiO_2、$BaTiO_3$、$PbTiO_3$、PZT，PLZT 和 $LiNbO_3$ 等薄膜。

利用这种方法制膜时，对膜材有如下要求：

(1)使用的有机极性溶体应有足够宽的溶解度范围，因此一般不使用水溶液；

(2)有少量水参与时应易水解；

(3)水解后形成的薄膜应不溶解，生成的挥发物易从镀件表面去除；

(4)水解所生成的各种氧化物薄膜能在较低温度下进行充分脱水；

(5)薄膜与基板表面有良好的附着力。

溶胶—凝胶工艺主要步骤：首先将金属醇盐溶于有机溶剂中，然后加入其他组分（可为无机盐形式，只要加入后能互相混溶即可），制成均质溶液，在一定温度下溶解—聚合，形成凝胶。其主要反应如下。

水解反应：

$$M(OR)_n + H_2O \longrightarrow (RO)_{n-1}M—OH + ROH \quad (6\text{-}2)$$

聚合反应：

$$(RO)_{n-1}M—OH + RO—M(OR)_{n-1} \longrightarrow (RO)_{n-1}M—O—M(OR)_{n-1} + ROH \quad (6\text{-}3)$$

式中，M——金属元素，如钛、锆等，R——烷氧基。如以钛酸乙酯和硅酸乙酯制备 TiO_2 和 SiO_2 薄膜的反应过程为

$$Ti(OC_2H_5)_4 + 4H_2O \longrightarrow H_4TiO_4 + 4C_2H_5OH$$

$$H_4TiO_4 \xrightarrow[120℃]{加热} TiO_2 + 2H_2O\uparrow$$

和

$$Si(OC_2H_5)_4 + 4H_2O \longrightarrow H_2SiO_4 + 4C_2H_5OH$$

$$H_2SiO_4 \xrightarrow{加热} SiO_2 + 2H_2O\uparrow$$

乙醇挥发，加热脱水后形成 TiO_2 和 SiO_2 薄膜。

由于溶胶—凝胶法是通过溶胶—凝胶转变过程来制备玻璃、氧化物、陶瓷以及其他一些无机材料薄膜或粉体的一种新工艺，鉴于它具有许多比传统工艺优越的特点，今后 在氧化物敏感薄膜及功能陶瓷薄膜的制备领域中必将占据日益重要的地位。

§6-2 阳极氧化法

铝、钽、钛、铌等阀金属或合金，在适当的电解液中作阳极并加上一定直流电压时，由于电化学反应会在阳极金属表面上形成氧化物薄膜，这个过程称为阳极氧化，其制膜方法称为阳极氧化法。和其他的电解过程一样，阳极氧化过程也服从法拉第定律，即将一定的电量严格地定量转化为金属的氧化物。然而，由于在阳极氧化过程中，会有一定数量的氧化物又溶解在电解液中，所以实际形成氧化物的有效质量要比理论值偏低一些。可以认为，阳极氧化过程存在金属氧化物的形成与其金属的溶解两个相反的过程，而成膜则是两过程的综合结果。即氧化膜的形成反应是一种典型的不均匀反应，膜成长时可认为有如下反应过程。

金属 M 的氧化反应：

$$M + nH_2O \longrightarrow MO_n + 2nH^+ + 2ne \quad (6\text{-}4)$$

金属的溶解反应：

$$M \longrightarrow M^{2n+} + 2ne \quad (6\text{-}5)$$

氧化物 MO_n 的溶解反应：

$$MO_n + 2nH^+ \longrightarrow M^{2n+} + nH_2O \quad (6\text{-}6)$$

利用上述同时存在的反应生成阳极氧化膜。在膜生成初期，同时存在膜生成反应和金属溶解反应。溶解反应产生水合金属离子，生成由氢氧化物或氧化物组成的胶状沉淀氧化物。氧化膜覆盖表面后，金属活化溶解停止，持续氧化反应是铝离子和电子穿过绝缘性铝氧化物在膜表面继续形成氧化物。为维持离子的移动而保证氧化物薄膜的生长，需要外加一定的电场。根据测定此生长电场大约为 7×10^6V/cm，这相当于生长 1.0～1.4nm 厚的氧化膜为 1V。满足这种电场条件时，氧化膜的厚度可由下式求出

$$d = d_0 + \frac{M}{ZF\rho}\int i dt \tag{6-7}$$

式中，M 为氧化物的分子量；ρ 为氧化物密度；F 为电化学常数；Z 为离子价数；i 为电流；d_0 为初始氧化膜厚度。

在恒定电流密度下进行阳极氧化时，膜厚 d 随时间以一定的速率增长。根据氧化物的物质的量(G)和氧化物浓度(D)，可以求出氧化物薄膜厚度(d)的增长速率

$$\frac{dd}{dt} = \frac{jG}{FD} \tag{6-8}$$

式中，F 为法拉第常数，$F=96500\text{A}\cdot\text{s/mol}$。如$\frac{1}{10}Ta_2O_5$ 的摩尔质量为 44.176g/mol，浓度为 8g/cm^3。因此，当电流密度为 $1\times10^{-3}\text{A/cm}^2$ 时，膜的增长速率为 $5.7\times10^{-8}\text{cm/s}$。

阳极氧化时的离子电流与电场强度的关系不符合欧姆定律，而是大致符合如下经验关系

$$j = Ae^{BE} \tag{6-9}$$

式中，A,B 为常数，其数值随阀金属种类及不同的阳极氧化或形成条件而变化。例如，在稀水溶液中，在室温下形成时，Ta 的 $A=0.5\times10^{-18}\text{A/cm}^2$，$B=5\times10^{-6}\text{cm/V}$；Al 的 $A=4\times10^{-18}\text{A/cm}^2$，$B=(3\sim4)\times10^{-6}\text{cm/V}$；$E$ 为电场强度；j 是电流密度。

阳极氧化所形成氧化膜的厚度随形成电压（又称赋能电压）而增加，理论与实验都证明膜厚 d 与形成电压 U_f 有以下关系存在

$$d = aU_f \tag{6-10}$$

式中，a 为与金属氧化物有关的常数，单位为μm/V。例如，Al_2O_3 的 $a=(1.0\sim1.4)\times10^{-3}$ μm/V；Ta_2O_5 的 $a=(1.5\sim2.0)\times10^{-3}$μm/V；$Nb_2O_5$ 的 $a=(2\sim2.2)\times10^{-3}$μm/V。

阳极氧化膜的成分与结构和电解液的类型、浓度，以及工艺参数等因素有关。

§6-3 电 镀 法

电流通过电解液（盐溶液）引起的化学反应称为电解，利用电解反应在位于负极的基板上进行镀膜的过程称为电镀。电镀和电解是在水溶液中进行的，而真空蒸发、离子镀和溅射是在真空中进行的，所以前者叫湿式镀膜技术，后者叫干式镀膜技术。随着电镀技术的发展，电镀也可在非水溶液或熔盐中进行。

电镀的方法是在含有被镀金属离子的水溶液（包括非水溶液、熔盐等）中通直流电流，使正离子在阴极表面放电，得到金属薄膜。所谓电镀主要是指水溶液的电镀，并已得到广泛应用。在电镀过程中利用外加直流电场使阴极的电位降低，达到所镀金属的析出电位，才有可能使阴极表面真正镀上一层金属膜。同时，必须提高阳极电位，只有在外加电位比阳极标准电位大得多时，阳极金属才有可能不断溶解，并使溶解速度超过阴极的沉积速度，才能保证电镀过程的正常进行。

电镀过程遵从法拉第提出的两条基本规律：(1)化学反应量正比于通过的电流；(2)在电流量相同的情况下，淀积在阴极上或从阳极分解出的不同物质的质量正比于它们的物质的量。

电镀时所用的电解液称为电镀液，一般用来镀金属的盐类有单盐和络盐两类。含单盐的镀液如氯化物、硫酸盐等，含络盐的镀液如氰化物等。前者使用安全、价格便宜，但镀层质量较差，比较粗糙；络盐价格贵、毒性大，但容易得到致密光亮的镀层。可根据不同的要求，选择不同种类的镀液。通常镀镍、铂等多使用单盐镀液，而采用络盐镀液来镀铜、银、金等。

在电镀过程中，给电极附近消耗离子的区域提供新离子的方法有：(1)离子浓度梯度引起的扩散；(2)电场引起的离子迁移；(3)电解液中离子的对流。镀层的生长由多种因素决定，如电流密度、电解液的成分和温度、电极形状、反电极特性，以及电解液的活动性等。

对电镀层的基本要求是：具有细密的结晶、镀层平整、光滑牢固、无针孔疵点等。由于电镀在常温下进行，所以镀层具有细致紧密、平整、光滑、无针孔等优点，并且厚度容易控制，因而在电子工业中得到了广泛的应用。

§6-4 LB膜的制备

朗缪尔-布罗格特(Langmuir-Blodett)制膜技术产生于30年代，但是直到70年代以来，由于其制膜技术日趋完备，实际应用前景良好，才受到越来越多的重视。它是利用分子表面活性在水-气界面上形成凝结膜，并将该膜逐次转移到固体基板上，形成单层或多层类晶薄膜的一种制膜方法。Langmuir-Blodett法，简称LB法，所制得的相应膜层称为LB膜。这是一种由某些有机大分子定向排列组成的单分子层或多分子层薄膜，其制膜原理与其他成膜技术截然不同。在有机物质中存在具有表面活性的物质，其分子结构有共同的特征，同时具有“亲水性基团”和“疏水性基团”(或称亲油性基团)。如果作为分子的整体亲水性强，则分子就会溶于水；如果疏水性强，则分离成两相。如果以同时具有亲水基团和疏水基团的有机分子材料为原料，由于两者平衡即适当保持“两亲媒性平衡”状态，这样的有机分子就会吸附于水-气界面。如果把这种具有表面活性的物质溶于苯、二氯甲烷等挥发性溶剂中，并把该溶液分布于水面上，待溶剂挥发后就留下垂直站立在水面上的定向单分子膜。这种在水面的单分子一端呈亲水性一端呈疏水性，即具有二维特性。当分子稀疏地分散于水面上时，每1分子面积S与表面压力σ之间符合二维理想气体的公式

$$\sigma S = KT \tag{6-11}$$

式中，K为常数，T为温度。这种膜称为“气体膜”，如果S特别小就变为固体状态的凝结膜(或称固体薄膜)；处于两者之间的称为二维液体状态。

由于上述分子所具有的两端各有亲水和疏水的性质，它将能与任一具有亲水或疏水性的固体表面相吸。如果将具有疏水性表面的基板垂直而缓慢地插入浮有单分子层的水中，其分子的疏水端就会与基板表面相吸引，使一分子层附着到基板表面(如图6-1(a))；对于亲水性表面的基板，则在垂直而缓慢地上提时，由于分子亲水端的吸引，而有一层分子附着到基板表面(图6-1(b))。分子亲水端能与亲水端相吸，疏水端能与疏水端相吸，因此基板每通过一次水面，就可覆盖上一层分子层(图6-1(c))。对疏水性表面，垂直上、下通过水面n次，就在其上可获得$2n$层单分子层；若为亲水表面，由于第一次向下时没有附着膜层，故为$2n-1$层。

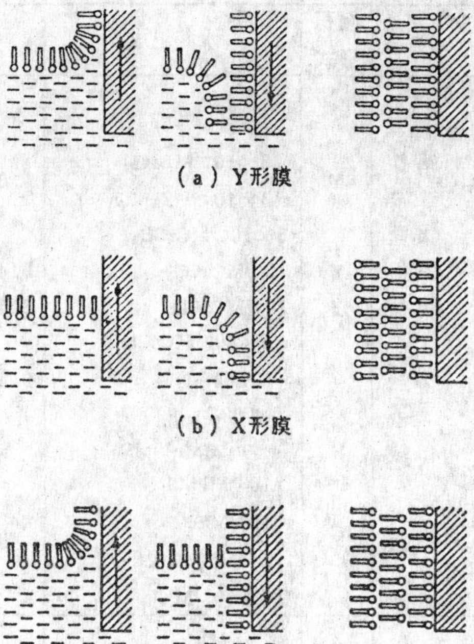

(a) Y形膜

(b) X形膜

(c) Z形膜

○— 表示成膜分子

图 6-1 LB 膜的制备

LB 膜的制备装置比较简单，如图 6-2 所示，它主要由一个扩展单分子层的水槽和转移膜层的拉膜装置所组成。制备 LB 膜时，根据需要和调节原料分子的亲水性和疏水性，转移到基板上的 LB 膜可以是单分子层或多分子层；可以是同种分子的多分子层，也可以是由异种分子的 LB 薄膜组成的多层结构。以前成膜分子多为直链脂肪酸、直链铵、叶绿素、磷脂质等生物体有关物质。近年来，随着材料科学的进展，根据两亲媒 性的平衡原则，对成膜分子进行设计与合成，所用分子种类显著增加。

当采用图 6-2 所示装置制膜时，重物 K 的质量 m_w 可预先按下式进行调节

$$m_w = \frac{\sigma L_f}{g} \tag{6-12}$$

式中，L_f 为浮子的宽度，g 为重力加速度。当表面压力 $\sigma=(20\sim30)\times10^{-3}$N/m 时，适合膜层叠积。如在 NESA、ITO 等透明导电氧化物薄膜及Ⅳ族、Ⅱ-Ⅵ族、Ⅲ-Ⅴ族半导体上制叠积膜层等。

表 6-1 列出由各种成膜分子制备 LB 膜的主要条件。在这些例子中将水相条件相似的组合在一起，容易得到异质结构膜。基片在提升或浸渍后对水相条件、重物质量进行微调，也可使单分子膜重新展开。

表 6-1 LB 膜制作条件

成膜分子种类		叠积形式	水相组成	pH	温度（℃）	表面压力（10^{-3}N/m）
饱和脂肪酸						
直链脂肪酸						
$CH_3(CH_2)_{n-2}$—COOH（n=16～22）	Ba 盐	Y	$3\times10^{-5}MBaCl_2$ $4\times10^{-4}MKHCO_3$	7.0～7.2	<22	30
	Ca 盐	X	$5\times10^{-4}MCaCO_3$	7.4	15	30
	Ca 盐	Y	$10^{-4}MCaCO_3$	6.4～6.6	22	16
	Cd 盐	Y	$10^{-4}MCdCl_2$	6.0～7.7	—	—
	Co 盐		$5\times10^{-5}MCoCl_2$ NH_4Cl-NH_3 调节 pH 值	9.2～9.6	—	30
	Mn 盐	Y	$\sim10^{-3}MMn^{2+}$	>6.5	—	—
	Pb 盐	Y	$10^{-4}MPbCl_2$ $10^{-4}MFeCl_3$ $2\times10^{-5}MHCl$ $5\times10^{-5}MKI$	5.02	—	—
不饱和脂肪酸						
ω—廿三碳烯酸						
CH_2═CH—$(CH_2)_{20}$—COOH 游离酸		Y	未添加	—	—	32.5
	Ca 盐	Y	$10^{-3}MCaCl_2$	7.5～8.0	—	32～35
α—十八烷基丙烯酸 $CH_3(CH_2)_{17}$—C(═CH_2)—COOH	Ba 盐	Y	$10^{-4}MBaCl_2$	—	21	25
联乙炔诱发体						
$CH_3(CH_2)_{n-1}$—C≡C—C≡C—$(CH_2)_8$—COOH						
n=9,10	Cd 盐	Y	$10^{-3}MCdCl_2$ NaOH—HCl 调整 pH 值	>6.5	12	20
n=12,14	Cd 盐	Y	同上	>6.5	20	20
芳香族香芹酮酸蒽诱发体						
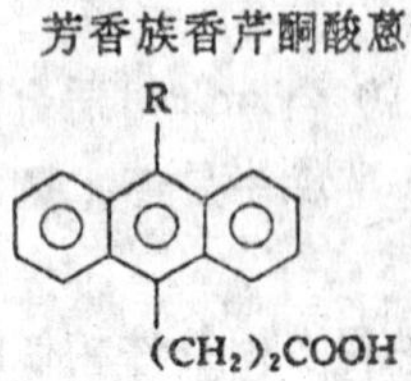	R ═C_4H_9 C_6H_{13} C_8H_{17}	Y	$2.5\times10^{-4}MCdCl_2$ NaOH—HCl 调整 pH 值	4.5	—	15
	R ═$C_{12}H_{25}$	Y	同上	4.5	—	20
直链胺						
十八烷基胺 $CH_3(CH_2)_{17}$—NH_2		Y	$10^{-2}MNa_2HPO_4$ NaOH—HCl 调整 pH 值	7.7（最佳值）	—	30

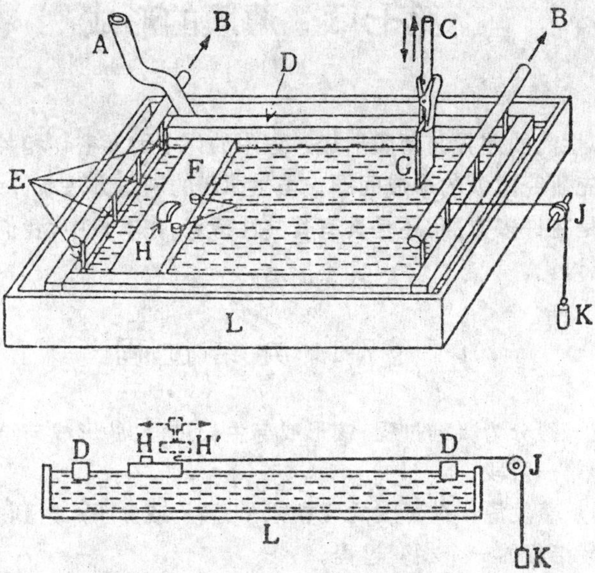

图 6-2 LB 膜制作装置模式图

A—供水管 *B*—连接吸收泵 *C*—基片上下移动臂 *D*—聚丙烯框架

E—吸附喷管 *F*—聚丙烯浮子 *G*—基片 *H*—磁铁

H—浮子移动用可动磁铁 *J*—滑轮 *K*—重物 *L*—方形水槽

这种 LB 薄膜的应用前景宽广，已在许多科学研究中得到应用。它可用于从电子器件到高温超导的各种实际装置中，制成大面积的发光器件、整流器和记忆器件及非线性器件。平整、致密和均匀的膜，是集成光学、超晶格、薄膜晶体管的活性膜和各种 MIS 器件的绝缘膜。正在研究将 LB 膜用于电子显微镜的复型膜和光刻技术中的光蚀膜等。目前，LB 膜已在 MIS 结构的场效应器件、电致发光、集成光路及生物传感器方面得到良好的试用结果。

第七章　薄膜的形成

薄膜结构和性能的差异与薄膜形成过程中的许多因素密切相关。因此，在讨论薄膜结构和性能之前，先研究薄膜的形成问题。虽然薄膜的制备方法有许多种类，薄膜形成的机制各不相同，但是在许多方面，还是具有其共性特点。在本章中，我们以真空蒸发薄膜的形成为例进行重点讨论。

§7-1　凝结过程

薄膜的形成一般分为凝结过程、核形成与生长过程、岛形成与结合生长过程。凝结过程是薄膜形成的第一阶段。

凝结过程是从蒸发源中被蒸发的气相原子、离子或分子入射到基体表面之后，从气相到吸附相，再到凝结相的一个相变过程。

一、吸附过程

一个气相原子入射到基体表面上，能否被吸附，是物理吸附还是化学吸附，是一个比较复杂的问题。

固体表面与体内在晶体结构上一个重大差异就是原子或分子间的结合化学键中断。原子或分子在固体表面形成的这种中断键称为不饱和键或悬挂键。这种键具有吸引外来原子或分子的能力。入射到基体表面的气相原子被这种悬挂键吸引住的现象称为吸附。如果吸附仅仅是由原子电偶极矩之间的范德华力起作用称为物理吸附；若吸附是由化学键结合力起作用则称为化学吸附。

固体表面的这种特殊状态使它具有一种过量的能量称为表面自由能。吸附现象使表面自由能减小。伴随吸附现象的发生而释放的一定的能量称为吸附能。将吸附在固体表面上的气相原子除掉称为解吸，除掉被吸附气相原子的能量称为解吸能。

因为从蒸发源入射到基体表面的气相原子都有一定的能量。它们到达基片表面之后可能发生三种现象：

(1)与基体表面原子进行能量交换被吸附；

(2)吸附后气相原子仍有较大的解吸能，在基体表面作短暂停留后再解吸蒸发(再蒸发或二次蒸发)；

(3)与基体表面不进行能量交换，入射到基体表面上立即反射回去。

用真空蒸发法制备薄膜时，入射到基体表面上的气相原子中的绝大多数都与基体表面原子进行能量交换形成吸附。

将吸附过程用能量关系表示时可由图 7-1 说明。当入射到基体表面的气相原子动能较小时，处于物理吸附状态，其吸附能用 Q_p 表示。当这种气相原子动能较大但小于或等于

E_a 时则可产生化学吸附。达到完全化学吸附，这种气相原子所具有的动能必须达到吸附能 E_d 的数量。E_d 与 E_a 的差值 Q_c 称为化学吸附热，E_a 称为激活能。由此可以看出，化学吸附是一种激活过程。因为 Q_c 大于 Q_p，所以只有动能较大的气相原子才能和基体表面产生化学吸附。当这种气相原子具有的动能大于 E_d 时，它将不被基体表面吸附，通过再蒸发或解吸而转变为气相。因此 E_d 又称为解吸能。

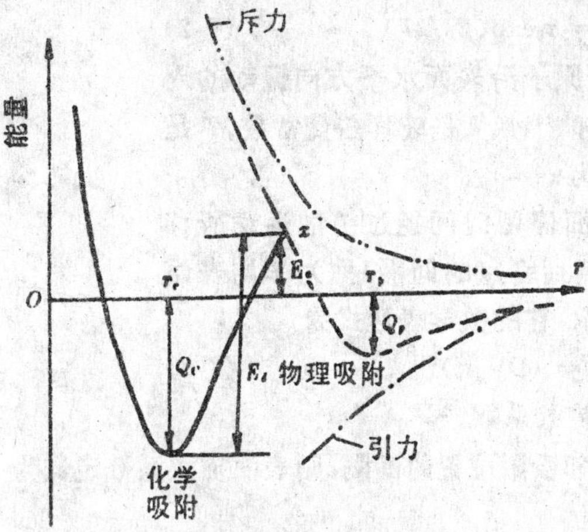

图 7-1　吸附过程能量曲线

吸附的气相原子在基体表面上的平均停留时间 τ_a 与吸附能 E_d 之间的关系为

$$\tau_a = \tau_0 \exp(E_d/kT) \tag{7-1}$$

式中 τ_0 是单层原子的振动周期，数值大约为 $10^{-14}\sim10^{-12}$秒。k 是玻耳兹曼常数，T 是绝对温度。

在室温下，不同吸附能 E_d 与平均停留时间 τ_a 间的关系如表 7-1 所示。从表中看到，当 E_d 大于 20kcal/mol 时，τ_a 值急剧增长到超过通常的实验时间。

表 7-1　吸附能 E_d 与平均停留时间 τ_a 关系

E_d(kcal/mol)	τ_a(s)	E_d(kcal/mol)	τ_a(s)
2.5	6.6×10^{-12}	20	3.8×10
5	4.4×10^{-10}	25	1.7×10^{5}
10	1.6×10^{-6}	30	7.3×10^{8}
15	8.5×10^{-3}		

二、表面扩散过程

入射到基体表面上的气相原子在表面上形成吸附原子后，它便失去了在表面法线方向的动能，只具有与表面水平方向相平行运动的动能。依靠这种动能，吸附原子在表面上作不同方向的表面扩散运动。在表面扩散过程中，单个吸附原子间相互碰撞形成原子对之后才能产生凝结。因此在研究薄膜形成过程时所说的凝结就是指吸附原子结合成原子对及其以后的过程。所以吸附原子的表面扩散运动是形成凝结的必要条件。

图 7-2 是吸附原子表面扩散时有关能量的示意图。从图中看到表面扩散能 E_D 比吸附能 E_d 小得多，大约是吸附能 E_d 的 1/6～1/2。

吸附原子在一个吸附位置上的停留时间称为平均表面扩散时间并用 τ_D 表示。它和表面扩散能 E_D 之间的关系是

$$\tau_D = \tau'_0 \exp(E_D/kT) \tag{7-2}$$

式中 τ'_0 是表面原子沿表面水平方向振动的周期，大约为 10^{-13}～10^{-12}秒。k 是玻耳兹曼常数。T 是绝对温度。一般认为 $\tau_0=\tau'_0$。

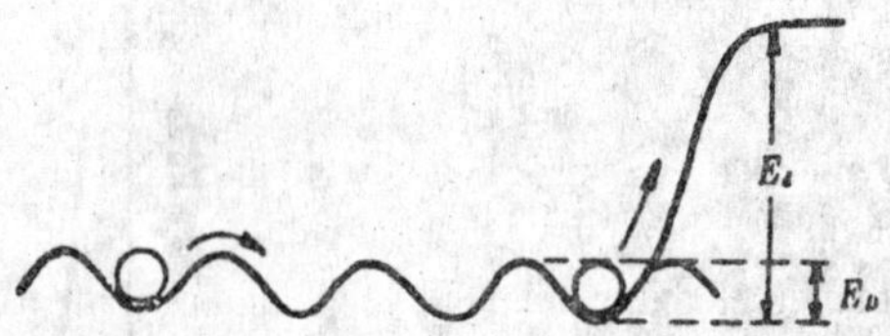

图 7-2　吸附原子表面扩散示意图

吸附原子在表面停留时间经过扩散运动所移动的距离（从起始点到终点的间隔）称为平均表面扩散距离并用 $\bar{x}$ 表示，它的数学表达式为

$$\bar{x} = (D \cdot \tau_a)^{1/2} \tag{7-3}$$

式中 D 是表面扩散系数。

若用 a_0 表示相邻吸附位置的间隔，则表面扩散系数定义为 $D=a_0^2/\tau_D$。这样，平均表面扩散距离 $\bar{x}$ 可表示为

$$\bar{x} = a_0 \exp[(E_d - E_D)/kT] \tag{7-4}$$

从式(7-4)可看出，E_d 和 E_D 值的大小对凝结过程有较大影响。表面扩散能 E_D 越大，扩散越困难，平均扩散距离 $\bar{x}$ 也越短。吸附能 E_d 越大，吸附原子在表面上停留时间 τ_a 越长，则平均扩散距离 $\bar{x}$ 也越长。这对形成凝结过程非常有利。

三、凝结过程

前面已指出，我们研究的凝结过程是指吸附原子在基体表面上形成原子对及其以后的过程。

假设单位时间内沉积在单位基体表面上的原子数为 J（个/cm^2·s），吸附原子在表面的平均停留时间为 τ_a，那么单位基体表面上的吸附原子数 n_1 为

$$n_1 = J \cdot \tau_a = J \cdot \tau_0 \cdot \exp(E_d/kT) \tag{7-5}$$

从此式看出，沉积一停止（$J=0$），n_1 立刻就等于零。在这种情况下，即使连续地进行沉积，气相原子也不可能在基体表面发生凝结，凝聚成凝结相。

吸附原子表面扩散时间为 τ_0，它在基体表面上的扩散迁移频度 f_D 为

$$f_D = \frac{1}{\tau_D} = \frac{1}{\tau'_0}\exp(-E_D/kT) \tag{7-6}$$

假设 $\tau_0=\tau'_0$，则吸附原子在基体表面停留时间内所迁移的次数为

$$N = f_D \cdot \tau_a = \exp[(E_d - E_D)/kT] \tag{7-7}$$

很清楚，一个吸附原子在这样的迁移中与其它吸附原子相碰撞就可形成原子对。这个吸附原子的捕获面积 S_D 为

$$S_D = N/n_0 \tag{7-8}$$

式中 n_0 是单位基体表面上的吸附位置数。

由此可得出所有吸附原子的总捕获面积为

$$S_\Sigma = n_1 S_D = n_1 \frac{N}{n_0} = f_D \cdot \tau_a \frac{n_1}{n_0}$$

$$= \frac{n_1}{n_0} \exp[(E_d - E_D)/kT] \tag{7-9}$$

若 $S_\Sigma<1$，即小于单位面积，在每个吸附原子的捕获面积内只有一个原子，故不能形成原子对，也就不发生凝结。

若 $1<S_\Sigma<2$，则发生部分凝结。在这种情况下，平均地说，吸附原子在其捕获范围内有一个或二个吸附原子。在这些面积内会形成原子对或三原子团。其中一部分吸附原子在渡过停留时间后又可能重新蒸发掉。

若 $S_\Sigma>2$，平均地说，在每个吸附原子捕获面积内，至少有两个吸附原子。因此所有的吸附原子都可结合为原子对或更大的原子团，从而达到完全凝结，由吸附相转变为凝结相。

在研究凝结过程中通常使用的物理参数有凝结系数、粘附系数和热适应系数。

当蒸发的气相原子入射到基体表面上，除了被弹性反射和吸附后再蒸发的原子之外，完全被基体表面所凝结的气相原子数与入射到基体表面上总气相原子数之比称为凝结系数，并用 α_c 表示。

当基体表面上已经存在着凝结原子时，再凝结的气相原子数与入射到基体表面上总气相原子数之比称为粘附系数，并用 α_s 表示，

$$\alpha_s = \frac{1}{J}\frac{dn}{dt} \tag{7-10}$$

式中 J 是入射到基片表面气相原子总数，n 是在 t 时间内基体表面上存在的原子数。在 n 趋近于零时 $\alpha_c=\alpha_s$。

表征入射气相原子(或分子)与基体表面碰撞时相互交换能量程度的物理量称为热适应系数，并用 α 表示

$$\alpha = \frac{T_i - T_r}{T_i - T_s} \tag{7-11}$$

式中 T_i、T_r 和 T_s 分别表示入射气相原子、再蒸发原子和基体的温度。

吸附原子在表面停留期间，若和基片能量交换充分到达热平衡($T_r=T_s$)，$\alpha=1$ 表示完全适应。如果 $T_s<T_r<T_i$ 时，$\alpha<1$ 表示不完全适应。若 $T_i=T_r$ 则入射气相原子与基体完全没有热交换，气相原子全反射回来，$\alpha=0$ 表示完全不适应。

从实验研究中得到有关凝结系数 α_c、粘附系数 α_s，与基体温度、蒸发时间及膜厚的关系，分别如表 7-2 和图 7-3 所示。

表 7-2　气相原子的凝结系数与基体温度和膜厚的关系

凝结物	基体	基体温度℃	膜厚(Å)	凝结系数 α_c
Cd	Cu	25	0.8	0.037
			4.9	0.26
			6.0	0.24
			42.2	0.26
Au	玻璃、Cu、Al	25	刚能	0.90～0.99
	Cu	350	观察	0.84
	玻璃	360	出膜	0.50
	Al	320	厚	0.72
	Al	345		0.37
Ag	Ag(0)	20		1.0
	Au(0.18)	20	同	0.99
	Pu(3.96)	20		0.86
	Ni(13.7)	20	上	0.64
	玻璃	20		0.31

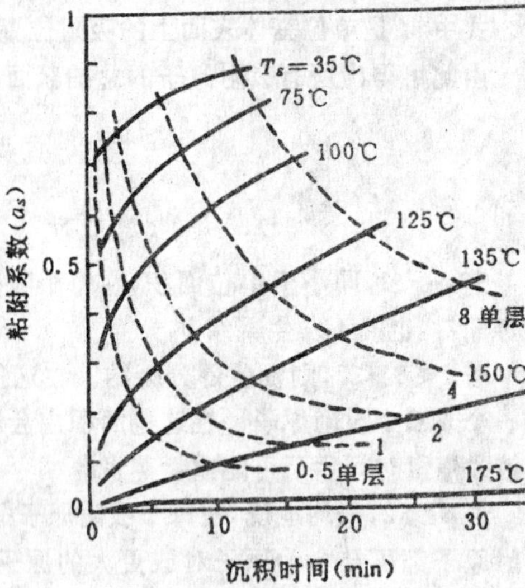

图 7-3　不同基体温度下粘附系数 α_s 与沉积时间的关系(虚线为等平均膜厚线)

§7-2　核形成与生长

薄膜的形成与成长有三种形式：(1)岛状形式(Volmer-Weber 形式)；(2)单层成长形式(Frank-Vander Merwe 形式)；(3)层岛结合形式(Stranski-Krastanov 形式)。分别如图 7-4 所示。因为大多数薄膜的形成与成长都属于第一种形式，就是在基体表面上吸附的气相原子凝结之后，因吸附原子在其表面上扩散迁移而形成晶核。核再结合其他吸附气相原子逐渐长大形成小岛。岛再结合其他气相原子便形成薄膜。可以说薄膜的形成是由成核开始的。在本节研究核形成与生长的物理过程和理论表达式。

一、核形成与生长的物理过程

核形成与生长的物理过程可用图 7-5 说明。从图中可看出核的形成与生长有四个步骤：

(1)从蒸发源蒸发出的气相原子入射到基体表面上，其中有一部分因能量较大而弹性反射回去，另一部分则吸附在基体表面上。在吸附的气相原子中有一小部分因能量稍大而再蒸发出去。

(2)吸附气相原子在基体表面上扩散迁移，互相碰撞结合成原子对或小原子团并凝结在基体表面上。

(3)这种原子团和其他吸附原子碰撞结合，或者释放一个单原子。这个过程反复进行，一旦原子团中的原子数超过某一个临界值，原子团进一步与其他吸附原子碰撞结合，只向着长大方向发展形成稳定的原子团。含有临界值原子数的原子团称为临界核，稳定的原子团称为稳定核。

(4)稳定核再捕获其它吸附原子，或者与入射气相原子相结合使它进一步长大成为小岛。

核形成过程若在均匀相中进行则称为均匀成核；若在非均匀相或不同相中进行则称为非均匀成核。在固体或杂质的界面上发生核形成时都是非均匀成核。在用真空蒸发法制备薄膜过程中核的形成，与水滴在固体表面的凝结过程相类似都属于非均匀成核。

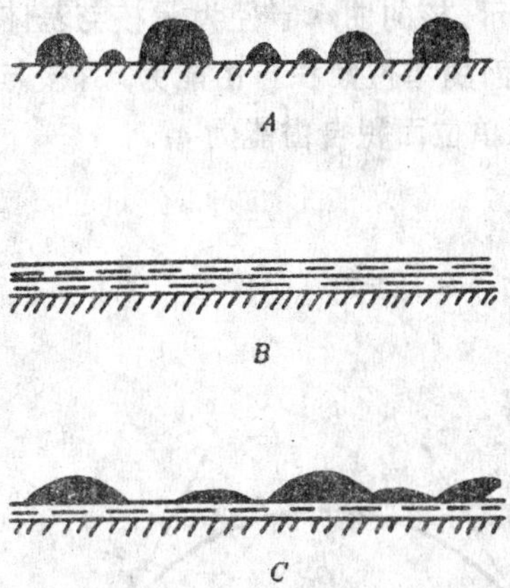

图 7-4　薄膜形成与生长的三种形式

A. 三维核(Volmer-Weber 型)

B. 单层生长(Frank-Vander Merwe 型)

C. 单层上形成三维核(Stranski-Krastanov 型)

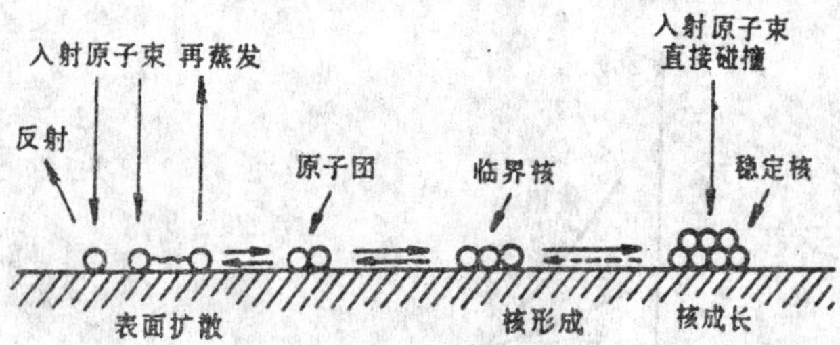

图 7-5　核形成与生长的物理过程

二、核形成理论

核形成理论研究的主要内容包括核形成的条件和核生长速度，也就是求出与核生长速度有关的数学表达式。

在研究核形成过程时，比较常用的理论有下面两种：

(1)热力学界面能理论(毛细管现象理论)

(2)原子聚集理论(统计理论)

由于本书篇幅所限，我们仅对这两种核形成理论，进行简要介绍。

1. 热力学界面能理论

这种理论的基本思想是将一般气体在固体表面上凝结成微液滴的核形成理论(类似于毛细管湿润)应用到薄膜形成过程中的核形成研究。这种理论采用蒸气压、界面能和湿润角等宏观物理量，从热力学角度处理核形成问题。

(*a*)热力学的基本概念　热力学理论认为，所有的相转变都使物质体系的自由能下降。体系中体积自由能下降，新相和旧相间界面自由能上升。体系的总自由能变化由两者之和来决定。图 7-6 表示某一体系中固液相转变时体积自由能的变化。T_0 是固液两相体积自由能相等时的温度称为结晶温度。当温度 $T>T_0$ 时，液相自由能较低，它是稳定的。当温度 $T<T_0$ 时，固相自由能较低，固相是稳定的。液相力图朝自由能较低的固相转变。

若体系总自由能变化、固相体积、固液相界面面积、固相单位体积自由能变化、界面单位面积自由能分别用 ΔG、V、S、ΔG_v、σ 来表示，则体系总自由能变化可表示为

$$\Delta G = \Delta G_V(\downarrow) + \Delta G_S(\uparrow) = V \cdot \Delta G_v + S \cdot \sigma \tag{7-12}$$

上式就是热力学界面能理论研究核形成问题的基本公式。

(b)临界核尺寸　前面已指出，只有当核中的原子数超过临界原子数时才能形成稳定核。现在用热力学界面能理论研究临界核尺寸及相关因素。

假定在基体表面上形成的核是球帽形，如图 7-7 所示。核的曲率半径为 r，核与基体表面的湿润角为 θ，核单位体积自由能为 ΔG_v，核与气相界面的单位面积自由能为 σ_0，核与基体表面界面单位面积自由能为 σ_1，基体表面与气相界面单位面积自由能为 σ_2。

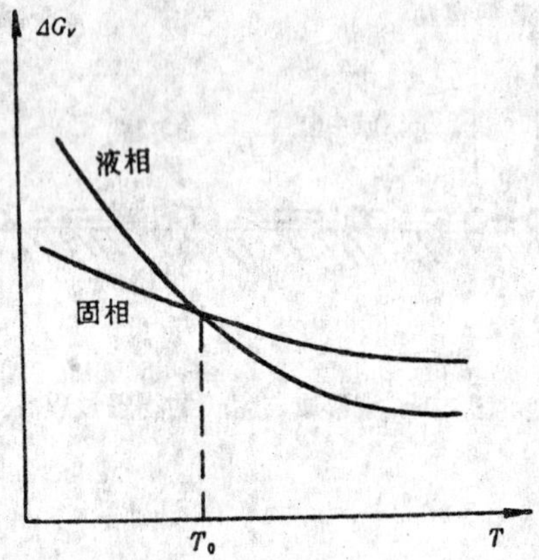

图 7-6　固液相变化时体积自由能变化

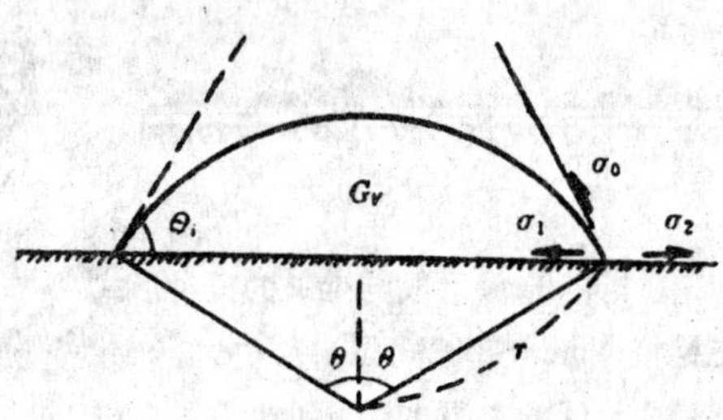

图 7-7　基体表面形成的球帽形核

核与气相界面(核表面)面积为 $2\pi r^2(1-\cos\theta)$，核与基体表面界面面积为 $\pi r^2\sin\theta$，因此核表面和界面的总自由能变化为

$$\Delta G_S = 2\pi r^2(1-\cos\theta)\sigma_0 + \pi r^2 \cdot \sin\theta(\sigma_1 - \sigma_2) \tag{7-13}$$

在热平衡状态下

$$\sigma_0 \cdot \cos\theta + \sigma_1 - \sigma_2 = 0$$

$$\sigma_2 = \sigma_1 + \sigma_0 \cdot \cos\theta \tag{7-14}$$

将式(7-14)代入式(7-13)可求出

$$\begin{aligned}\Delta G_S &= 2\pi r^2(1-\cos\theta)\sigma_0 - \pi r^2 \cdot \sin^2\theta \cdot \cos\theta \cdot \sigma_0 \\ &= 4\pi r^2 \cdot \sigma_0\left(\frac{1}{2} - \frac{1}{2}\cos\theta - \frac{1}{4}\sin^2\theta \cdot \cos\theta\right) \\ &= 4\pi r^2 \cdot \sigma_0\left(\frac{2-3\cos\theta+\cos^3\theta}{4}\right) \\ &= 4\pi r^2\sigma_0 \cdot f(\theta)\end{aligned} \tag{7-15}$$

式中 $f(\theta)$ 称为几何形状因子。

球帽形核的体积自由能变化为

$$\Delta G_V = \Delta G_v \cdot \frac{4}{3}\pi r^3 \cdot f(\theta) \tag{7-16}$$

式(7-15)和(7-16)相加便可求出体系的总自由能变化为

$$\Delta G = 4\pi \cdot f(\theta) \cdot (r^2 \cdot \sigma_0 + \frac{1}{3}r^3 \cdot \Delta G_v) \tag{7-17}$$

将式(7-17)对核曲率半径 r 求导数，并令其等于零，可求出临界核半径 r' 为

$$r' = \frac{-2\sigma_0}{\Delta G_v} \qquad (\Delta G_v < 0) \tag{7-18}$$

将 r' 代入式(7-17)，可求出总自由能变化值

$$\Delta G^* = \frac{16\pi \cdot \sigma_0^3 \cdot f(\theta)}{3(\Delta G_v)^2} \tag{7-19}$$

将 ΔG 与 r 的函数关系描绘成曲线如图 7-8 所示。

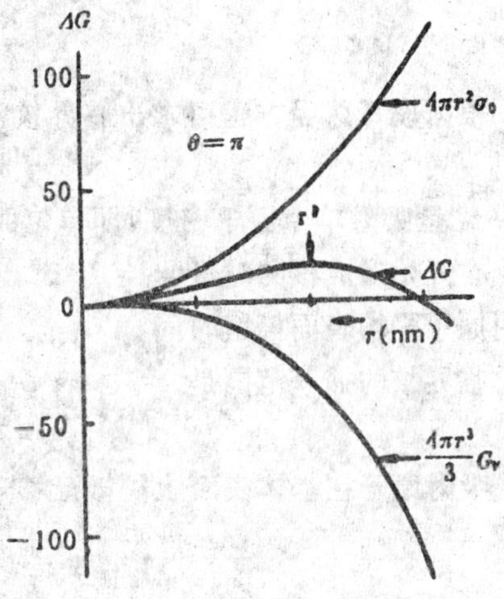

图 7-8　总自由能变化 ΔG 与核半径 r 的关系曲线

从图 7-8 中看到，当聚集体的半径 r 小于临界核半径 r' 时，它将被解体而不能生长形成稳定核。当半径 r 大于 r' 时，聚集体可长大变成稳定的核。

从式(7-18)看出，临界核半径 r' 与湿润角 θ 无关。这是因为湿润角 θ 对表面界面能 σ 的影响和对体积自由能 ΔG_v 的影响相同。但是 ΔG^* 却与 θ 角有关。当 $\theta = 0°$ 时，$\Delta G^* = 0$，这是完全湿润的情况。当 $\theta = 180°$ 时，$f(\theta) = 1$，ΔG^* 数值最大，这是完全不湿润的情况。它表明为了形成稳定核需克服的势垒最高。

若将 ΔG_v 看作是为了在真空蒸发时生成过饱和气相所需的能量，那么 ΔG_v 可表示为

$$\Delta G_v = -\left(\frac{kT}{\Omega}\right) \cdot \ln\left(\frac{P}{P_e}\right) \tag{7-20}$$

式中 k 是玻耳兹曼常数，T 是绝对温度，Ω 是气相原子体积，P 是过饱和蒸气压(实际蒸气压)、P_e 是平衡状态下蒸气压，P/P_e 称为过饱和度。

将式(7-20)代入(7-18)可得到

$$r' = \frac{-2\sigma_0}{\Delta G_v} = \frac{2\sigma_0 \cdot \Omega}{kT \cdot \ln(P/P_e)} \tag{7-21}$$

由此式可看到，过饱和度 P/P_e 较大时，临界核半径 r' 较小。反之当过饱和度较小时，临界核半径 r' 较大。这是因为入射到基体表面上的蒸发气相原子强度 J 与过饱和蒸气压 P 有关系

$$J = \frac{P}{(2\pi \cdot m \cdot kT)^{1/2}} \tag{7-22}$$

式中 m 是气相原子质量。

(c)成核速率　在前面讨论核形成过程中已经指出，各种凝结的小原子团、聚集体及临界核等都处在结合与分解的动平衡中。根据外界条件的不同，结合与分解各占不同的优势。在适当的沉积条件下，达到动平衡之后，单位基体表面上临界核的数目就保持不变。我们所研究的成核速率是指形成稳定核的速率或临界核长大的速率。因此，成核速率的定义是单位时间内在单位基体表面上形成稳定核的数量。

临界核长大的途径可有两个：一是入射的蒸发气相原子直接与临界核碰撞结合，另一个是吸附原子在基体表面上扩散迁移碰撞结合。若基体表面上临界核的数量较少，临界核的长大主要依赖于吸附原子的表面扩散迁移碰撞结合。在这种情况下，成核速率与单位面积上临界核数量、每个临界核的捕获范围和所有吸附原子向临界核运动的总速度有关。

首先，我们研究临界核密度，即单位面积上临界核数量。假定在基体表面上有相同吸附能的吸附位置是均匀分布的。各种尺寸的聚集体都处在吸附着单个原子的准平衡状态。临界核中含有的原子数 i^* 为

$$i^* = \frac{4}{3}\pi \cdot r'^3 \cdot \frac{f(\theta)}{\Omega} \tag{7-23}$$

根据玻耳兹曼方程可求出临界核密度 n_i^* 为

$$n_i^* = n_1 \cdot \exp(-\Delta G^*/kT) \tag{7-24}$$

式中 n_1 是吸附单个原子密度，即单位面积上吸附单原子数。

在开始形成核的时候，$n_1 = J \cdot \tau_a$。J 是入射到基体表面上的蒸发气相原子强度，τ_a 是吸附原子平均表面停留时间。

临界核的捕获范围是

$$A = 2\pi \cdot r' \cdot \sin\theta \tag{7-25}$$

吸附原子在基体表面上扩散迁移速度为

$$v = \frac{a_0}{\tau_D} = \frac{a_0}{\tau_0}\exp(-E_D/kT) \tag{7-26}$$

式中 a_0 是吸附点之间的距离。由此可得出所有吸附单个原子向临界核运动的总速度 V 为

$$\begin{aligned} V &= n_1 \cdot v = n_1 \frac{a_0}{\tau_0}\exp(-E_D/kT) \\ &= J \cdot \tau_a \frac{a_0}{\tau_0}\exp(-E_D/kT) \\ &= J \cdot \tau_0\exp(E_d/kT) \cdot \frac{a_0}{\tau_0}\exp(-E_D/kT) \\ &= J \cdot a_0\exp[(E_d - E_D)/kT] \end{aligned} \tag{7-27}$$

式(7-24)、(7-25)和(7-27)相乘就得到成核速率 I

$$\begin{aligned} I &= Z \cdot n_i^* \cdot A \cdot V \\ &= Z \cdot n_1 2\pi r' \cdot \sin\theta \cdot J \cdot a_0\exp\left(\frac{E_d - E_D - \Delta G^*}{kT}\right) \end{aligned} \tag{7-28}$$

式中 Z 是 Zeldovich 修正因子，数值约为 10^{-2}。它是非平衡修正因子。在成核时偏离平衡态，临界核发生分解。

从表示临界核半径 r' 的式(7-21)和成核速率 I 的式(7-28)看出，在进行具体计算时

要知道 $\sigma_0 \Delta G^*$ 和 θ 等参数。它们又随临界核的形状与大小而变化。要确切知道它们的数值是相当困难的。如果将由块状材料给出的 σ_0 和 ΔG_v 值，$\sigma_0 = 10^3 \mathrm{erg} \cdot \mathrm{cm}^2$，$\Delta G_v = -10^{11} \mathrm{erg} \cdot \mathrm{cm}^2$ 代入式(7-21)中，求出临界核半径 $r = 2\text{Å}$。显然与实际情况有较大差异。这是热力学界面能理论将宏观物理量用到微观成核理论造成的必然结果。

2. 原子聚集理论（统计理论）

在热力学界面能理论中，对核形成有两个假设。一是认为当核尺寸变化时其形状不变化，二是认为核的表面自由能和体积自由能与块状材料有同样数值。对于块状材料，例如金属冶炼，其核尺寸都较大，由 100 个以上的原子组成。在沉积薄膜时，临界核尺寸较小，一般只含有几个原子。所以用热力学界面能理论研究薄膜形成过程中的成核就不适宜。

原子聚集理论研究核形成时，将核看作一个大分子聚集体，用聚集体原子间的结合能或聚集体原子与基体表面原子间的结合能代替热力学自由能。

在原子聚集理论中，临界核和最小稳定核的形状与结合能的关系如图 7-9 所示。从图中的结合能数值看出，它不是连续变化而是以原子对结合能为最小单位的不连续变化。

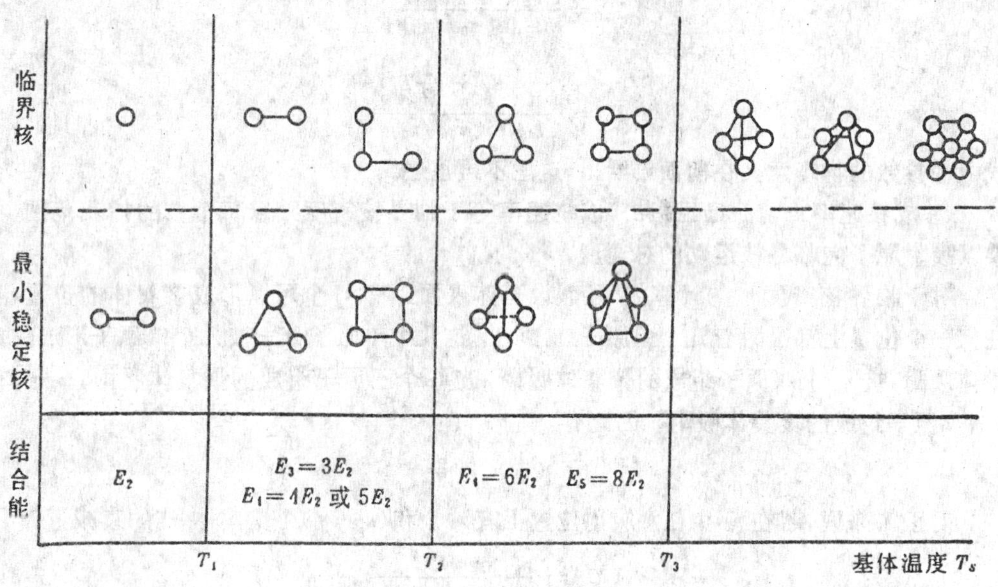

图 7-9 临界核与最小稳定核的形状

(a)临界核　当临界核尺寸较小时，结合能 E_i 将呈现不连续性变化，几何形状不能保持恒定不变。因此无法求出临界核大小的数学解析式，但可以分析它含有一定原子数目时所有可能的形状。然后用试差法确定哪种原子团是临界核。下面以面心立方结构金属进行分析。我们假定沉积速率恒定不变，分析临界核大小随基体温度的变化。

①在较低的基体温度下，临界核是吸附在基体表面上的单个原子。在这种情况下，每一个吸附原子一旦与其它吸附原子相结合都可形成稳定的原子对形状稳定核。由于在临界核原子周围的任何地方都可与另一个原子相碰撞结合，所以稳定核原子对将不具有单

一的定向性。

②在温度大于 T_1 之后，临界核是原子对。因为这时每个原子若只受到单键的约束是不稳定的，必须具有双键才能形成稳定核。在这种情况下，最小稳定核是三原子的原子团。这时稳定核将以(111)面平行于基片。

另一种可能的稳定核是四原子的方形结构，但出现这种结构的几率较小。

③当温度升高到大于 T_2 以后，临界核是三原子团或四原子团。因为这时双键已不能使原子稳定在核中。要形成稳定核，它的每个原子至少要有三个键。这样其稳定核是四原子团或五原子团。

④当温度再进一步升高达到 T_3 以后，临界核显然是四原子团或五原子团，有的可能是七原子团。

上述情况均反映在图 7-9 中。图中的温度 T_1、T_2 和 T_3 称为转变温度或临界温度。在热力学界面能成核理论中，描述核形成条件采用临界核半径的概念。由此可看到两种理论在描述临界核方面的差异。

详细的理论计算可求得 T_1 和 T_2 如下

$$T_1 = \frac{-(E_d + E_2)}{k \cdot \ln(\tau_0 J/n_0)}$$

$$T_2 = \frac{-\left(E_d + \frac{1}{2}E_3\right)}{k \cdot \ln(\tau_0 J/n_0)} \tag{7-29}$$

式中各参数的物理意义在前面已给出，这里不再重述。

(b)成核速率　前面已经指出，成核速率等于临界核密度乘以每个核的捕获范围、再乘以吸附原子向临界核运动的总速度。

对于临界核密度 n_i 的计算如下：假设基体表面上有 n_0 个可以形成聚集体的位置，在任何一个位置上都吸附着几个单原子($n_0 \geqslant n$)。这几个单原子分别被几个单原子形成的聚集体吸附，被 n_2 个双原子组成的聚集体吸附，被 n_3 个三原子组成的聚集体吸附，……，被 n_i 个 i 原子组成的聚集体吸附。因此有

$$\sum (n_i \times i) = n \tag{7-30}$$

对于 n_i 来说，若在 n_0 个任意吸附位置上有 n_i 个和($n_0 - n_i$)个聚集体，n_i 的衰减量如下

$$_{n_0}C_{n_i} = \frac{n_0!}{n_i!(n_0 - n_i)!} \tag{7-31}$$

如果 $n_0 \gg n_i \gg 1$，那么上式近似等于为 $n_0^{n_i}/n_i!$。如果 $n_0 \gg \sum n_i$，那么上式对所有的 i 都成立。

若单原子吸附时结合能为 E_1，i 个原子组成聚集体时结合能为 E_i，则处于这种聚集体的状态数为

$$\frac{n_0^{n_i}}{n_i!} \cdot \exp\left(\frac{n_i E_i}{kT}\right) \tag{7-32}$$

全部聚集体的状态数为

$$W = \prod_i \left(\frac{n_0^{n_i}}{n_i!}\right) \exp\left(\frac{n_i \cdot E_i}{kT}\right) \tag{7-33}$$

假设 W 达到最大值的 n_0 就是实际状态，薄膜总系统中的原子数为 n，就得到如下结果

$$\sum i \cdot n_i = n \tag{7-34}$$

所以计算临界核密度 n_i 就是求在公式(7-34)条件下 W 或 $\ln W$ 的最大值。为此，假设 C 为某一未知常数，并令

$$\ln W + n \cdot \ln C = L \tag{7-35}$$

这样就变成求 L 的最大值。如果将 W 和 n 值代入式(7-35)中，再求微分就得到

$$\frac{\partial L}{\partial n_i} = \ln n_0 + \frac{E_i}{kT} - \ln n_i + i\ln C$$

令 $\partial L/\partial n_i = 0$，可得到

$$n_i = \left[n_0 \cdot \exp\left(\frac{E_i}{kT}\right)\right] \cdot C^i \tag{7-36}$$

假设 $i=1$ 可得到

$$C = \frac{n_1}{n_0}\exp\left(\frac{-E_1}{kT}\right) \tag{7-37}$$

将式(7-37)代入(7-36)中可得到

$$n_i = n_0\left(\frac{n_1}{n_0}\right)^i \cdot \exp\left(\frac{E_i - iE_1}{kT}\right) \tag{7-38}$$

因为 E_1 是单原子吸附状态下的势能，若将它作为能量基准(零点)，那么临界核密度 n_i 可表示为

$$n_i = n_0\left(\frac{n_1}{n_0}\right)^i \exp\left(\frac{E_i}{kT}\right) \tag{7-39}$$

它与热力学界面能理论得到临界核密度公式(7-24)相对应。

吸附原子向临界核运动的总速度仍可用公式(7-27)，临界核捕获范围为 A，则成核速率

$$\begin{aligned} I &= n_i \cdot V \cdot A \\ &= n_0\left(\frac{n_1}{n_0}\right)^i \exp\left(\frac{E_i}{kT}\right) \cdot J \cdot a_0 \exp\left(\frac{E_d - E_D}{kT}\right) \cdot A \\ &= A \cdot J \cdot n_0 \cdot a_0\left(\frac{J \cdot \tau_a}{n_0}\right)^i \exp\left(\frac{E_i + E_d - E_D}{kT}\right) \\ &= A \cdot J \cdot n_0 \cdot a_0\left(\frac{\tau_0 \cdot J}{n_0}\right)^i \exp\left[\frac{E_i + (i+1)E_d - E_D}{kT}\right] \end{aligned} \tag{7-40}$$

它与热力学界面能理论成核速率式(7-28)相对应。式(7-40)中没有非平衡修正因子 Z 是因为过饱和度比较小，可以忽略非平衡因素的影响。

从上面的讨论中可以看出，两种理论所依据的基本概念是相同的。所得到的成核速率公式的形式也基本相同。所不同之处是两者使用的能量不同和所用的模型不同。

热力学界面能理论适合于描述大尺寸临界核。因此，对于凝聚自由能较小的材料或者在过饱和度较小情况下进行沉积，这种理论是比较适合的。相反，对于小尺寸临界核则原子聚集理论比较适宜。

对于核形成与成长过程的实验研究工作大多数使用透射电子显微镜(TEM)和扫描电子显微镜(SEM)就地观察进行研究。也有采用场电子显微镜(FEM)和场离子显微镜(FIM)进行实验研究。用上述方法研究核形成速度、饱和核密度、核生长速度、小聚集体表面迁移、核尺寸分布和空间分布等,取得的实验结果都证实了理论研究的正确性。

§7-3　薄膜形成过程与生长模式

薄膜的形成过程是指形成稳定核之后的过程。薄膜成长模式是指薄膜形成的宏观形式。在第二节研究核形成与成长问题时,图 7-4 已列出了薄膜成长的三种模式,就是岛状成长的 Volmer-Weber 模式、层状生长的 Frank-Vander merwe 模式和层岛结合的 Stranski-Krastanov 模式。

像在成核研究中以岛状生长模式为主一样,本节我们仍以岛状生长模式为主进行讨论。

在稳定核形成以后,岛状薄膜的形成过程如图 7-10 所示。从图中看出,岛状薄膜的形成过程可分为四个主要阶段:

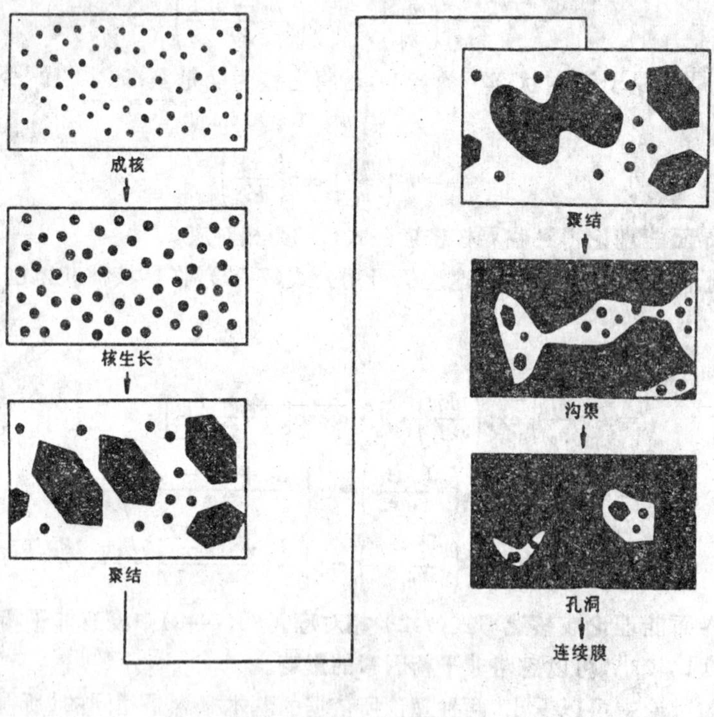

图 7-10　岛状薄膜的形成过程

1. 岛状阶段

在透射电子显微镜观察过的薄膜形成过程照片中,能观测到最小核的尺寸约为 20～30Å 左右。在核进一步长大变成小岛过程中,平行于基体表面方向的生长速度大于垂直方向的生长速度。这是因为核的长大主要是由于基体表面上吸附原子的扩散迁移碰撞结合，而不是入射蒸发气相原子碰撞结合决定的。这些不断捕获吸附原子生长的核，逐渐从球帽形、圆形变成多面体小岛。

对于岛的形成可用热力学宏观物理量如表面自由能，也可用微观物理量如结合能来判别。

在用热力学界面能研究核形成时，曾得到式(7-14)那样的表达式

$$\sigma_0 \cdot \cos\theta + \sigma_1 - \sigma_2 = 0 \tag{7-14}$$

重新改写为

$$\cos\theta = \frac{\sigma_2 - \sigma_1}{\sigma_0}$$

因为 θ 角应满足 $0<\theta<\pi/2$，故 $\cos\theta<1$，则下式必然成立

$$\sigma_2 - \sigma_1 < \sigma_0 \tag{7-41}$$

在基体和薄膜不能形成合金的情况下，因为 $\sigma_1>0$，如果 $\sigma_2<\sigma_0$，那么上述关系当然会被满足。如果清楚地知道薄膜和基体不能形成化合物，即使 σ_1 的大小不清楚，可以预想它还是按照三维岛的方式成长。所以式(7-41)就是利用宏观物理量预测三维岛成长的条件。

当用微观物理量来判别三维岛成长时，认为薄膜和基体之间晶格常数有差异。在薄膜和基体之间界面上引起晶格失配的能量 E_s 可忽略不计时，吸附原子在基体表面上的吸附能 E_{ad} 可用下式表示

$$E_{ad} = (\sigma_2 + \sigma_0 - \sigma_1) \cdot S + E_s \cdot S \tag{7-42}$$

式中 S 是原子的投影面积。

吸附原子之间的结合能 E_b 与核的表面自由能 σ_0 之间有下述关系

$$E_b = \frac{2 \cdot \sigma_0 \cdot S}{Z_c} \tag{7-43}$$

式中 Z_c 是核表面上空键(即悬挂键)的数目。将式(7-42)和(7-43)代入到(7-41)中可得到

$$E_{ad} < Z_c \cdot E_b + E_s \cdot S$$

由于 E_s 较小可忽略不计，上式变为

$$E_{ad} < Z_c \cdot E_b \tag{7-44}$$

式(7-44)说明，当核与吸附原子间的结合能大于吸附原子与基体的吸附能时，就可形成三维的小岛。式(7-44)便成为用微观物理量判别岛成长的条件。

2. 联并阶段

随着岛不断长大，岛间距离逐渐减小，最后相邻小岛可互相联结合并为一个大岛。这就是岛的联并。联并过程小岛的变化如图 7-11 所示。小岛联并长大后，基体表面上占据面积减小，表面能降低，基体表面上空出的地方可再次成核。岛的联并与固相烧结相类似。假设两个小岛都是半径为 r 的球形，结合部(颈部)曲率半径为 r'，小岛接触后经历时间为 t，它们之间关系可用下式表示

$$\frac{r'^{n}}{r^{m}} = \frac{56 \cdot \sigma \cdot V^{4/3}}{kT} \cdot D \cdot n \cdot t \tag{7-45}$$

式中 V 是原子体积、n 是吸附原子在岛上的表面密度，D 是吸附原子扩散系数，σ 是表面自由能，n 和 m 为常数，k 是玻尔兹曼常数，T 是绝对温度。

对于表面扩散，$m=3,n=7$，对于体扩散 $m=2,n=5$。在半径 $r=100\text{Å}$ 的 Au 小岛情况下，$\sigma=1200\text{erg/cm}^2$，$D\cdot n=16^6\exp(-54300/kT)$，基体温度 400℃时小岛接触几秒钟后，接触部分就增大到与半径 r 相同的程度。温度为 200℃时，在一般进行实验的时间里，接触部分的增大可忽略不计，也就是不发生联并作用。这表明基体温度对岛的联并起着重要作用。

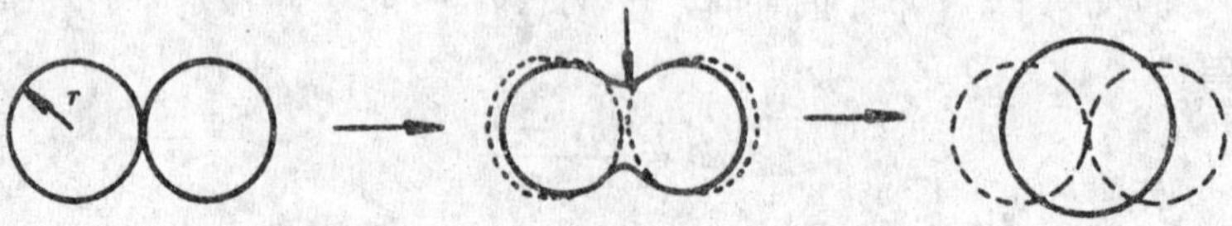

图 7-11　联并过程中岛的变化

虽然小岛联并的初始阶段很快，但联并后的一个相当长时间内，新岛继续改变它的形状。所以在联并时和联并后，新岛面积不断变化。在最初阶段，由于联并使基体表面上的覆盖面积减小，然后又逐渐增大。在联并初始阶段，为了降低表面自由能，新岛的面积减小而高度增大。根据基体表面、小岛的表面与界面自由能的情况，小岛将有一个最低能量的形状，它是具有一定高度与半径比的沟形。

3. 沟道阶段

在岛联并之后，新岛进一步生长过程中，它的形状变为圆形的倾向减少。只是在新岛进一步联并的地方才继续发生较大的变形。当岛的分布达到临界状态时互相聚结形成一种网状结构。在这种结构中不规则的分布着宽度为 50～200Å 的沟渠。随着沉积的继续进行，在沟渠中会发生二次或三次成核。当核长大到与沟渠边缘接触时就联并到网状结构的薄膜上。与此同时，在某些地方，沟渠被联并成桥形，并以类似液体的形式很快地被填充。其结果是大多数沟渠很快被消除，薄膜由沟渠状变为有小孔洞的连续状结构。在这些小孔洞处再发生二次或三次成核。有些核直接与薄膜联并在一起，有些核长大后形成二次小岛，这些小岛再联并到薄膜上。

因为核或岛的联并都有类似液体的特点。这种特性能使沟渠和孔洞很快消失。最后消除高表面曲率区域，使薄膜的总表面自由能达到最小。

4. 连续膜阶段

在沟渠和孔洞消除之后，再入射到基体表面上的气相原子便直接吸附在薄膜上，通过联并作用而形成不同结构的薄膜。有些薄膜在岛的联并阶段，小岛的取向就发生显著变化。对于外延薄膜的形成，其小岛的取向相当重要。在形成多晶薄膜时，除了在外延膜中小岛联并时必须有相互一定的取向之外，在联并时还出现一些再结晶现象。以致薄膜中的晶粒大于初始核之间的距离。即使基体处在室温条件下，也有相当的再结晶发生。每个晶粒大约包括有 100 个或更多的初始核区域。由此看出，薄膜中晶粒尺寸的大小取决于核或岛联并时的再结晶过程，而不取决于初始核的密度。

§ 7-4 溅射薄膜的形成过程

用阴极溅射法制备薄膜时薄膜的形成特征与真空蒸发法制备薄膜的薄膜形成过程有很大的不同。因为溅射的靶材粒子到达基体表面时都有非常大的能量。所以阴极溅射薄膜形成时的一些特殊性，都起因于溅射靶材粒子到达基体表面时具有非常大的能量。

关于溅射薄膜形成过程的特点和溅射薄膜的形成与成长等问题，在第三章已经有所讨论，因此在本节中仅对两种薄膜形成的物理过程的不同之处进行比较研究。

1. 沉积粒子的产生过程

真空蒸发是一种热过程，即材料由固相变到液相再变到气相的过程，或者从固相升华为气相的过程。通过这种热过程产生的沉积粒子(原子)都具有较低的热运动能量。在一般的蒸发温度下，其能量为 0.1～0.2eV。

溅射过程是以动量传递的离子轰击为基础的动力学过程。具有高能量的入射离子与靶原子产生碰撞，通过能量传递，使靶原子获得一定动能之后脱离靶材表面飞溅出来。因此从靶材中溅射出来的粒子都有较高的动能。比从蒸发源蒸发出来的气相原子动能高 1～2 个数量级。

对于点状或小面积蒸发源，蒸发气相原子飞向基体表面时是按余弦定律定向分布的。对于阴极溅射，在入射的 Ar 离子能量较大，靶由多晶材料组成时，可将溅射靶看作点状源，溅射出来的原子飞向基体表面时才符合余弦规律分布，或者是以靶材表面法线为轴的对称分布。对于单晶靶材，因不同晶面上原子排列密度不同，表面结合能不同，不同晶面的溅射强度也不同。这种现象称为择优溅射效应。

从蒸发源蒸发出的气相原子几乎都是不带电荷的中性粒子，或者有很少的带电粒子(因热电子发射造成)。但溅射过程则不同，这时除了从靶材中溅射出中性原子或原子团之外，还可溅射出靶材的正离子、负离子、二次电子和光子等多种粒子。

在蒸发合金材料时，由于合金中各组分的蒸气压不同会产生分馏现象。蒸气压高的组分蒸发速度快，造成膜层成分同蒸发源材料组分的偏离。但在溅射合金材料时，尽管各组分的溅射速率有所不同(各种金属溅射速率的差异远小于它们蒸气压的差异)，在溅射的初期形成的合金膜成分与靶材组分稍有差别。但由于靶材温度不高，经过短暂时间后，靶材表面易溅射的组分呈现不足，从而使溅射速率小的组分在薄膜中逐渐增多起来。最终得到与靶材组分一致的溅射薄膜。

2. 沉积粒子的迁移过程

在真空蒸发时其真空度较高，一般在 10^{-2}～10^{-4}Pa，气体分子平均自由程比蒸发源到基体之间的距离大。蒸发气相原子在向基体的飞行过程中，蒸发气相原子之间或与残余气体分子间的碰撞机会很少。它们将基本上保持离开蒸发源时所具有的能量、能量分布和直线飞行轨迹。

在阴极溅射时，由于充入工作气体 Ar 气，真空度较低，在 10^{0}～10^{-2}Pa 左右，气体分子平均自由程小于靶与基体之间的距离。溅射原子从靶面飞向基体时，本身之间互相碰撞和 Ar 原子及其他残余气体分子相互碰撞，不但使溅射粒子的初始能量减少，而且还改变溅射粒子脱离靶面时所具有的方向。到达基体表面的溅射粒子可来自基体正前方整个半球面空间的所有方向。因此，溅射方法比蒸发方法较容易制备厚度均匀的薄膜。

3. 成膜过程

从蒸发源或溅射靶中出来的沉积粒子到达基体表面之后，经过吸附、凝结、表面扩散迁移、碰撞结合形成稳定晶核。然后再通过吸附使晶核长大成小岛，岛长大后互相联结聚结，最后形成连续状薄膜。在这样的成膜过程中，蒸发法和溅射法的主要区别是：

对于真空蒸发法其入射到基体上的气相原子对基体表面没有影响，成核条件不发生变化。在蒸发过程中，基体和薄膜表面受残余气体分子或原子的轰击次数较少，大约 10^{13} 次/cm^2 · s。所以杂质气体掺入到薄膜中的可能性较小。另外，蒸发的气相原子与残余气体很少发生化学反应。基体和薄膜的温度变化也不显著。

溅射方法则大不相同。入射到基体表面的离子和高能中性粒子对基体表面影响较大，可使基体表面变得粗糙、离子注入、表面小岛暂时带电以及和残余气体分子发生化学反应等。所以成核条件就有明显变化，成核中心形成过程加快，成核密度显著提高。工作气体分子、残余气体分子、原子和离子等对基体表面的轰击次数为 10^{17} 次/cm^2 · s。这比蒸发过程大得多。因此杂质气体或外部材料掺入薄膜的机会较多，在薄膜中容易发生活化或离化等化学反应。另外，由于入射的溅射粒子有较大的动能，基体和薄膜的温度变化也比较显著。

§7-5 薄膜的外延生长

外延生长技术是半导体器件和集成电路生产中常用的一种工艺技术。外延生长技术就是在一块半导体单晶片上沿着单晶片的结晶轴方向生长一层所需要的薄单晶层。外延生长这个技术名词是由希腊语的外表面(epi)和排列(taxis)两个词组合而成的。

从结晶学角度研究薄膜的外延生长，就是研究薄膜形成过程中一种有方向性的生长。假设沉积薄膜用的基片材料的晶格常数为 a，薄膜材料的晶格常数为 b，在基片上外延生长薄膜的晶格失配数 m 可用下式表示

$$m = \frac{b-a}{a}$$

m 便是表征薄膜材料和基片材料在结晶学上晶格结构相似程度的指标之一。所以 m 值越小，表明外延生长的薄膜晶格结构越与基片相类似。

在薄膜形成过程中，对外延生长有较大影响的主要因素有：基片的种类、基片温度、蒸发速度及基片污染程度等。

在大多数情况下，若入射束强度(沉积速度)用 R 表示(Å/s)，基片温度用 T(K)表示，两者之间有如下关系

$$R = A \cdot \exp\left(\frac{-E}{kT}\right) \tag{7-46}$$

式中 k 是玻耳兹曼常数，A 是常数，E 是激活能。

上式表示产生某种活化过程的频度与薄膜成长速度有同样的程度。支配外延薄膜成

长的活化过程，在外延膜成长中显得十分重要。例如，当吸附能量比较大，不考虑有再蒸发现象的层状薄膜外延生长时，入射到基体表面上的一个原子依靠激活能 E 而在基体表面上从入射点处向其它位置运动，在到达比较安定位置之前，它与其它入射原子相碰撞结合。如果这时不产生"冻结"，就可认为得到的薄膜是外延生长的。为此，在某个吸附位置处蒸发原子的入射频度 R，与通过扩散从这个位置移动到另一位置的移动频度 $N_0^2 \cdot D$ 之比值应满足下列条件

$$\frac{R}{N_0^2 \cdot D} = \frac{R}{N_0^2 \cdot \exp(-E_d/kT)} \leqslant B \tag{7-47}$$

式中 D 为吸附原子的扩散系数，N_0 为吸附点的浓度，E_d 为吸附原子的扩散能量，B 为某个基准数值。

当上式等于 B 值时，就给出外延薄膜的成长条件。

在云母基体上蒸发 Bi 膜时，其实验结果与上面两式的理论计算基本一致。在基体温度较高，入射强度较低时，Bi 膜为多晶结构；当基体温度较低，入射强度较高时，Bi 膜容易成长为外延生长薄膜。在各种基体上外延生长薄膜的研究结果如表 7-3 所示。

表 7-3 外延生长薄膜的研究结果

薄 膜	基 体	晶格失配数 m(%)	外延生长温度(℃)
Cu	空气中劈开 NaCl(100)	−36	300
Ag	真空中劈开 NaCl(100)	−31	室温
Au	云母	−44	400
Ge	CaF_2	—	225
Si	Si(111)	0	450～550
GaAs	GaAs	0	700～850

§7-6 薄膜形成过程的计算机模拟

对于薄膜形成过程的实验研究除了采用电子显微分析技术和表面分析技术之外，随着电子计算机科学的发展，从 70 年代开始，国际上许多研究工作者用计算机模拟方法研究薄膜的形成过程。我国在 80 年代也开始利用计算机模拟技术研究薄膜的形成过程。

利用计算机模拟薄膜形成过程时可采用两种方法：蒙特卡罗方法和分子动力学方法。

蒙特卡罗(Monte Carlo)方法又称随机模拟法或统计试验法。用这种方法处理问题时，首先要建立随机模型，然后要制造一系列随机数用以模拟这个过程，最后再作统计性处理。在模拟薄膜形成过程时，将气相原子入射到基体上、吸附、解吸；吸附原子的凝结、表面扩散、成核、形成聚集体和形成小岛等都看为独立过程并作随机现象处理。

分子动力学(molecular dynamics)方法是一种古老的方法。在这种方法中对系统的典型样本的演化都是以时间和距离的微观尺度进行的。

在两种方法中，处理原子和原子间相互作用时采用球对称的 Lennard-Jones 势能 $V(r)$

$$V(r) = 4\varepsilon\left[\left(\frac{\sigma}{r}\right)^{12} - \left(\frac{\sigma}{r}\right)^{6}\right] \tag{7-48}$$

式中 r 是距离，即原子和原子之间的距离，ε 是 Lennard-Jones 势能高度，σ 与 r 有相同量

纲。势能 $V(r)$ 在 $r=2.5\sigma$ 处截断，原子间相互作用时间间隔 $\Delta t=0.03\sigma/(m/\varepsilon)^{1/2}$，$m$ 是薄膜原子的质量。

在处理离子和原子，特别是惰性气体离子和原子相互作用时采用排斥的 Moliere 势能 $\Phi(r)$

$$\Phi(r)=\frac{Z_1\cdot Z_2\cdot e^2}{r}\left[0.35e^{\frac{-0.3r}{a}}+0.55e^{\frac{-1.2r}{a}}+0.1e^{\frac{-6.0r}{a}}\right] \tag{7-49}$$

式中 a 是 Firsov 屏蔽长度，$a=0.4683[Z_1^{1/2}+Z_2^{1/2}]^{-2/3}$，$Z_1$ 和 Z_2 分别是离子和薄膜原子的原子序数，r 是原子间距离。

下面简要介绍用两种方法进行薄膜形成过程计算机模拟的研究结果。

一、蒙特卡罗法计算机模拟

若入射气相原子和基体原子是 Lennard-Jones 势能相互作用，沉积气相原子在基体表面吸附过程中，在表面势场作用下它具有一定横向迁移运动能量，并将沿势能最低方向从一个亚稳定位置跃迁到另一个亚稳定位置。由于迁移运动时的能量不断转化为晶格的热运动能，使沉积原子的迁移能量逐点降低。如果在它周围的适当距离内存在着其它沉积原子或原子聚积体，它们之间互相作用使沉积原子损失更多的迁移运动能量。这种过程一直持续到它的能量低于某一临界值，停止迁移运动被吸附在基体表面上为止。假设垂直入射的气相原子转换为水平迁移运动时，其动能在一定范围内是随机分布的。以此为基础编制计算程序，可模拟出沉积原子在基体表面上吸附分布状态，如图 7-12 所示。

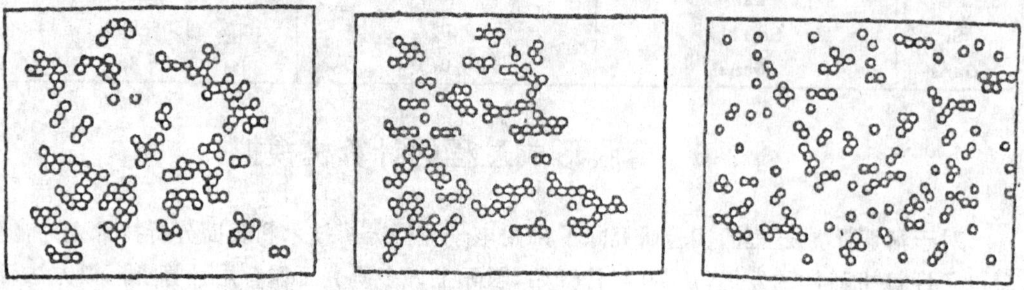

(a) $E_0=0.2$　(b) $E_0=15$　(c) $E_0=30$

图 7-12　计算机模拟沉积原子在基体表面上的吸附分布

势垒高度 $=0.2$，沉积速率 $J=1$，原子数为 50

若将薄膜分成若干小区域，每个小区域可以是处于某一取向的晶格格点或重复单元，并用整数 P 表示。假设该系统共有 32 个可能的晶粒取向。每一个取向对应着不同的自由能，其数值对应该取向所有晶粒中所含单元数目。在不同取向的单元之间，因自由能的差异，原子具有发生短程迁移改变单元取向的倾向。发生这种现象的几率由基体温度 T_s 和自由能 ΔG 所决定，即

$$W=\begin{cases}\exp(-\Delta G/k\cdot T_s) & \Delta G>0\\ 1 & \Delta G\leqslant 0\end{cases} \tag{7-50}$$

每个单元的初始 P 值是随机给定，它反映原子在到达基体表面初期阶段处于无规则

排列状态。按实时模拟要求，确定各温度下的运算次数则可表示出基体温度 T_s 变化的影响。图 7-13 给出了计算时间同为 4cs（Computation step）时，平均晶粒尺寸 $\bar{d}$ 随基体温度 T_s 的变化趋势。从图中看到，晶粒生长速度随温度 T_s 上升而单调增大。通常，平均晶粒尺寸 $\bar{d}$ 与时间 t 的关系是

$$\bar{d} = t^n \tag{7-51}$$

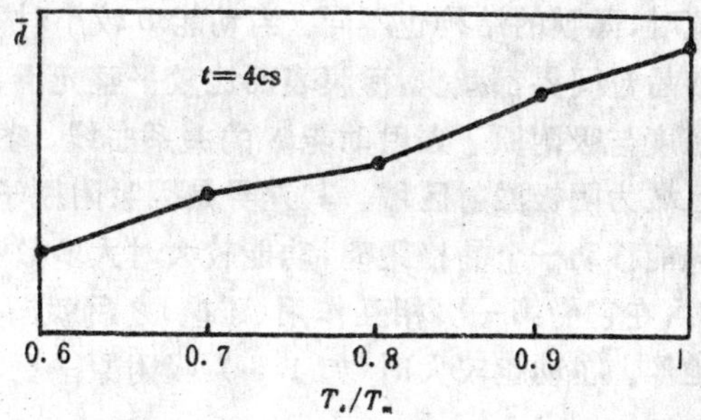

图 7-13　平均晶粒尺寸 $\bar{d}$ 随基体温度 T_s 的变化

n 是相对于某一确定温度时的常数。当 $T_s=0.99T_m$ 时（T_m 为材料的熔点），$n=0.785$。在 $t=1\sim4$cs 时，各晶粒分布状态的计算机模拟结果如图 7-14 所示。从图中看到，在 $T_s=0.99T_m$ 时，随着时间的增大，有些晶粒趋于消失，有些晶粒则逐步增大。

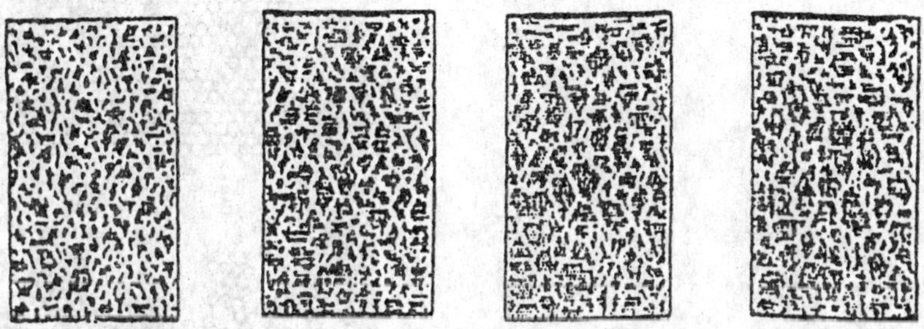

(a) $t=1$cs　(b) $t=2$cs　(c) $t=3$cs　(d) $t=4$cs

图 7-14　薄膜中晶粒分布的计算机模拟（$T_s=0.99T_m$）

二、分子动力学计算机模拟

假定沉积的气相球状原子或分子是随机到达基体表面的，然后它们或者粘附在它们到达基体表面的位置上（迁移率为零），或者移动到由三个原子支持的最小能量位置上（对应于非常有限的迁移率）。对于研究二维生长情况，沉积原子不是三点支持的球状原子，而是二点支持的圆。对于零迁移率的假设，可模拟出松散聚集的链状结构薄膜，这种链状的分枝和合并则是随机的。对于有限迁移率假设，可模拟出直径为几个分子尺度的从基体向外生长的树枝状结构。这种结构与实际的柱状结构有许多类似之处。在上面研究成果的基础上进一步发展出另一种二维分子动力学模拟方法，其原理如图 7-15 所示。在这种模型中假设基体表面是无任何缺陷的完美表面，在这个表面上先紧密聚集原子层（平行于 x 轴）每层含有 40 个原子。与基体表面垂直的 z 轴为薄膜生长方向。入射的原子或离子都是从基体表面上方垂直入射到基体上。基体温度 $T_s=0$℃，可消除热效应对结构变化的影响。在编排计算机程序时，对于原子与原子相互作用均采用球对称的 Lennard-Jones 势能，对于惰性气体离子与原子相互作用则采用排斥的 Moliere 势能。图 7-16 是利用这种方法

模拟薄膜生长的结构图。从图中看到，当气相原子动能 E(ε 是 Lennard-Jones 势能)有不同值时，薄膜的结构也不同。当动能 E 较小时薄膜有较大的孔洞，动能 E 较大时薄膜中孔洞和晶粒间界都减少，薄膜表面比较平整光滑。图 7-17 是基体表面上最初 10 个原子层平均密度与吸附原子入射动能 E 的关系曲线。动能小于 0.5ε 的区域为真空蒸发，大于 0.5ε 的区域为阴极溅射区域。其差异是因吸附原子迁移率与入射动能有关。动能小时吸附原子只能移动一个晶格距离，动能较大时大多数吸附原子都能移动两个晶格距离。当动能较小时，在它们第一次相互作用(碰撞)之后就向着由两个以前沉积原子形成的邻近支撑位置弛豫。在动能较大时(如 1.5ε)，吸附原子更容易迁移或碰撞而移动较大的距离。

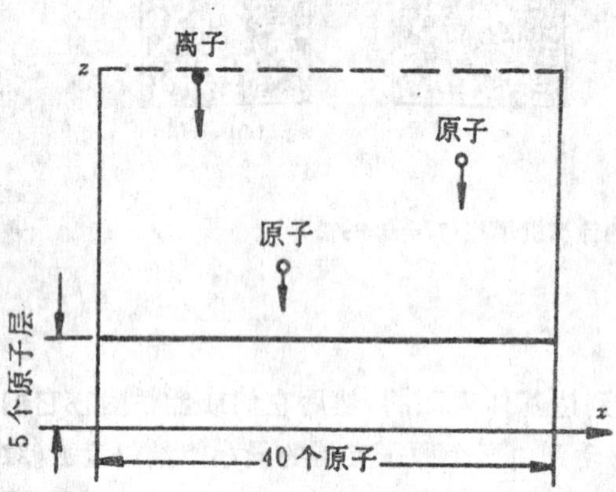

图 7-15 二维分子动力学计算机模拟原理

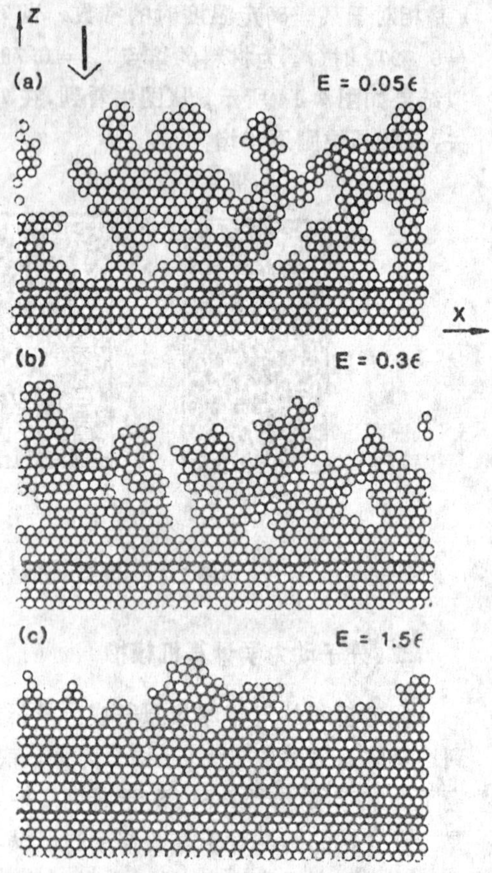

图 7-16 二维分子动力学模拟薄膜生长

用计算机不仅可模拟一般的薄膜生长过程，还可模拟薄膜掺杂或离子辅助增强沉积过程。在薄膜生长过程中对薄膜进行离子轰击或对气相原子进行轰击使之电离成离子，可提供额外的激活能增强聚集密度。计算机模拟离子辅助薄膜形成过程可了解到提高薄膜聚集密度的机理是：增加了沉积原子的迁移率和轰击展平的机械过程。图 7-18 是 Ti 薄膜形成过程中离子辅助沉积的计算机模拟图。从图中清楚看到，离子轰击可有效地抑制柱状结构的生长。真空蒸发时，Ti 原子动能只有 0.1eV，形成的柱状结构非常明显。若用动能为

50eV 的 16%的 Ar^+轰击，Ti 原子迁移能量增大，薄膜中孔洞和晶粒间界显著减少。用 Ti^{+4}离子对 Ti 薄膜进行轰击，因两者质量相同彼此吸引，Ti^{+4}被注入到 Ti 薄膜中使结构更加致密。

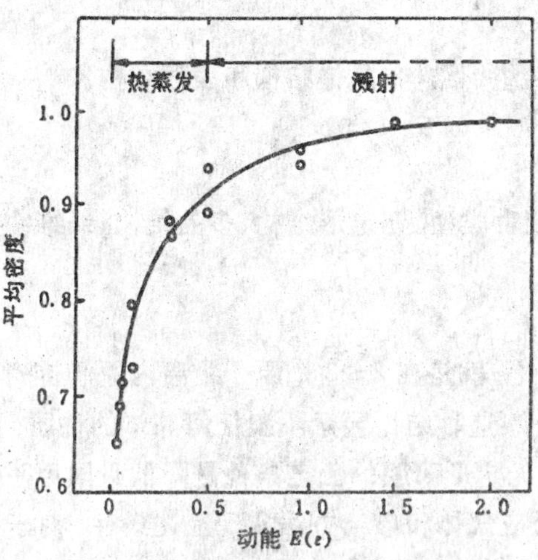

图 7-17　基体上最初 10 层原子平均密度与入射动能的关系

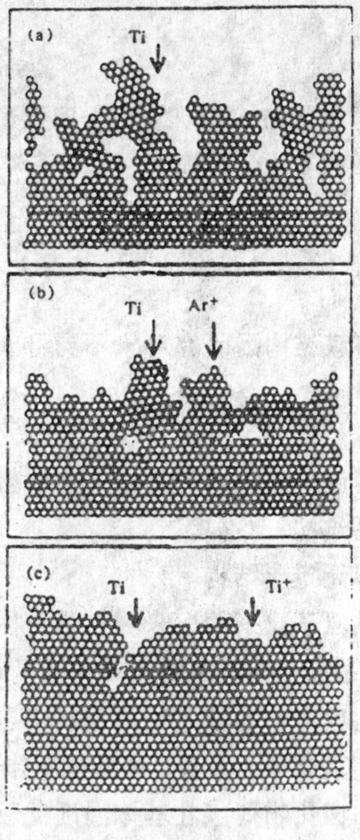

图 7-18　离子辅助薄膜生长的计算机模拟
(a)真空蒸发
(b)50eV，16%Ar^+轰击
(c)50eV，16%Ti^{+4}轰击

第八章　薄膜的结构与缺陷

薄膜的结构与缺陷在一定程度上决定着薄膜的性能，因此对薄膜结构与缺陷的研究一直是大家十分关注的问题。在本章中我们将讨论这些问题。

§8-1　薄膜的结构

薄膜结构因研究对象不同可分为三种类型：组织结构、晶体结构和表面结构。

一、薄膜的组织结构

薄膜的组织结构是指它的结晶形态。分为四种类型：无定形结构、多晶结构、纤维结构和单晶结构。

1. 无定形结构

从原子排列情况来看它是一种近程有序结构。就是在2～3个原子距离内原子排列是有秩序的，大于这个距离其排列是杂乱无规则的。这种结构显示不出任何晶体的性质。这种结构有时称为非晶结构或玻璃态结构。形成无定形薄膜的工艺条件是降低吸附原子的表面扩散速率。可以通过降低基体温度、引入反应气体和掺杂方法实现上述条件。对于硫化物和卤化物薄膜在基体温度低于77K时可形成无定形薄膜。有些氧化物薄膜(如TiO_2、ZrO_2、Al_2O_3等)，基体温度在室温时都有形成无定形薄膜的趋向。引入反应性气体的实例是在10^{-2}～10^{-3}Pa氧分压中蒸发铝、镓、铟和锡等超导薄膜，由于氧化层阻挡了晶粒生长而形成无定形薄膜。在83%ZrO_2-17%SiO_2和67%ZrO_2-33%MgO的掺杂薄膜中，由于两种沉积原子尺寸的不同也可形成无定形薄膜。

无定形结构薄膜在环境温度下是稳定的。它不是具有不规则的网络结构(玻璃态)，就是具有随机密堆积的结构。前者主要出现在氧化物薄膜、元素半导体薄膜和硫化物薄膜之中，后者主要出现在合金薄膜之中。可以认为，不规则的网络结构是两种互相贯通的随机密堆积结构组成的。这些随机结构的特征是存在着连续不断的、严格的缺乏长程有序性。用衍射法研究时，这种结构在X射线衍射谱图中呈现很宽的漫散射峰，在电子衍射图中则显示出很宽的弥散形光环。

2. 多晶结构

多晶结构薄膜是由若干尺寸大小不等的晶粒所组成。在薄膜形成过程中生成的小岛就具有晶体的特征(原子有规则的排列)。由众多小岛聚结形成薄膜就是多晶薄膜。用真空蒸发法或阴极溅射法制成的薄膜，都是通过岛状结构生长起来，必然产生许多晶粒间界形成多晶结构。

在多晶薄膜中，常常出现一些块状材料中未曾发现的介稳相结构。例如在ZrO_2薄膜中常存在着介稳四方相。当四方相朝单斜相转变时伴随有4%的体积膨胀。在ZrO_2中掺入Y_2O_3后可防止介稳相产生而形成稳定的立方相。形成介稳相的原因可能是沉积工艺条件、基体、杂质、电场和磁场等引起的。但通过退火热处理可使介稳相转变成稳定的正常结构。

多晶薄膜中不同晶粒间的交界面称为晶界或晶粒间界。晶界中的原子排列状态，实际上是从一侧晶粒内的原子排列状态向另一侧晶粒内原子排列状态过渡的中间结构。因此，晶界是一种"面型"的不完整结构。从而显示出一系列与晶粒内部不同的特征。

(1)由于晶界中晶格畸变较大，因此晶界上原子的平均能量高于晶粒内部原子的平均能量，它们的差值称为晶界能。高的晶界能量表明它有自发地向低能态转化的趋势。晶粒的长大和晶界平直化都能减少晶界面积，从而降低晶界能量。所以只要原子有足够的动能，在它迁移时就出现晶粒长大和晶界平直化的结果。

(2)由于晶界中原子排列不规则，其中有较多的空位。当晶粒中有微量杂质时，因它要填入晶界中的空位，使系统的自由能增加要比它进入晶粒内部自由能低。所以微量杂质原子常常富集在晶界处，杂质原子沿晶界扩散比穿过晶粒要容易得多。

多晶薄膜中晶粒间界处原子扩散问题是薄膜物理研究的一个重要内容。其中包括建立解析数学模型和实验技术等。

3. 纤维结构

纤维结构薄膜是晶粒具有择优取向的薄膜。根据取向方向、数量的不同又分为单重纤维结构和双重纤维结构。前者是各晶粒只在一个方向上择优取向，后者则在两个方向上有择优取向。有时前者称为一维取向薄膜，后者称为二维取向薄膜。一维取向薄膜可能具有二维同性一维异性的特点。二维取向薄膜在结构上类似于单晶，它具有类似单晶的性质。

在非晶态基体上，大多数多晶薄膜都倾向于显示出择优取向。由于[111]表面在面心立方结构中具有最低的表面自由能，在非晶态基体上这种结构的多晶薄膜显示的择优取向是[111]。可以预期，在非晶态基体上六角形密堆积多晶薄膜显示[0001]，体心立方结构的多晶薄膜显示[110]择优取向。

在玻璃基体上的ZnO压电薄膜是纤维结构薄膜的典型代表。这种薄膜具有优良的压电性能与各微小晶的取向基本相同有关。这种薄膜中属于六方晶系的各个微晶的C轴都垂直于薄面或基体表面择优取向。具有择优取向纤维结构的几种压电薄膜的特征如表8-1所示。

在薄膜中晶粒的择优取向可发生在薄膜生长的各个阶段：初始成核阶段、小岛聚结阶段和最后阶段。若吸附原子在基体表面上有较高的扩散速率，晶粒的择优取向可发生在薄膜形成的初期阶段。在起始层中原子排列取决于基体表面、基体温度、晶体结构、原子半径和薄膜材料的熔点。如果吸附原子的表面扩散速率较小，初始膜层不会产生择优取向。当膜层较厚时则形成强烈的对着蒸发源方向的取向。晶粒向蒸发源的倾斜程度依赖于基体温度、气相原子入射角度和沉积速率等。

表 8-1 纤维结构压电薄膜的特征

薄膜材料	基 体	微晶晶型	[0001]方向的择优取向
ZnO	玻璃	六方晶	垂直膜面
	玻璃	六方晶	倾斜膜面
	玻璃	六方晶	平行膜面
CdS	云母、岩盐	立方晶	[111]向垂直膜面
	云母、岩盐	六方晶	垂直膜面
	玻璃	六方晶	垂直膜面
	玻璃	六方晶	与膜面成 40°
ZnS	玻璃	立方晶	[111]向垂直膜面
	玻璃	六方晶	垂直膜面
AlN	玻璃	六方晶	垂直膜面
	玻璃	六方晶	平行膜面

4. 单晶结构

单晶结构薄膜通常是用外延工艺制造。外延生长的第一个基本条件是吸附原子必须有较高的表面扩散速率，所以基体温度和沉积速率就相当重要。在一定的蒸发速率条件下，大多数基体和薄膜之间都存在着发生外延生长的最低温度，即外延生长温度。第二个基本条件是基体与薄膜材料的结晶相溶性。假设基体的晶格常数为 a，薄膜的晶格常数为 b。晶格失配数 $m=(b-a)/a$。m 值越小，一般地说其外延生长就越容易实现。第三个条件要求基体表面清洁、光滑和化学稳定性好。

表 8-2 是各种基体上外延生长单晶薄膜的具体物理参数。其中 A 代表在空气中劈开，V 代表在真空中劈开，F 代表薄膜。

表 8-2 各种基体上生长外延膜的情况

薄膜	基 体	m(%)	外延温度(℃)	薄膜	基 体	m(%)	外延温度(℃)
Au	NaCl(100)A	−28	400	GaAs	GaAs	0	700～850
	NaCl(100)V	−28	200	Cu	NaCl(100)A	−36	300
	云母	−44	400		NaCl(100)V	−36	100
	MoS_2	+9	180		Ag(100)F		0
	Ag(100)F		−100	Ag	LiF		340
	MgO		−190		NaCl(100)A	−31	150
Ge	CaF		225		NaCl(100)V	−31	室温
Si	Si(100)	0	室温		KCl		130
		0	380		KI		80
	Si(111)	0	450		Ag(100)F		−196
		0	550				

二、薄膜的晶体结构

薄膜的晶体结构是指薄膜中各晶粒的晶型状况。晶体的主要特征是其中原子有规则的排列。由于晶体结构具有对称性,可以用三维空间中的三个矢量$\vec{a}$、$\vec{b}$和$\vec{c}$以及对应的夹角α、β和γ来描述。其中a、b、c是晶格在三维空间中的基本平移量,称为晶格常数。

在大多数情况下,薄膜中晶粒的晶格结构与块状晶体是相同的。只是晶粒取向和晶粒尺寸与块状晶体不同。除了晶体类型之外,薄膜中晶粒的晶格常数也常常和块状晶体不同。产生这种现象的原因有两个:一是薄膜材料本身的晶格常数与基体材料晶格常数不匹配,二是薄膜中有较大的内应力和表面张力。由于晶格常数不匹配,在薄膜与基体的界面处晶粒的晶格发生畸变形成一种新晶格,以便和基体相匹配。若薄膜与基体的结合能较大,晶格常数相差的百分比$(a_f-a_s)/a_f$近似等于2%时(a_f和a_s分别代表薄膜材料本身和基体的晶格常数),薄膜与基体界面处晶格畸变层的厚度为几个Å。当相差百分比为4%左右时,畸变层厚度可达几百Å。当相差百分比大于12%时,晶格畸变达到完全不匹配的程度。

薄膜表面张力使薄膜晶格常数发生变化的情况可用下面的理论计算来表示。假设基体表面上有一个半球形晶粒其半径为r,单位面积的表面自由能为σ。由于表面张力作用,对这个晶粒产生的压力为$f=2\pi r\cdot\sigma$,承受这个力的面积为$S=\pi r^2$,因此压力强度为

$$P=2\pi r\cdot\sigma/\pi r^2=2\sigma/r \tag{8-1}$$

根据虎克定律有

$$\frac{\Delta V}{V}=3\,\frac{\Delta a}{a}=\frac{-1}{E_V}\cdot P \tag{8-2}$$

由此可得到晶格常数的变化比为

$$\frac{\Delta a}{a}=\frac{-2\sigma}{3\cdot E_V\cdot r} \tag{8-3}$$

式中E_V是薄膜的弹性系数,a是晶格常数。

从式(8-3)看出,晶格常数的变化比(即应变)与晶粒半径成反比,就是晶粒越小晶格常数变化比越大。它清楚表明薄膜中晶粒的晶格常数不同于块状材料中晶粒的晶格常数。

三、表面结构

从热力学能量理论分析,薄膜为了使它的总能量达到最低值,应该有最小的表面积,即应该成为理想的平面状态。实际上这种薄膜是无法得到的。因为在薄膜的沉积形成成长过程中,入射到基体表面上的气相原子是无规律性的,所以薄膜表面都有一定的粗糙度。假设入射气相原子沉积到基体之后就在原处不动,形成的薄膜其厚度在各处是不均匀的。若薄膜的平均厚度为d,它按无规则变量的泊松几率分布,由此可得到膜厚的平均偏离值$\Delta d=\sqrt{d}$。薄膜的表面积随着其厚度的平方根值而增大。但实际上,入射气相原子沉积到基体表面上之后,释放出再蒸发的能量就吸附在基体表面上。然后依靠横向扩散能量在表面上作扩散,占据表面上的一些空位。正是由于吸附原子在表面上扩散,才使薄膜表面上的谷被填平,峰被削平,导致薄膜表面面积不断缩小,表面能逐步被降低。除此之外,

由于吸附原子在表面上扩散，还能使一些低能晶面（低指数晶面）得到发展。但是在表面原子扩散作用下，生长最快的晶面能消耗那些生长较慢的晶面，导致薄膜表面粗糙度又进一步增大。薄膜表面的这种结构常常在基体温度较高情况下才出现。

在基体温度较低的情况下，吸附原子在表面上横向扩散运动的能量较小，所得表面面积较大，薄膜表面面积随膜层厚度成线性增大。它表明薄膜是多孔结构。这种微孔内表面积很大，而且可延续到最低层。这种情况与微观结构中说的柱状体结构是一致的。

若是沉积薄膜时的真空度较低，由于残余气体气压过高，入射的气相原子和残余气体分子相碰撞，那么它先在气相中凝结成烟尘然后再到达基体表面沉积形成薄膜。毫无疑问，这种薄膜也是多孔性的。在基体温度较低的情况下，也容易出现这种多孔性结构。

由于薄膜表面结构和构成薄膜整体的微型体状密切相关，大多数蒸发薄膜有下述特点：

(1)呈现柱状颗粒和空位组合结构；

(2)柱状体几乎垂直于基体表面生长，而且上下两端尺寸基本相同；

(3)平行于基体表面的层与层之间有明显的界面。上层柱状体与下层柱状体并不完全连续生长。

具有上述特点的薄膜微型结构可用结构区域模型进行分析研究。

1.结构区域模型

所有真空蒸发薄膜都呈现柱状体结构。因为决定金属膜和介质膜微观结构的重要参数是基体温度 T_s 和蒸发材料熔点温度 T_m 的比值 T_s/T_m。当它小于 0.45 时，薄膜就呈现柱状结构。图 8-1 是结构区域模型原理图。由于大多数薄膜都是在区域 1 的基体温度下沉积，其柱状体截面直径为几百 Å，柱状体之间有明显的界面。对上述模型进一步修正是在这个模型中增加了由纤维结构晶粒形成的 T 区，而且还标明溅射气体压力的坐标。这个模型可推广到有离子轰击的阴极溅射和离子镀等薄膜研究中（见图 8-2）。

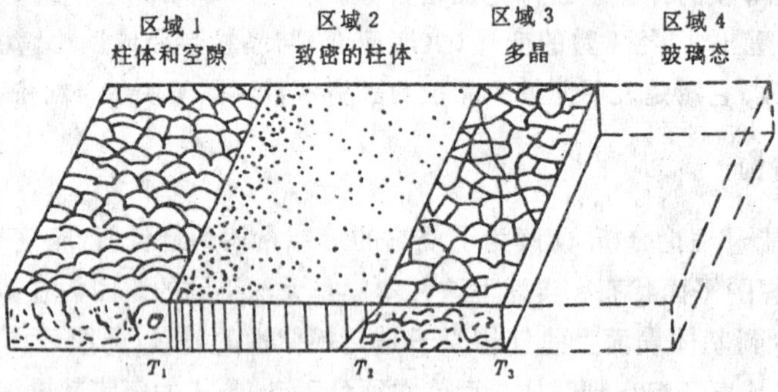

图 8-1 结构区域模型原理图

	区域 1	区域 2	区域 3	区域 4
金属	$<0.30T_m$	$0.30\sim0.45T_m$	$>0.45T_m$	$>T_m$
氧化物	$<0.26T_m$	$0.26\sim0.45T_m$	$>0.45T_m$	

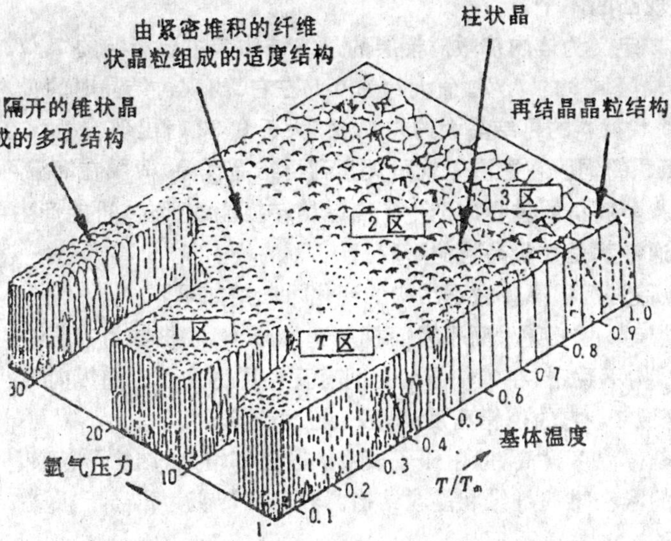

图 8-2 修正后的结构区域模型

区域 1 是基体温度低，吸附原子表面扩散不足以克服阴影效果时薄膜形成生长的区域。在阴极溅射时，若工作气体压力较高，也会促进区域 1 的成长。随着 T_s/T_m 值的增加，柱状体截面直径增大，使正在生长的表面高处比低谷处能接收更多的入射气相原子，阴影效果促使晶粒间界变得稀疏。当入射气相原子倾斜入射时这种现象更为明显。区域 1 的形成还和下列因素有关：膜层表面粗糙度、初始生长的晶核形状、不均匀基体上的择优成核、基体表面粗糙度和薄膜择优取向生长等。阴极溅射时若转动基体，可增加入射粒子流中的倾斜入射成分而促进区域 1 的形成生长。这种柱状区域可在非晶态薄膜中出现，也可在结晶薄膜中出现。它的内部结构不分明，位错密度较高。

区域 T 是由致密的、边界上孔洞少的纤维结构晶粒组成。也可以看作是区域 1 在 T_s/T_m 为零时在非常光滑基体上形成的极限形式。它是区域 1 结构中晶粒尺寸小到难以分辨时呈现的纤维结构。这种结构晶粒间界致密，机械性能好。当入射气相粒子流垂直入射沉积在较光滑、均匀的基体表面上时，在吸附原子的表面扩散速率大到足以克服由基体和初始成核引起的表面粗糙度的 T_s/T_m 值的温度下，可形成接近区域 1 的结构。

必须指出，溅射薄膜的柱状结构是由一个方向来的溅射粒子流在吸附原子表面扩散速率很小的情况下凝聚形成的。在用计算机进行薄膜形成生长模拟时，假设吸附原子在基体表面扩散速率为零，将入射沉积原子比作硬球。当这种硬球从不同的入射角沉积到光滑基体表面上时，可得到带有孔洞的松散的链状结构。这种现象可用球的“自遮挡效应”给以说明。在入射角度增大时(类似于基体表面很粗糙)，则生成较大的孔洞。在垂直入射时，吸附原子若略有迁移，膜层则变得非常致密。

区域 2 是在基体温度较大，或者沉积吸附原子在基体表面上扩散速率较大的情况下形成的无孔洞区。区域 2 定义为生长过程是由吸附原子的表面扩散所支配的 T_s/T_m 范围。

它是由晶粒间界特别致密的柱状晶粒所组成。位错主要存在于晶粒间界区域。随着T_s/T_m值的增大，晶粒尺寸也不断增大。当T_s/T_m值较高时，晶粒尺寸可以超过膜层厚度导致膜层表面呈现凸凹不平。

区域3定义为体内扩散对模层的最终结构起主要影响的T_s/T_m范围。由纯金属膜形成的等晶轴区域3的T_s/T_m值大约为0.5左右。出现再结晶时的T_s/T_m值由所存贮的转换能决定。块状材料的再结晶大约在T_s/T_m大于0.33时出现。然而，在同时用离子轰击的冷基体上，沉积的铜膜在室温下就可观察到再结晶现象。薄膜在高温再结晶时其结构无需等轴化。如果薄膜沉积过程中产生了高晶格转换能的部位，可能产生再结晶使晶粒等轴化。溅射薄膜通常都是柱状晶粒的形貌。

综上所述，沉积薄膜微观结构的变化可归纳如下：

在低温时，由于吸附原子表面扩散速率减小，成核数目有限，容易生长成锥状晶粒结构。这种结构不致密，在锥状晶粒之间有直径可达几百Å的纵向气孔。这种结构称为葡萄状结构（区域1），它的位错密度高，残余应力也高。

随着基体温度升高，吸附原子表面扩散速率增大，结构形貌转移到T区。形成晶粒间界较模糊的紧密堆积纤维状晶粒结构。然启可转变为相当于区域2的完全致密的柱状晶体结构。

如果温度继续升高，因柱状晶粒尺寸随凝结温度升高而增大，其结构变成等轴晶形貌即区域3。

利用晶粒直径的对数和区域2、区域3沉积温度的倒数作图得到的直线关系可计算出活化能。从计算结果发现，在区域2中晶粒生长的活化能相当于表面扩散活化能。产生区域3晶粒的活化能则相当于体积自扩散的活化能。几种薄膜的区域转变温度如表8-3所示。

表8-3 薄膜结构区域转变温度

薄膜	熔点 T_m(K)	T_1 (K)	$\frac{T_1(K)}{T_m(K)}$	T_2 (K)	$\frac{T_2(K)}{T_m(K)}$
Ti	1945	653±10	0.3	923	0.5
Ni	1726	543±10	0.3	723±10	0.45～0.5
W	3683	1133±50	0.3	1723±50	0.45～0.5
Mo	2883	923±20	0.3～0.34	1200	0.44
Be	1573	473±20	0.29	1023±50	0.63
ZrO_2	2973	648±10	0.22	1273	0.45～0.5
Al_2O_3	2323	623±10	0.26	1173	0.5

2. 表征薄膜微观结构的物理参数

根据结构区域模型知道大多数真空蒸发和阴极溅射薄膜都由垂直于基体表面的柱状晶粒所构成。描述这种微观结构的物理参数有：柱状体半径、内表面、聚集密度等。

(1)柱状体半径　一个刚沉积的薄膜暴露于大气时便吸附水气。将薄膜放入真空室内进行抽真空排气，薄膜中吸附的水气会逐渐挥发消失，但不能全部挥发消失。残留在薄膜中的水气称为不可逆吸附水气。假定整个薄膜内表面层（柱状体的柱体表面不包括柱上下底表面）全部被水的单分子层所覆盖，那么柱状体半径 r 可由下式求出

$$r = \frac{2V_{水} \cdot \Delta f_1 \cdot \rho_{水}}{F_{水} \cdot (\Delta f'_1)_{不} \cdot \rho_f} (\text{Å}) \tag{8-4}$$

式中 Δf_1 和 $(\Delta f'_1)_{不}$ 分别是用石英晶体振荡法测量薄膜厚度时，膜层厚度变化和不可逆吸附水气引起石英晶体振荡频率的变化量，ρ_f 是薄膜密度，$\rho_{水}$ 是吸附水分子密度，$V_{水}$ 是吸附水分子体积，$F_{水}$ 是吸附水分子层面积。

$$V_{水} = \frac{M}{N} 10^{24} (\text{Å}) = 30\,\text{Å}^3$$

$$F_{水} = 3.46 \times 10^{16} \left(\frac{M}{4\sqrt{2} \cdot N \cdot \rho_{水}} \right) = 10.5\,\text{Å}^2$$

$$\rho_{水} = 1.0$$

式中 M 和 N 分别是水分子重量和阿伏加德罗常数（6.023×10^{23}）。

因为形成薄膜微观结构的柱状晶粒不完全是圆柱体，可能是圆锥形柱体或抛物线形柱体。对圆柱体进行修正后得到几种薄膜的柱状体半径在表 8-4 中给出。若 $r > r'$ 称为正锥体（底大顶小），若 $r < r'$ 称为负锥体（底小顶大）。

表 8-4　薄膜中柱状体半径（Å）

薄　膜	膜层厚度	沉积温度	半径 r	锥体 r'
MgF_2			26.3	17.9
Na_3AlF_6	$\frac{3}{4}\lambda$		94.1	86.8
ZnS		室温	116.5	114.9
LiF	λ=500nm		462.0	511.8
CaF_2			52.0	39.5
NdF_3			61.8	45.7

(2) 柱状体内表面积　对于圆柱状晶粒，若高度和半径分别用 h 和 r 表示，则内表面积 $S = 2\pi r \cdot h$（不包括柱体上下底表面）。当高度 h 和半径 r 之比用 a 表示时，全部柱体总内表面积可用下式表示

$$\sum S = \frac{\sum (Z_i \cdot 2\pi r_i^2 \cdot a)}{\rho_f} \tag{8-5}$$

式中 Z_i 是单位体积内半径为 r_i 的圆柱状晶粒数目，ρ_f 是薄膜密度。典型柱体体积是 $\pi r^2 \cdot h$ 即 $\pi \cdot a \cdot r^3$，单位体积 V 中总柱状体体积是

$$V = \sum (Z_i \cdot \pi \cdot a \cdot r_i^3) \tag{8-6}$$

若用 r 表示某一确定的柱状体半径，N 表示总柱状体数目，则 Z_i 和 a_i 可写成

$$\begin{matrix} Z_1 = v_1 \cdot N, & Z_2 = v_2 \cdot N, & \cdots\cdots, & Z_i = v_i \cdot N \\ a_1 = \delta_1 \cdot a, & a_2 = \delta_2 \cdot a, & \cdots\cdots, & a_i = \delta_i \cdot a \end{matrix}$$

于是总面和 $\sum S$ 可写为

$$\sum S=\frac{2\pi\cdot N\cdot a^{2}\cdot \alpha\sum_{i}(v_{i}\cdot \delta_{i}^{2})}{\rho_{f}} \tag{8-7}$$

$$V=N\cdot \pi\cdot a^{3}\cdot \alpha\cdot \sum(v_{i}\cdot \delta_{i}^{3}) \tag{8-8}$$

两式相除消去 N 和 α 之后得到

$$\sum S=\frac{2V\cdot \sum(v_{i}\cdot \delta_{i}^{2})}{a\cdot \rho_{f}\cdot \sum(v_{i}\cdot \delta_{i}^{3})} \tag{8-9}$$

采用此式可计算出圆柱状晶粒组成膜层中单位体的总内表面积。如果柱体的半径相同,则 $\sum(v_{i}\cdot \delta_{i}^{2})/\sum(v_{i}\cdot \delta_{i}^{3})=1$,上式可简化为

$$\sum S=\frac{2\cdot V}{a\cdot \rho_{f}}=\frac{2}{a\cdot \rho_{f}}\times(10^{4}\mathrm{m^{2}/g})$$

式中 a 用Å为单位,ρ_f 用$(\mathrm{g/cm^3})$为单位。从计算内表面积可知,聚集密度较大的薄膜,内表面积较小。因为聚集密度较大就意味着柱状半径 a 也较大。

(3)聚集密度　　薄膜的聚集密度定义为下式

$$P=\frac{\text{薄膜中固体部分的体积(柱体)}}{\text{薄膜的总体积(柱体 + 空隙)}} \tag{8-10}$$

对于实际薄膜,$P=0.75\sim0.95$。只有采用离子镀、溅射或离子辅助等技术制备的薄膜才能使 P 值接近 1。

一般说来,聚集密度随膜层厚度、基体温度、蒸发速率和真空度的增加而增加。

理论研究表明,对于柱状体结构薄膜,其理论聚集密度 P_0 可用下式表示

$$P_{0}=1-\left[\frac{\left(\sqrt{3}-(\pi/2)\right)\cdot a^{2}\cdot h}{\sqrt{3}\cdot a^{2}\cdot h}\right]=0.9069 \tag{8-11}$$

式中 h 是柱状体高度,a 是圆柱体的半径。从此式看出,P_0 与膜层厚度及晶粒尺寸无关,这与实际情况不完全符合。因为构成薄膜的柱状体不是完全的圆柱体。有可能是圆锥形或抛物线形柱体。

如果是正圆锥体则下底面积半径 a 大于上底面积半径 a',其聚集密度可写作

$$P_{c}=\left[1-\frac{\sqrt{3}-(\pi/2)}{\sqrt{3}}\right]-\frac{\pi}{6\sqrt{3}}\left(2+\frac{a'}{a}\right)\left(1-\frac{a'}{a}\right) \tag{8-12}$$

它表示一种收缩型柱体,$P_c<0.9069$。上式中第一项是圆柱体聚集密度 P_0,第二项是修正项。当 $a=a'$ 时就是圆柱体情况。P_c 中虽然没有膜厚 h,但比值 a'/a 中包含着与厚度 h 有关的因子。

如果锥体以抛物曲线 $x=\frac{a'-a}{h}y^{2}+a$ 绕 y 轴旋转则可得到抛物柱体,其体积为

$$V_{P}=\frac{W\cdot h}{15}(8a^{2}+4aa'+3a'^{2}) \tag{8-13}$$

对于正锥形体$(a>a')$型抛物柱体的聚集密度 P_P 可表示为

$$P_{P}=\left[1-\frac{\sqrt{3}-(\pi/2)}{\sqrt{3}}\right]-\frac{\pi}{30\sqrt{3}}\left[7-\left(\frac{4a'}{a}\right)-3\left(\frac{a'}{a}\right)^{2}\right] \tag{8-14}$$

对于负锥形柱体($a<a'$)的聚集密度计算数学表达式较复杂,这里不再介绍。

§8-2 薄膜的缺陷

在薄膜生长和形成过程中各种缺陷都会进入到薄膜之中。这些缺陷对薄膜性能有重要的影响。而它们又与薄膜制造工艺密切相关。因此深入研究这些缺陷的情况就十分重要。

一、点缺陷

晶体中晶格排列出现的缺陷,如果是只涉及到单个晶格结点则称这种缺陷为点缺陷。点缺陷的典型构型是空位和填隙原子。位于晶格节点处的原子总是在它的平衡位置附近作不停的热振动。在一定温度下,它们的能量虽然有一定值,但由于存在能量起伏,个别原子在某一时刻所具备的能量完全有可能大到足以克服周围原子对它的束缚而逃离原来位置。于是在原来的地方就出现一个空位形成空位缺陷。逃离原位的原子不会跃迁到晶体表面的正常位置,可能会跳进晶格原子之间的间隙里形成一个填隙缺陷。

当有杂质原子进入晶体时也会形成点缺陷,或者是置换型或者是填隙型的。

点缺陷与其它缺陷不同,这种缺陷不能用电子显微镜直接观测到,因此它的存在不大引起人们的注意。因为金属材料在急剧冷却时会产生许多点缺陷,故在真空蒸发过程中温度的急剧变化必然会在薄膜中产生很多点缺陷。在薄膜中点缺陷约占百分之几个原子,每百分之一个原子对电阻率的贡献约为$(1\sim4)\times10^{-6}\Omega\cdot cm$。在点缺陷中数量最多的是原子空位。例如,在面心立方的一价贵金属 Cu、Au、Ag 中,形成原子空位的能量大约为1.0eV 左右,比形成其他点缺陷能量小得多。为了把 Cu 晶格间的原子移动到晶胞中心位置大约需要 2.5～3.3eV 的能量。

薄膜中存在原子空位的效果主要表现在晶体的体积和密度上。一个空位可使晶体体积大约减小二分之一的原子体积。薄膜中空位浓度在平衡浓度以上,所以它的密度比块状小,而且空位浓度随扩散时间的增加而减小。因此,膜厚也随时间增加而减小。在膜层厚度减小过程中,薄膜的电阻率也呈现随时间增加而减小的现象。这种现象为研究薄膜点缺陷提供了一种方法。通过这种方法可以进一步研究薄膜形成初期缺陷浓度分布。下面我们来介绍这种研究成果。

当薄膜中存在的点缺陷超过平衡浓度时,由于扩散等原因会导致电阻率不可逆地减小。这种减小过程随温度升高而加剧。一般地说,当点缺陷种类已经确定之后,它的形成能就成为一定值。但因为薄膜中有多种缺陷和畸变,则必须考虑形成能的分布。

假设在某一时刻 t 形成点缺陷的能量在 E 和 $E+dE$ 之间,超过平衡浓度的点缺陷浓度为 $N(E,t)dE$,在所测量的电阻率 ρ_t 中,与 N 有关的电阻率 ρ_i 就是由于随时间变化等原因而引起缺陷消失贡献的电阻率,其余电阻率为 ρ_0,那么根据马希森定律可得到

$$\rho_t=\rho_0+\rho_i \tag{8-15}$$

式中 ρ_i 可由测量刚蒸发完的薄膜电阻率 ρ_t 和经过长时间变化后的薄膜电阻率 ρ_0 之差得到。

假设一个点缺陷的形成能量引起的电阻为 $r(E)$，那么 $\rho_i(t)$可由下式表示

$$\rho_i(t) = \int_0^\infty r(E) \cdot N(E,t) dE \tag{8-16}$$

因为在一定温度 T 不变条件下，$\rho_i(t)$随时间变化是由 N 随时间 t 的变化所引起的。因此，$\rho_i(t)$随时间的变化可由下式表示

$$\frac{dN(E,t)}{dt} = -C \cdot N(E,t) \cdot \exp\left(\frac{-E}{kT}\right) \tag{8-17}$$

式中 $C=f \cdot n$。f 是德拜温度下晶格振动频率，n 为引起缺陷消失的原子数，约为 1。

在实际工作中，如果在保持 T 恒定下进行实验，那么因消除缺陷过于费时间，不易测量出 ρ_0。故常常采用加热升温方法进行实验，而且是在一定升温速度 $1/a$ 条件下进行加热，故有

$$t = a \cdot T \tag{8-18}$$

对式(8-17)进行积分可得到

$$\ln \frac{N(E,T)}{N(E,T_0)} = -C \cdot a \cdot \int_{T_0}^{T} \exp\left(\frac{-E}{k \cdot T}\right) dT \tag{8-19}$$

上式右边积分可表示为

$$\int \exp\left(\frac{-E}{kT}\right) dT = \frac{E}{k}\left(\frac{kT}{E}\right)^2 \exp\left(\frac{-E}{kT}\right) - \frac{2E}{k}\left(\frac{kT}{E}\right)^3 \cdot \exp\left(\frac{-E}{kT}\right) + \cdots\cdots \tag{8-20}$$

因为实验是在 $kT \ll E$ 条件下进行，所以只取式(8-20)右边的第一项，则有

$$N(E,T) = N(E,T_0) \cdot \Phi(E,T) \tag{8-21}$$

式中

$$\Phi(E,T) = \exp[-C\{H(E,T) - H(E,T_0)\}]$$

$$H(E,T) = a \cdot \frac{E}{k}\left(\frac{kT}{E}\right)^2 \exp\left(\frac{-E}{kT}\right)$$

所以

$$\rho_i(T) = \int_0^\infty F_0(E) \cdot \Phi(E,T) dE \tag{8-22}$$

式中

$$F_0(E) = r(E) \cdot N(E,T_0) \tag{8-23}$$

因为函数 $\Phi(E,T)$只在温度拐点 T_i 附近发生急剧变化，所以可将它看成是在 $T=T_i$ 点发生跃变的分段函数，并用下式表示

$$\Phi(E,T) = \exp[CH(E,T_0)] \qquad T < T_i$$

$$\Phi(E,T) = 0 \qquad T > T_i$$

拐点 T_i 满足下式

$$\frac{\partial^2 \Phi}{\partial T^2} = 0$$

故

$$\frac{\partial^2 H}{\partial T^2} = C\left(\frac{\partial H}{\partial T}\right)^2$$

所以在拐点 T_i 处下式成立

$$a \cdot c \cdot T_i = u + \ln u \tag{8-24}$$

$$u=\frac{E}{kT_i}$$

对式(8-24)进行微分得到

$$\frac{dE}{dT_i}=ku \tag{8-25}$$

$$U=\frac{u+(u+2)}{u+1} \tag{8-26}$$

将有关公式代入到式(8-22)中可得到

$$\rho_i(T_i)=\int_0^{\infty}F_0(E)\cdot\Phi(E,T_i)dE$$

$$=\int_{E(T_i)}^{\infty}F_0(E)dE$$

所以

$$\frac{d\rho_i}{dT_i}=-F_0[E(T_i)]\cdot\frac{dE}{dT_i}$$

将式(8-25)代入上式得到

$$F_0[E(T_i)]=-\frac{1}{k\cdot U}\cdot\frac{d\rho_i}{dT_i} \tag{8-27}$$

从式(8-24)看出 T_i 和 $E(T_i)$是一种单调关系,当用 T 代替 T_i 后,式(8-27)可写作

$$F_0(E)=-\frac{1}{k\cdot U}\frac{d\rho_i}{dT} \tag{8-28}$$

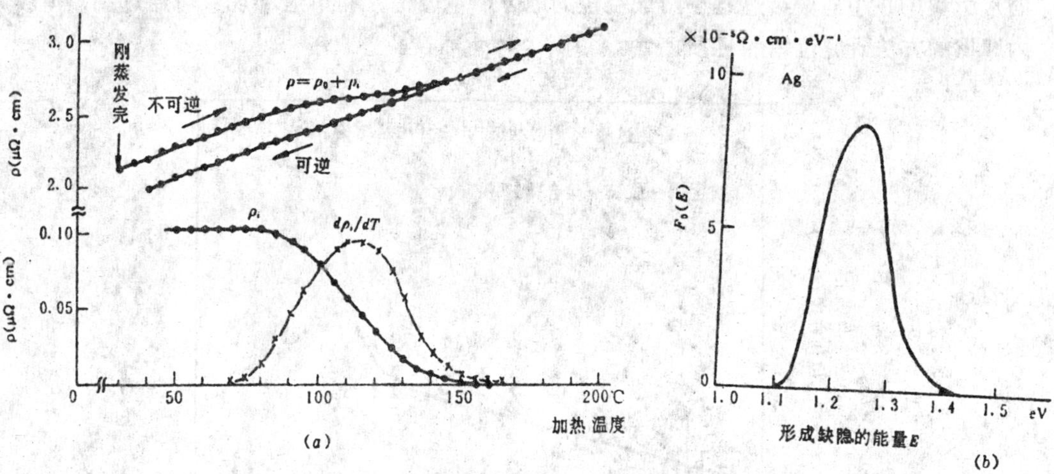

图 8-3 真空蒸发 Ag 膜中点缺陷的情况

(a)厚度 2.5μm 的 Ag 膜电阻率与温度的关系

(b)Ag 膜中缺陷的能量分布

当温度 T 确定后,从式(8-24)中可求出 E 值,代入(8-26)后可求出 U 值。所以当测量得到 $d\rho_i/dT$ 时就可求出 $F_0(E)$。虽然一般情况下 $r(E)$是未知的,但对面心立方金属来说,由一个原子百分数(原子%)的空位贡献的电阻率大约是$(1\sim2)\times10^{-6}\Omega\cdot cm$。如果忽略

$r(E)$与 E 的关系，从 $F_0(E)$就可得到 $N(E,T_0)$，也就知道薄膜刚蒸发完时形成晶格缺陷时的能量分布。在图 8-3 中给出了 Ag 膜的实验结果。从图(a)中看到在 120℃附近电阻率有明显的不可逆变化区域。在图(b)中看到缺陷能量分布在 1.2eV 附近出现峰值。它说明造成电阻率不可逆变化的原因正是薄膜中的空位缺陷。

二、位错

位错是薄膜中最常遇到的缺陷之一，它是晶格结构中一种"线型"的不完整结构，其密度约为 $10^{12}\sim10^{13}/cm^2$。在块状优质晶体中，位错密度大约为 $10^4\sim10^6/cm^2$。在发生强烈塑性形变的晶体中，其位错密度大约为 $10^{10}\sim10^{12}/cm^2$。

薄膜中的位错大部分从薄膜表面伸向基体表面，并在位错周围产生畸变。在薄膜中引起位错的原因为：

(1)基体引起的位错　如果薄膜和基体之间有晶格失配的位错，则在生长成单层的拟似性结构时就会有位错产生。如果在基体上有位错，那么在基体上形成的薄膜就会因基体的位错引起位错。不过一般情况下，基体的位错密度是非常小的，例如在 NaCl 的劈开面上大约只有 $10^5/cm^2$ 的位错。

(2)小岛的聚结　薄膜中产生位错的主要原因都来自小岛的长大和聚结。在多数的小岛中其结晶方向都是任意的。特别是两个晶体方向稍有不同的两个小岛相互聚结成长时，就会产生以位错形式形成小倾斜角晶粒间界。在基体温度为 300℃的 MoS_2 基体上蒸发 Au 薄膜中位错密度与膜厚的关系如图 8-4 所示。从图中看到，在小岛聚结和随后的生长过程中有很多位错产生。另外，当小岛刚一聚结合并时在薄膜内有相当强的应力产生。有时应力集中在小岛聚结过程中形成空位的地方产生位错。利用这种现象可通过测量薄膜内摩擦的方法研究位错的性质。

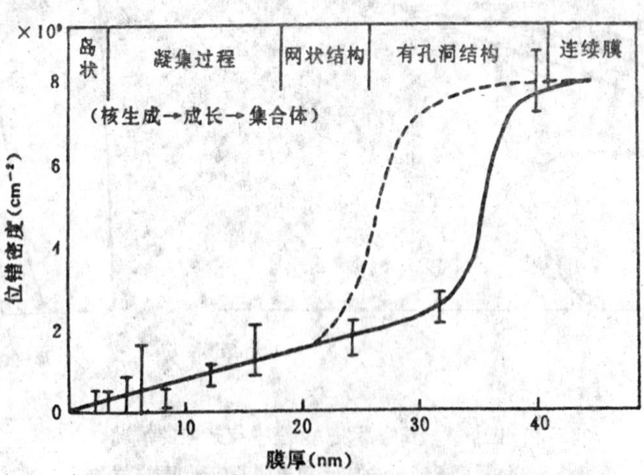

图 8-4　Au 薄膜中位错密度与膜厚的关系

所谓内摩擦是这样一种现象：若让薄膜随意振动一下，它的振幅会以某一比率进行衰减，这主要是由于振动能量通过薄膜中的位错运动转变为热能的结果，这种能量的转换过程称为薄膜的内摩擦。

对于块状面心立方金属，当它受到强加工后，用降低温度方法测量内摩擦随温度的变化时，会出现一个 Bordoni 峰，它的存在标志着位错的移动过程。当温度再上升到较高温度时这个峰就会消失。但在薄膜中其位错却比块状材料稳定。图 8-5 是多晶 Ag 膜内摩擦与温度的变化关系。当将在常温下蒸发的多晶 Ag 膜降低到低温下测量内摩擦时，它和经过加工的块状材料一样，在 50K 处出现与 Bordoni 对应峰。但是当将这个薄膜在 300K 下热处理三个小时再进行测量时发现这个峰并没有变化。然而对于块状材料若用同样条件进行处理，这种峰就基本消失。由此可认为薄膜中的位错与块状材料相比则是相当稳定的。大量实验数据还表明，薄膜中多数位错出现在与薄膜表面相垂直的方向，而且被锁住成为稳定的位错。

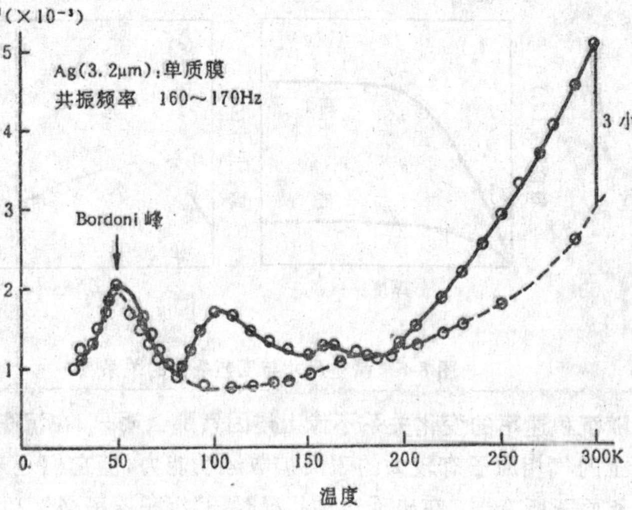

图 8-5　多晶 Ag 膜内摩擦与温度关系

三、晶粒间界

因为薄膜中含有许多小晶粒，与块状材料相比，薄膜的晶粒间界面积比较大。在吸附原子表面扩散率很小的情况下，薄膜中晶粒尺寸与临界核尺寸无较大差异。但一般情况下，吸附原子的表面扩散率都较大，所以在小岛长大到可以互相接触发生聚结时，晶粒尺寸则远远地大于临界核尺寸。薄膜中晶粒尺寸与沉积工艺条件的关系如图 8-6 所示。从图中可看到一个共同特点，随着沉积工艺参数的变化，晶粒尺寸也发生变化，最后趋向一个饱和晶粒尺寸值。当以膜厚为沉积变量时，晶粒尺寸达到饱和说明在膜厚达到一定值之后，在原有老晶粒上又产生出新晶粒。新晶粒的形成可能有两个原因：一是在老晶粒上面有污染层隔离，使新晶粒不与老晶粒接续生长；二是老晶粒的上部表面已成为近于完善的封闭堆积面。新入射的气相原子很难再进入到里面，只有在上面重新排列而构成新晶粒。

在高于沉积温度的温度下进行退火热处理也可改变颗粒尺寸。退火温度越高，晶粒尺寸越大。热处理较厚的薄膜这种效果更明显。应该指出，当退火热处理在退火温度下沉积的薄膜时，晶粒增大的效果则不显著。其原因是沉积中吸附原子表面扩散的凝结过程与退火热处理中凝结吸附原子高激活能的热扩散过程相互干扰抵消。

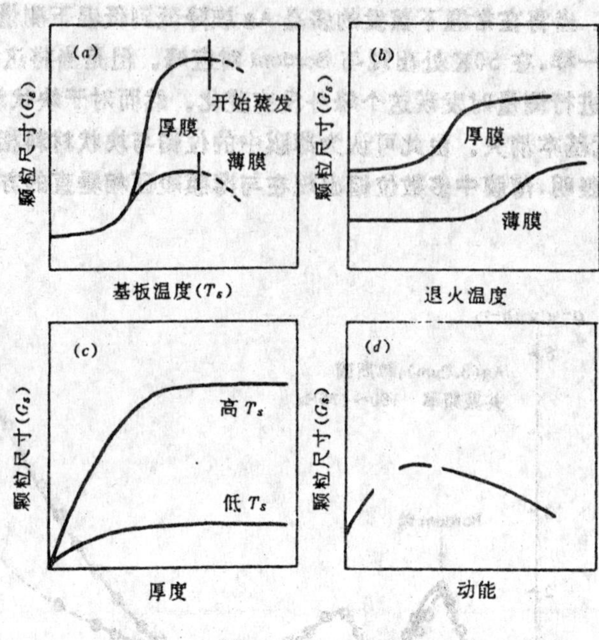

图 8-6 晶粒尺寸与工艺条件的关系

晶粒尺寸随沉积速率的变化关系不像上述因素那么明显。在沉积速率较大时，虽然入射到基体表面上的气相原子有较大的表面扩散运动能力，但它们还来不及扩散多远就被后来入射的气相原子所掩埋。在出现这种状况时，其沉积速率必然超过了某一临界值。在这个临界沉积速率下，晶粒尺寸只受基体温度限制。大于这个临界沉积速率之后，随着沉积速率的增大其晶粒尺寸反而逐渐减小。

四、层错缺陷

在真空蒸发薄膜中存在的另一种重要缺陷是层错缺陷。它是由原子错排产生的。在完整的面心立方晶体中应以 ABC 顺序堆垛，每三层一个反复，周而复始，也就是 ABC ABC ……地堆垛下去。如果在原子排列中缺少了某一层(如第四层 A 层)，则它的堆垛关系将成为 ABC BC ABC……，于是就产生了错。研究这种缺陷的实例是观测沉积在 MoS_2 基体上的 Au 膜。当用电子显微镜研究薄膜中两个小岛聚结合并时，小岛刚一合并就可在表示各个小岛的结晶点阵衍射条纹边界处出现较强的衍射衬度，这种衬度反映有层错缺陷存在。层错缺陷是在小岛间的边界处出现，但是当聚结合并的小岛再长大时，这种反映层错缺陷的衍射衬度就完全消失。但这并不意味着当薄膜形成连续结构时层错缺陷会全部消灭。

在 80K 基体温度下蒸发厚度为 4500 Å 的 Ag 膜，用 X 射线衍射法进行观测研究时从衍射峰的位移知道，在它的[111]和[200]面上存在着 6%左右的层错缺陷。若从整个薄膜来看，这些面心立方金属层错缺陷的多少也不尽相同，而且大多数是以带状形式分布，其

密度为 $10^9 \sim 10^{10}/cm^2$。

在 Si 和 Ge 中存在的层错缺陷，从外观上看与面心立方金属相比有很大的不同。因为它们与外延生长工艺密切相关，这里不详细讨论。

在薄膜中除了有上面介绍的典型缺陷之外，还有其它类型缺陷。

位错环是在层错缺陷能量较大的面心立方金属膜，例如 Al 膜中出现。因为 Al 的层错缺陷能为 $200erg/cm^2$，Ag 为 $15 \sim 20erg/cm^2$，而 Cu 为 $30 \sim 40erg/cm^2$。

刃状位错环是薄膜中的空位在沿着某一个晶面以单层形式凝聚，并且当空位数目一增多引起这个层的上下面被破坏时，在层的轮廓外面就形成刃状位错环。刃状位错环等于空位的吸收口，它可以消除空位。由位错引起空位变化的表达式是

$$-\frac{1}{N}\frac{dN}{dT} = 2 \cdot \alpha \cdot K \cdot \text{tgh}(\alpha \cdot K \cdot t) \tag{8-29}$$

式中 α 为常数，$K=(\pi/2)\sqrt{N_0 \cdot N_s}$，$N_0$ 是 $t=0$ 时空位浓度，N_s 是位错环浓度。

用这个公式可说明电阻随时间的变化。空位凝集成三维体就变成空隙。在薄膜中这种空隙相当多。

在面心立方金属膜中不但存在着位错环，而且还发现有数量较多的双晶。电子衍射研究证明，双晶面为[111]面的双晶。

在薄膜中各种缺陷形成的机理和数量都不相同。随着薄膜科学的发展，薄膜的种类也日益增多。因此关于各种缺陷的形成机理、缺陷对薄膜性能的影响以及如何减少和消除缺陷等都是今后需要深入研究的课题。

§8-3 薄膜结构与组分的分析方法

在研究薄膜结构与组分时常用的检测方法有 X 射线衍射法、电子衍射法、扫描电子显微镜法、俄歇电子能谱法、X 射线光电子能谱法和二次离子质谱法等。下面分别对它们的工作原理和特点作些简要介绍。

一、X 射线衍射法

这种方法的基础是 X 射线晶体学。应用这种分析方法可对元素、化合物和混合物进行验证和定量分析；物相分析和物相界限的确定和相变研究；晶体结构分析；单晶定向；晶格参数测定；晶粒尺寸和晶格变形的测定以及晶体缺陷研究等。

X 射线衍射法中随分析样品的不同又分为劳埃法（适合单晶）、旋转晶体法（粉末材料和薄膜）及粉末法（粉体材料）。旋转晶体法适合于分析薄膜样品，其工作原理如图 8-7 所示。其中的 X 射线束是从专用的 X 射线管中发射的具有一定波长的特征 X 射线。常用的几种特征 X 射线是 Al 的 K_α 射线（8.34Å）、Cu 的 K_α 射线（1.542Å）、Cr 的 K_α 射线（2.29Å）、Fe 的 K_α 射线（1.94Å）。X 射线束入射到分析样品表面后产生反射，检出器收集反射 X 射线信息。当入射 X 射线波长 λ、样品与 X 射线束夹角 θ 及样品晶面间距 d 满足布喇格方程

$$2d \cdot \sin\theta = n \cdot \lambda \tag{8-30}$$

时，检出器可检测到最强的信息。因 λ 为已知值，θ 可以测量，利用式(8-30)求出晶格面间距 d 值便可进行各种分析研究。

因为特征 X 射线不能用电磁透镜聚焦，它的束斑尺寸较大。另外 X 射线分析样品时它受原子外壳层电子的散射较弱，所以有很强的穿透能力。利用这种方法分析薄膜时适合分析晶粒尺寸较大和膜层厚度较厚的薄膜。

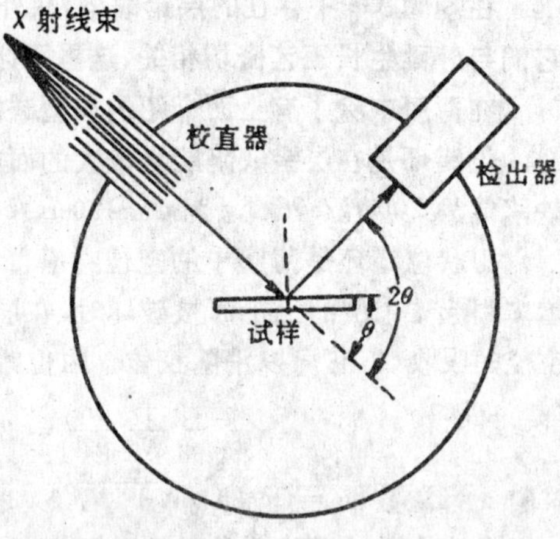

图 8-7 旋转晶体法 X 射线衍射仪原理图

二、电子衍射法

电子衍射法在研究分析薄膜时比 X 射线衍射法有更多的优越性。首先，它是在透射电子显微镜中观测薄膜结构的同时进行电子衍射分析的。其次，它的波长 λ 与加速电压 V 有下述关系

$$\lambda = \frac{12.27}{\sqrt{V(1 + 0.978 \times 10^{-6} \cdot V)}} (\text{Å}) \tag{8-31}$$

当加速电压 V 大于 1000 伏之后，电子束波长小于 0.37Å，比特征 X 射线波长小得多。这时就可不用布喇格方程(8-30)而改用下式

$$L \cdot \lambda = R \cdot d \tag{8-32}$$

式中 L 是样品到安放照片底板处的距离，R 是衍射图中心点到衍射点(环)的半径，它们都是可以测量的。因为电子波长 λ 是已知的，通过 $d = L \cdot \lambda / R$ 便可求出晶格面间距。因为 L 和 λ 的乘积由仪器本身决定，通常将 $L \cdot \lambda$ 称为仪器常数。第三，入射到薄膜中的电子束受到原子周围电子的散射作用，使它的穿透能力减弱，这种方法就非常适合薄膜或表面。第四是入射电子束可用电磁透镜聚焦，使入射到样品上的电子束斑直径较小，可达几百 Å。所以用这种方法很适宜分析晶粒较小和膜厚较薄的薄膜。

三、扫描电子显微镜分析法

扫描电子显微镜是分析薄膜形貌和成分的大型电子光学仪器。它的主要优点是：

1. 分辨本领高。常用的二次电子像的分辨本领可达 50Å。

2. 景深大。一般光学显微镜放大倍数为 100 和 1000 倍时其景深分别为 10μm 和 0.29μm。同样放大倍数时，扫描电子显微镜的景深分别为 25μm 和 7.5μm。因此用它观察薄膜表面时有较强的立体感。

3. 放大倍数连续可调。从几十倍连续调到几万倍。

4. 与 X 射线色谱仪或 X 射线能谱仪相配合，可在分析薄膜形貌的同时，进行点、线、面分布成分分析。

5. 可进行加热、冷却、断裂、拉伸、加电压等动态分析。

6. 有多自由度样品架，可对样品不同部位进行分析。

7. 制样简便，不进行处理可直接观察断口。

扫描电子显微镜的结构和工作原理如图 8-8 所示。从电子枪到样品的部分称为电子光学系统或镜筒。与它相联接的真空系统图中未画出。由探测器、放大器及示波器等构成检测显示系统。第四部分是电源和操作控制系统。

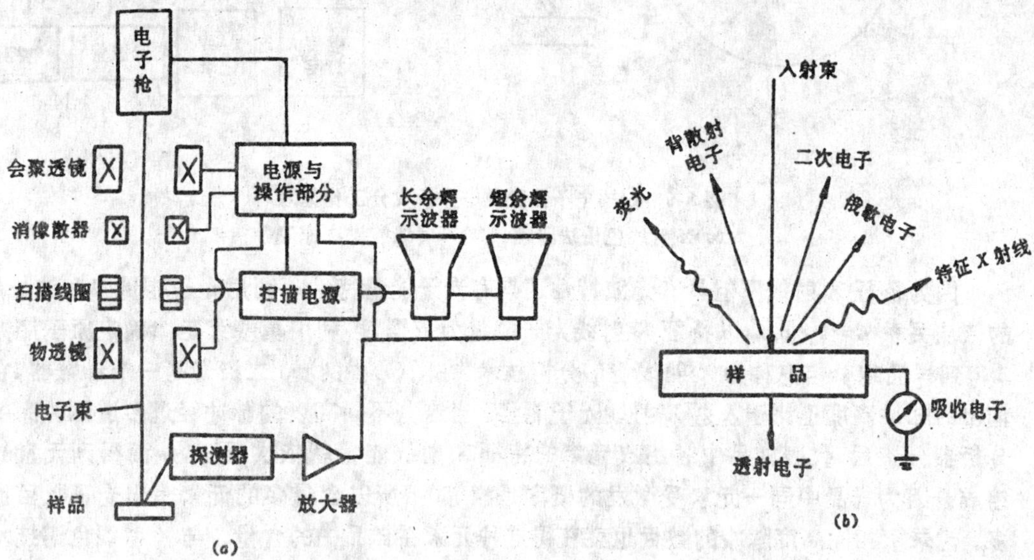

图 8-8 扫描电子显微镜工作原理

(a)仪器结构 (b)入射电子束与样品作用产生的信息

从图(b)中看到，入射电子束与样品表面相互作用可产生 7 种信息。其中最常用于薄膜分析的是背散射电子、二次电子和特征 X 射线。前两种信息可用来观测表面形貌。特别是二次电子因它来自样品本身而且动能小，最能反映样品表面层形貌信息。一般都用它观测样品形貌。特征 X 射线可供分析样品的化学组分。

在扫描电子显微镜中，将样品发射的特征 X 射线送入 X 射线色谱仪或 X 射线能谱仪可进行化学成分分析。其工作原理如图 8-9 所示。

用特征 X 射线分析化学成分的理论基础是反映特征 X 射线波长 λ 与原子序数 Z 有直接关系的莫塞莱定律

$$\sqrt{\frac{c}{\lambda}} = K(Z - \sigma) \tag{8-33}$$

式中 c 是光速，K 和 σ 是常数。由上式可知，只要测量出特征 X 射线的波长 λ 就可求得原子序数 Z，从而测定其化学成分。

在用 X 射线色谱法测量特征 X 射线波长 λ 时仍利用布喇格方程 $2d\sin\theta = n \cdot \lambda$。在图(a)中看出，分光晶体的 d 值是已知的，θ 角可通过刻度盘进行测量，于是可求出特征 X 射线波长 λ。检出器将接收的不同波长的特征 X 射线信息转换为电脉冲输出给显示记录系统。从而得到样品组分信息。

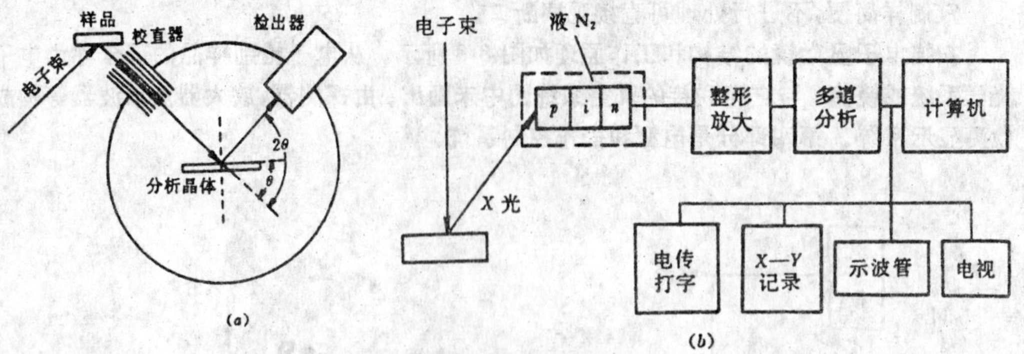

图 8-9 扫描电子显微镜中分析成分工作原理

(a)X 射线色谱法原理 (b)X 射线能谱法原理

因为特征 X 射线不但具有光波特性还具有光子能量特性。利用光子能量 E 和波长 λ 的依从关系 $E=h\cdot c/\lambda$，以特征 X 射线光子能量为依据，再利用莫塞莱定律确定原子序数 Z 得到样品组分信息称为 X 射线能谱分析技术。在图(b)中的 pin 二极管是一个计数器，它输出的脉冲高度正比于入射 X 射线光子能量。当这些不同高度的脉冲经过多道脉冲高度分析器分鉴后，代表样品中各组成元素的特征 X 射线能量就依次展开，从而得到元素的组成。因为样品中同一元素受激发的概率是相等的，所以含量多的元素输出光子数目也多。记录下相同高度脉冲的数目也就获得这种元素在样品中的含量。与 X 射线色谱技术相比，它更具有分析速度快、灵敏度高、稳定性好和一次能分析全谱的特点。

四、俄歇电子能谱法

俄歇电子能谱法是分析薄膜样品的先进分析技术之一。与后面将要介绍的 X 射线光电子能谱技术和二次离子质谱技术一样，同属于表面分析技术。

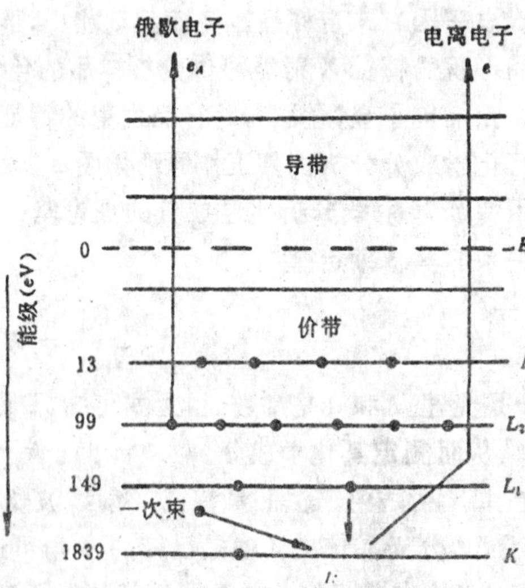

图 8-10 Si 中俄歇电子的产生过程

俄歇电子能谱技术的特点是：适合分析原子序数 Z 小于 13 的轻元素和超轻元素；入射电子束的束斑小，适合分析微区成分；与扫描电镜相配合可在分析样品形貌的同时再进行俄歇电子能谱分析；根据化学位移效应可鉴别元素的化学状态；与溅射离子枪相配合，可对样品一边进行溅射剥离一边进行元素分析，从而得到元素沿深度分布的信息；因俄歇电子动能较小，所获得的信息都来自距表面只有几十 Å 的表面近层区域。

俄歇电子是法国科学家 Auger 在 1926 年发现的。在图 8-10 中以 Si 为例来说明俄歇电子的产生过程和分析原理。当原子处于基态时，核外电子依次排列在有一定能量的能级 K、L、M 上。在入射电子作用下，K 能级上的一个电子被激发电离留下空位，原子则处于不稳定的激发状态。要达到稳定状态，假定 L_1 层的一个电子跃迁到 K 层上填补空位，这时它将释放出多余能量($E_K-E_{L_1}$)。这部分能量可通过两种方式消耗掉。一种是发射特征 X 射线光子，另一种是将 L_{23}层上的电子激发电离，这个电子就是俄歇电子。若俄歇电子的动能为 E，根据能量守恒定律可得到下述关系

$$E_K - E_{L_1} = E_{L_{23}} + E \tag{8-34}$$

所以俄歇电子动能

$$E = E_K - E_{L_1} - E_{L_{23}}$$

若认为 E_{L_1}近似等于 $E_{L_{23}}$，并用 E_L 表示，则俄歇电子动能可进一步表示为

$$E = E_K - 2E_L \tag{8-35}$$

因为对每种元素的原子来说，能量 E_{L_1}、$E_{L_{23}}$都有其不同的特征值。所以只要测出俄歇电子动能 E，就可进行元素鉴定。因此式(8-35)便成为俄歇电子能谱法的基本公式。

如果 Si 原子不是处于零价的元素状态 Si^0，而是处于 SiO_2 中的氧化态 Si^{+4}。这时能级 K、L、M 的能量都发生变化，从而也影响到俄歇电子动能 E 的变化。若从 Si^0 到 Si^{+4}，K、L_1、L_{23}和 E 的变化分别为 ΔX、ΔY、ΔZ 和 ΔE，则 Si^{+4}离子中 L_{23}俄歇电子动能为

$$\begin{aligned} E + \Delta E &= (E_K + \Delta X) - (E_{L_1} + \Delta Y) - (E_{L_{23}} + \Delta Z) \\ &= E_K - E_{L_1} - E_{L_{23}} + (\Delta X - \Delta Y - \Delta Z) \\ &= E + (\Delta X - \Delta Y - \Delta Z) \end{aligned}$$

所以

$$\Delta E = \Delta X - \Delta Y - \Delta Z \tag{8-36}$$

俄歇电子动能 E 的变化量 ΔE 来源于 Si 原子从零价元素态变化到＋4 价的离子态。这是由于 Si 原子化学环境发生变化引起的，所以 ΔE 就称为能量化学位移，简称为化学位移。利用俄歇电子能谱法中的化学位移效应不但可鉴定样品中的组分元素还可测定它的化学状态。这是俄歇电子能谱法的独特优点。

俄歇电子能谱仪的结构如图 8-11 所示。它由电子枪、溅射离子枪、电子能量分析器、真空系统和操作显示系统等所组成。

五、X 射线光电子能谱法

X 射线光电子能谱法是用特征 X 射线作入射束，在与样品表面原子相互作用后，将原子内壳层电子激发电离。这个被入射特征 X 射线激发电离的电子称为光电子。测量光电子的动能来鉴定样品所含元素及其化学状态，因此这种方法称为 X 射线光电子能谱法。这种方法最早是用来作化学研究分析的，称为化学分析用光电子能谱法(ESCA)。随着表面科学的发展，它不但用于化学分析而且更广泛地应用于表面科学和材料科学，从现代技术角度称为 X 射线光电子能谱技术(XPS)。

这种分析技术的特点是：对样品没有破坏作用；不消耗样品；能鉴定元素和它所处的化学状态；分析深度较浅，大约在表面以下 25～100Å 范围；可分析分子中原子周围的电子密度；分析元素范围较宽，可从 He 到 U。

X 射线光电子能谱法的工作原理如图 8-12 所示。图中左半部分是样品能级图，右边是能谱仪器的能级图。入射 X 射线光子能量 $h\nu$ 是已知的，常用的 Mg 靶 K_α X 射线光子能量 $h\nu=1254.6\text{eV}$，Al 靶 K_α X 射线光子能量 $h\nu=1486\text{eV}$。当这种 X 射线入射到自由原子的内壳层上，将某个电子激发电离成光电子。若电子束缚能是 E_b，电离后的动能为 E_K，根据能量守恒定律可得到

$$h\nu = E_b + E_K \tag{8-37}$$

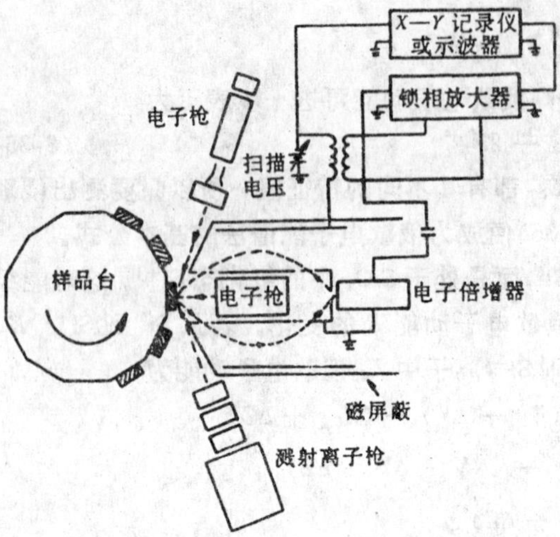

图 8-11 俄歇电子能谱仪结构原理

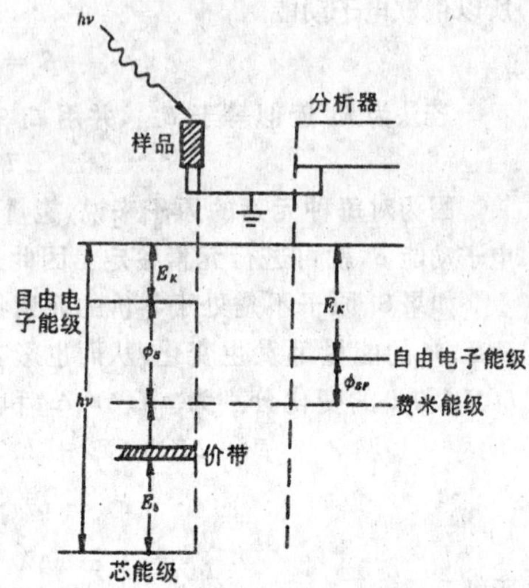

图 8-12 X 射线光电子能谱工作原理

上式便是著名的爱因斯坦光电发射定律。由于 $h\nu$ 值是已知的，光电子动能 E_K 可用电子能量分析器测量，于是光电子束缚能 E_b 便可求得。对于不同原子或同一原子的不同壳层，其 E_b 都是有不同数量的特征值。通过 E_b 值便可进行元素鉴定。

对于薄膜等固体样品产生的光电子除考虑束缚能 E_b 之外，还要考虑功函数 φ_S、原子反冲能量 E_r。这时若光电子动能用 E_K' 表示，像式(8-37)一样可得到

$$h\nu = E_b + \varphi_S + E_r + E_K' \tag{8-38}$$

因为 E_r 值较小可忽略不计，上式可改为

$$E_K' = h\nu - E_b - \varphi_S \tag{8-39}$$

当光电子进入谱仪之后，因两者费米能级相同，则有

$$E_K' + \varphi_S = E_K + \varphi_{SP}$$

所以

$$E_K' = E_K + \varphi_{SP} - \varphi_S \tag{8-40}$$

式中 φ_{SP} 是谱仪材料的功函数，E_K 是光电子在谱仪中的动能。将式(8-40)中的 E_K' 代入式(8-39)中可得到

$$E_b = h\nu - \varphi_{SP} - E_K \tag{8-41}$$

上式是测量固体样品时的基本理论表达式。像在俄歇电子能谱法中介绍的一样，当原子所处的化学环境发生变化时，束缚能 E_b 也发生变化。束缚能 E_b 的这种变化称为化学位

移。因为X射线光电子能谱法中光电子的产生只涉及一个电子，俄歇电子的产生则涉及三个电子。在X射线光电子能谱法中的化学位移效应比俄歇电子能谱法更显著，所以就常用前者研究样品中原子的化学状态。

X射线光电子能谱仪器与俄歇电子能谱仪器基本一样，只要将电子枪改为特征X射线发生器并去掉锁相放大部分就是一台X射线光电子能谱分析仪器。所以目前世界上除有单一功能的X射线光电子能谱仪器之外，一般都是将两者结合起来作成多功能的表面分析仪器。利用一台设备的两种功能同时分析一种样品便可得到多方面的信息。

六、二次离子质谱法

二次离子质谱法是一种表面离子谱型分析技术。与表面作用的入射束是一种具有较高能量的离子束（一次束）。它与固体表面进行能量和动量交换之后，可从表面发射出中性粒子、正负二次离子（来自样品）、电子、光子和弹性散射的入射离子。二次离子质谱法就是用质谱仪对从样品表面发射出来的正负二次离子进行质量分析鉴别表面元素。由于发射出来的二次离子是来自表面下面几层的原子，所以这种分析方法是分析薄膜和表面的先进方法。它的信息深度可在一个或几个原子层中变化，主要依赖于离子碰撞特性、入射离子束能量、入射离子和原子的原子序数、原子量及样品的内聚能量等因素。

二次离子质谱法的优点是：能检测包括氢在内的全部元素；可以分析同位素；检测灵敏度较高，可检测痕量级杂质；对样品有破坏性但消耗样品较少；样品制备简单，对样品不必进行预先处理；可测量深度方向的成分分布。

二次离子质谱分析法的工作原理如图8-13所示。在两个平行平面形电磁铁之间是对二次离子进行质量分析的工作区。假设质量为M、电荷为e的二次正离子从样品S_0处受到加速电压V的作用到达平行电磁铁入口处S_1。若忽略不计这个正离子的初始能量，它到达S_1处的动能为

$$eV = \frac{1}{2} Mv^2 \tag{8-42}$$

式中v是正离子的运动速度。若无外磁场作用（$\vec{H}=0$），它进入S_1之后就沿垂直方向$\vec{n}$作直线前进运动。当电磁铁中产生磁场时（$\vec{H}\neq 0$），它受到洛伦兹力作用就作曲线运动。当离心力F'和向心力F相当时，正离子就作圆周运动。离心力$F'=Mv^2/R_m$，向心力$F=H\cdot e\cdot v$，R_m是正离子作圆周运动轨迹的半径。因为$F'=F$，所以

$$\frac{Mv^2}{R_m} = H\cdot e\cdot v \tag{8-43}$$

经进一步整理可得到正离子的质荷比为

$$\frac{M}{e} = \frac{R_m^2\cdot H^2}{2\cdot V} \tag{8-44}$$

在实际工作中习惯使用实用单位制，上式可改写为

$$\frac{M}{e} = 4.82\times 10^{-5}\frac{R_m^2\cdot H^2}{V} \tag{8-45}$$

$$R_m = \frac{144}{H}\sqrt{\frac{M\cdot V}{e}} \tag{8-46}$$

式中 V 的单位用伏特，H 的单位是奥斯特，R_m 的单位是厘米，e 的单位是电子电荷，M 的单位是原子质量单位(amu)。在化学上，一个 amu 等于氧元素平均原子质量的十六分之一，在物理上一个 amu 等于 1.6599×10^{-24}克。

式(8-45)和(8-46)是二次离子谱法用元素的质量进行成分鉴定的基本公式。从公式中看到，当加速电压 V 和外磁场 H 确定之后，正离子运动的轨道半径 R_m 与正离子质荷比的平方根 $\sqrt{M/e}$成正比。若调整 V 和 H 使某一个 $\sqrt{M/e}$恰好满足 R_m 等于 OS_1 和 OS_2。那么从 S_1 处进入的正离子都可从出口处 S_2 出来。小于或大于 $\sqrt{M/e}$的其它离子均不能从 S_2 处出来。这样便起到质量过滤作用，也就是利用离子的质量差异进行样品组分鉴定。

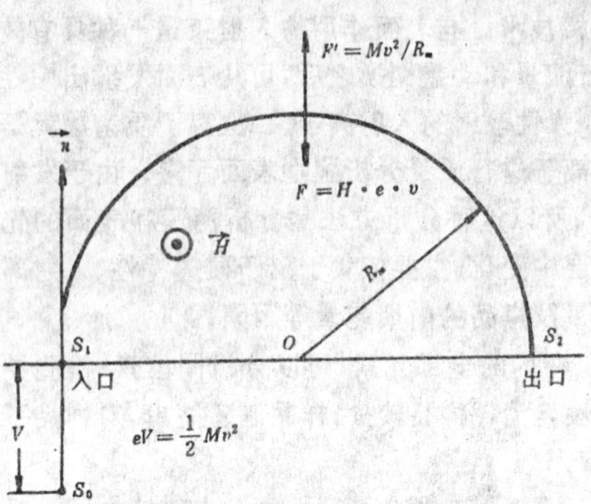

图 8-13　二次离子质谱工作原理

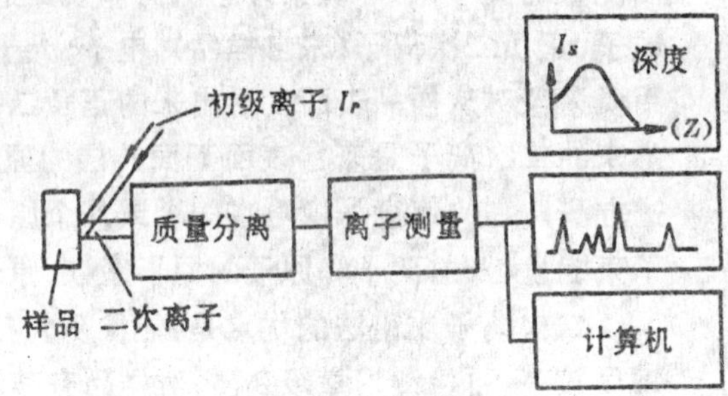

图 8-14　二次离子质谱仪结构原理

二次离子质谱仪的结构原理如图 8-14 所示。从离子枪产生一次离子(初级离子)经过质量聚集、电磁聚焦后入射到样品的系统称为一次离子光学系统；二次离子从样品发射之后，经过质谱分析和测量称为分析测量系统；用计算机处理、记录仪记录和图谱显示等称为操作显示系统；另外还有真空系统和电源系统等。

除了上面介绍的分析方法之外，还有适合于薄膜分析的低能电子衍射法、低能离子散射谱法、低能电子能量损失谱法等。特别是荣获 1986 年诺贝尔物理奖的由比尼格等(G. Binnig)研制的扫描隧道显微镜(STM)更适合于分析薄膜的晶体结构。这种分析方法的理论基础是本世纪 20 年代后期提出的电子隧道发射理论。这种分析仪器结构比较简单，没有任何电子光学系统，因此可以得到很高的放大倍数而且没有像差。用一个微小的针尖在距样品表面约 10Å 的地方进行扫描，测量其隧道电流就可得到显微图像。

这种仪器可以在各种条件下测量不同物质，能测量出单个表面原子的位置，并且具有三维分辨率。垂直方向最高分辨率为 0.2Å，横向优于 2Å。利用这种仪器还可测量表面局域化和非局域化的电子能量，功函数的轮廓图等。

北京大学物理系已自行设计出恒定电流型 STM 仪器，化学系用它研究液晶分子在高定向石墨单晶表面上的二维排列情况并获得用其他表面分析仪器难以观测到的结果。而且这些工作都是在大气中，常温、常压条件下完成的。

第九章　薄膜的性质

由于薄膜材料的不同，各种薄膜（如金属膜、介质膜、半导体膜等）都有各自不同的性质。但力学性质则是各类薄膜都应具有的性质。因此，在本章中除了研究各种材料薄膜的特殊性质外，将薄膜的力学性质作为共性的内容进行讨论。

§9-1　薄膜的力学性质

薄膜的力学性质中包括有附着性质、应力性质、张力性质、弹性性质和机械强度等。根据专业教学的要求，在本节中我们仅研究附着性质和应力性质。

一、附着性质

1. 附着现象

附着问题是制备薄膜时遇到的第一个问题。因为制备薄膜时首先考虑它是否能牢固地附着在基体上。否则薄膜的其它性质都无法进行研究。准确地解释附着这个概念是比较困难的。从宏观角度看，附着就是薄膜和基体表面相互作用将薄膜粘附在基体上的一种现象。附着是与薄膜在基体上存在的耐久性及耐磨性有直接关系的重要概念。薄膜在基体上附着的牢固性因薄膜材料和基体材料的不同而不同。

例如，在室温的微晶玻璃基体上用真空蒸发法沉积 Au 膜时，它的附着性较差，用手轻轻地一摸，Au 膜就会脱落。对基体加热到不同温度进行实验，Au 膜的附着性能并无显著改进。相反，在沉积 Au 膜之前，在一定温度的基体上沉积 Cr 膜，然后在 Cr 膜上面再沉积 Au 膜，Au 膜的附着性就有很大提高。实验表明，易氧化的金属膜附着性比难氧化的金属膜要好得多。

电子显微分析表明，薄膜的附着可分为如图 9-1 所示的简单附着、扩散附着、通过中间层附着和宏观效应附着等四种类型。

(*a*)简单附着是在薄膜和基体之间存在一个很清楚的分界面。这种附着是由两个接触面相互吸引形成的。当两个不相似或不相容的表面相互接触时就易形成这种附着。

(*b*)扩散附着是由于在薄膜和基体之间互相扩散或溶解形成一个渐变的界面。用阴极溅射法制备的薄膜其附着性能比真空蒸发法较好，其中一个重要原因是从阴极靶上溅射出的粒子都有较大的动能。它们沉积到基体上时可发生较深的纵向扩散从而形成扩散附着。

(*c*)通过中间层的附着是在薄膜和基体之间形成一种化合物中间层，薄膜再通过这个中间层与基体间形成牢固的附着。这种中间层可能是一种化合物的薄层，也可能是含有多种化合物的薄层。其化合物可能是薄膜与基体两种材料形成的化合物，也可能是与真空室内环境气氛形成的化合物，或者两种情况都有。由于薄膜和基体之间有这样一个中间层，所以两者之间形成的附着就没有单纯的界面。

(d)通过宏观效应的附着包括有机械锁合和双电层吸引。机械锁合是一种宏观的机械作用。当基体表面比较粗糙，有各种微孔或微裂缝时，在薄膜形成过程中，入射到基体表面上的气相原子便进入到粗糙表面的各种缺陷、微孔或裂缝中形成这种宏观机械锁合。如果基体表面上各种微缺陷分布均匀适当，通过机械锁和作用可提高薄膜的附着性能。

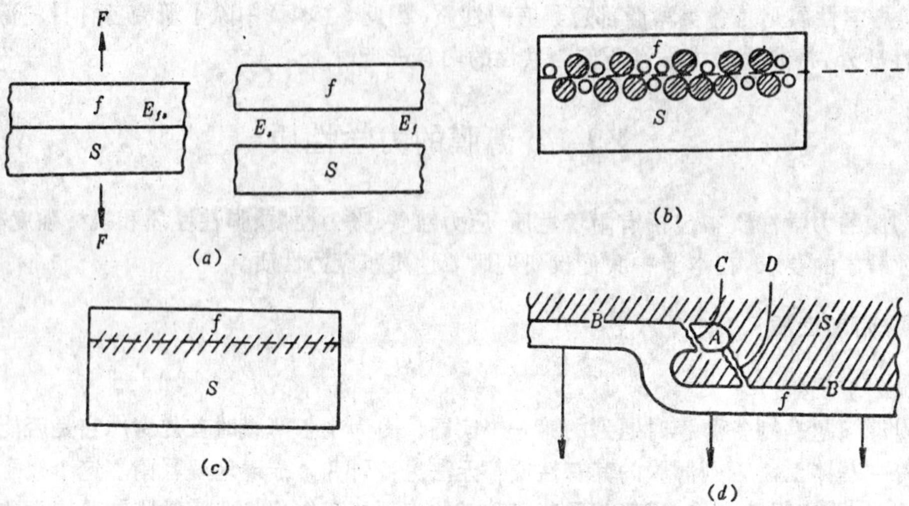

图 9-1　附着的四种类型示意图

(a)简单附着　　(b)扩散附着

(c)通过中间层附着　(d)通过宏观效应附着

双电层吸引是由薄膜与基体间界面处形成双电层而产生吸引。因薄膜和基体两种材料的功函数不同，两者间发生电子转移在界面两边积累起电荷。这种吸引在能量上类似于范德华吸引。

2. 附着机理

从微观方面研究认为附着的机理是吸附。根据吸附能大小的不同，可分为物理吸附和化学吸附。

(a)物理吸附包括范德华力吸附和静电力吸附。范德华力是由两种物质互相极化产生的。根据极化机构的不同，范德华力又可分为定向力、诱导力和色散力。定向力来源于永久偶极矩之间的相互作用。诱导力则是由于永久偶极矩的诱导作用而形成的吸引力。色散力是由于电子在环绕原子核的运动中所产生的瞬间偶极矩之间相互作用形成的一种吸引力。因为在薄膜材料和基体材料中大部分都没有具有永久偶极矩的极性分子，所以定向力和诱导力的作用都很小。但这两种材料中却普遍存在着可产生瞬时偶极矩的原子，所以在原子与原子之间，材料与材料之间普遍存在着色散力。因此，在薄膜与基体之间的附着是普遍存在的范德华力中的色散力在起作用。

一个沉积到基体表面上的原子 A 与基体表面上一个原子 B 之间的色散力相互作用势能为

$$E_a = -\frac{3}{2} \cdot \frac{\alpha_A \cdot \alpha_B}{r^6} \cdot \frac{U_A \cdot U_B}{U_A + U_B} \tag{9-1}$$

式中 r 是 A 和 B 原子间的平衡距离，α_A 和 α_B 是原子 A 和原子 B 的极化率，U_A 和 U_B 分别是两个原子各自的电离能。

若将每个原子的吸附能相加然后取平均值就可得到薄膜与基体之间吸附能为

$$E_{ad} = \frac{-\pi \cdot N}{4} \cdot \frac{\alpha_A \cdot \alpha_B}{r^3} \cdot \frac{U_A \cdot U_B}{U_A + U_B} \tag{9-2}$$

式中 N 是基体单位体积中的 B 原子数。

静电力就是前面说的双电层吸引力。由于薄膜和基体材料的功函数不同，当两者相互接触时发生电荷转移。电荷层起着把薄膜与基体拉紧的作用，其吸引能为

$$E_s = \frac{\sigma^2 \cdot d}{2 \cdot \varepsilon \cdot \varepsilon_0} \tag{9-3}$$

式中 σ 为单位面积上的电荷量，d 是双电层（电荷层）厚度，ε 和 ε_0 分别是基体和真空的介电常数。

理论计算表明，静电力的吸引能量与范德华力基本相近。两者的差异表现在：范德华力是一种短程力，当吸附原子间的距离略有增大时，它便迅速趋向于零。因此靠范德华力来实现薄膜与基体的附着时，其附着性是较差的。静电力则与此相反，它是一种长程力。即使薄膜和基体之间有微小位移，其吸引力也不会有较大变化。因此虽然静电力数值小一些，但它对附着力的贡献却较大。

(b)化学吸附是薄膜与基体之间形成化学键结合力产生的一种吸附。化学键的结合有三种：共价键、离子键和金属键。产生化学键的原因是有些价电子不再为原来的原子所独有，而是从一个原子转移到另一个原子上。这样，化学键吸引力也是一种短程力，但数值上却比范德华力大得多。在薄膜与基体之间并不是普遍地存在化学吸附，只有在它们之间的界面上产生化学键形成化合物时才能形成化学键结合。由此看出，要使薄膜在基体上有牢固的附着性必须在它们之间产生化学键。化学吸附的吸附能在 0.5～10eV 范围。

由于附着现象是出现在两种材料的表面上，因此它不但与基体和薄膜各自的比表面自由能 σ_s 及 σ_f 有关，而且还和薄膜与基体间的界面自由能 σ_{sf} 有关。于是单位面积上的附着能 E 可表示如下

$$E = \sigma_s + \sigma_f - \sigma_{sf} \tag{9-4}$$

这个值可正可负，这就使单位附着力 f_{ad} 是引力或是排斥力。根据这种情况，具有高表面能的相同材料，如高熔点金属其 f_{ad} 最大，具有低表面能的材料其 f_{ad} 最小。界面自由能 σ_{sf} 随两种材料的原子种类、原子间距和键合特征等差别的增大而增大。因此，σ_{sf} 和单位附着力 f_{sf} 按下列顺序减小：相同材料（$\sigma_{sf}=0$）、固溶体、具有不同类型键合的难混溶材料。

3. 附着性质的实验结果

测量附着力的方法有很多种。常用的方法有划痕法、拉张法和剥离法等。限于本书的篇幅，关于测试方法的内容这里不作介绍，仅将一些测量结果作些简要介绍。这些实验结果一方面可对前面介绍的理论作些实验验证，另一方面对实际工作也有重要的参考价值。

图 9-2 是在玻璃基体上各种金属膜的附着力测试结果。横轴是薄膜材料氧化物的形成能。图中各种薄膜材料的排列顺序是根据氧化物形成能大小排列的。从实验结果中看

出，对于容易形成氧化物的薄膜其附着力则较大。对于同一种薄膜材料在附着力方面的差异主要是测量方法不同或制作方法不同造成的。

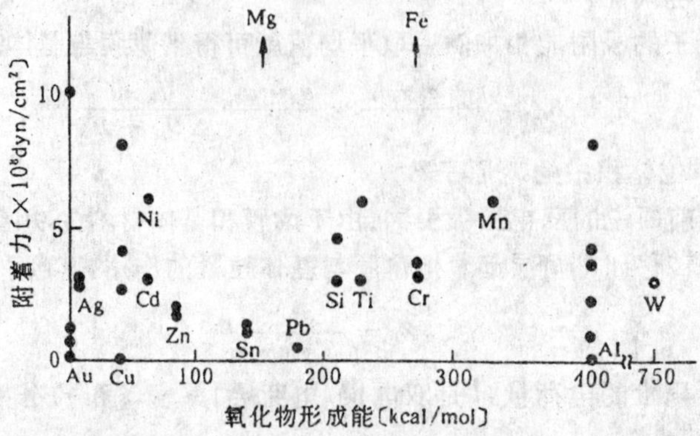

图 9-2 各种金属膜在玻璃基体上的附着力

图 9-3 是各种金属膜在不同基体上附着力的测量结果。在这些研究者看来，对于 Ag、Al、Au、Cd、Cr、Cu、Mo、W 和 Zn 等薄膜与 NaCl、KCl、KBr、TiO_2、MgF_2、Bi_2O_3、Al_2O_3、SnO_2、Al 和 Cu 等基体进行适当的组合时，在附着力中起主要作用的是范德华力。因此在图中给出的测量结果就是附着力与范德华能量的关系。其中范德华能量是从测量的凝聚能量中计算得到的。对于这种结果全用黑色圆点表示。图中的白色圆圈是虽然求得了附着力，但范德华能量仍是未知值。

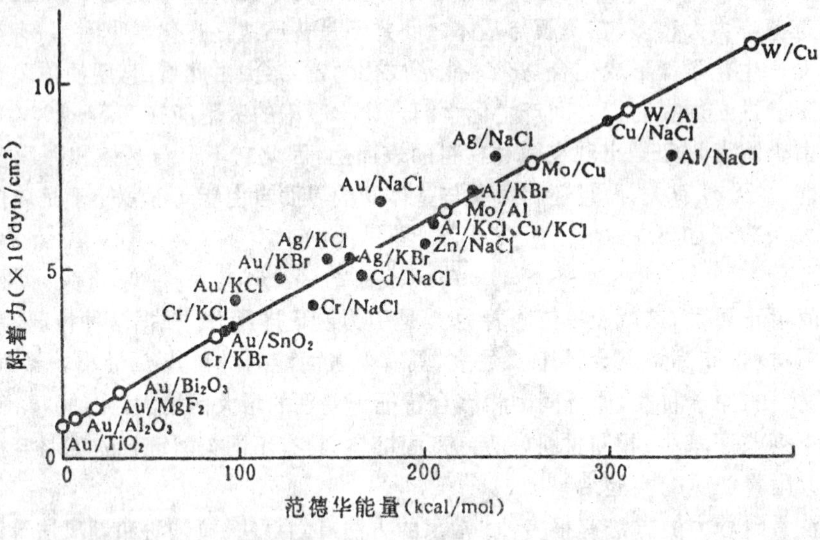

图 9-3 各种金属膜与不同基体的附着力关系

图 9-4 是附着力与膜厚的关系。一般认为附着力只与薄膜和基体间界面状态有关，与薄膜厚度无关。但实验表明，在很多情况下附着力与膜厚有关。这种相关性与基体温度变化和经时变化有关系。从图中看到，大部分薄膜随着厚度的增加附着力缓慢增加。但对于

在玻璃基体上沉积的 Cu 膜，存放 270 天，在厚度较小的区域其附着力有减小的倾向。

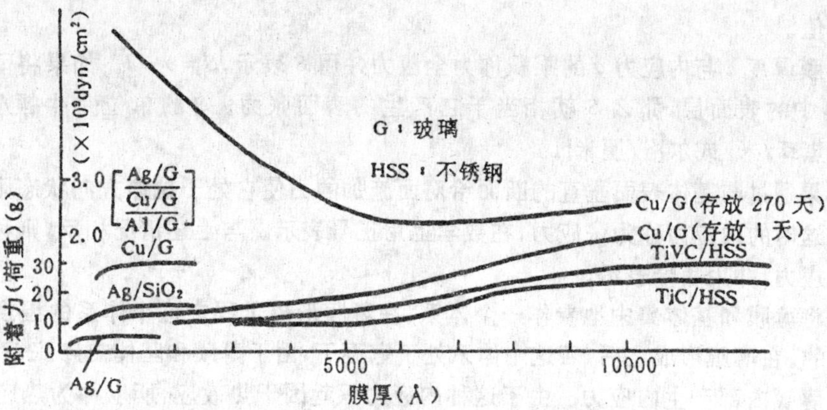

图 9-4　附着力与膜厚的关系

图 9-5 是附着力与基体温度关系的实验结果。在薄膜制备工艺中，为了提高附着力一般都是采用提高基体温度方法。但是认真研究这种关系的实验并不多。从图中看到有一部分研究是用附着能来表示的。在玻璃和 Fe 基体上制备的金属膜基附着力随基体温度上升而增加。但是在不锈钢基体上用等离子体工艺沉积的 Cu、Mo、AlN 等薄膜则出现相反的结果。因为它们是在薄膜沉积之后再用烘箱加热的。这种反常现象可能和这种加热方式有关。

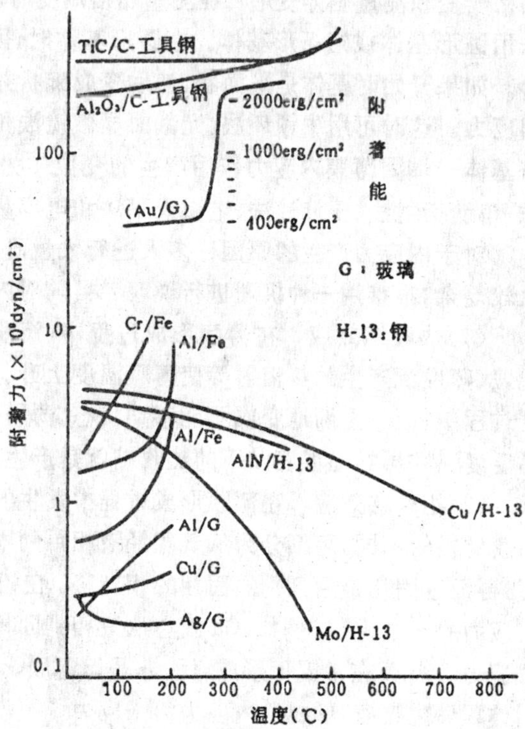

图 9-5　附着力与基体温度的关系

二、内应力性质

1. 应力的定义和产生原因

在材料内部单位面积上的作用力称为应力，一般用 σ 表示。如果这种应力是由于薄膜受外力作用引起的则称为外应力，如果它是由薄膜本身原因引起的则称为内应力。它们的单位通常采用牛顿/米^2 或达因/厘米^2 表示。

用真空蒸发、阴极溅射或气相沉积制作的薄膜中都或多或少的存在有内应力，其最大值可达 $10^9 N/m^2$。它的大小主要由薄膜和基体材料，以及制备工艺条件有关。在测量方面因为受各种条件限制，欲测量薄膜中任意断面上的内应力是相当困难的。所以实际测量时就只测量与基体表面垂直断面上的内应力。另外，在薄膜厚度方向上内应力分布均匀性的测量也相当困难。因此通常所说的内应力是忽略膜厚方向的分布不均匀性的一种平均值。

薄膜厚度 d 与内应力 σ 的乘积称为全应力并用 S 表示，$S=\sigma\cdot d$。如果将薄膜看作是一个集中的表面层，那么 S 就相当于它产生的表面张力。S 的单位是牛顿/米、达因/厘米、焦耳/米^2 或尔格/厘米^2。

如果通过与基体表面垂直的断面给对面施加的力使它处于拉伸方向状态则称为拉伸状态。这时的内应力称为张应力，在数学上用正号表示。与上述情况相反，则称为压缩状态和压应力，并用负号表示。

当将薄膜和基体集中地看作一个体系，在薄膜形成过程中这个体系的温度大多数都是上升的。在薄膜形成之后，若这个体系处于室温下，由于薄膜和基体热膨胀系数的不同，必然在薄膜内部产生内应力。由于这种内应力只起因于热效应，所以称为热应力并用 σ_T 表示

$$\sigma_T = E_F\cdot(\alpha_F - \alpha_s)\cdot\Delta T \tag{9-5}$$

式中 α_F 和 α_s 分别是薄膜和基体的热膨胀系数，E_F 是薄膜的杨氏模量，ΔT 是薄膜与基体体系的温升。

从全部内应力中减去热应力 σ_T 之后剩余的差值称为本征应力并用 σ_I 表示。σ_I 是薄膜物理学研究考察的主要参数。在薄膜内应力的测量方面大致可分为两种方法，就是测量晶格畸变和测量基体变形。在测量晶格畸变时均采用 X 射线衍射法。在测量基体变形时采用圆形基体或短条形基体。在圆形基体时，因受薄膜的应力作用整个基体都均匀地变形。如果开始时基体是平面状，然后变成碗状并看作球面的一部分，测量球面曲率再计算出应力。这时可用牛顿环法、光截面显微镜法和触针法进行观察测量。在短条形基体时，将基体一端因薄膜内应力作用产生的变位作为测量对象。其测量方法有直视法、光杠杆法、单缝衍射法、干涉计法、电微天平法和电容量法等。

对于内应力产生的原因许多人进行大量研究，提出了各种理论模型。因为内应力现象比较复杂，很难用一种机理进行说明。目前对内应力的成因有下面一些理论。

(1)热收缩效应　在薄膜形成过程中，沉积到基体上的蒸发气相原子具有较高的动能，从蒸发源产生的热辐射等使薄膜温度上升。当沉积过程结束，薄膜冷却到周围环境温度过程中，原子逐渐地变成不能移动状态。薄膜内部的原子是否还移动的临界标准是再结晶温度。在再结晶温度以下的热收缩就是产生应力的原因。

(2)相转移效应　在薄膜形成过程中发生的相转移是从气相到固相的转移。根据蒸发薄膜材料的不同，可细分为从气相经液相再到固相的转移以及从气相经过液相(可能不经过)再经过固相最后到别的固相的相转移。在相转移时一般都发生体积的变化。这是形成内应力的一个原因。例如，Ga 膜在从液相到固相转移时体积发生膨胀，形成的内应力是压缩应力。Sb 膜在常温下形成时为非晶态薄膜。当厚度超过某一临界值时便发生晶化。这时体积发生收缩，形成的内应力为张应力。

(3)空位的消除　在薄膜中经常都含有许多晶格缺陷。其中的空位和空隙等缺陷经过热退火处理，原子在表面扩散时消灭这些缺陷可使体积发生收缩从而形成张应力性质的

内应力。

(4)表面张力(表面能)和表面层　固体的表面张力(表面能)大约是 $10^2 \sim 10^3$ 达因/厘米(尔格/厘米^2)。内应力中的一部分可归结为这种表面张力。但是当全应力为 10^4 达因/厘米时,其内应力就不能作为表面张力考虑。在 LiF 薄膜形成的最初阶段它是岛状结构。这时的晶格间隔比块状材料宽一些。这样,表面张力是负值,小岛发生收缩。对于薄膜整体来说则形成张应力形式的内应力。

(5)表面张力和晶粒间界弛豫　在薄膜形成初期具有不连续结构的薄膜都是由孤立小岛或晶粒构成的。这些晶粒受基体附着力的作用不能随意移动,而且表面张力是压缩性的。它要向外扩展,于是显示一种压缩应力状态。随着晶粒的成长,晶粒间隔逐渐减小并达到接近晶格常数 a 的数量级。晶粒表面的原子与另一个晶粒表面的原子相互间受到引力作用,相对于两个晶粒的两个表面结合起来形成了一个晶粒间界。在晶粒结合时因表面能作用形成的压缩状态得到弛豫。晶粒再进一步长大便产生张应力。

(6)界面失配　当与基体晶格结构有较大差异的薄膜材料在这种基体上形成薄膜时,若两者之间相互作用较强,薄膜的晶格结构则变得接近基体的晶格结构。于是薄膜内部产生大的畸变而形成内应力。

(7)杂质效应　在薄膜形成时环境气氛对内应力有一定响应。一般是压缩应力的产生与残留气体有密切关系。残留气体作为一种杂质在薄膜中埋入愈多则愈易形成大的压应力。另外,由于晶粒间界扩散作用,即使在低温下也可产生杂质扩散从而形成压应力。

(8)原子、离子埋入效应　当用阴极溅射法制备薄膜时往往在薄膜中产生压应力。这种压应力一般是溅射薄膜中固有的应力。在阴极溅射过程中入射到薄膜上的溅射原子都有 10eV 左右的能量。它比真空蒸发时的能量大约大 1～2 个数量级。因此在薄膜形成时可能形成空位或填隙原子等缺陷使薄膜体积增大。另外,在溅射过程中的加速离子或加速中性原子常以 $10^2 \sim 10^4$eV 的能量冲击薄膜。它们除了作为杂质被薄膜捕获之外,薄膜表面原子也向内部移动埋入导致薄膜体积增大,在薄膜中形成了压应力。由于上述原因产生的内应力称为原子、离子埋入效应。

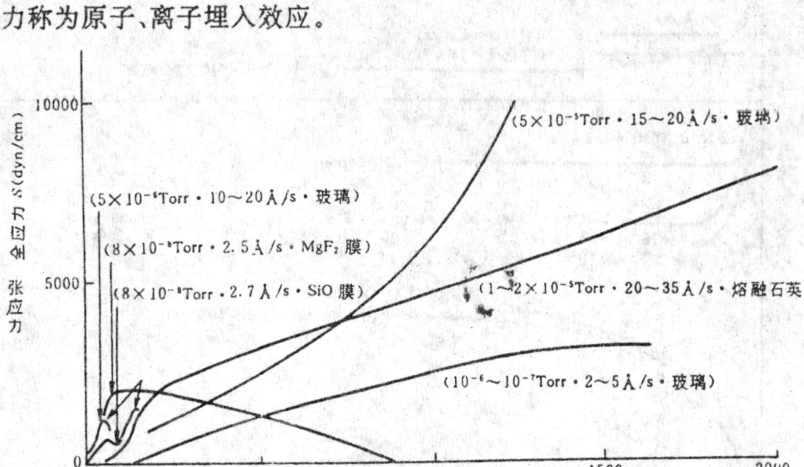

图 9-6　真空蒸发 Au 膜全应力 S 与膜厚 d 的关系

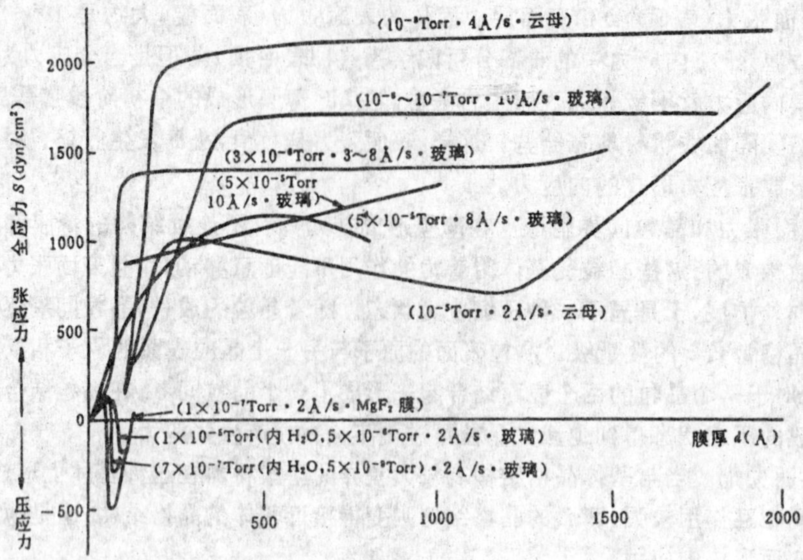

图 9-7 真空蒸发 Ag 膜全应力 S 与膜厚 d 的关系

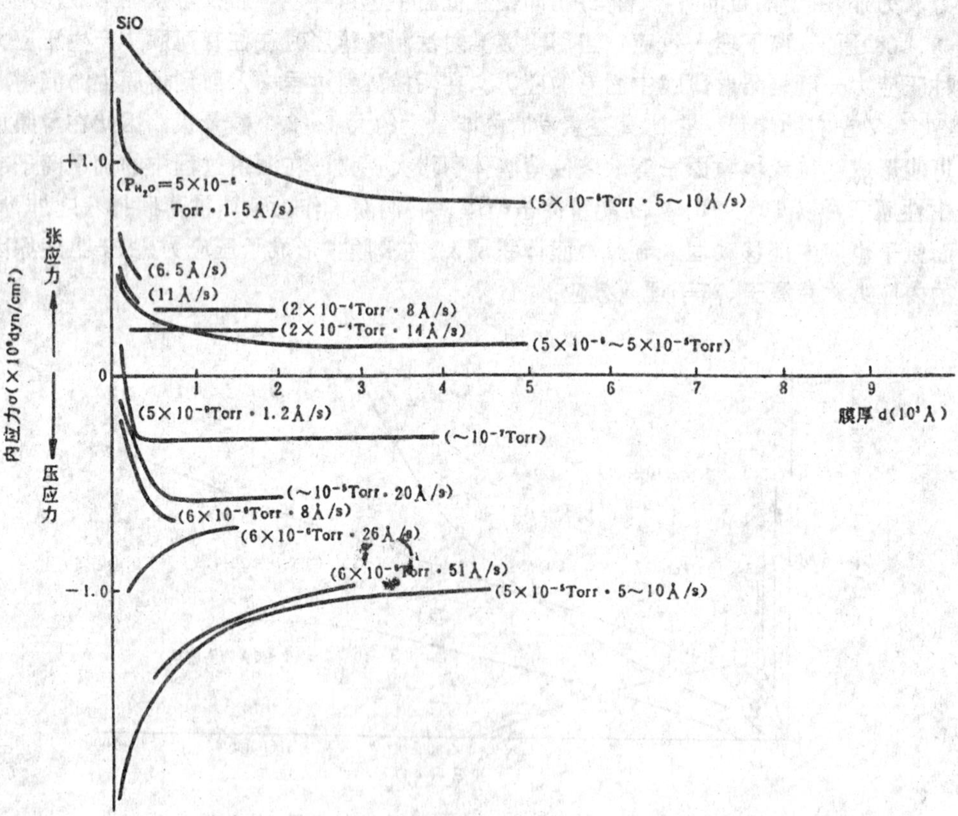

图 9-8 SiO 介质膜中内应力 σ 与膜厚 d 的关系

2. 内应力的测量结果

产生内应力的因素比较多，往往又不是单纯一种因素起作用。因此将上述理论与实验结果都完全对应起来也相当困难。这些测量结果的重要性在于它对我们研究薄膜的各种性能时提供一定的实验依据。

图 9-6 和图 9-7 分别是真空蒸发 Au、Ag 薄膜全应力 S 与膜厚 d 的关系曲线。从实验结果中看到 Au 膜的全应力 S 比 Ag 膜大得多。在厚度较大的 Ag 薄膜中，真空度越好全应力 S 显得越大一些。可能是 H_2O 对全应力有一定影响。在 Au 膜中则出现与此相反的测量结果。当膜厚小于 200Å 时，曲线上出现比较复杂的振荡现象，其原因目前尚不清楚。

图 9-8 是真空蒸发 SiO 介质膜中内应力与膜厚的关系曲线。从图中看到在 SiO 薄膜中张应力和压应力都可能存在。究竟什么原因在起作用目前还解释不清。

磁控溅射薄膜内应力 σ 与膜厚 d 的实验结果如图 9-9 所示。从图中曲线看出，大部分薄膜的内应力都是压应力。在曲线中没有注明放电气压和沉积速度的，都是在 0.13Pa 和 10Å/s 条件下沉积的。

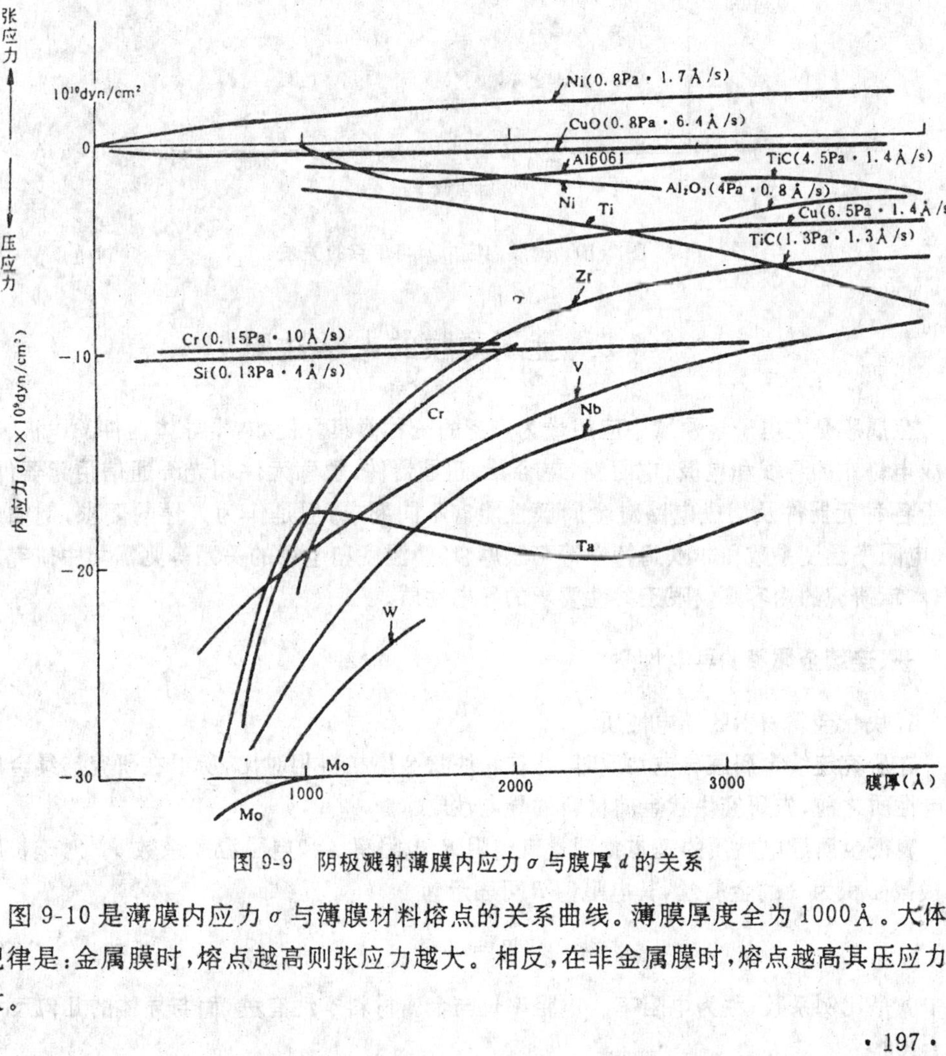

图 9-9 阴极溅射薄膜内应力 σ 与膜厚 d 的关系

图 9-10 是薄膜内应力 σ 与薄膜材料熔点的关系曲线。薄膜厚度全为 1000Å。大体上的规律是：金属膜时，熔点越高则张应力越大。相反，在非金属膜时，熔点越高其压应力则越大。

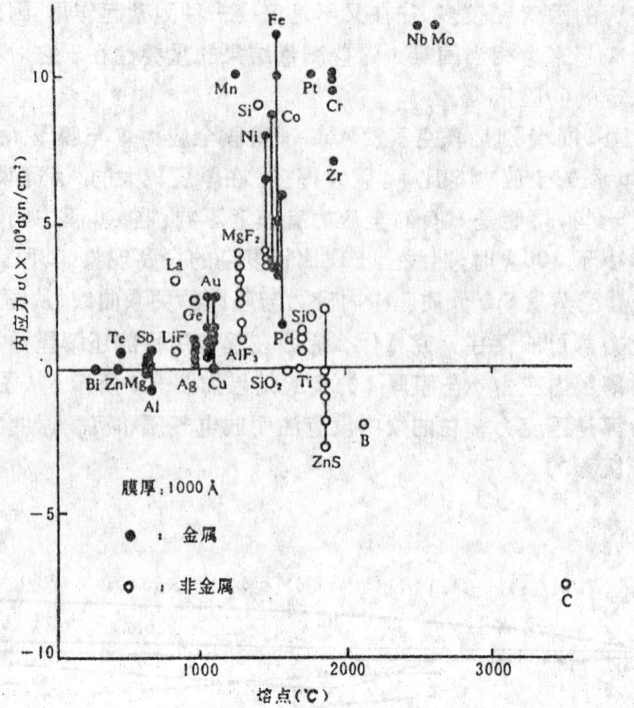

图 9-10　薄膜内应力 σ 与熔点的关系

§9-2　金属薄膜的电学性质

金属膜是在电子学领域中应用最为广泛的一种薄膜。例如,半导体器件的电极、各种集成电路中的导线和电极、电阻器、电容器、超导器件、敏感元件和光纤通信用元器件等。由于各种元器件及集成电路对金属膜性能有不同要求,但是作为共性的要求,例如电阻率、电阻率温度系数和非欧姆特性等与膜厚、环境温度和电场的关系等则需集中研究。因此,本章研究的内容则仅限于共性要求的导电性质。

一、连续金属膜的导电性质

1. 块状金属材料的导电性质

在研究连续金属膜导电性质时,往往和块状金属材料相对比,所以在研究连续金属膜导电性质之前,先研究块状金属材料的导电性质。

表征金属导电性质的基本物理量有电阻 R、电阻率 ρ 和电阻温度系数 α。对于长度为 L,横截面积为 S 的金属丝,其电阻值 R 可表示为

$$R = \rho \frac{L}{S} \tag{9-6}$$

式中 ρ 是比例系数,称为电阻率。电阻率仅与金属材料本性有关,而与导体的几何尺寸无

关。电阻率 ρ 的倒数称为电导率，并用 σ 表示

$$\sigma = \frac{1}{\rho} \tag{9-7}$$

金属在不发生相变的情况下，其电阻率 ρ 随温度的升高而增大

$$\rho_T = \rho_0(1 + \alpha \cdot T) \tag{9-8}$$

式中 ρ_T 是温度为 T 时的电阻率，ρ_0 是温度为 0℃时的电阻率，α 是电阻温度系数。

由 0℃至温度 T 时的平均电阻温度系数为

$$\alpha_T = \frac{\rho_T - \rho_0}{\rho_0 \cdot T} \tag{9-9}$$

对于温度 T 时的真实电阻温度系数为

$$\alpha_T = \frac{d\rho}{dT} \cdot \frac{1}{\rho_T} \tag{9-10}$$

应该指出，在上面讨论电阻温度系数 α 或 α_T 时都假设金属材料的几何尺寸（如 L 或 S）与温度变化无关。

根据量子力学理论对金属导电问题的研究认为，在金属晶体中，原子失去价电子成为正离子。正离子构成晶体点阵，价电子则成为公有化的自由电子。金属中正离子形成的电场是均匀的。对于电子的运动不可能同时测准其位置和动量，只能用电子出现的几率来描述电子的位置。根据波粒二象性原理，对电子的运动既可用质量、速度和动能来描述，又可用波长、频率等参数描述。自由电子的能量必须符合量子化的不连续性。根据这种理论推导出金属电阻率 ρ 的表达式为

$$\rho = \frac{2m}{n \cdot e^2 \cdot \tau} \tag{9-11}$$

式中 m 是电子质量，e 是电子电荷，n 是参与导电的有效电子浓度，τ 是电子波受相邻两次散射的间隔时间，也常用散射几率 $P=1/\tau$（单位时间的散射次数）来表示电子波的散射。

在金属晶体中的散射机构有晶格散射（声子散射）、电离杂质散射、中性杂质散射、位错散射、载流子散射和晶粒间界散射。若上述散射几率分别用 P_1、P_2、P_3、P_4、P_5、P_6 来表示，当它们同时存在时则有

$$P = P_1 + P_2 + P_3 + P_4 + P_5 + P_6 \tag{9-12}$$

其中只有声子散射与温度 T 有关，在不同温度由晶格（声子）散射对电阻率的贡献为

高温时
$$\rho_T = \frac{2m}{n \cdot e^2} P_1 = \frac{C \cdot T}{4\theta_D} \tag{9-13}$$

低温时
$$\rho_T = \frac{124.4 \cdot C \cdot T^5}{\theta_D^5} \tag{9-14}$$

式中 C 是常数，θ_D 是德拜温度。若将其它散射机构对电阻率 ρ 的贡献归总为一项，则电阻率 ρ 可表示为

$$\rho = \rho_T + \rho_i \tag{9-15}$$

当温度 T 趋近于 0K 时，ρ_T 也趋近于零，电阻率 ρ 则趋近于 ρ_i。通常将 ρ_i 称为剩余电阻率，式(9-15)称为马布森(Matthiessen)定律。一些有代表性的块状金属导电性能物理参数值在表 9-1 中给出。

表 9-1 块状金属导电性的物理参数值

金属	θ_D(K)	ρ(μΩ·cm) T=0℃	α(10^{-3}/K) T=室温	n(10^{22}/cm^3)	费米能级 E_F (eV)
Ag	220	1.49	4.30	5.9	5.5
Al	400	2.50	4.60	18.5	11.8
Au	185	2.06	4.02	5.9	5.5
Bi	80	100(⊥C)	4.45	2.75×10^{-5}	0.0276
Cr	630	13.2	3.01		6.3
Cu	310	1.55	4.33	8.5	7.0
Fe	355	8.6	6.51		4.4
K	99	6.1	6.73	1.3	1.9
Na	160	4.28	5.46	2.6	2.5
Ni	320	6.14	6.92		4.7
Pt	225	9.81	3.96		
Ti	278	42	5.46	6	5.6
W	315	4.89	5.10		

2. 连续金属膜的导电性质

(1)连续金属膜导电性质的特点　虽然连续金属膜在微观结构上比不连续薄膜要致密得多，但是与用块状金属压制的薄金属箔片相比，它含的各种微观缺陷导致它在导电性质上与金属箔片有较大的差异，从而形成了自己固有的一些特点如下：

(a)薄膜电阻率 ρ_F 与薄膜厚度 d 有密切关系，随膜厚的增大电阻率逐渐减小并趋于稳定值。不同 Au 膜电阻率与膜厚关系如图 9-11 所示。

(b)薄膜电阻率 ρ_F 始终大于块金属箔电阻率 ρ_B(见图 9-11)。

(c)薄膜电阻率 ρ_F 的温度系数 α_F 与膜厚有关，见图 9-12。

(d)薄膜电阻率 ρ_F 受时间或温度影响发生不可逆变化，见图 9-13。

(e)薄膜电阻率 ρ_F 与晶粒尺寸有关，见图 9-14。

(f)其它还有薄膜霍耳系数 R_H 与膜厚 d 有关；薄膜热电势与膜厚有关；薄膜的磁阻与磁场有关等。

(2)连续金属膜的形状效应　在连续金属膜中导电性质与薄膜厚度有关的现象称为形状效应。这种效应说明当膜厚 d 的大小与导电电子平均自由程 λ 相近时，薄膜的上下表面对导电电子的运动施加了几何尺寸的限制。所以从另外一种定义来说，薄膜厚度对导电电子平均自由程的几何限制称为连续金属膜的形状效应。在薄膜中当膜厚与导电电子的德布罗意波长相近时，电子垂直于薄膜表面运动的能级变成离散状态，这种现象称为量子形状效应。在这里我们只研究前一种形状效应，不研究后一种形状效应。

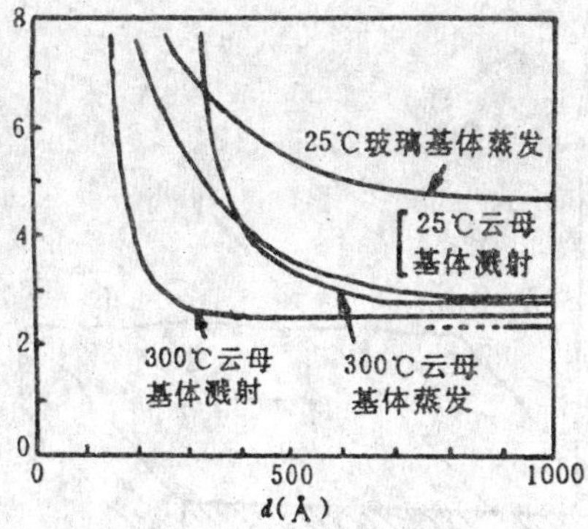

图 9-11　不同 Au 膜电阻率与膜厚的关系

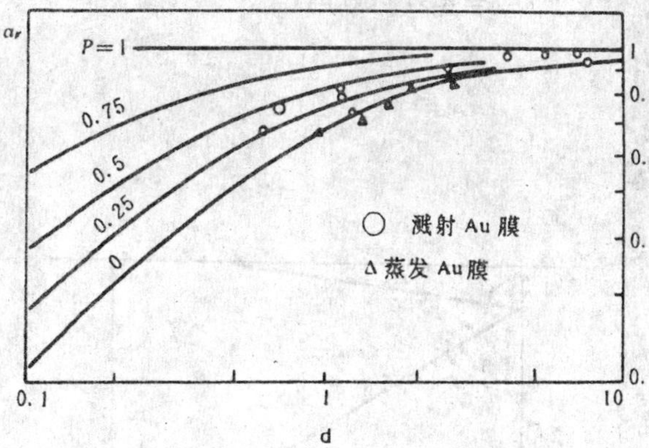

图 9-12　薄膜电阻率温度系数 a_r 与膜厚的关系

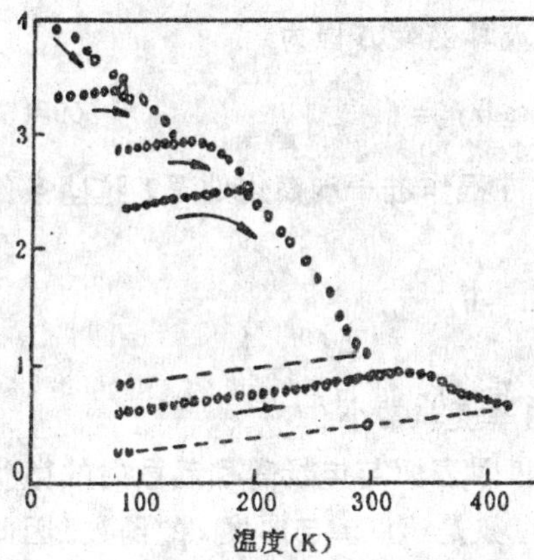

图 9-13　薄膜电阻率与时间、温度的关系

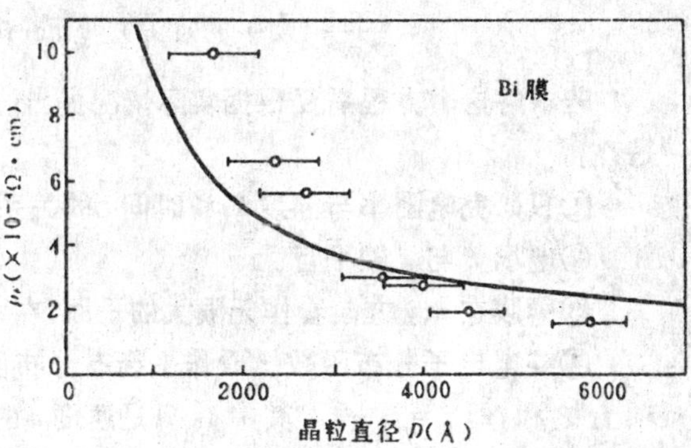

图 9-14　薄膜电阻率与晶粒尺寸的关系

研究形状效应的物理模型如图 9-15 所示。薄膜厚度 d 沿 z 轴方向，数值上与导电电子平均自由程 λ 相近。长度沿 x 轴方向，宽度沿 y 轴方向。与厚度相比，将薄膜的长度和宽度看为近似于无限大。沿 $-x$ 方向施加电场 E，在薄膜中导电电子将沿 x 方向运动。若这个电子的运动方向与 x 轴成一定角度 α 或 β，它在 z 轴方向上有一个速度分量 v_z。因此可能在 z 轴方向小于电子平均自由程 λ 之处与薄膜表面相碰撞而改变运动方向。从而影响了沿 x 轴方向的运动速度。当薄膜厚度越小时这种影响越大。

由于薄膜表面状态不同，导电电子与它相碰撞时可能产生两种反射：弹性反射和非弹性反射。若弹性反射（或称镜面反射）电子数与总的反射电子数之比称为镜面反射系数并用 P 表示，而非弹性反射（或称扩散反射）电子数与总反射电子数之比用 $(1-P)$ 表示。

根据这种物理模型求解导电电子分布函数 $f(\vec{r}、\vec{v}、t)$ 的玻耳兹曼方程便可得到连续金属膜电阻率 ρ_F 与薄膜厚度 d 之间的函数关系。最早从理论上研究这种函数关系的是 K·

Fuchs，后来经 E · H · Sondheimer 改进得到更为精确的函数关系。下面主要介绍 Sondheimer 的理论分析方法。

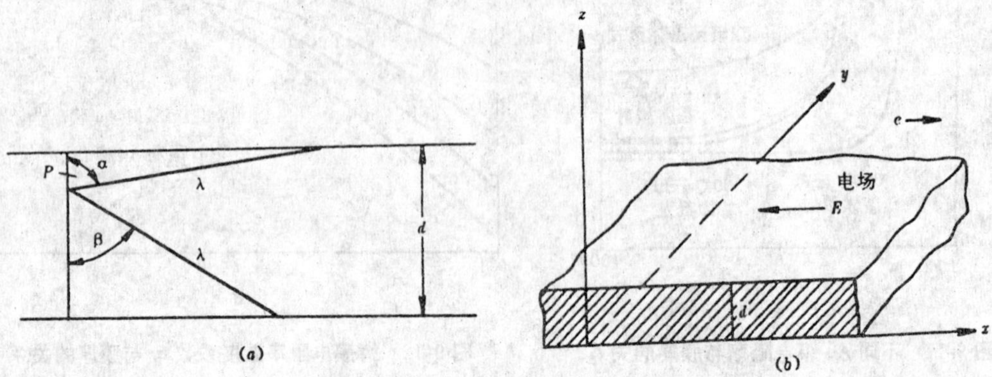

图 9-15　连续薄膜的断面图

在电场 E 和磁场 H 都存在情况下，准自由电子的玻耳兹曼方程为

$$\frac{-e}{m}(\vec{E}+\vec{v}\times\vec{H})\cdot \mathrm{grad}_r f+\vec{v}\cdot \mathrm{grad}_r f=\left(\frac{\partial f}{\partial t}\right)_{\text{碰}} \tag{9-16}$$

若求解这个方程需要根据实际情况提出的条件对方程作进一步简化处理。这些条件是：

①只研究电阻率与温度 T 和时间 t 的关系，磁场 $H=0$。

②电场 E 与 x 轴平行。

③薄膜在 x、y 方向看作无限大的平面，在 z 方向的厚度非常小。

④导电电子分布函数 f 看作平衡态分布函断 f_0 和因表面与电场等引起散射的微扰项 f_1 之和，即 $f=f_0+f_1$。其中 f_0 只是速度 $\vec{v}$ 的函数，f_1 只是速度 $\vec{v}$ 与厚度 z 的函数。因此

$$\frac{\partial f_1}{\partial x}=\frac{\partial f_1}{\partial y}=0,\qquad \frac{\partial f_1}{\partial z}\neq 0$$
$$f(\vec{v},\vec{r})=f_0(\vec{v})+f_1(\vec{v},z) \tag{9-17}$$

⑤微扰项 f_1 在 x 方向的作用很小，$\frac{\partial f_1}{\partial v_x}\ll\frac{\partial f_0}{\partial v_x}$，

$$\frac{\partial f}{\partial v_x}=\frac{\partial f_0}{\partial v_x} \tag{19-18}$$

⑥因 f_0 表示平衡态，$(f-f_0)$ 表示因散射作用造成的偏离平衡态。若去掉干扰之后恢复到平衡态所需弛豫时间为 τ，则有

$$\left(\frac{\partial f}{\partial t}\right)_{\text{碰}}=-\frac{(f-f_0)}{\tau}=\frac{f_0-f}{\tau}=\frac{-f_1}{\tau} \tag{9-19}$$

式中负号表示保证系统能恢复到原来的平衡态。

根据上面的条件，在薄膜上施加电场 E_x 之后，玻耳兹曼方程(9-16)可简化为

$$\frac{\partial f_1}{\partial z}+\frac{f_1}{\tau\cdot v_z}=\frac{e\cdot E_x}{m\cdot v_z}\cdot\frac{\partial f_0}{\partial v_x} \tag{9-20}$$

式中 v_x 和 v_z 分别是导电电子速度 v 在 x 方向和 z 方向上的分量。

方程的通解是

$$f_1(v,z) = \frac{e \cdot E_x \cdot \tau}{m} \cdot \frac{\partial f_0}{\partial v_x}\left[1 + F(v) \cdot \exp\left(\frac{-z}{\tau \cdot v_z}\right)\right] \tag{9-21}$$

式中 $F(v)$ 是由边界条件确定的速度 v 的任意函数。

由于薄膜上下两个表面($z=d, z=0$)的性质相同，在非弹性散射情况下($P=0$)散射是完全无规则的，导电电子会失去从电场中得到的能量。分布函数 f 在上下表面处都等于平衡态分布函数 f_0，就是在 $z=0$ 和 $z=d$ 处 $f=f_0$。于是可得到

$$\begin{aligned} f_1(v,0) = 0 \quad & F(v) = -1 \\ f_1(v,d) = 0 \quad & F(v) = -\exp\left(\frac{d}{\tau \cdot v_z}\right) \end{aligned} \tag{9-22}$$

将式(9-22)代入(9-21)之后可得到干扰电子分布的两个函数 f_1。对于离开下表面者用 f_1^+ 表示，离开上表面者用 f_1^- 表示则有

$$\begin{aligned} v_z > 0 \qquad & f_1^+ = \frac{e \cdot \tau \cdot E_x}{m} \cdot \frac{\partial f_0}{\partial v_x}\left[1 - \exp\left(\frac{-z}{\tau \cdot v_z}\right)\right] \\ v_z < 0 \qquad & f_1^- = \frac{e \cdot \tau \cdot E_x}{m} \cdot \frac{\partial f_0}{\partial v_x}\left[1 - \exp\left(\frac{d-z}{\tau \cdot v_z}\right)\right] \end{aligned} \tag{9-23}$$

在电场 E_x 方向上电流密度 J_x 也是厚度 z 的函数

$$J_x(z) = -2e\left(\frac{m}{h}\right)^3 \iiint v_x \cdot f_1(z) dv_x dv_y dv_z \tag{9-24}$$

式中 h 是普朗克常数。

对于块状金属材料 $z=\infty$，对于连续金属膜 $z=d$。z 方向的平均电流密度 $\overline{J_x(z)} = \int_0^d J_x(z)dz/d$。

利用球坐标代替直角坐标，$J=\sigma \cdot E$，便可求出块状金属电阻率 ρ_B 和连续金属膜电阻率 ρ_F 之间的关系

当 $d \gg \lambda$ 时，
$$\rho_F = \rho_B\left(1 + \frac{3 \cdot \lambda}{8 \cdot d}\right) \tag{9-25}$$

当 $d \ll \lambda$ 时，
$$\rho_F = \rho_B \frac{4 \cdot \lambda}{3d \cdot \ln(\lambda/d)} \tag{9-26}$$

若考虑弹性散射，即 $P \neq 0$ 则上面两式可表示为

当 $d \gg \lambda$ 时，
$$\rho_F = \left[1 + \frac{3 \cdot \lambda}{8 \cdot d}(1-P)\right] \cdot \rho_B \tag{9-27}$$

当 $d \ll \lambda$ 时，
$$\rho_F = \frac{4}{3} \cdot \frac{\lambda}{d(1+2P)} \cdot \frac{\rho_B}{\ln(\lambda/d)} \tag{9-28}$$

通过上面的理论分析可得到下面几点结论：

①薄膜电阻率 ρ_F 大于块金属电阻率 ρ_B。

②薄膜电阻率 ρ_F 与膜厚 d 有关系。

若令 $3\rho_B\lambda/8d=\rho_{S_1}$，$3\rho_B \cdot \lambda(1-P)/8d=\rho_{S_2}$，则式(9-25)和(9-27)可改写为

$$\rho_F = \rho_B + \rho_{S_1}$$

$$\rho_F = \rho_B + \rho_{S_2} \tag{9-29}$$

若与表示块金属散射机构的式(9-12)相对照，ρ_{S_1}和 ρ_{S_2}则是由第七种散射机构就是薄膜表面散射对电阻率的贡献。这样，连续金属薄膜电阻率 ρ_F 可写为

$$\rho_F = \frac{2m}{n \cdot e^2 \tau} = \frac{2m}{n \cdot e^2}(P_1 + P_2 + P_3 + P_4 + P_5 + P_6 + P_7) \tag{9-30}$$

另外，因为 $\rho_{S_2} < \rho_{S_1}$，它说明若导电电子中有一部分受到表面弹性散射时，由于它们在 x 方向(电场方向)没有能量损耗，所以形状效应作用也较小。

根据这种理论描绘的薄膜电阻率 ρ_F 与膜厚 d 关系曲线如图 9-16 所示。从曲线中看到，它和图 9-11 的实验曲线很类似，表明这种理论有一定的正确性。当然要推导出与实验结果完全相似的理论曲线还是相当困难的。

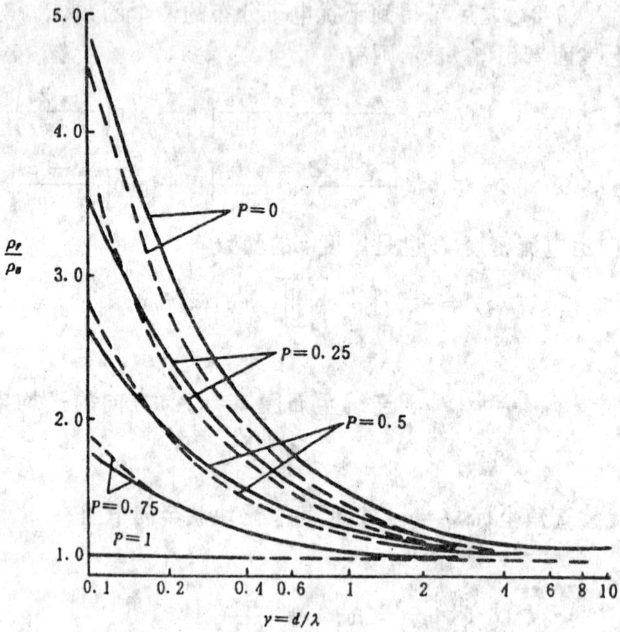

图 9-16　连续金属膜形状效应理论曲线

实线：$\frac{\rho_F}{\rho_B}=\frac{\phi(\gamma)}{\gamma}=1+\frac{3\lambda}{8d}$

虚线：$\frac{\rho_F}{\rho_B}=1+\frac{3}{8\gamma}(1-P)=1+\frac{3\lambda}{8d}(1-P)$　　$\gamma>1$　　$0<P<1$

(3)连续金属膜电阻率 ρ_F 与温度 T 的关系　研究这种关系常用的物理参数是电阻率 ρ_F 的温度系数 α_F。在研究这种关系时都忽略薄膜厚度 d 与温度 T 的关系，只研究 ρ_B 和 λ 与温度的关系。

为了简单起见只研究厚度较大($d \gg \lambda$)的薄膜，根据式(9-25)和(9-27)可得到

$$\frac{\alpha_F}{\alpha_B} = 1 - \frac{3\lambda}{8d} \tag{9-31}$$

$$\frac{\alpha_F}{\alpha_B} = 1 - \frac{3\lambda}{8d}(1 - P) \tag{9-32}$$

式中 α_B 是块状金属电阻率 ρ_B 的温度系数。从上面两式中都看出 $\alpha_F<\alpha_B$。结合 $\rho_F>\rho_B$ 的情况则说明连续金属膜的导电性质也符合马希森定律。

因为 $\rho_F=\rho_B+\rho_S$，ρ_S 等于 ρ_{S_1} 或 ρ_{S_2}，则有 $\rho_F=\rho_T+\rho_i+\rho_S$，求 ρ_F 对温度 T 的导数为

$$\frac{d\rho_F}{dT}=\frac{d\rho_T}{dT}+\frac{d\rho_i}{dT}+\frac{d\rho_S}{dT} \tag{9-33}$$

由于 $d\rho_i/dT=0$，可得到

$$\rho_F\cdot\alpha_F=\rho_B\cdot\alpha_B+\rho_S+\alpha_S \tag{9-34}$$

α_S 是 ρ_S 的温度系数。在膜厚较大时 ρ_S 很小，式(9-34)右边第二项可忽略不计，就得到马希森定律的另一种表达形式

$$\rho_F\cdot\alpha_F=\rho_B\cdot\alpha_B \tag{9-35}$$

当薄膜厚度一定时，ρ_B/ρ_F 为恒定值，α_F 与 α_B 成正比关系。利用这种关系选择块金属电阻率温度系数较大的材料可制作薄膜电阻率温度系数较大的热敏元件。从表 9-1 中看到 Ni 的电阻率温度系数 α_B 最大，所以通常都选用 Ni 薄膜制造薄膜型热敏元件。

二、不连续金属膜的导电性质

不连续金属膜一般是指厚度为几十埃完全由孤立小岛形成的薄膜。这种薄膜在实际应用中很少能遇到。在实际应用中经常制造的是金属和介质相互混合的金属陶瓷(Ceramet)薄膜，例如 Cr-SiO 薄膜。两者之间的差异在于前者的两个孤立小岛之间为空气隙，后者的两个金属颗粒之间为介质层，但它们的导电机理相类似。

1. 不连续金属膜导电性质的特点

①电阻率 ρ_F 非常大；

②电阻率温度系数 α_F 为负值；

③在低电场时呈现欧姆性质导电，在高电场时呈现非欧姆性质导电；

④导电电子激活能较大，随膜厚的减小激活能上升；

⑤电阻应变系数较大；

⑥薄膜沉积后的经时变化大；

⑦因吸附各种气体，电阻率随温度有可逆和不可逆变化；

⑧在高电场下有电子发射和光发射现象；

⑨电流噪音较大，大多数呈现 $1/f$ 特性。Pt 膜电导率 σ 随温度 T 的变化曲线和 Ni 薄膜电导率 σ 随电场 E 的变化曲线分别如图 9-17 所示。

2. 不连续金属膜的导电机理

为了从理论上说明不连续金属膜导电性质方面的特点，到目前为止基本上形成了两种理论，就是热电子发射理论和激活隧道效应理论。

(1)热电子发射理论　随着温度上升金属中电子的动能不断增大。当电子运动速度 v 在垂直于金属表面的分量 v_x 增大到其动能 $mv_x^2/2$ 大于金属材料功函数 ϕ 时，电子便脱离金属表面发射到真空中去。若在两个金属板之间施加电场可形成热发射电子的定向流动。如果忽略空间电荷的影响，可得到热电子发射电流密度 J 如下

$$
\left.\begin{aligned}
J &= A \cdot T^2 \cdot \exp\left(\frac{-\phi}{kT}\right) \\
A &= \frac{4\pi mek^2}{h^3}
\end{aligned}\right\} \tag{9-36}
$$

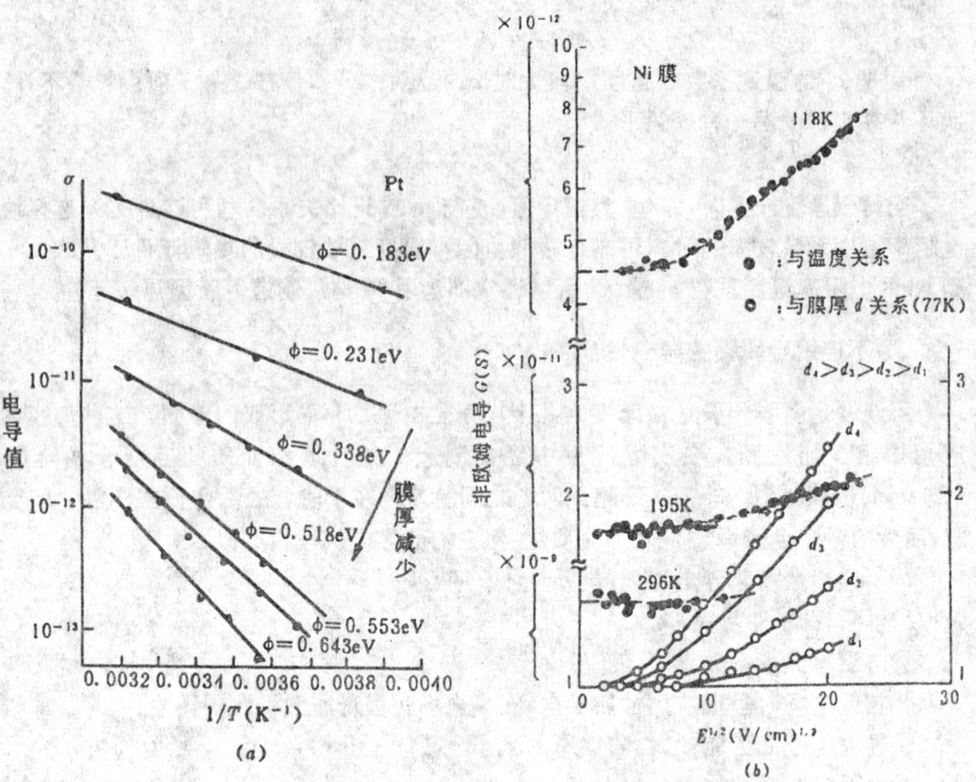

图 9-17　不连续金属膜电导率与温度、电场的关系

(a)Pt 膜电导率 σ 与温度 T 的关系

(b)Ni 膜电导率 σ 与电场 E 的关系

式中 ϕ 是金属功函数，k 是玻耳兹曼常数、h 是普朗克常数、m 是电子质量、e 是电子电荷、T 是绝对温度。

若金属小岛间距离为 b，热发射电子在小岛间的漂移速度为 v_b，平均自由时间为 $\tau=b/v_b$。因电流密度 $J=e\cdot n\cdot v_b$，电导率 $\sigma=n\cdot e^2\tau/m$，所以热电子发射情况下的电导率 σ_T 可表示为

$$
\sigma_T = \frac{n\cdot e^2\cdot \tau}{m} = \frac{e\cdot b}{m\cdot v_b^2}\cdot\frac{4\pi\cdot m\cdot e}{h^3}(kT)^2\exp\left(\frac{-\phi}{kT}\right)
$$

热电子平均动能 $mv_b^2/2=3kT/2$，代入上式可得到不连续金属膜电阻率 ρ_T 为

$$
\rho_T = \frac{3h^3}{4\pi\cdot m\cdot e^2\cdot b\cdot kT}\exp\left(\frac{\phi}{kT}\right) \tag{9-37}
$$

当用上式说明不连续金属膜导电性质的特点时便出现下列困难：随着岛间距离 b 的

增大电阻率 ρ_T 下降与实验结果相矛盾；没有说明电场 E 与电阻率的关系；计算的电流密度比实测值小得多；功函数 ϕ 比实测值大 10～100 倍；没考虑小岛尺寸的影响。

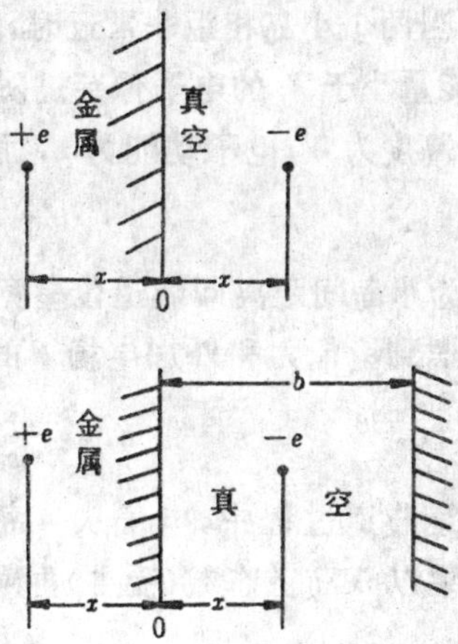

图 9-18　镜像力形成原理

对上式进行修正主要在功函数方面。首先是用镜像力进行修正。在一块无限大的金属板外面有一个负的点电荷 e(见图 9-18)，它与金属板表面距离为 x。在金属板内部同样距离处便感应一个正点电荷 $+e$。于是负点电荷在 x 处的位能即镜像位垒 W 为

$$W = 2x \cdot F = \frac{-e^2}{4\pi\varepsilon_0 \cdot (2x)^2} \cdot 2x = \frac{-e^2}{8\pi\varepsilon_0 \cdot x} \tag{9-38}$$

式中 F 是镜像力，它等于 $-e^2/4\pi\varepsilon_0(2x)^2$，$\varepsilon_0$ 是真空介电常数。若在这个金属板的对面再平行放置一块金属板，两者相距为 b，负点电荷夹在两个平行金属板之间。对后一个金属板的镜像位垒 W' 为

$$W' = \frac{-e^2}{8\pi\varepsilon_0(b-x)} \tag{9-39}$$

这样在无外电场作用时，一个电子从一个金属板跃迁到另一个金属板需克服的位垒 ϕ' 是

$$\phi' = \phi + W + W' = \phi - \frac{e^2}{8\pi\varepsilon_0 x} - \frac{e^2}{8\pi\varepsilon_0(b-x)} \tag{9-40}$$

当与薄膜表面平行地施加一个电场 E，它形成的位垒 $W'' = -eEx$。这时一个电子从一个金属板跃迁到另一个金属板需克服的位垒 ϕ' 就改变为

$$\begin{aligned}\phi' &= \phi + W + W' + W'' \\ &= \phi - \frac{e^2}{8\pi\varepsilon_0 x} - \frac{e^2}{8\pi\varepsilon_0(b-x)} - eEx\end{aligned} \tag{9-41}$$

当电场 E 较大时，上式右边的第三项可忽略不计，它的最大值 ϕ'_{max} 是

$$\phi'_{max} = \phi - \sqrt{\frac{e^3}{2\pi\varepsilon_0}}\sqrt{E} \tag{9-42}$$

把 ϕ'_{max} 代入到式(9-37)中可得到对热电子发射理论修正后的电阻率 ρ_T

$$\rho_T = \frac{3h^3}{4\pi \cdot m \cdot e^2 \cdot kT \cdot b}\exp\left(\frac{\phi - \sqrt{\frac{e^3}{2\pi\varepsilon_0}}\sqrt{E}}{kT}\right) \tag{9-43}$$

上式可以说明不连续金属膜电阻率与温度和电场的关系，但是与岛间距离的矛盾仍没解决。

(2)激活隧道效应理论　这种理论是将热激活过程和隧道过程结合起来说明不连续薄膜中电子传输过程。激活过程是将电子从一个中性小岛传送到另一个中性小岛的过程。在电子传输时要从外界得到能量使系统能量增大。电子传输之后，一个小岛带正电，另一

个小岛带负电，其静电能量即激活能 $E_s=e^2/\varepsilon_0\cdot r$，$r$ 是小岛半径，ε_0 是真空介电常数。隧道过程是当两个小岛相距非常近时，除能量大于 E_s 的电子可从一个小岛跃迁到另一个小岛之外，能量小于 E_s 的电子像穿过隧道一样也可以从一个小岛跃迁到另一个小岛。若隧道的位垒高度为 W，电子动能为 E_k 而且 $E_k<W$，则电子通过隧道的穿透系数 D 为

$$D=e^{\frac{-4\pi b}{h}\sqrt{2m(W-E_k)}} \tag{9-44}$$

式中 b 为小岛间距离即隧道位垒宽度。

考虑到镜像力和外加电场 E 的作用对激活能 E_s 进行修正，E_s 可改写为

$$E_s=\frac{e^2}{4\pi\varepsilon_0}\left(\frac{1}{r}-\frac{1}{r+b}\right)-e\cdot E\cdot b \tag{9-45}$$

在纯隧道过程中，电子从 A 岛向 B 岛跃迁时单位面积传输几率 P 等于 A 岛满态数(施主)乘以 B 岛空态数(受主)再乘以穿透系数

$$P=\int_{-\infty}^{+\infty}D\cdot f_A(1-f_B)\cdot dE \tag{9-46}$$

如果在 A、B 两个小岛间施加电场 E(电压为 V)，且电场方向从 B 向 A，A 岛位垒上升 eV，B 岛位垒下降 eV，B 岛电子分布函数 f_B 为

$$f_B=\frac{1}{\exp\left[\frac{E_s+eV}{kT}\right]} \tag{9-47}$$

一个电子从 A 岛传输到 B 岛的几率 P_{AB} 为

$$P_{AB}=\int_{-\infty}^{\infty}D\cdot\frac{1}{1+\exp(E_s/kT)}\cdot\left[1-\frac{1}{1+\exp\left(\frac{E_s+eV}{kT}\right)}\right] \tag{9-48}$$

一个电子从 B 岛传输到 A 岛的几率 P_{BA} 为

$$P_{BA}=\int_{-\infty}^{\infty}D\cdot\frac{1}{1+\exp(E_s/kT)}\cdot\left[1-\frac{1}{1+\exp\left(\frac{E_s-eV}{kT}\right)}\right] \tag{9-49}$$

在 x 方向上的净传输几率 $P=P_{AB}-P_{BA}$。当外加电压 V 较小时，能级移动较小，穿透系数 D 可看作常数(隧道位垒高度 W 中有电场作用项)，则净传输几率 P 为

$$P=D\cdot eV \tag{9-50}$$

若小岛面积为 πr^2，单位时间从 A 岛向 B 高的传输几率 P' 为

$$P'=\frac{1}{\tau}=P\cdot\pi\cdot r^2=D\cdot eV\cdot\pi r^2 \tag{9-51}$$

电子传输速度 $v=b/\tau$，电子迁移率 $\mu=v/E$，可求出电子迁移率 μ 为

$$\mu=\frac{v}{E}=\pi r^2\cdot e\cdot b^2\cdot D \tag{9-52}$$

若小岛为球形，其体积为 $4\pi r^3/3$，小岛个数为 N，热平衡时电子数 $n=N\exp(-E_s/kT)$，则小岛上电子密度 n_e 为

$$n_e=\frac{n}{N\cdot 4\pi r^3/3}=\frac{3}{4\pi r^3}\exp(-E_s/kT) \tag{9-53}$$

因电阻率 $\rho=1/n\cdot e\cdot\mu$，将式(9-52)和(9-53)代入后可得到激活隧道理论电阻率表

达式

$$\rho_T = \frac{4}{3} \cdot \frac{r}{b^2} \cdot \frac{1}{e} \cdot \exp\left(\frac{E_s}{kT}\right) \cdot e^{\frac{4\pi \cdot b}{h}\sqrt{2m(W-E_K)}} \tag{9-54}$$

式中隧道位垒 W 包括有功函数、镜像位垒和电场作用。

与热电子发射理论电阻率 ρ_T 表达式(9-43)相比，它不但解答了不连续金属膜电阻率与温度和电场的关系，还解决了电阻率与小岛尺寸和岛间距的问题。当小岛尺寸 r 上升时，因电子密度 n_e 下降导致电阻率上升。当岛间距离 b 增大时，因指数项起主导作用，所以电阻率也增大。

§9-3 介质薄膜的电学性质

介质薄膜电学性质中过去研究比较多的是它的绝缘性能和介电性能。随着科学技术的进展，在介质材料中又发现了许多新的效应，如压电效应、反压电效应(电致伸缩效应)、压力导电效应、热释电效应和光导电效应等。将有关介质材料制成薄膜后，在介质薄膜中同样存在着这些新效应。因此，在本节中除重点研究介质薄膜的绝缘性和介电性之外，也简要地研究与各种新效应有关的电学性质。

一、介质薄膜的绝缘性质

介质薄膜绝缘性质的研究主要是针对它在半导体集成电路、金属-氧化物-半导体器件、薄膜混合集成电路、超导器件和其它薄膜电子元器件等领域中作绝缘层用而研究的。在上述应用中对绝缘性能的研究主要是电导和击穿。下面我们分别研究这两个问题。

1.介质薄膜的电导

介质薄膜的电导包括有直流电导和交流电导。因为测量介质薄膜电导时必须在它的两个面上制造出金属电极形成金属-介质-金属的MIM型结构。在这种结构上施加交流电压时，测量的阻抗是两个界面阻抗和介质薄膜阻抗串联之和。在施加直流电压时，测量的电阻是两个界面电阻和介质薄膜电阻串联之和。所以只有当电极和介质薄膜的接触是欧姆接触时所测量的阻抗或电阻才真正是介质薄膜的阻抗或电阻。按导电载流子性质分类，介质薄膜的电导分为离子电导和电子电导两种电导。按导电载流子的来源又分为来源于介质薄膜本身的本征电导和来源于杂质及缺陷的非本征电导。

在介质薄膜中通常是离子电导与电子电导同时存在。若很快地区分是哪一种电导则非常困难。一般认为符合下式的电导是离子电导

$$\frac{\sigma}{D} = \frac{N \cdot Z^2 \cdot e^2}{kT} \tag{9-55}$$

式中 σ 是电导率，D 是扩散常数，Z 是离子价数，e 是电子电荷，N 是电荷为 Ze 的离子浓度。

在介质薄膜中的直流电导比块状介质材料大得多。其原因是前者含的缺陷和杂质比后者多。在强电场作用下，介质薄膜中的电导包括有电子电导和离子电导。电子电导主要来源于导带中的电子，其中包括导带中传导电子、隧道效应引起的电导、杂质能级电子电

导以及介质薄膜与金属电极界面处的空间电荷。离子电导有外来的杂质离子和偏离化学计量比造成的离子缺陷。在弱电场作用下，其电导主要来源于杂质能级电子电导和离子电导。因为这时介质薄膜导带中几乎没有自由电子，杂质能级电子电导就占主要地位。

当电场强度 $E<10^5$V/cm 时，离子电导符合欧姆定律。若离子运动时需激活能为 ϕ，运动距离为 L，当 $(e\cdot E\cdot L)\ll kT$（弱电场）时离子电流密度 J_I 为

$$J_I=\frac{C}{kT}\exp\left(\frac{-\phi}{kT}\right) \tag{9-56}$$

式中 C 是常数。当 $(e\cdot E\cdot L)=kT$ 时，外电场使激活能增加，离子电流密度不但与温度有关，而且还和电场 E 有关，电导为非欧姆性质

$$J_I=A\cdot\exp\left[-\left(\frac{\phi}{kT}-\frac{e\cdot E\cdot L}{2kT}\right)\right] \tag{9-57}$$

式中 A 为常数。当 $(e\cdot E\cdot L)\gg kT$ 时属于强电场。缺陷离子等在外电场作用下获得较高能量，以致产生雪崩式碰撞电离而感生出电子电流，电流密度公式更为重要。

电子电导比离子电导更为复杂，它与介质和电极的具体组合情况密切相关，这里不作讨论。

在一般电场条件下，介质薄膜的电导率 σ 随温度升高而增加。图 9-19 是典型的介质薄膜 $\ln\sigma$ 与 $1/T$的关系曲线。它表明在不同温度范围内有不同的激活能。在高温下同种材料的曲线斜率相等，其电导称为本征电导。在中、低温情况下，不同温度范围的激活能不相等，它反映出不同的导电机理，这种电导称为非本征电导。

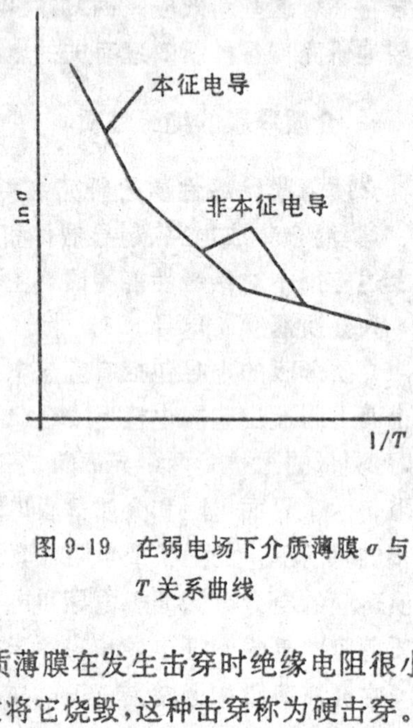

图 9-19　在弱电场下介质薄膜 σ 与 T 关系曲线

2. 介质薄膜的击穿

当施加到介质薄膜上的电场强度达到某一数值时，它便立刻失去绝缘性能，这种现象称为击穿。尽管许多场合下工作电压不高，但由于介质薄膜厚度较小，它承受的电场强度仍然很高。例如在半导体 MOS 器件中栅极介质薄膜厚度为 1000Å 左右，外加栅极偏压为 10V 时，忽略表面空间电荷作用，在介质薄膜中要产生高达 10^6V/cm 的电场强度。介质薄膜在发生击穿时绝缘电阻很小。如果电场仍持续地加在介质膜上则有较大的电流通过将它烧毁，这种击穿称为硬击穿。有些介质膜在击穿时并不被烧毁而是长期稳定地维持低阻状态，这种击穿称为软击穿。一些常用介质薄膜的击穿场强如表 9-2 所示。从表中数据看出，对于同一种介质薄膜，因制造方法不同其击穿场强有较大差异。产生这种差异的原因是不同制造方法在介质薄膜产生的针孔、微裂纹、纤维丝和杂质等缺陷情况不同。

表 9-2　介质薄膜的击穿场强(10^6V/cm)

介质薄膜	制造方法	击穿场强	介质薄膜	制造方法	击穿场强
Si_3N_4	射频溅射	1	ZrO_2	阳极氧化	4
Al_2O_3	阳极氧化	6～8	ZrO_2	反应溅射	4
Al_2O_3	射频溅射	1	Ta_2O_5	阳极氧化	6
SiO	真空蒸发	2	Ta_2O_5	反应溅射	1
Si_2O	反应溅射	1.5	Bi_2O_3	反应溅射	0.7
Si_2O	热生长	10	$BaTiO_3$	闪光蒸发	0.35
TiO_2	阳极氧化	1	$PbTiO_3$	反应溅射	2.3

从击穿机理分类时，当外电场超过介质薄膜本身抗电强度而产生的击穿称为本征击穿。因薄膜缺陷引起的击穿则称为非本征击穿。

本征击穿是在电击穿和热击穿共同作用下产生的击穿。电击穿是介质薄膜中载流子(大部分为电子)在某临界电场 E_C 作用下产生电子倍增过程使介质膜绝缘性急剧下降而形成的击穿。理论研究认为电击穿是电子与原子碰撞、电子和离子碰撞，特别是晶格的碰撞电离形成的电子雪崩击穿，一般都在极短的时间里发生。电子从电场中得到的能量主要用于碰撞电离过程。当电极较厚时发生的电击穿类似于气体击穿，其击穿场强为

$$E_e = C \cdot \ln\left(\frac{d}{\mu \cdot \tau \cdot E_e}\right) \tag{9-58}$$

式中 C 为常数、d 为膜厚、μ 和 τ 分别为电子迁移率和平均自由时间。若碰撞电离的起始电子来源于阴极场致发射，其击穿场强为

$$E_e = A \cdot d^{-\beta} \tag{9-59}$$

式中 A 为常数，β 在 1/2～1/4 之间。

在电击穿时电流雪崩式增加，产生大量焦耳热，介质膜温度迅速上升就转为热击穿。介质膜电导随温度上升呈指数规律急剧增大，随后电流又增大，焦耳热增大，介质膜温度进一步增高。在很短时间内由于介质膜温度过高，造成局部地方产生热分解、挥发或熔化，则进一步促成热击穿的产生。

热击穿时电场强度 E_T 为

$$E_T = \frac{1}{b} \cdot \ln \frac{\lambda}{a \cdot e \cdot d \cdot \sigma_0 \cdot A \cdot E_T^2} \tag{9-60}$$

式中 A 为常数，d 为介质膜厚度，a 和 b 都为常数、σ_0 为起始电导率，λ 为介质膜的热导率，e 为自然对数的底(e=2.718…)。

从上式看出，介质膜的热导率 λ 越大则击穿场强 E_T 越大。但介质膜厚度 d 增大时，因各种缺陷数量增多使场强 E_T 下降。实验结果表明，SiO 和 SiO_2 介质膜的热击穿情况与式(9-60)完全符合。

应该指出，上述研究的击穿都是直流击穿。因为对介质膜的交流击穿问题研究得较少，故这里不进行讨论。

二、介质薄膜的介电性质

介质薄膜作为薄膜电容器介质层使用时，在电学性质方面主要研究其介电常数和介质损耗。

1. 介质薄膜的介电常数

根据极化性质的不同，在研究介质薄膜的介电常数时将介质薄膜分为两种类型：非极性介质薄膜和极性介质薄膜。前者的介电常数为 2～45，其介电常数较低者为有机聚合物薄膜，较高者为无机氧化物薄膜。后者介电常数为 3～1000 或更大，其介电常数较低者为有机聚合物薄膜，较高者为无机铁电薄膜。

介质薄膜的介电常数由本征和非本征两部分构成。本征部分来源于薄膜本身原子的电子状态、固有偶极矩及晶格结构等。非本征部分来源于薄膜的不均匀性、杂质、空位、填隙离子、应力、晶界层上的偏析物、氧化物等。介电常数的本征部分决定于薄膜内部的各种极化机构。其中起主要作用的有电子极化、离子晶格振动极化和离子变形极化。除此之外，还有缓慢式极化，如偶极式极化、热离子极化和电子弛豫极化等。

由于极化的强弱与介质薄膜中总电荷数的多少及电荷间相互作用强弱有关，所以介质薄膜介电常数与原子序数有关。图 9-20 就表示了这种关系。图中分子平均原子序数是指每个氧化物分子中各原子的原子序数之和再除以所含原子数。一些常用介质薄膜材料的介电常数在表 9-3 中给出。

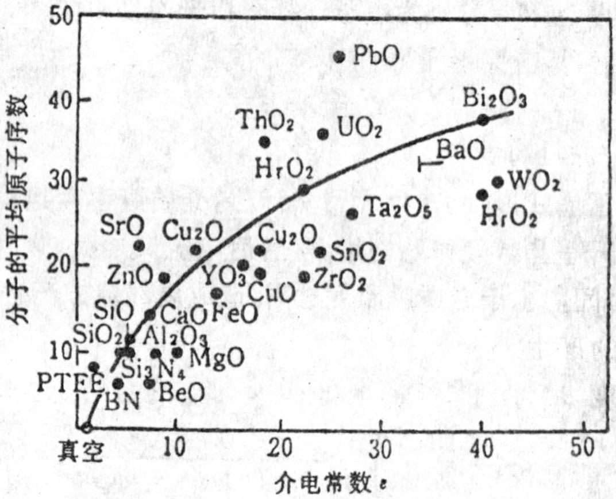

图 9-20　介质薄膜介电常数与分子平均原子序数的关系

介电常数的温度系数也是评价介质薄膜介电性能的一个重要参数。它的定义是

$$\alpha_\varepsilon = \frac{1}{\varepsilon} \cdot \left(\frac{\partial \varepsilon}{\partial T} \right)_P \tag{9-61}$$

在测量介电常数的温度系数时必须在介质薄膜上制备欧姆接触电极，这样便构成了一个片状电容器。在测量电容器温度系数之后再推求介电常数的温度系数。电容器温度系数定义为

$$\alpha_C = \frac{1}{C}\left(\frac{\partial C}{\partial T}\right)_P \quad (9\text{-}62)$$

表 9-3 常用介质薄膜的制造方法与介电常数

介质薄膜	制造方法	介电常数	介质薄膜	制造方法	介电常数
BN	射频溅射	4.0	Ta_2O_5	阳极氧化	45.0
AlN	反应蒸发	8.5	Ta_2O_5	阳极氧化 Ta/N	27.0
Si_3N_4	射频溅射	6.8	Bi_2O_3	射频溅射	25.0
Al_2O_3	阳极氧化	6.0	Bi_2O_3	反应溅射	38.0
SiO_2	气相生长	4.0	$MnTiO_3$	反应溅射	20～120
TiO_2	真空蒸发	100.0	$BaTiO_3$	真空蒸发	130～820
ZrO_2	反应溅射	20.0	$PbTiO_3$	反应溅射	20.0

由于电容量 $C=\varepsilon\cdot S/4\pi\cdot d$，$d$ 是介质薄膜厚度，S 是电极面积。在温度变化时电极在其平面方向可膨胀或收缩，介质薄膜在厚度方向上也发生膨胀或收缩。考虑到上述情况，电容器温度系数 α_C 可写为

$$\alpha_C = \alpha_\varepsilon + 2\alpha_m - \alpha_d \quad (9\text{-}63)$$

式中 α_m 和 α_d 分别是电极平面方向热膨胀系数和薄膜厚度热膨胀系数。

若电极是沉积在介质薄膜上，电极和薄膜一起膨胀或收缩。当薄膜的热膨胀为各向同性时，其 α_C 可简化为

$$\alpha_C = \alpha_\varepsilon + \alpha_d \quad (9\text{-}64)$$

用此式只要测出 α_d 便可求得介电常数温度系数 α_ε。

对于介质损耗较小的介质薄膜，由本征极化形成的电容器温度系数，按介电常数 ε 的大小不同可分为四种情况：

$\varepsilon=1$ 是真空或空气薄膜，则 $\alpha_C=\alpha_\varepsilon$，$1.5<\varepsilon<2.5$ 是各种非极性固体有机薄膜，则

$$\alpha_C \doteq -\frac{(\varepsilon-1)(\varepsilon+2)}{\varepsilon}\alpha_d + \alpha_d \quad (9\text{-}65)$$

$2.5<\varepsilon<10$ 时，介质薄膜材料的离子式极化贡献和电子式极化相近，但离子式极化对温度变化比较敏感。另外，这类薄膜材料的 α_d 值也相差较大。所以 α_C 的表达式较为复杂。当 $\varepsilon\geqslant10$ 时，介质薄膜的极化大多数是离子变形极化，电容器温度系数 α_C 可表示为

$$\alpha_C \doteq \frac{\varepsilon}{3\alpha_V}\left(\frac{\partial\alpha_V}{\partial T}\right) - \varepsilon\cdot\alpha_d \quad (9\text{-}66)$$

式中 α_V 是介质薄膜宏观体积 V 的体积极化率，$\alpha_V=n\cdot\alpha$，n 是体积 V 中的分子数，α 是分子的极化率。

由介质薄膜微观缺陷和不均匀性引起的热离子式、电子弛豫式和夹层式等非本征性缓慢极化，对介电常数温度系数的影响比较大，一般是不能忽略不计的。介质薄膜极化率温度系数 $\frac{1}{\alpha_V}\left(\frac{\partial\alpha_V}{\partial T}\right)$ 很小，大约为 5×10^{-6}/℃左右。非本征极化率温度系数较大，一般是 $5\times(10^{-5}\sim10^{-4})$/℃。但在介质薄膜损耗非常小时，非本征极化的影响可忽略不计。

2.介质薄膜的损耗

对介质薄膜施加交变电场后由于电导和极化方面原因，必然产生能量损耗。这种损耗值的大小与介质薄膜本身的晶体结构和各种缺陷有密切关系。所以介质薄膜的损耗就是表征介质薄膜质量和性能的重要参数，并用损耗角 δ 的正切值 $\mathrm{tg}\delta$(%)表示。在表 9-4 中给出了各种介质薄膜的损耗。

介质薄膜的损耗由三部分形成。第一部分是电导损耗，在直流或交流电场作用下都始终存在。直流电导损耗在低频下比较显著，它不随频率变化。介质薄膜交流电导率 σ_{AC}为

$$\sigma_{AC} = \omega \cdot \varepsilon_0 \cdot \varepsilon' \mathrm{tg}\delta \tag{9-67}$$

式中 ω 是交变电场的角频率，ε' 是复介电常数的实数部分，ε_0 是真空介电常数。交流电导 σ_{AC}包括有一般载流子电导，小极化子和偶极子等弛豫子在位置对间的运动。

表 9-4 各种介质薄膜的制备方法与损耗

介质薄膜	制备方法	$\mathrm{tg}\delta$(%) (1kHz)	介质薄膜	制备方法	$\mathrm{tg}\delta$(%) (1kHz)
Si_3N_4	射频溅射	0.1	ZrO_2	阳极氧化	1.0
Al_2O_3	阳极氧化	0.5	ZrO_2	反应溅射	0.8
Al_2O_3	射频溅射	0.4	Ta_2O_5	阳极氧化	1.0
SiO	真空蒸发	0.1	Ta_2O_5	反应溅射	0.9
SiO_2	反应溅射	0.01	$MnTiO_3$	反应溅射	3～17.0
SiO_2	射频溅射	0.1	$BaTiO_3$	真空蒸发	15.0
TiO_2	阳极氧化	3.0	$PbTiO_3$	反应溅射	0.6
TiO_2	反应溅射	6.5			

第二种损耗是弛豫型损耗。它与交变电场的频率有密切关系。高频弛豫损耗时峰值频率在 1MHz 以上。低频弛豫损耗的峰值频率在 100Hz 以下。

第三种损耗是非弛豫型损耗。对于绝大多数介质薄膜在室温下都能观察到非弛豫型损耗。而且在较低电场下完全为欧姆性导电时也可观察到这种损耗。这种损耗的特征是 $\mathrm{tg}\delta$ 几乎与频率无关。各种介质薄膜非弛豫损耗的频率特性如图 9-21 所示。像在介电常数中讨论的情况一样，这种非弛豫损耗是介质薄膜内部不均匀性造成的，就是介质薄膜中的各种微观缺陷和杂质的不均匀性导致电子、离子和原子等所处的微观环境不同造成的。

上述三种损耗与频率的关系如图 9-22 所示。介质薄膜的直流电导与温度关系为指数关系，弛豫损耗峰值随温度升高而向高频端移动。所以在高温下，介质薄膜的损耗都以电导损耗占主导地位。交流电导在低温时与温度无关，在高温时与频率无关。图 9-23 是阳极氧化法制备的 ZrO_2 薄膜交流电导与温度的关系。从曲线中看到，在温度为 400K 左右时交流电导就与频率无关。交流电导的活化能随温度升高而增大的现象表明，在不同温度范围可能形成损耗的机制不同。

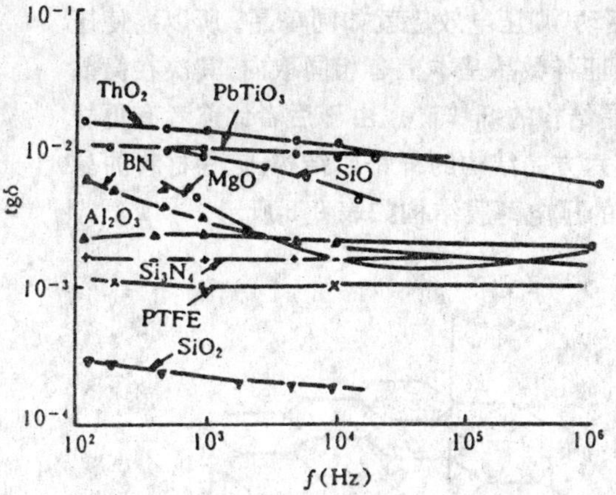

图 9-21　介质薄膜非弛豫损耗的频率特性

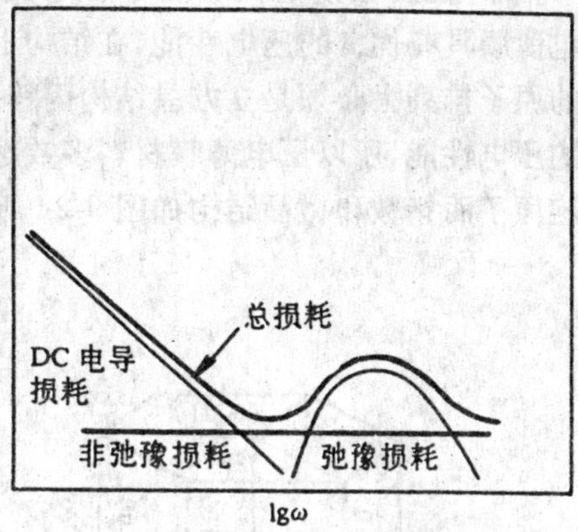

图 9-22　介质薄膜损耗与频率的关系

三、介质薄膜的压电性质

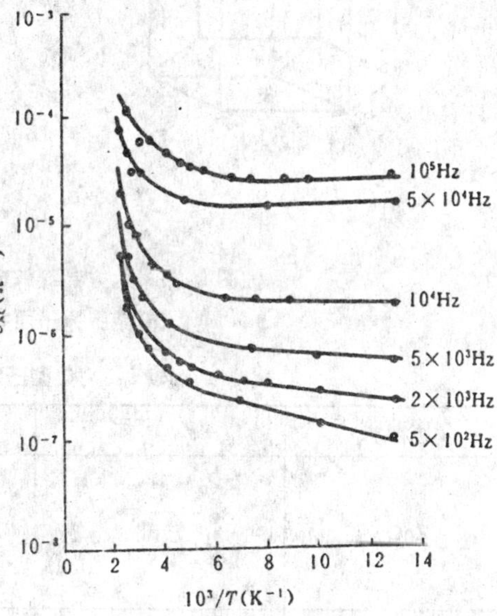

图 9-23　阳极氧化 ZrO_2 薄膜交流电导与温度的关系

在晶体中的带电粒子受到应力作用时将发生相对位移。带电粒子相对位移引起正负电荷中心不重合使晶体发生极化。在晶体的两个端面上出现符号相反的束缚电荷，电荷面密度与应力成线性关系。这种由应力作用使晶体表面产生电荷的现象称为正压电效应。与此相反，当晶体受到电场作用时，在它的某个方向上发生应变，而且应变与电场强度成线性关系，这种现象称为逆压电效应。将这两种现象综合在一起称为压电效应。晶体的这种性质称为压电性质。除了一些压电单晶（石英、$LiNbO_3$、$LiTaO_3$、CdS）和压电陶瓷（$BaTiO_3$、$PbTiO_3$、$Pb(Zr,Ti)O_3$）等块状材料之外，一些介质薄膜也具有压电性质，如 CdS、ZnS、AlN、ZnO、$LiNbO_3$、PZT 等薄膜。这类薄膜目前主要用于制造声表面波器件。由于这类介质薄膜具有压电性质，所以称这类薄膜为压电薄膜。下面我们研究这类薄膜的压电性质。

1. 压电薄膜的结构

晶体材料是否具有压电性质取决于晶体结构和结构的对称性。在结构上它必须有分别带正电荷和负电荷的离子或离子团，因此压电晶体都是离子晶体。在晶体结构上必须没有对称中心。若有对称中心，无论有无应力作用，晶体正负电荷中心总重合在一起而不出现压电效应。压电薄膜在晶体结构上也必须具有上述特点才能呈现出良好的压电性能。真空沉积的压电薄膜都是多晶结构。各微小晶粒之间有程度不同的错向，但每个小晶粒都是一个小单晶。若所有微晶都有相同取向并同时驱动，则压电效应就如同单晶。所以要使压电薄膜具有优良的压电性能，在结构上首先要保证各微晶基本上有相同取向。其次在微晶的原子排列上必须是立方晶结构闪锌矿和六方晶结构的纤锌矿。由于后者比前者有更好的压电性能，所以压电薄膜材料多数都选用具有六方晶结构的纤锌矿结构。这种材料的晶胞原子面指数和微晶结构如图 9-24 所示。典型的压电薄膜结构如表 9-5 所示。

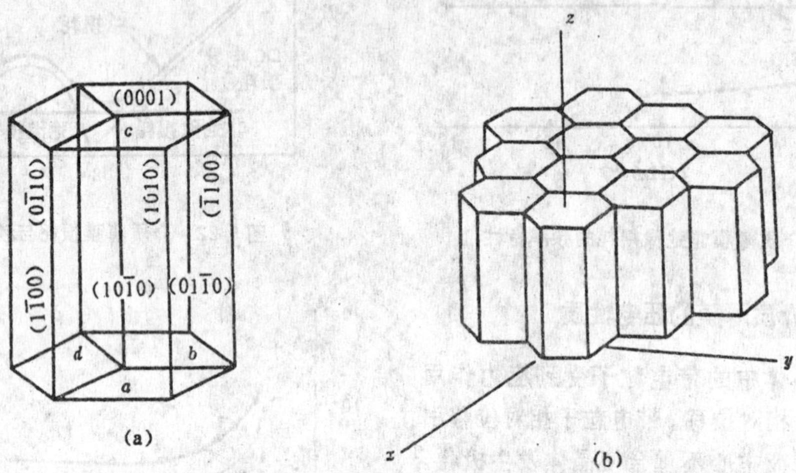

图 9-24　六方晶纤锌矿原子面指数和微晶结构

(*a*)晶胞原子面指数　(*b*)微晶结构

表 9-5　典型压电薄膜的晶体结构

介质薄膜	基　体	微晶晶型	[0001]方向的择优取向
ZnO	玻璃	六方晶	垂直膜面 倾斜膜面 平行膜面
CdS	云母、岩盐	立方晶	——
	云母、岩盐	六方晶	垂直膜面
	玻璃	六方晶	垂直膜面
	玻璃	六方晶	与膜面成 40°角
ZnS	玻璃	立方晶	[111]方向垂直膜面
		六方晶	垂直膜面
AlN	玻璃	六方晶	垂直膜面
		六方晶	平行膜面

2. 压电性能参数

在表征介质薄膜压电性质时常用的参数及物理意义如下：

(1)机电耦合系数 k　它反映压电薄膜的机械能与电能之间的耦合关系。对压电材料施加机械应力之后将使它产生形变。通过正压电效应将输入机械能的一部分转变为电能，然后将电能再输出给压电材料的电学负载。其余的机械能使压电材料变形并以弹性能形式贮存在压电材料之中。相反，若对压电材料施加外电场，将使它产生极化。通过逆压电效应将输入电能的一部分转换为机械能使压电材料产生形变，其余部分以极化能形式贮存在压电材料之中。机电耦合系数用来描述上述过程，其定义是

$$k^2=\frac{\text{通过正压电效应转换所得的电能}}{\text{输入总机械能}}$$

$$k^2=\frac{\text{通过逆压电效应转换所得的机械能}}{\text{输入总电能}}$$

(2)压电系数 d　当用应力 σ 和电场 E 为自变量时用压电系数 d 描述单位应力作用下产生的极化强度或单位电场作用下产生的应变。所以压电系数 d 就代表正压电效应和逆压电效应反映的压电材料介电性质和弹性性质之间的联系。压电系数 d 的单位是库仑/牛顿或米/伏。

(3)机械品质因数　它描述压电材料在谐振时机械能损耗的数量并用 Q_m 表示。它的定义是

$$Q_m=2\pi\,\frac{\text{谐振时压电振子贮存的最大弹性能 } W_m}{\text{每周期内损耗的机械能}}$$

(4)电学品质因数　压电材料在交变电场作用下通过电导和极化弛豫作用要损失一部分能量。电学品质因数就描述这种能量损失情况并用 Q_e 表示。它的定义是通过压电材料无功电流 I_e 和有功电流 I_R 之比或介质损耗角正切的倒数。

$$Q_e=\frac{I_e}{I_R}=\frac{1}{\mathrm{tg}\delta} \tag{9-68}$$

3. ZnO 薄膜和 AlN 薄膜

这两种薄膜是目前应用较多的薄膜。下面简要介绍它们的结构和压电性质。

(1)ZnO 薄膜　这种薄膜都是多晶结构。构成薄膜的每一个微晶粒都是纤锌矿结构，其晶格常数 $a_0=0.3243$nm，$c_0=0.5195$nm。它属于Ⅱ-Ⅵ族化合物半导体材料，禁带宽度为 3.3eV，电子迁移率为 180cm²/V·s。优质的 ZnO 薄膜表面光滑透明。微晶晶粒尺寸为 30～50nm。薄膜厚度为 0.1～3μm。薄膜微晶的晶体取向与基体材料的组分、晶体结构、表面状态及基体温度等有密切关系。常用的基体有蓝宝石、n 型硅(111)面、石英晶体、熔融石英、硼硅玻璃、可伐玻璃和平板玻璃等。在蓝宝石上沉积的 ZnO 薄膜多数为单晶体，在其他基体上制备的 ZnO 薄膜则是多晶体。当基体表面原子间距和面间距都与 ZnO 相近时，ZnO 薄膜的微晶取向较好。在硅的(111)面和蓝宝石的(0001)面上，ZnO 微晶都有较好的取向。ZnO 薄膜的机电耦合系数在最佳情况下约为单晶值的 90%，当膜厚较大时则只有 60～80%(单晶 ZnO 的 $k_s=0.28$，ZnO 薄膜 $k_s=0.22$)。

(2)AlN 薄膜　这种薄膜是具有微晶易于取向、声速大、禁带宽、化学稳定性好的优质压电薄膜。晶粒属于六方晶纤锌矿结构。N 与 Al 原子之间是四面体键，底面三个 N 原子与 Al 原子的距离都是 0.1885nm，顶端 N 原子与 Al 原子相距 0.1917nm。晶格常数 $a=$

0.3110～0.3113nm，$c=0.4979$nm。这种薄膜有良好的化学稳定性，在700℃的空气中开始氧化。它耐水和酸，但溶于磷酸和氢氧化钠的水溶液。薄膜密度为3.15～3.20g/cm³(晶体为3.255～3.26g/cm³)。平均热膨胀系数为(4.89～4.91)×10^{-6}/℃。硬度较大，其微硬度是1200～1550kg/mm²。它的禁带宽度为5.58～6.3eV，介电常数$\varepsilon=7\sim11.5$，介质损耗$tg\delta<0.005$，击穿场强一般为$5\times10^5\sim6\times10^6$V/cm。它的机电耦合系数$k^2=0.6\%\sim0.8\%$，特别适宜于制造超高频声表面波和声体波器件。

AlN薄膜的制造方法有两种，其一是射频平面磁控溅射，其二是直流平面磁控溅射。用前种方法可在各种基体上制备单晶或高度c轴取向的AlN薄膜。c轴取向偏离度随制备薄膜条件的不同而有所差异。如在蓝宝石的(0001)基面上制备的单晶AlN压电薄膜，c轴取向偏离度最小值可达0.72°。但在其它基体上时其偏离度则较大。另外，c轴取向偏离度与基体温度的关系是，温度较高时偏离度较小，温度较低时偏离度较大。用后一种方法可在多晶基体上制造厚度较大的AlN薄膜。与前一种制备方法一样，c轴取向偏离度随成膜工艺条件的不同而不同。在纯N_2气中溅射时在玻璃基体上可得到偏离度小于3°的优质AlN压电薄膜。在N_2-H_2混合气体中溅射的AlN薄膜其c轴平行于基体表面。这种薄膜表面比在纯N_2气中溅射的薄膜更光滑而且透明度更高。

四、介质薄膜的热释电性质

具有自发极化的晶体被加热时其表面上出现电荷的现象称为热释电效应。另一种定义是极性晶体因温度变化而引起自发极化强度发生变化的现象称为热释电效应。实际上，热释电效应是热的电现象在自发极化晶体上反映出来的一种物理现象。晶体材料的这种性能称为热释电性。

热释电效应是由于温度变化使某些压电晶体出现正负电荷相对位移形成电极化，从而在晶体两端表面产生异号束缚电荷而引起的。反之，当给热释电体施加外电场时，电场的改变会引起晶体温度的变化，这种现象称为电卡效应。

热释电晶体除要求结构上没有对称中心之外，还要求具有自发极化。因此，只有当晶体中存在与其它极轴都不相同的单一极化轴时，才呈现热释电性。

1.热释电效应的基本参数

当有热辐射照射到热释电晶体上时(图9-25)，晶体自发极化强度P_S随温度T的变化dP_S/dT将引起晶体表面电荷密度变化。于是在负载电阻R_S上产生电压信号V_P

$$V_P = S\cdot R_S\cdot\frac{dP_S}{dT}\cdot\frac{dT}{dt} \tag{9-69}$$

式中S是电极有效面积，R_S是负载电阻，dP_S/dT是热释电系数(C/cm²·K)，dT/dt是温度变化速度。在回路中产生的热平衡电流i_P是

$$i_P=\frac{V_P}{R_S}=S\cdot\frac{dP_S}{dT}\cdot\frac{dT}{dt}=S\cdot\frac{dP_S}{dT}\cdot\frac{W}{L\cdot\rho\cdot J\cdot c_P} \tag{9-70}$$

式中L是晶体厚度，W是热辐射功率，ρ是晶体密度，J是热功当量，c_P是晶体比热。

(1)热释电系数P　自发极化强度P_S随温度T的变化率dP_S/dT称为热释电系数，并用P表示。

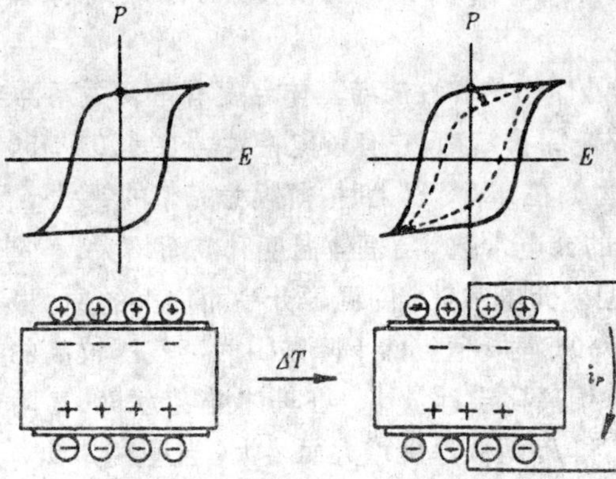

图 9-25　热释电效应测试原理

(2)电压灵敏度 R_V　热释电晶体输出电压 V_P 与入射到晶体上热辐射功率 W 之比值称为电压灵敏度并用 R_V 表示。

$$R_V = \frac{V_P}{W} = \frac{2P \cdot f \cdot A \cdot P \cdot n}{G} \times \frac{R}{(1 + 4P^2 \cdot f^2 \cdot \tau_e^2)^{1/2}} \times \frac{1}{(1 + 4P^2 \cdot f^2 \cdot \tau_T^2)^{1/2}} \tag{9-71}$$

式中 f 是入射热辐射源调制频率，A 是电极面积，n 是晶体对热辐射的吸收效率，P 是热释电系数，R 是晶体本身电阻与前置放大器输入电阻的并联电阻，G 是晶体与周围环境空间总热导，τ_T 是晶体散热时间常数，$\tau_e = RC$ 是电学时间常数。

(3)电流灵敏度 R_i　热释电晶体输出电流 i_P 与入射到晶体上热辐射功率 W 之比值称为电流灵敏度并用 R_i 表示

$$R_i = \frac{i_P}{W} \tag{9-72}$$

(4)体积比热 c_V　在恒定应力和恒定电场作用下，热释电材料单位体积的焓增量等于它吸收的热量，即

$$(dH)_{X,E} = c_V^{X,E} \cdot (dT)_{X,E} \tag{9-73}$$

式中 $c_V^{X,E}$ 为恒定应力 X 和恒定电场 E 作用下的体积比热。当弹性形变和热形变对比热的贡献很小时可忽略不计，则省去标志边界条件的上标符号将 $c_V^{X,E}$ 改写为 c_V。

(5)介电常数 ε　热释电材料是介质材料，材料中存在着电极化现象，所以介电常数 ε 也是这种材料的重要参数之一。因为电位移 D 是矢量，电场 E 也是矢量，所以介电常数是二阶张量。但由于热释电器件只有两个相对电极，而且电极面与极化轴垂直，因此在这种情况下可将它当标量看待。自由状态和夹紧状态下的介电系数是不同的。有些热释电材料在两种不同边界条件下的介电常数相差很大。如 PZT-4 陶瓷材料 $\varepsilon_{33}^{X}=1300$，$\varepsilon_{33}^{x}=635$。

2. 热释电薄膜

热释电材料中的块状材料有单晶材料($LiTaO_3$，$LiNbO_3$ 等)、陶瓷材料($PbTiO_3$，PZT，PLZT 等)和有机高分子材料(PVDF——聚偏二氟乙烯)。但是作为介质薄膜材料研究比较

成功的是 $PbTiO_3$ 薄膜。这种薄膜可以用化学气相沉积方法、电子束蒸发法、射频溅射法和射频磁控溅射法进行制造。

射频溅射 $PbTiO_3$ 薄膜晶体结构和性能与基体温度有密切关系。当基体温度在 400℃以下时，薄膜呈现无定形或烧绿石结构，并有顺电特性。在 400～450℃之间，薄膜为烧绿石和钙钛矿型结构的混合物。在 450℃以上时，薄膜为完整的钙钛矿型结构的铁电体。

射频溅射 $PbTiO_3$ 薄膜的介电常数 ε 随基体温度升高而增大。当基体温度为 550℃时，薄膜的 ε 值与陶瓷材料相近。介电常数 ε 随温度升高而增大的原因是晶粒尺寸随基体温度升高而增大。温度超过 550℃时 ε 值突然下降是因为蒸气压较高的 Pb 在高温下从膜中逸出，致使 $PbTiO_3$ 薄膜组分偏离化学计量比。在基体温度为 500℃附近处，薄膜剩余极化强度 P_r 也急剧增大。另外 ε 和 P_r 随膜厚度增大而增大。当厚度为 0.2～0.3μm 时 ε 开始急剧增大，厚度达 1μm 时 ε 值达到饱和。厚度大于 2μm 时薄膜有优良的铁电性。沉积在 500℃的铂片上厚度为 2μm 的 $PbTiO_3$ 薄膜最大 P_r 值为 0.27C/m²，$\varepsilon=200$。厚度为 2.7μm 的薄膜矫顽场强达到 670kV/cm。

用射频磁控溅射法制备的 $PbTiO_3$ 薄膜其晶体结构也与基体温度有关。基体温度低于 550℃时为烧绿石型结构。在 550℃～600℃之间时为钙钛矿型结构铁电体。高于 600℃时为钙钛矿型结构 $PbTiO_3$ 和 $PbTi_3O_7$ 共存体。用这种方法制备的厚度为 1～4μm 的 $PbTiO_3$ 介质薄膜具有电阻率高（$\rho=10^{10}\Omega\cdot cm$）、低介电常数（$\varepsilon=97$）、小损耗（$tg\delta=0.01\sim0.02$）和大的热释电系数（$P=2.5\times10^{-8}C/cm\cdot K$）。这种薄膜的平均剩余极化强度 $P_r=0.35C/m^2$，平均矫顽场强 $E_C=160kV/cm$。这样高的 E_c 值是因为薄膜具有小晶粒尺寸和大的内应力。

五、介质薄膜的铁电性质

具有铁电性质的介质薄膜通常称为铁电薄膜。

1. 铁电晶体的特点

某些晶体在一定温度范围内具有自发极化，并且这种自发极化方向可以随外加电场方向变化而变化。晶体的这种性质称为铁电性，具有铁电性的晶体称为铁电体。铁电体中并不一定含有铁，因为标志铁电体的某些物理特征与铁磁体互相对应，如电滞回线对应磁滞回线、电矩对应磁矩、电畴对应磁畴、顺电铁电相变对应顺磁铁磁相变等。

铁电体的重要特征有三个：一是它具有电滞回线，它是判定晶体为铁电体的重要依据。二是存在一个临界温度即铁电居里温度。它是晶体顺电相与铁电相的转变温度。三是铁电晶体具有临界特性，它的介电性质、弹性性质、热学性质和光学性质等在临界温度附近出现反常现象。

铁电晶体本身是介质晶体、压电晶体和热释电晶体的一个亚族。所以铁电晶体必然有介电、压电和热释电性质。对于透光性的铁电晶体还具有电光性质。

2. 铁电薄膜的性质

具有铁电性质的晶体和陶瓷有许多种，其典型性能值如表 9-6 所示。但其中较容易制成铁电薄膜又研究较多的介质材料是 $BaTiO_3$ 和 $PbTiO_3$。

表 9-6 典型铁电材料的性能

材 料	T_C(℃)	P_S(μC/cm²) [T(℃)]	材 料	T_C(℃)	P_S(μC/cm²) [T(℃)]
KH_2PO_4	−150	4.8(−177)	$PbTiO_3$	490	>50(23)
硫酸甘氨	49	2.8(20)	$KNbO_3$	435	30(250)
SbSI	≈20	25(0)	$LiNbO_3$	1210	71(23)
$BaTiO_3$	135	26(23)	$LiTaO_3$	665	23(450)

与块状材料工艺相比较，铁电薄膜都是在低温下制备的。因此要重现块状材料的铁电性需要解决下列问题：

(1)化学组分偏离　若将二元系或多元系组分材料薄膜化，因各种原子的溅射速率不同和基体上局部电场的影响，使不同电荷符号的分子型离子沉积状态不同。基体温度过高会使低熔点元素挥发。基体和薄膜之间的相互作用或扩散对界面层组分也有影响。组分偏离对铁电薄膜性质有较大影响。在 $BaTiO_3$ 和 $PbTiO_3$ 薄膜中当 Ti 和 Ba 或 Pb 的比例不等于 1 时，介电常数 ε 急剧下降。在缺氧时形成的 Ti^{+3}离子向 Ti^{+4}离子转变时电子交换导致绝缘电阻下降。为了防止组分偏离，在溅射靶材料中让低熔点组分过剩些。在制备 PLZT 薄膜时应让 PbO 多 3～8%以补偿 Pb 的损失。

(2)基体温度影响　温度过高使低熔点物质挥发或造成缺氧。温度过低又影响薄膜的结晶性。基体温度在 300℃以下时，薄膜为非晶态，介电常数小而且没有铁电性。温度增高时常常形成亚稳态多晶相，例如立方和四方晶结构 $BaTiO_3$，或在 PLZT 膜中出现烧绿石结构。在温度为 500℃以上时，$BaTiO_3$ 薄膜就形成具有良好铁电性的钙钛矿结构。在 500～700℃范围内 PLZT 可形成钙钛矿结构。温度太高时薄膜会形成微晶状态。

对基体施加一定偏置电压或选择适当基体表面可使铁电薄膜择优取向或成为单晶外延膜。如采用晶格常数接近于 PLZT 的铂片基体，在较低温度下溅射沉积 PLZT 薄膜可得到较好的结晶性能。

(3)均匀性　刚溅射沉积的铁电薄膜在结构上是不均匀的。特别是与基体相接触的界面层因扩散作用形成缺陷密度较大的过渡区。非晶态的无序结构和不均匀性可形成组分不同的微区。在薄膜的表面层又常因缺氧形成非化学计量区域。这个区域具有半导体性(厚度在 1000Å 以下)，其施主是氧缺位。薄膜中的微裂纹是不均匀性的又一种表现形式，其原因与薄膜较大的热应力有密切关系。

(4)尺寸效应　铁电薄膜厚度 d 和晶粒尺寸 D 的大小对铁电薄膜性能有直接影响。实验表明 d 和 D 都有一个临界值，大约为 200Å 左右。小于此值时薄膜不呈现铁电性，自发极化强度 $P_S=0$。即使 d 稍大于临界值，薄膜铁电性也较弱。当 $d<500\sim1000$Å 时 P_S 和 ε 都较小。$BaTiO_3$ 薄膜厚度从 0.1μm 增大到 0.8μm 时，介电常数 ε 从 200 增大到 1350。

我国学者用溶胶-凝胶法制备的 $BaTiO_3$ 铁电薄膜表明，薄膜质量和取向与基体种类及热处理温度有关。在石英或 MgO(100)基体上制备的 $BaTiO_3$ 薄膜经 900℃以上热处理，可得到具有钙钛矿结构及良好 C 轴取向的外延铁电薄膜。但在微晶玻璃和硅基体上则只能得到多晶薄膜。用射频溅射法在(100)取向的抛光硅基体上沉积的 PZT 铁电薄膜，介电常数为 100～200，临界温度为 250℃左右。从电滞回线中测得其矫顽场强 $E_C=43\text{kV/cm}$，室温下自发极化强度 $P_s=30\mu\text{C/cm}^2$，剩余极化强度 $P_r=11\mu\text{C/cm}^2$。实验结果还表明，当基体温度小于 350℃时，薄膜为非晶结构，当温度高于 450℃时，薄膜则具有钙钛矿结构。当用硅片作基体时，基体温度在 450～600℃范围内可得到质量较好的 PZT 铁电薄膜。

§9-4　半导体薄膜的性质

半导体薄膜是薄膜材料中很重要的一种材料。无论按制造工艺分类，或者按材料种类分类，在一节中将半导体薄膜的性质论述清楚是相当困难的。另外，因专业性质和课程设置方面原因，也不需要进行比较广泛深入地讨论。根据这种情况，本节仅就单晶、多晶、非晶和氧化物半导体薄膜等四种材料的性质作些扼要介绍。

一、单晶半导体薄膜

单晶半导体薄膜包括有硅外延膜、SOS 薄膜、Ⅱ-Ⅵ族化合物半导体薄膜和Ⅲ-Ⅴ族化合物半导体薄膜。下面分别讨论它们的性质。

1. 硅外延薄膜

外延一词的英文是 epitaxy，是从希腊文演变来的。“epi”的意思是“在上面”，“taxy”是“teinen”的过去时态，它的意思是“排列”。所谓“外延”就是原子以单晶形式排列在单晶基体上，使最后形成的薄膜层的晶格结构恰好是基体晶格结构的延续（外延）。硅外延薄膜是通过化学气相沉积法（CVD）制造的。厚度在 1μm 到 20μm 之间变化。

Si 外延薄膜要表现出良好的单晶性能应着重解决下列问题：

(1)外延膜厚度、电阻率的均匀性　外延膜厚度分布均匀性受反应气体流速的影响。气流速度过快，基体上部形成不稳定的紊流，外延膜中间部位较厚，边缘部位较薄。气流速度过慢，其结果恰好相反。外延膜电阻率均匀问题决定于薄膜形成时加入到反应气体中杂质的种类和数量。

(2)自动掺杂　在外延膜生长过程中来自基体中的杂质掺杂称为自动掺杂效应。在大规模集成电路和其它高质量器件生产时必须解决这个问题。图 9-26 表示产生自动掺杂效应的原理。从图中看到硅基体中的掩埋层是为了降低集电极电阻而特意掺入 As 或 Sb 等杂质形成的。在外延膜生长时它变成自动掺杂的杂质源。在外延膜生长过程中掩埋层中的杂质沿横方向和纵方向扩散，最后形成的掺杂原子浓度分布情况如图 9-27 所示。抑制自动掺杂效应可采取下面几种措施，减小外延膜生长时的气压（减压 CVD）、减小外延膜成长速度、增大气体流量和使用低蒸气压掺杂剂。

(3)结构缺陷　在外延膜中的结构缺陷有位错、积层缺陷、析出物、杂质异物和氧化缺陷等。从广义角度看，还有氧、碳及重金属杂质、原子空位和填隙原子等点缺陷。目前研究较多的缺陷是硅氧化时从表面引入的积层缺陷。衡量这种缺陷的参数是积层缺陷长度 L。它与氧化时间 t 及温度 T 的关系为

$$L=A\cdot t^n\cdot\exp(-E/kT) \tag{9-74}$$

式中 A 是与气氛及晶面方位有关的常数，E 是生长激活能、k 是玻耳兹曼常数。温度低于

900℃时观测不到这种缺陷。在1100～1250℃范围内，L与T的关系与式(9-74)相吻合，测得$E=2.1\sim2.5$eV。在高温区有一个缺陷不再生长的临界温度。

(4)掩埋层变形和偏移　在硅外延膜生长时容易产生掩埋层位置移动和边缘塌陷变形现象。它和生长温度、气体种类、基体晶面方位有关。一般情况下，与SiH_4相比卤化物气体影响较为严重，成长温度越高其影响则越小。

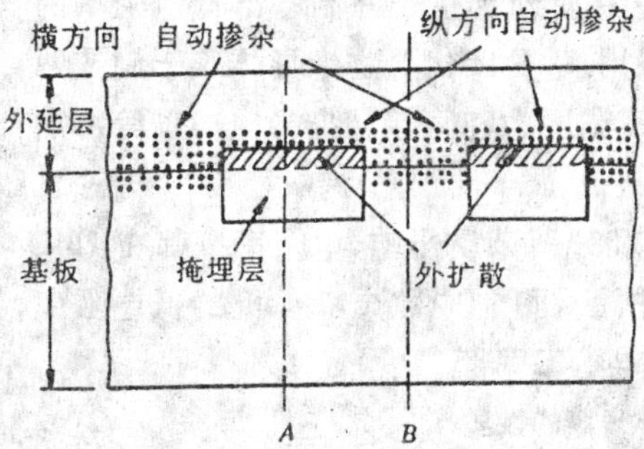

图 9-26　硅基体中掩埋层自动掺杂过程

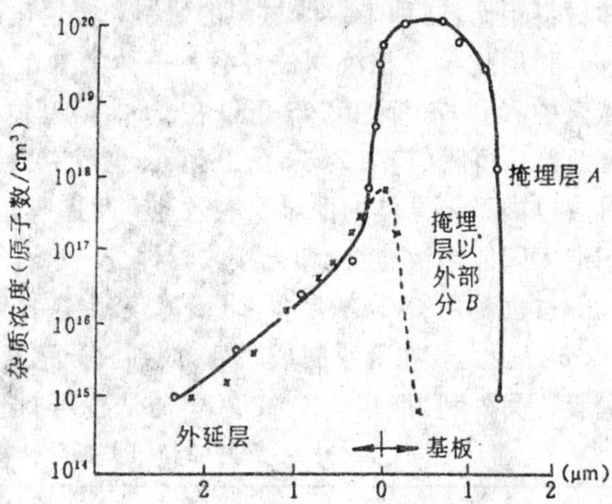

图 9-27　在外延膜中因自动掺杂引起的杂质分布

2. SOS 薄膜

在蓝宝石基体上外延生长的Si膜称为SOS膜(Si on Sapphire)。它是制造MOS大规模集成电路的理想材料。利用SOS膜可提高电路的集成度、实现低功耗、增加工作速度并有较好的可靠性。但因它属于异质外延生长，在SOS膜中还有下述缺点：由于硅和蓝宝石热膨胀系数不同在膜中产生压应变；高密度晶格缺陷；在Si膜和蓝宝石基体间存在着过渡区；有来自基体的Al自掺杂。这些缺点对薄膜性质的影响表现在：

(1)热应变的影响　SOS膜的生长是在1000℃左右温度下进行。因室温下Si膜和蓝宝石基体的热膨胀系数不同，在Si膜产生压应力大约10^9dyn/cm²。由于压应力作用使Si膜导带能量发生变化，从而引起电导率σ发生变化。假设$q=n_z/n_x$，n_z和n_x分别是能带K_z和K_x上的电子浓度，随着压应力的增加q值趋近于零。在$q=0$时SOS膜的电子霍尔迁移率μ_H与Si单晶μ_H的比值为0.52；SOS膜电子的漂移迁移率μ_d与Si单晶μ_d之比为0.82。对于SOS膜中的空穴也有同样的影响。

(2)结构缺陷和电导率　在SOS膜中位错密度N_d与膜厚d的关系为$N_d=A\cdot d^{-n}$，$n=0.7\sim0.8$，A为常数。随膜厚增加位错减少导致霍尔迁移率μ_H上升。但由于SOS膜中存在其它缺陷及受热应变的影响，与Si单晶相比SOS膜的霍尔迁移率μ_H较小。特别是在载流子密度低的区域霍尔迁移率也低的原因，可以认为是深施主或受主电离使晶格缺陷离子化，这些空间电荷使载流子运动受到库仑散射。

(3)蓝宝石与Si膜的界面　在Si膜和蓝宝石基体之间存在一个厚度约为20～40nm的过渡区。这已被二次离子质谱分析所证实。在这个区域中存在有Al-Si-O化合物，与Si-

SiO_2 界面一样，在 Si 膜与蓝宝石基体界面处 Si 的禁带中央区域，界面能级密度较小。在 MOS 器件中这种界面能级是形成漏电流的一个原因。

因为蓝宝石基体中的 Al 自动掺杂作用对 Si 膜电导率影响不太大，这里不作讨论。

3. Ⅱ-Ⅵ族化合物半导体薄膜

在Ⅱ-Ⅵ族化合物半导体中，除 CdTe 之外很难制造出具有 N 型和 P 型两种导电类型的材料。由于自补偿作用和残留杂质的影响也很难制造出高电导率的材料。与其它半导体材料相比，这种半导体材料的研制和实用化进展都较缓慢。

利用化学气相沉积法在各种基体上制造的单晶薄膜的各种性质均在表 9-7 中给出。从表中看到，ZnSe 和 CdS 可以在 GaAs 等基体上进行异质外延生长并制备出低电阻率的 N 型单晶薄膜（其中 ZnTe 为 P 型）。这就克服了一般用Ⅱ-Ⅵ族化合物半导体难于制造两种导电类型半导体的困难。有效地利用薄膜具有禁带宽度大和直接转换导电类型等特点制造太阳能电池、发光和光接收器件。

过去利用 CVD 法制备 ZnSe 薄膜，因自补偿作用和残留杂质影响，电阻率 ρ 都在 $10^3\Omega\cdot cm$ 以上。若在薄膜制成之后，放到成分元素气氛中退火可制成数个 $\Omega\cdot cm$ 的低电阻率薄膜。另外利用 MOCVD 或 MBE 方法也可制造出低电阻率薄膜。

表 9-7 Ⅱ-Ⅵ族化合物半导体薄膜的性质

薄膜	基体	制备方法	导电类型	电阻率 $\Omega\cdot cm$	迁移率 $cm^2/V\cdot s$
ZnSe	GaAs(111)	近接法	N	几～10^3	
	GaAs(100)	CVD		1～10^3	
	GaAs(100)	MBE		≈1	≈300
	GaAs(100)	MOCVD		0.05	200～400
ZnTe	Ga	MBE	P	10^5	
	GaAs	MBE		$\geqslant 10^4$	
	ZnTe	MBE		≈5	47～70
	GaAs(100)	近接法		520	90
ZnCdS	云母	蒸发	N	2×10^{-3}(CdS)	100(CdS)
				2($Zn_{0.3}Cd_{0.7}S$)	20($Zn_{0.3}Cd_{0.7}S$)
				10^{12}(ZnS)	
CdTe	CdTe	近接法	P	390	80
	BaF_2	外延	N	54～386	
CdS	GaAs(111)	CVD	N		≈200
	GaAs(111)	近接法		10^{-3}～1	241
	ZnS(111)	近接法		0.5～10^7	10～300

4. Ⅲ-Ⅴ族化合物半导体薄膜

这类薄膜可用气相外延或液相外延法制造。在气相外延生长中通常使用 $Ga/AsCl_3/H_2$ 体系。用这种体系制备 GaAs 薄膜其生长机制与使用 $SiCl_4$ 的 H_2 还原情况一样都是二维生长机制。在生长表面上游动的粒子首先在扭结或台阶处被捕获而生长起来。在 GaAs 的 (100)面上经常可观察到积层缺陷，其形状有正方形、棒形或 L 形。气相外延生长 GaAs 薄膜中载流子密度大约为 $10^{13}/cm^3$ 左右。它随 $AsCl_3$ 的摩尔比的增大而减小。

在液相外延薄膜中的位错密度与基体位错密度有直接关系已得到证实。用控制蒸气压温差法可有效降低基体的位错密度。在最适宜的蒸气压条件下位错密度可以控制到小于每平方厘米 100 个位错。除了位错之外，将外延膜层的劈开面进行腐蚀，在显微镜下观察到树根状缺陷。另外在外延膜中还观察到积层缺陷。在液相外延膜与基体间界面上经常产生晶格失配位错。表 9-8 中给出一些 Ⅲ-Ⅴ 族化合物半导体三元系化合物间晶格常数的差异。其中 GaAs 和 AlAs 的晶格常数不同，但与其他组合相比，它们的晶格失配度最小，即 $\Delta a/a=1.6\times10^{-3}$。如果 1000 个晶格上产生一个位错，换算成位错密度大约是 $2\times10^4/cm^2$。在 GaAs 基体上的异质外延 $Ga_{1-x}Al_xAs$ 薄膜中，若用极少数的 P 取代 As，由于晶格失配度的减少，可很容易地观察到失配位错。

表 9-8　Ⅲ-Ⅴ 族化合物晶格常数的差异

三元素	晶格失配度	三元素	晶格失配度
GaAlAs	1.6×10^{-3}	InGaP	7×10^{-2}
GaAlP	2.2×10^{-3}	InGaAs	6.7×10^{-2}
GaPAs	3.6×10^{-2}	InAlAs	6.7×10^{-2}
InPAs	3.1×10^{-2}	InAlP	6.7×10^{-2}
AlPAs	3.5×10^{-2}		

二、多晶半导体薄膜

多晶是具有某种尺寸分布的单晶颗粒的集合体。这些晶粒没有一定的结晶方向。在每个晶粒内部有规则顺序排列的原子但没有晶格缺陷。在晶粒间界处有显著的晶格混乱失配。在单晶中，晶体的性质主要取决于位错密度和杂质浓度。但在多晶中由于晶粒尺寸分布和择优取向等因素影响，其物理性质千差万别。

半导体多晶薄膜的电学性质在很大程度上受晶粒尺寸、晶粒间界及晶粒间界处缺陷密度的影响。晶粒间界处的缺陷作为深的施主或受主能级成为载流子俘获中心，在禁带中呈现出局部电荷状态。在它的周围形成了空间电荷区，对载流子构成了散射势垒。假设 l_1 是 N 型半导体多晶薄膜一维能带中晶粒内部中性区域的长度，l_2 是空间电荷区长度。这时对电性能有影响的重要因素是晶粒直径 L、晶粒内部杂质浓度和晶粒间界处位垒高度 E_B。晶粒间界处能级密度越大，E_B 和 l_2 就越大。空间电荷区的散射作用也越大。相反，若杂质浓度越大则 l_2 越小。

多晶硅薄膜电阻率 ρ 可用下式表示

$$\rho=\frac{1}{f}\cdot\frac{1}{q^2\cdot L\cdot P_a}\cdot(2\pi mkT)^{1/2}\cdot\exp(q\cdot V_B/n\cdot kT)\qquad(9\text{-}75)$$

式中 q 是电子电荷，P_a 是多晶膜平均载流子浓度，$V_B=E_B/q$，L 是晶粒直径，m 是电子质量，f 和 n 为常数。

图 9-28 是 P 型多晶硅薄膜电阻率 ρ 与晶粒尺寸和杂质浓度的关系曲线。图中实线是根据式(9-75)计算值描绘的，常数 $n=1.22, f=0.060$。虚线是按下式计算描绘的

$$\rho=\frac{1}{L\cdot q^2\cdot P_a}\cdot(2\pi mkT)^{1/2}\cdot\exp\left(\frac{q\cdot V_B}{kT}\right) \tag{9-76}$$

根据式(9-76)可求出载流子迁移率 μ

$$\mu=\frac{1}{\rho\cdot q\cdot P_a}=L\cdot q\cdot(2\pi\cdot m\cdot kT)^{1/2}\exp\left(\frac{E_B}{kT}\right) \tag{9-77}$$

在 -55℃以上的温度范围，电阻率和载流子迁移率随温度 T 呈指数变化规律。迁移率随温度呈指数关系变化正显示出多晶半导体膜的特征。这是晶粒间界处载流子散射起支配作用的结果。

多晶硅薄膜空穴迁移率与杂质浓度关系如图 9-29 所示。在图中看到的使迁移率达到最小值时的杂质浓度恰好是晶粒间界位垒 E_B 达到最大值时的浓度。将上图与图 9-28 相对照可看到，在迁移率最小的杂质浓度附近范围正好是电阻率急剧变化的区域。

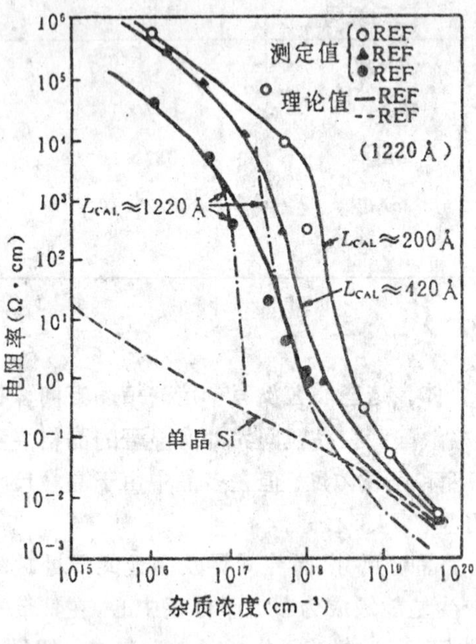

图 9-28　P 型多晶硅薄膜电阻率与晶粒尺寸和杂质浓度关系

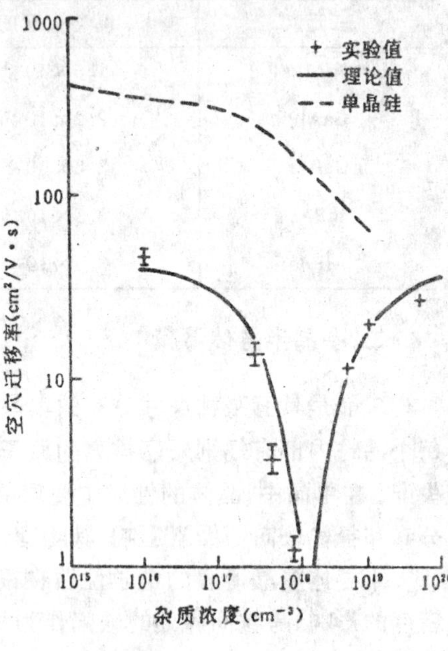

图 9-29　在常温下多晶硅薄膜空穴迁移率与杂质浓度的关系

三、非晶半导体薄膜

非晶半导体薄膜根据元素化学性质和组合情况分为两种类型：硫硒碲系和四面体系。第一类中都含有二配位的 S、Se 和 Te 原子并且组成一维或二维网络。彼此之间依靠范德华力联结成分子性较强的固体，如 a-Se，a-As_2S_3 及 a-As-S-Te-Ge 等体系(a 是 amorphous 的缩写字母)。第二类是靠原子间强方向性正四体配位的共价键结合而形成三维的坚固网格状固体，其中有 a-Si 和 a-Ge 等。

1. S-Se-Te 系非晶半导体薄膜

这类半导体薄膜是用真空蒸发或阴极溅射等气相冻结法或液相冻结法制备的。用液相冻结法制备的 As-S 系薄膜一般形成 As(45%)S(55%)的非晶薄膜。但用气相冻结法可制成 As(60%)S(40%)的非晶薄膜。由于制备方法的不同导致在结构上有本质的不同。

这类非晶半导体薄膜与单晶半导体材料相类似，它具有电子传输性能、激活型导电、大的热电势及较高的光导性能。图 9-30 是几种第一类非晶半导体薄膜电导率 σ 与温度 T 的关系。从图中曲线看出，在很宽的温度范围内都显示出恒定的激活能。在导电类型方面除 $Ge_{20}Bi_{10}Se_{70}$ 为 N 型外，其它都是弱 P 型导电。

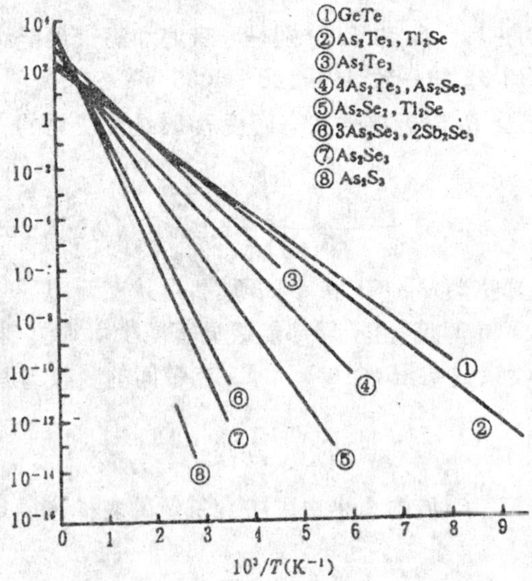

图 9-30 非晶半导体薄膜电导率与温度的关系

这类薄膜与氢化非晶硅薄膜不同之处是它们没有结构敏感特性。不能通过选用不同杂质自由地控制其导电类型。这类薄膜结构不敏感的原因之一是在这类材料体系中，空的悬挂键(D^+)和双电子态悬挂键成对地稳定存在着，其密度通常在 $10^{18}/cm^3$ 以上(其中溶液冻结法制备的 As_2Se_3 非晶薄膜密度为 $10^{17}/cm^3$)。另外一个原因是结构柔顺性。掺杂的杂质原子在随机网格结构中完全满足价电子的要求。

在 As-Te-Si-Ge 系非晶薄膜中也有开关效应和记忆效应。这种现象是块状材料中已知的 Ovshinsky 效应。开状态和关状态的电阻值能相差几个数量级。记忆现象的机理是非晶结构的结晶化过程。开关现象的机理目前还不能清楚地了解，但从本质上看应该是一种电子过程。开关速度本身大约是毫微秒数量级，延迟时间大约是微秒数量级。

在第一类非晶半导体薄膜中，还存在着与光有关的性能，如光接收、光黑化和光掺杂等这里不作研究讨论。

2. 四面体系非晶半导体薄膜

非晶硅薄膜(a-Si)是这类薄膜的典型代表。当膜厚 d 非常薄时，其电导率 σ 可用下式

表示

$$\sigma = \sigma_0 \cdot \exp\left\{-B\left[\frac{\alpha^3}{kTN(E_f)}\right]^{1/4}\right\} \tag{9-78}$$

式中 k 是玻耳兹曼常数，E_f 是费米能级，$N(E_f)$是电子状态密度，α 是能量为 E_f 时电子波函数的衰减常数，B 是常数约为 1.66～2.48。$\sigma_0=e^2N(E_f)\cdot R^2$，$R$ 是电子跃迁平均距离。

当 $d<500$ Å 时，$\sigma=A\cdot\exp(-B'/T^{1/S})$。它显示出二维范围内的电子跃迁运动。在更广大范围中的跃迁运动只有 E_f 附近局部状态密度大的时候才能观测到。

用辉光放电法或含氢反应溅射制备的 a-Si 薄膜，在 E_f 处附近的状态密度显著地减少，并呈现出激活性电导

$$\sigma = \sigma_0 \exp(-E_a/kT) \tag{9-79}$$

式中 $E_a=E_C-E_f$ 或 E_f-E_V。E_C 和 E_V 分别是导带底和满带顶能级。在有陷阱等影响时 σ_0 和金属电导率的最小值 σ_{min} 相一致，$\sigma_0=100$～600S/m。

交流电导 σ_{AC} 是研究 E_f 附近电子状态密度 N 时经常使用的一个参数。交流电导 σ_{AC} 与角频率 ω 的关系是

$$\sigma_{AC}(\omega) = \frac{\pi\cdot e^2}{3}kT\cdot\alpha^{-5}\cdot[N(E_f)]^2\cdot\omega^3 \tag{9-80}$$

对于很好退火的真空蒸发 a-Ge 和 a-Si 薄膜，可从交流电导 σ_{AC} 求出 E_f 附近的电子状态密度。对辉光放电 a-Si 薄膜，由于局部能级显著减少可观测到激活型交流电导。

a-Si 薄膜的光吸收系数 $\alpha>5\times10^3/cm^{-1}$。能带间的吸收与其它非晶半导体材料一样可用下式表示

$$\alpha\cdot\hbar\cdot\omega \approx (\hbar\omega - E_0)^2 \tag{9-81}$$

E_0 是光学禁带宽度。E_0 值的大小由膜中含氢量的多少来确定，在 GD a-Si：H 薄膜中 $E_0=1.55$～1.9。

当基体温度在 250℃以上时沉积的辉光放电 a-Si 膜具有良好的光传输性能，可在太阳能电池、电子照像和光探测器件方面使用。

四、氧化物半导体薄膜

这类半导体薄膜中应用较广泛的是 SnO_2、In_2O_3 和 Cd_2SnO_4 等半导体薄膜。它们都是透明导电薄膜，在电学和光学方面的应用实例在表 9-9 中给出。在电气应用时对普通透光性和导电性都有较高的要求。评价这种特性时采用性能指数 F_{TC} 进行考核，它的定义是

$$F_{TC} = \frac{T^{10}}{R_s} \tag{9-82}$$

式中 T^{10} 表示薄膜的透光率，R_s 是薄膜电阻，两者都是薄膜厚度的函数。在光学应用时要求对可见光和红外线有较好的选择反射特性。

表 9-9　氧化物半导体薄膜的应用实例

在电学方面应用			在光学方面应用	
透明电极膜	表面发热膜	防止带电 抗静电 膜	隔热 节能 膜	选择透光膜
显示板方面 液晶、EL， 电致彩色显示， 等离子显示器 太阳能电池方面 单晶，非晶硅， 光开关，摄像器件	防雾防霜方面 飞机，电车窗，陈列箱窗，照像机镜头，滑雪眼镜 暖房用仪表盘发热器 调理用加热板	仪表指示窗 计量仪器窗 电子显微镜窗 阴极射线管的显示面 半导体器件包装袋	建筑物窗户 高温炉、烘烤箱的观察窗 照明灯外管 低压钠灯 白炽灯	太阳能集热器用 平板形涂复玻璃 集光形外管

1. SnO_2 薄膜

SnO_2 晶体是四边形金红石结构，$a_0=4.738$ Å，$c_0=3.188$ Å，具有光学各向异性的特点。SnO_2 薄膜的制造方法有四种：喷射法、气相反应法、真空蒸发法和阴极溅射法。用喷射法制作 SnO_2 薄膜对其掺杂元素主要是 Sb。在不掺杂时薄膜电阻率为 $\rho=10^{-3}\sim10^{-2}\Omega\cdot$ cm。当溶液中 Sb 的含量为 Sb/(Sn+Sb)=0.3～0.4%时电阻率可达到 $1\times10^{-3}\Omega\cdot$cm 以下。掺 F 时会出现比掺 Sb 较好的效果。当溶液中 F 的含量达到 F/(Sn+F)为 20～30%时，电阻率 $\rho=(4\sim6)\times10^{-4}\Omega\cdot$cm，可见光透过率 $T\doteq85\%$，自由电子浓度 $N\doteq10^{21}/cm^3$，霍尔迁移率 $\mu_H=10cm^2/V\cdot s$。用气相反应法制造 SnO_2 薄膜时，基体温度在 550℃左右可使电阻率达到最小。当气体中 Sb 和 Sn 的含量达到 Sb/Sn=1.73%时，电阻率 $\rho=6\times10^{-4}\Omega\cdot$cm，自由电子浓度 $N=6\times10^{20}/cm^3$，霍尔迁移率 $\mu_H=14cm^2/V\cdot s$。用真空蒸发法制备 SnO_2 薄膜时，若采用真空蒸发 Sn 薄膜然后经热处理进行氧化，薄膜电阻率 ρ 较大，大约为 $2\times10^{-2}\Omega\cdot$cm。为了掺杂 Sb 而蒸发 Sn-Sb 合金时，因两种元素的蒸气压差别较大，要制备合适的薄膜也比较困难。当用 W 或 Mo 舟蒸发 SnO_2 制备其薄膜时，因大量舟材料污染，即使进行热处理，薄膜也没有导电性。若将 SnO_2 放在坩埚中，从上面用涂有 Al_2O_3 的钨丝加热，从而减少了钨的污染。这样可得到折射率为 2.6 的黄褐色 SnO_2 薄膜。这种薄膜仍没有导电性。当将它放到大气中在 450～550℃条件下进行热处理后，它变成透明导电膜。薄膜厚度为 500～2000 Å 时，电阻率 ρ 可达$(2\sim5)\times10^{-3}\Omega\cdot$cm。用阴极溅射法制备 SnO_2 薄膜时，一般使用 Sn 加 10%Sb 的合金靶或 SnO_2 靶进行溅射。用合金靶时薄膜电阻率 ρ 可达到 $3\times10^{-3}\Omega\cdot$cm 左右。用 SnO_2 靶材时，可得到 $\rho=(2\sim3)\times10^{-3}\Omega\cdot$cm，$T=80\sim90\%$，$N=(2\sim3)\times10^{20}/cm^3$ 和 $\mu_H=8\sim12cm^2/V\cdot s$ 的 SnO_2 透明导电薄膜。

2. In_2O_3 薄膜

In_2O_3 晶体具有立方形的体心立方结构(*bcc*)，$a_0=10.118$ Å。在薄膜情况下 $N=10^{19}/cm^3$ 以上，导电性能与温度无关，μ_H 在 $50cm^2/V\cdot s$ 以上。作为掺杂剂元素有 Sn、W、Mo、Zr、Ti、Sb 和 Fe 等。制造 In_2O_3 薄膜的方法有喷射法、气相反应法、涂布法、真空蒸发法和阴极溅射法。用喷射法制备的 In_2O_3 薄膜，其 Sn/In 比例为 2～3%最适宜。基体温度在 450～500℃范围内，In_2O_3 薄膜的性能是 $\rho=(2\sim3)\times10^{-4}\Omega\cdot cm$，$T=85\sim90\%$，$N=(3\sim8)\times10^{20}/cm^3$，$\mu_H=15\sim40cm^2/V\cdot s$。用气相反应法制备的 In_2O_3 薄膜中，Sb/In＝0.045～0.1%时，在基体温度 500～550℃情况下，$\rho=(4\sim7)\times10^{-4}\Omega\cdot cm$，$T=85\sim90\%$。用涂布法制备的厚度为 2000～5000Å In_2O_3 薄膜，$\rho=1.7\times10^{-2}\Omega\cdot cm$，$T=90\%$以上。在真空蒸发方法中，用 In 作蒸发材料，在氧分压为 1×10^{-3}托、基体温度 390℃时制备的 In_2O_3 膜特性是电阻率 $\rho=2.7\times10^{-3}\Omega\cdot cm$，$N=4.1\times10^{19}/cm^3$，$\mu_H=56cm^2/V\cdot s$。基体温度低于 200℃时，薄膜有稍大的吸收特性。经加热氧化处理则呈现透明特性。当用 In_2O_3 作蒸发材料时，因真空中加热会使它分解为低价氧化物。为了克服这个缺点，可以提高基体温度到 300℃左右，并将氧分压增加到 1×10^{-4}托。在真空蒸发过程中可用光学方法监控膜厚。在 Al_2O_3 基体上沉积 $\lambda/2$ 光学膜厚的 In_2O_3 和 $\lambda/4$ 光学膜厚的 MgF_2 作成一种三层抗反射膜结构。当 In_2O_3 厚度在 1300Å左右时在整个可见光区域反射率降到 0.3%以下。在阴极溅射法中，若采用磁控溅射，膜生长速度控制在 5000Å/nnn，基体温度低于 180℃便可制出质量较好的 In_2O_3 薄膜。氧分压为 5×10^{-5}托时制得 In_2O_3 膜的性能是 $T=85\%$，$\rho=4\times10^{-4}\Omega\cdot cm$，$N=1\times10^{21}/cm^3$，$\mu_H=10cm^2/V\cdot s$。

3. Cd_2SnO_2(CTO)薄膜

在镉锡氧化物中除有 Cd_2SnO_4 之外还有 $CdSnO_3$。两者都有透明导电性，但前者性能更好些而且具有半导体性能。固体粉末材料根据热处理条件不同，呈现淡黄色或绿色，电阻率 $\rho=10^{-1}\sim10^{3}\Omega\cdot cm$。溅射薄膜性能与基体温度和热处理工艺有关。冷却基体时薄膜为非晶结构。若基体加热或热处理，薄膜呈现立方体结构。根据溅射工艺和后热处理工艺的不同，电阻率 ρ 在 $10^{-1}\sim10^{-4}\Omega\cdot cm$，$N$ 在 $10^{18}\sim10^{21}/cm^3$ 范围内变化。光学吸收端在 435～600nm 范围内变化。这种薄膜可用喷射法或溅射法制备。喷射法利用 $CdCl_2$ 和 $SnCl_4$ 水溶液的分解反应在基体温度为 700℃以下时形成 $CdSnO_3$ 薄膜，在基体温度超过 800℃时形成 Cd_2SnO_4 薄膜。若在薄膜中掺入 In 或 Pb 等杂质可改善其透明性能。$CdSnO_3$ 薄膜的平均透光率为 80%左右，方阻 $R=10\sim200\Omega/\square$，$\mu_H=1\sim5cm^2/V\cdot s$。在阴极溅射时可使用 Cd-Sn 合金靶(Cd/Sn＝2：1)或 Cd_2SnO_4 靶。在纯氧气中用 RF 溅射法制备的薄膜经热处理后，Cd_2SnO_4 薄膜有较好的导电性能。根据溅射工艺条件的不同，薄膜中还有 CdO 和 $CdSnO_3$ 相生成，它们对透明导电性有不良影响。若用 Cd_2SnO_4 靶，基体温度为 500～600℃时制备的薄膜有较好的性能，其电阻率 $\rho=1.5\times10^{-4}\Omega\cdot cm$，$N=2\times10^{21}/cm^3$，$\mu_H=30cm^2/V\cdot s$。在使用摩尔比为 2：1 的 CdO-SnO_2 靶在 Ar 气中溅射，基体温度调整到 200℃，不用后热处理，薄膜性能是 $\rho=6.2\times10^{-4}\Omega\cdot cm$，$N=5\times10^{20}/cm^3$，$\mu_H=22cm^2/V\cdot s$，$T=93\%$，禁带宽度 $E_g=2.7eV$。

§9-5　薄膜的其他性质

前面几节中介绍的金属薄膜、介质薄膜和半导体薄膜都是属于一般性用途比较广泛的薄膜材料，对这些薄膜性质的研究比较深入。70 年代以来，伴随着科学技术的不断进展，薄膜科学的发展也非常迅速。对于一些新型薄膜材料的制造工艺和性能研究非常引人注目。在这一节中我们扼要地介绍这类新型薄膜及其性质。

一、超导薄膜

超导体具有三个主要特点，就是在一定的临界温度 T_c 下，电阻值突然变为零，表现出一种完全导电体的性质，完全抗磁体的性质和量子凝缩效应（即磁通量子化效应）。在1962年又发现了一种新效应就是约瑟夫逊效应。利用超导体的上述特点可以制造超导量子干涉器件(SQUID)、电压标准测量器件、数字逻辑和存贮器件、电磁波检测器件、宽频带检波器件、参量放大器件、电磁波发生器和高频器件等。

超导薄膜可用真空蒸发法或阴极溅射法制造。因为薄膜的厚度比较小，当膜厚 d 与相干性长度 λ 相近时就出现超导临界温度 T_c 下降和临界磁场 H_{c2} 增大的所谓形状效应现象。另外，由于薄膜的晶体结构及杂质含量等与块状材料不同，反映出超导薄膜在性能方面与块状材料的差异。

超导薄膜因材料的不同可分为非过渡族元素、过渡族元素、化合物和氧化物等四种超导薄膜。

非过渡族元素超导薄膜的典型代表为 Al、Pb 和 Sn 等薄膜。当基体温度在室温时，超导薄膜的晶体结构与块状多晶结构相类似。随着基体温度的降低，晶粒尺寸变小形成结构致密的薄膜。Pb 和 Sn 超导薄膜一直作为超导电子器件电极材料使用，它们的临界温度 T_c 分别为 7.5K 和 6K。T_c 值与膜厚和晶粒尺寸有密切关系。对于 Al 超导薄膜在膜厚 $d=2.8$nm处 T_c 有最大值为 4.6K。对于 Pb 膜其 T_c 有随膜厚 d 的减小而减小倾向。

过渡族元素超导薄膜的典型代表是 Nb、Ta、V 和 Mo 等质地较硬、熔点较高的薄膜。还有一些低熔点的稀土元素和锕系元素薄膜也属于这一类。

Nb 超导薄膜不但 T_c 值较大(10.1K)，而且化学和物理性能也比较稳定。Nb、Ta 和 V 薄膜有较强的吸气作用。要制造高纯度超导薄膜，必须控制真空室内的残留气体和混入薄膜中的杂质。Nb 超导薄膜的临界温度 T_c 与薄膜电阻的比值有下列关系

$$T_c = 9.46 - 2.48 \frac{R_{10}}{R_{300} - R_{10}} \tag{9-83}$$

式中 R_{10}和 R_{300}分别是温度为 10K 和 300K 时的电阻值。

利用制备 Nb 膜的同样方法可制备出具有体心立方结构的 α-Ta 膜和有面心立方结构或正方结构的 β-Ta 膜。这与制膜工艺条件有密切关系。

化合物超导薄膜是分子结构表示式为 A_3B 形式的 A_{15}型化合物薄膜。它意味着这类超导薄膜必须有严格的化学计量比。这种材料若能形成稳定的化合物，A 和 B 原子的半径比必须在 0.84～1.12 之间。若有较高的临界温度 T_c，每个原子的价电子数 e/a 一般在 4.75～6.5 之间为宜。这类薄膜的典型代表是 Nb_3Sn 和 V_3Si。它们的 T_c 值为 18.3K 和 16.8K。

氧化物超导薄膜是近年来国际上非常重视的高温超导薄膜($T_c \approx 90$K)。其中的典型代表是 YBaCuO 体系超导薄膜。最适合的化学组分 Y：Ba：Cu＝1：2：3 的所谓 123 相。其中氧原子数为 7 左右。这种材料自 1986 年发现以来在理论、工艺和材料特性方面的研究得到非常迅速的发展。块状 YBaCuO 超导材料是用粉末烧结法在高达 900℃的温度下通过固相扩散反应制备的。若以块状化合物材料作为原始材料，用加热蒸发法制备化合物薄

膜，由于各组分的饱和蒸气压不同，制备的薄膜成分将偏离化合物的化学计量比。目前制备这种薄膜的方法有多源真空蒸发法、离子镀方法、磁控溅射法、激光脉冲蒸发法和分子束外延法等。制备薄膜时包括三个过程：沉积非晶绝缘 YBCO 薄膜过程；高温热处理形成正交钙钛矿结构的 123 超导相过程；退火使薄膜有足够的氧含量。由于成分符合化学计量比的超导相是在热处理过程中形成的，所以热处理条件对薄膜超导性的影响是至关重要的。由于热处理时基体和薄膜之间发生互相扩散作用，不同基体对临界温度 T_C 有较大影响。对于蓝宝石基体 $T_C=60K$，MgO 基体 $T_C=75K$，$SrTiO_3$ 基体 $T_C=77K$，Y 稳定单晶 ZrO_2 或 Ca 稳定多晶 ZrO_2 基体 $T_C=85K$。

二、磁性薄膜

磁性薄膜作磁记录和信息存储材料在电子信息技术领域很受人们的重视。对于磁性薄膜性质的研究主要有饱和磁化强度 $\vec{M}_S$、矫顽力 H_C，磁各向异性、磁畴结构、磁应变、磁共振和磁阻效应等。上述这些性能都体现在各种磁性薄膜材料之中。所以在本节中就各种磁性薄膜材料为基础研究它们的上述性能。

1. 单晶型磁性薄膜是用离子晶体或金属晶体作为基体在其表面上用外延生长法或电极沉积法制备单晶磁性薄膜。在岩盐劈开面上制备 Ni 及 Fe 单晶薄膜的研究工作开始于本世纪 30 年代，定量地进行理论研究工作是从 60 年代开始的。首先在 MgO(100)面上生长的 Ni 膜磁各向异性常数 K_1 值出现反常现象引起人们的重视。若认为 $|K_1|$ 值越大，Ni 膜在结构上越近似单晶结构，那么 Ni 膜的 K_1 值是块状单晶 Ni 的 2 倍多又如何解释（块状单晶 Ni 的 $K_1=-5.2\times10^3J/m^3$，单晶 Ni 膜 $K_1=-12.4\times10^3J/m^3$）。这种反常现象不但在 Ni/MgO(100)系统中观测到，后来在 Ni/NaCl(100)系统中也观测到。深入研究证明这种反常现象是由于薄膜内残存的大的内应力 σ_{11} 造成的。若 σ_{11} 为张应力（正号），它是因基体和薄膜之间晶格失配造成的。若 σ_{11} 为压应力（负号）则是因薄膜和基体热膨胀系数不同造成的。对 Fe 膜的研究结果表明，它的磁学性能与薄膜中杂质含量有关。蒸气材料 Fe 的纯度越高，Fe 的结晶越完整。当 Fe 膜中含氧量和含碳量分别为 5ppm 和 10ppm 时，可得到较大的各向异性常数 K_1。

2. 非晶磁性薄膜可以用电镀法、化学镀法、真空蒸发法和阴极溅射法制备。作磁记录和磁泡用的薄膜都是硬磁性薄膜，其它则多为软磁性薄膜。硬磁性材料的特点是矫顽力 H_C 大，即磁滞回线宽，饱和磁化强度大，居里温度高，磁各向异性大。软磁性材料特点是矫顽力 H_C 小、磁滞回线窄，导磁率 μ 大，只要加很小的磁场即可达到饱和。

非晶 Co 或 Co 基合金磁性薄膜是用量较多的磁记录材料。在铁磁金属中只有 Co 为单轴各向异性，磁各向异性常数较大 $K_u=4.6\times10^6erg/cm^3$。只要将制成的 Co 膜易磁化轴倒向膜面，则所得薄膜就具有水平方向矫顽力。由于纯 Co 材料从紧密六方相(hcp)向面心立方相转变温度较低，而且 Co 薄膜一般处于不平衡状态存在有 fcc 相，它可能破坏 Co 薄膜中 hcp 相的单轴各向异性和降低矫顽力。所以一般用加入其它金属元素的 Co 基合金膜作磁记录材料使用。化学镀 Co-P 和 Co-Ni-P 薄膜是水平磁记录材料的主流。它有较好的磁学性能，矫顽力大 $H_C\doteq1000Oe$，剩磁大 $B_r=7000Gs$。其原因是有 2～3%的 P 掺入到 Co 膜中，有效地控制晶体生长，使易磁化轴趋向于水平方向有利于水平记录。非磁性的磷化物阻止 Co 膜晶粒长大，形成细小晶粒（30nm）使 Co 晶粒呈单畴状态有利于提高薄膜的 H_C 和 B_r 值。薄膜中 P 含量小于 2%时，晶粒取向出现 C 轴垂直于膜面，大于 3%时因非磁性体增加降低了薄膜的 H_C 和 B_r。用真空蒸发法制备 CoNi 合金薄膜，用阴极溅射法制备 Co-Pt 合金薄膜都是有优良磁性能的磁记录材料。

用稀土元素和过渡族元素制备的非晶磁性薄膜具有较大的磁光效应可作为热磁垂直记录薄膜材料使用。这种薄膜的易磁化轴是垂直于薄膜表面的。在微小区域改变磁化方向则出现不同取向的圆柱体磁畴，使它具备数字记录功能。记录磁畴和入射到薄膜上的激光束斑点尺寸相当，所以可制成大容量高密度磁光记录盘。这种薄膜用的稀土元素一般是钆（Gd）、铽（Tb）和镝（Dy），过渡族金属元素为 Fe 和 Co。这种薄膜普遍采用射频或直流溅射工艺制造。薄膜结构与基体温度有密切关系，它对磁各向异性、光反射率、克尔旋转角度及抗蚀性等都有影响。当基体温度 T_s 与薄膜熔点温度 T_m 之比值在 0.3～0.5 之间时生成的非晶薄膜结构致密没有明显的柱状结构。

3. 在一个具有单轴各向异性的磁性薄膜中，其易磁化轴垂直于薄膜表面。当在易磁化轴方向施加一个适当的偏置磁场，在薄膜中会产生泡状磁畴，简称为泡畴或磁泡。早期研究的磁泡材料是正铁氧体单晶材料，磁泡尺寸大约为 100μm。对于磁泡材料的选择应符合下列要求：能产生泡状磁畴；磁泡尺寸合适；矫顽力小；泡畴移动速度快；温度特性好；泡畴在高速移动时不变形。

对于第一个要求应该是单轴易磁化方向与膜面相垂直，自发磁化强度 M_s 与各向异性常数满足 $(2\mu_0K_u/M_s^2)>1$。第二项要求表明磁泡半径 d 与膜厚 D 有关，一般选取 $d\approx D\approx 8L$。L 是特性长度，它与薄膜的磁性能有关。第三个要求与材料性能有关。若磁泡半径 d 确定之后，因 L 值与 K_u、M_s、μ_0 等有关系所以实际上就确定了材料。

目前常用的磁泡材料有两种。一种是以稀土类铁拓榴石为基体外延生长拓榴石单晶薄膜。基体的一般表达式为$[C]_3[A]_2[D]_3O_{12}$。其中 C 为 Y^{+3}、Sm^{+3}、Fu^{+3}等稀土类离子和 Ca^{+2}、Bi^{+2}等离子半径大的离子。A 为 Fe^{+3}、Ga^{+3}、Al^{+3}等离子，D 为 Fe^{+3}、Ga^{+3}、Ge^{+3}等离子。外延法制备单晶膜时基体的晶体特性非常重要。现在使用的基体一般是 Ga 拓榴石——$Gd_3Ga_5O_{12}$。另一种是稀土类 铁族非晶磁性薄膜。若用轻稀土元素时薄膜呈铁磁性，若用重稀土元素时薄膜呈现铁氧体磁性。铁族元素一般选用 Fe 和 Co。因 Ni 的居里温度较低一般不用它。对于 Gd-Fe 薄膜可用真空蒸发法或阴极溅射法制备出垂直磁化膜。对于 Gd-Co 薄膜可用基体偏压溅射法，含有氧和氮等活性气体蒸发法或阴极溅射法制备。这些薄膜的饱和磁化强度 M_s 由组分所决定。若改变薄膜组分，其补偿温度和居里温度都发生变化。为了增加材料设计的自由度，再添加第三种金属，对于 Gd-Co 薄膜添加 Mo、Au、Ni、Cr 等可有选择性地调整铁族元素的磁矩。这种三元素非晶薄膜有良好的磁化温度特性，磁泡半径可作到 0.5μm 以下。

4. 氧化物磁性薄膜是含有氧化铁的铁氧体 MFe_2O_4（M 是二价过渡金属离子）和铁拓榴石 $R_3Fe_5O_{12}$（R 是三价的钇或稀土类金属离子）薄膜。它们可用真空蒸发法、阴极溅射法或化学气相沉积法进行制备。

从 Fe_3O_4 相图中知道，当有剩余 Fe 时 Fe_3O_4 才呈现稳定状态。对真空蒸发法制备的富 Fe 的 Fe_3O_4 薄膜进行分析表明，它的晶格常数 $a=8.391$ Å 和块状材料相同，而且是单一的尖晶石相结构。对这种薄膜的电阻值、磁化曲线及强磁共振等进行测量，其数值与块状材料相近似。用同样方法制备的 $Co_xFe_{3-x}O_4$ 薄膜，磁化曲线矩形比为 0.6～0.7，矫顽力 H_C＝4.8～5.6kA/m。这是一种可作高密度记录的磁盘材料。

用含有少量 Ti 和 Co 的 Fe 合金靶通过阴极溅射制备 Fe_3O_4 薄膜。在空气中 300～330℃范围内进行氧化处理，可形成 γ-Fe_2O_3 薄膜。当薄膜中含有 2.5％Ti，2％Co 时，薄膜剩余磁通密度为 0.25T，矫顽力为 560kA/m，磁化曲线矩形比为 0.8。这种薄膜也是作磁盘的良好材料。

三、金刚石薄膜

众所周知，金刚石是一种硬度最高，在室温下热导率最高，透光的波段范围最宽，传播声速最大的材料。另外还有禁带宽、载流子迁移率高、折射率高、化学稳定性高和优良耐气候性等特点（见表 9-10）。这些优异性能使它在机械工业、材料科学、光学和电子工业领域中有着广阔的应用前景（见表 9-11）。

表 9-10　金刚石的各种性能

材料 物理参数	天然 金刚石	金刚石 薄膜	金刚石 单晶	Si 单晶	GaAs 单晶
硬度(kgf/cm²)	10000	9000 ～10000			
体积模量(GPa)	440～590				
杨氏模量(GPa)	1200	≈1200			
热导率(300K，W/cm·K)	20	10～20			
纵波声速(m/s)	18000				
密度(g/cm³)	3.6	2.8～3.5			
折射率(590nm)	2.41	2.4			
禁带宽度(eV)	5.5	5.5	5.45	1.11	1.43
透光性	225nm 至远红外	同左			
电阻率(Ω·cm)	10^{16}	$<10^{10}$			
介电强度(V/cm)	10^{17}		10^7	5×10^5	6×10^5
电子迁移率(cm²/V·s)	2200		2200	1350	8500
空穴迁移率(cm²/V·s)	1600		1600	480	400
介电常数 ε	5.5	5.5	5.5	11.9	12.5
饱和电子速度 (10^7cm/s)	2.7		2.7	1.0	2.0

表 9-11 金刚石薄膜的重要应用领域

已实现的应用领域	潜在重要应用领域举例
1. 切削工具超硬镀层和磨料 2. 扬声器振动膜镀层 3. X 射线窗口 4. 光学基材和部件的表面涂层 5. 深亚微米(0.1～0.3μm)光刻软 X 射线掩膜衬底 6. 半导体激光器和大功率集成电路绝缘衬底 7. 利用远紫外吸收端和高热导系数制作传感器 8. 金刚石陶瓷	1. 可在高温工作的半导体器件、抗辐射器件、高电压器件、微波功率器件和高功率毫米波放大器等 2. 石墨纤维增强复合材料、抗冲击和耐热应力的基材和部件 3. 抗热冲击高强度透光材料，强激光窗口 4. 磁盘和光盘涂层，毫米波天线罩 5. 高效声换能器，声学反射镜等

金刚石薄膜的制备方法有两种类型。一种是在它的热力学稳定区即高温高压条件下进行合成，另一种是在它的热力学亚稳区即在低压和温度不太高的条件下进行合成。目前国内外普遍采用的是在低气压(0.01～0.5 大气压)和较低温度(700～900℃)下用化学气相沉积法。其中有直流或射频等离子增强 CVD，微波等离子 CVD、电子束诱导 CVD、激光或灯光辐照 CVD、热等离子 CVD 和等离子喷涂等不同方法。

金刚石薄膜的性能与下列因素有关：合成方法和馈入能量、基体温度、反应室气压、反应气源的稀释程度和基体表面清洁度等。原子态的氢对碳氢化合物分解和金刚石的微晶过程有促进作用，同时又能抑制石墨碳和非晶态碳的生成。氧分子或原子在合成过程中能对石墨碳和非晶态碳有选择蚀刻作用。电子束辐射和轰击基体对提高金刚石薄膜的沉积速率和改善结构性能具有重要作用。

表 9-12 金刚石薄膜的结构数据

晶面指数	金刚石薄膜		天然金刚石	
hkl	d(Å)	I/I_0	d(Å)	I/I_0
111	2.061	100	2.060	100
220	1.261	19	1.261	27
311	1.075	11	1.0754	16
400	0.891	3	0.8916	7
311	0.818	11	0.8182	15

我国科技工作者分别用热灯丝 CVD 法和低温微波等离子体 CVD 法合成出性能较好的金刚石薄膜。用热灯丝 CVD 法在单晶硅片上，基体温度为 600～800℃范围内沉积结构致密的，晶粒尺寸 3～8μm 的金刚石薄膜。X 射线衍射分析结果在表 9-12 中给出。从数据对比中清楚看到，合成的金刚石薄膜与天然金刚石的结构几乎完全一致。用微波等离子 CVD 法在单晶硅(100)基体上，温度为 290～415℃范围内合成的金刚石薄膜，在 X 射线衍射谱上可清晰地看到金刚石的四个衍射峰：(111)、(220)、(311)和(400)。当基体温度为 380℃和 435℃时，金刚石薄膜晶粒为 1μm 左右。当基体温度为 335℃时晶粒为球形，平均直径为 0.7μm。当基体温度降到 290℃时，晶粒平均直径更小，为 0.2～0.4μm 也呈球状。

用 CVD 法制备金刚石薄膜一般均在 800～1000℃温度范围内进行。能在 400℃以下成功地合成金刚石薄膜，他们认为主要是利用氧的促进作用。在 435℃沉积温度下，氧对金刚石薄膜拉曼光谱有明显影响。不加氧时看不到 $1332cm^{-1}$拉曼峰。随着氧含量的增加，金刚石的特征峰更加明显尖锐。扫描电镜观测中看到，在不加氧时，薄膜由球团状晶粒组成，每个球团似乎由更小微晶组成。在加入 2%氧时则显现出十分典型的金刚石晶粒形态。这表明氧的存在对低温沉积金刚石薄膜有促进作用。

除了上面介绍的超导薄膜、磁性薄膜和金刚石薄膜之外，还有很多新型薄膜，如光电子技术用光学薄膜、光集成回路用光学薄膜、平面显示用场致发光薄膜、材料表面优化薄膜、多孔陶瓷薄膜、半导体超晶格和量子阱薄膜以及冷热用能效薄膜等限于教材篇幅这里不再研究讨论。

参考文献

[1] 王欲知,《真空技术》,四川科学技术出版社,1985年。

[2] 华中一,《真空实验技术》,上海科学技术出版社,1986年7月。

[3] 国强等译,G.L威斯勒,R.W.卡尔森主编,《真空物理和技术》,原子能出版社,1988年9月。

[4] 神山雅英,薄膜ハンドブック,日本学术振兴会薄膜第131委员会编,オーム社,1983.10。

[5] 权田俊一,薄膜の作制·评价とその应用技术ハンドブック,东京フジ·テクノシステム,1985。

[6] J. L. Vossen, Thin film processes, Academic press, Inc., New York,1978.

[7] K. L. Chopra, Thin film phenomena, McGraw Hill Book Co,1969.

[8] L. I. Maissel, Handbook of Thin Film Technology, McGrawHill Book company, 1970。

[9] L. Holland, Vacuum Deposition of Thin Films, Chapman and Hall Ltd. 1963。

[10] 藤冈俊昭, Sputtering principles and application, Ulvac corporation, 1973。

[11] 薄膜工艺编写组,《薄膜工艺》,北京科学出版社,1972。

[12] 金原灿,薄膜の基本技术,日本东京大学出版会,1984.5。

[13] 麻蒔立男,薄膜作成の基础,(第2版),日刊工业新闻社,1984。

[14] 金原灿,スパタリング现象,日本东京大学出版会,1985.3。

[15] H. K. Pulker, Coatings on Glass, Elsevier Science Publishers B. V, 1984。

[16] L. EcKertova', physics of Thin Films, plenum press and SNTL, 1977。

[17] 曲喜新,《薄膜物理》,上海科学技术出版社,1986年10月。

[18] 恽正中等,《半导体及薄膜物理》,国防工业出版社,1981年8月。

[19] 胡忠谞,恽正中,杨邦朝等,《薄厚膜混合集成电路》,国防工业出版社,1982年4月。

[20] 李云奇,《真空镀膜技术与设备》,东北工学院出版社,1989年10月。

[21] 钱振型,《固体电子学中的等离子技术》,电子工业出版社,1987年11月。

[22] 伊藤隆司,VLSIの薄膜技术,日本丸善(株),1986。

[23] 早川茂,和佐清孝,薄膜化技术,日本共立(株),1982.7。

[24] 金原灿,藤原英夫著,王力衡,郑海涛译,《薄膜》,电子工业出版社,1988年。

[25] 北田正弘,薄膜材料工学,海文堂,1989.9。

[26] 河津璋,薄膜·表面现象,(应用物理Ⅱ),日本朝仓书店,1974.8。

[27] 水岛宜彦·原留美吉,薄膜物性工学·界面物性工学,日本オーム社,1968。

[28] 薛涛、赵俊民,《化学镀膜技术》,国防工业出版社,1982年。

[29] 王阳元、关旭东、马俊如,《集成电路工艺基础》,高等教育出版社,1991年5月。

[30] 王福贞、闻立时,《表面沉积技术》,机械工业出版社,1989年3月。

[31] 杨烈宇等,《材料表面薄膜技术》,人民交通出版社,1991年5月。

[32] 顾培夫,《薄膜技术》,浙江大学出版社,1990年11月。

[33] 范玉殿,《电子束和离子束加工》,机械工业出版社,1989年6月。

[34] 田民波,刘德令,《薄膜科学与技术手册》,机械工业出版社,1991年5月。

[川]新登字016号

薄膜物理与技术

杨邦朝　王文生

*

电子科技大学出版社出版

（成都建设北路二段四号）邮编610054

电子科技大学出版社印刷厂印刷

新华书店经销

*

开本787×1092　1/16　印张15.25　字数350千字

版次1994年1月第一版　　印次2006年9月第三次印刷

印数2001—2500册

中国标准书号　ISBN7-81016-749-9/TB · 1

定价（压膜）：28.00元